Bystron · Leistungselektronik

# Studienbücher

der Technischen Wissenschaften

Carl Hanser Verlag München Wien

# Leistungselektronik

Technische Elektronik Band II

von Prof. Dr.-Ing. Klaus Bystron

mit 327 Bildern und 4 Tabellen

Carl Hanser Verlag München Wien 1979

Prof. Dr.-Ing. Klaus Bystron
Fachbereich Informatik der Fachhochschule Konstanz

CIP-Kurztitelaufnahme der Deutschen Bibliothek

**Bystron, Klaus:**
Technische Elektronik/von Klaus Bystron. –
München, Wien: Hanser.
(Studienbücher der technischen Wissenschaften)
Bd. 2. → Bystron, Klaus: Leistungselektronik

**Bystron, Klaus:**
Leistungselektronik/von Klaus Bystron. –
München, Wien: Hanser, 1979.
(Technische Elektronik/von Klaus Bystron; Bd. 2)
(Studienbücher der technischen Wissenschaften)

ISBN 3-446-12131-5


Satz und Druck: Universitätsdruckerei H. Stürtz AG, Würzburg
Printed in Germany

# Vorwort

Das vorliegende Buch ist aus meinen Vorlesungen über Leistungselektronik an den Fachhochschulen Konstanz und Ravensburg in den Fachbereichen Informatik (Prozeßautomatisierung), Energietechnik und Elektronik hervorgegangen. Schon das Interesse der verschiedenen Fachbereiche an diesem Wissensgebiet läßt die Bedeutung dieser Technik in der Industrie erkennen. Die Entwicklung der klassischen Stromrichtertechnik zur modernen Leistungselektronik ist durch die Fortschritte auf dem Gebiet der Halbleitertechnik, insbesondere in der Thyristor- und integrierten Schaltungstechnik sowie durch die Erkenntnisse der modernen Regelungstechnik möglich geworden. Im Verlaufe der vergangenen Jahre wurde in der Halbleiterelektronik eine immer höhere Integrationsdichte erreicht. Die Entwicklung führte zu den Mikroprozessoren, die in Zukunft die Leistungselektronik hinsichtlich der Steuerung und Regelung in einem immer größeren Maße beeinflussen und damit den wirtschaftlichen Einsatz von Thyristorschaltungen in weiteren Bereichen der Industrie ermöglichen werden.

In der Vorlesungspraxis hat es sich als vorteilhaft erwiesen, daß die Studenten schon zu Beginn der Lehrveranstaltung mit den wesentlichen Begriffen der Leistungselektronik vertraut gemacht werden. Hinsichtlich des Energieflusses (äußere Wirkungsweise von Stromrichtern) ist dies unter Verwendung von Blockschaltbildern leicht möglich. Aber auch schwierigere Begriffe, wie z.B. die Führung und Taktgebung von Stromrichtern (innere Wirkungsweise von Stromrichtern) können erfahrungsgemäß schon zu Anfang der Vorlesung den Studenten an exemplarischen Beispielen verständlich gemacht werden. Bei der Behandlung der Taktgebung kann das Interesse der Studenten bedeutend gefördert werden, wenn vom Blockschaltbild ausgehend auf die konkrete Schaltung von einfachen Steuersätzen übergegangen wird. Hierzu eignen sich z.B. Schaltungen mit Operationsverstärkern und digitalen Schaltkreisen, die wegen ihrer Übersichtlichkeit leicht verständlich sind.

Beim Entwurf und der Dimensionierung von Thyristorschaltungen ist die Kenntnis des thermischen und dynamischen Verhaltens von Thyristoren sehr wichtig. Insbesondere ist der Schaltungsaufbau und -aufwand von selbstgeführten Stromrichtern in einem hohen Maße von den dynamischen Eigenschaften der Thyristoren abhängig. Aus diesem Grunde wurde der Schaltungsanalyse von netz- und selbstgeführten Stromrichtern ein relativ umfangreiches Kapitel über die Eigenschaften von Thyristoren vorangestellt.

Es ist zweckmäßig, die Theorie der netzgeführten Stromrichter am Beispiel des dreipulsigen Stromrichters zu erläutern, weil hier bei relativ leicht übersehbarer Schaltung die Voraussetzung eines nahezu vollkommen geglätteten Gleichstromes in der Praxis auch erfüllbar ist. Alle wichtigen Gleichungen wurden entsprechend der Lehrerfahrung des Verfassers so abgeleitet, daß ein Nachvollzug leicht möglich und somit das Buch auch zum Selbststudium geeignet ist. Besonderer Wert wird auf die Vermittlung des Verständnisses für den netzgeführten Wechselrichterbetrieb, die Kommutierung sowie die Blindleistungsprobleme gelegt. Zwei relativ umfangreiche Kapitel über die in der Praxis so wichtigen Umkehrstromrichter sowie über die in der Leistungselektronik am häufigsten angewendeten Methoden der Regelungstechnik schließen die Ausführungen über netzgeführte Stromrichter ab.

Die Entwicklung auf dem Gebiet der selbstgeführten Stromrichter ist noch nicht abgeschlossen. Es wurden daher in der Praxis oft angewendete Schaltungen ausgesucht und diese beispielhaft – ausgehend von den Grundlagen bis zur Dimensionierungsreife – durchgearbeitet. Hierdurch wird nach der Erfahrung des Verfassers die ingenieurmäßige Denkungsweise in dieser Technik mehr gefördert als durch ein katalogartiges Aufzählen von möglichst vielen Schaltungen mit oberflächlicher Beschreibung.

In einem abschließenden Kapitel über umrichtergespeiste Drehfeldmaschinen wird in einem weitgespannten Rahmen eine Übersicht über die verschiedenen Möglichkeiten und Anwendungen drehzahlgesteuerter Drehfeldmaschinen gegeben.

Als Ziel dieses Buches wird angestrebt, daß der Studierende von den Grundlagen ausgehend bis zum Verständnis komplexer Schaltungen geführt und darüber hinaus zur selbständigen quantitativen Analyse von Schaltungen der Leistungselektronik befähigt wird. Dieses Ziel kann selbstverständlich nur durch ein umfangreiches vorlesungsbegleitendes Praktikum erreicht werden.

Das vorliegende Buch wendet sich nicht nur an Studenten der Elektrotechnik, sondern auch an in der Praxis tätige Ingenieure.

Herrn Prof. Dipl.-Ing. A. Habermann danke ich für die stetige Förderung des Buches, für wertvolle Anregungen sowie für die Durchsicht und Korrektur des Manuskriptes. Mein Dank gilt weiterhin der Firma Siemens AG für die Überlassung umfangreicher Unterlagen sowie der Firma Brown, Boveri & Cie. AG, Mannheim, für wertvolle Diagramme und Oszillogramme bezüglich des dynamischen Verhaltens von Thyristoren. Dem Carl Hanser Verlag danke ich schließlich für die verständnisvolle und harmonische Zusammenarbeit.

Konstanz, im Mai 1979

*Klaus Bystron*

# Inhalt

# 1. Einführung

Die Fortschritte auf dem Gebiet der Halbleitertechnik, insbesondere in der Thyristor- und der integrierten Schaltungstechnik, haben den Anwendungsbereich der klassischen Stromrichtertechnik bedeutend erweitert. Dieser Entwicklung wurde durch die Einführung des Begriffes „Leistungselektronik“ bzw. „Energieelektronik“ Rechnung getragen. Innerhalb der Leistungselektronik haben die netzgeführten und selbstgeführten Stromrichter eine grundlegende Bedeutung.

Wichtige Grundlagen der netzgeführten Stromrichter sind von der klassischen Stromrichtertechnik her bekannt. Andere Stromrichterfunktionen, wie z. B. die des Wechselstromumrichters oder des selbstgeführten Wechselrichters waren zwar im Prinzip bekannt, konnten jedoch hauptsächlich wegen der unzureichenden dynamischen Eigenschaften der Quecksilberdampfventile und des großen Steueraufwandes praktisch nicht angewendet werden. Erst die Einführung der Thyristoren und die Möglichkeiten der integrierten Schaltungstechnik haben in den letzten Jahren zu umfangreichen Entwicklungsarbeiten auf dem Gebiet der selbstgeführten Stromrichter geführt. Heute werden selbstgeführte Stromrichter in vielen Bereichen der Industrie eingesetzt.

Inzwischen gibt es auf dem Gebiet der Leistungselektronik eine derartige Vielfalt von Schaltungen, daß es notwendig erscheint, eine Übersicht über Begriffe und Anwendungen von Stromrichtern den folgenden Kapiteln voranzustellen.

## 1.1. Äußere Wirkungsweise von Stromrichtern

Stromrichter sind Einrichtungen zum Umformen oder Steuern elektrischer Energie unter Verwendung von Stromrichterventilen (DIN 41750, Blatt 1). Ein Stromrichterventil ist ein Funktionselement, das periodisch abwechselnd in den elektrisch leitenden und den nichtleitenden Zustand versetzt wird. In Halbleiter-Stromrichtern bilden Halbleiterbauelemente, wie z. B. Gleichrichterdioden, Thyristoren und Transistoren im Schaltbetrieb die Stromrichterventile.

In Bild 1.1. sind die verschiedenen Möglichkeiten zum Umformen elektrischer Energie über Stromrichter dargestellt. Die Kreise stellen verschiedenartige Stromsysteme dar, die Pfeile zeigen die Richtung des Energieflusses. Der Begriff Stromrichter stellt den Oberbegriff für die Bezeichnungen „Gleichrichter“, „Wechselrichter“, „Wechselstromumrichter“ und „Gleichstromumrichter“ dar. In der modernen Leistungselektronik finden alle in Bild 1.1. dargestellten Möglichkeiten der Energieumformung ein breites Anwendungsgebiet. Dies soll an einigen Beispielen gezeigt werden.

In Bild 1.2. ist das Blockschaltbild einer aus dem Drehstromnetz über einen Stromrichter gespeisten Gleichstrommaschine dargestellt. Je nachdem, ob die Maschine als Motor oder

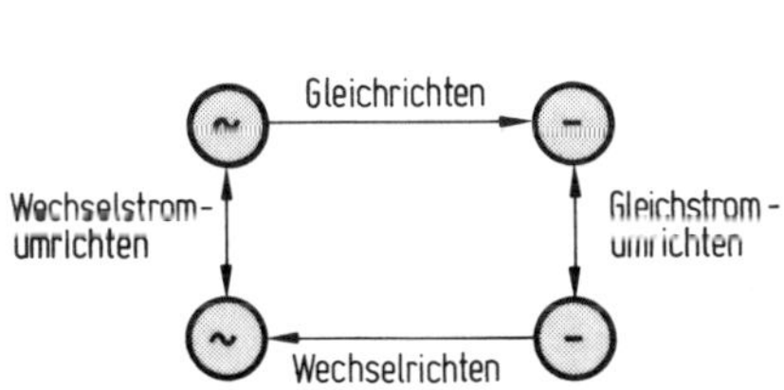


Bild 1.1.
Verschiedene Möglichkeiten der Umformung elektrischer Energie über Stromrichter

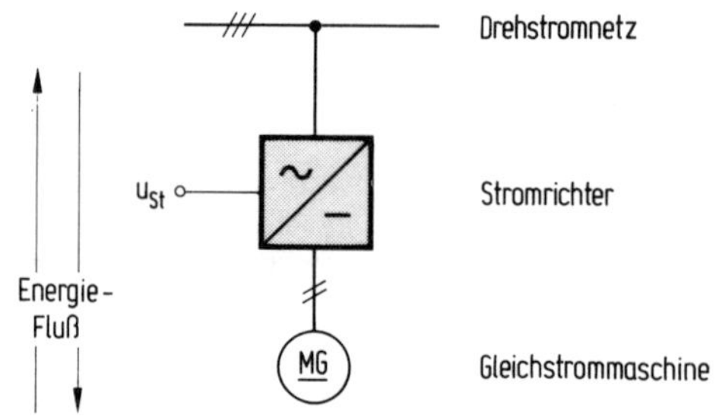


Bild 1.2.
Drehzahlsteuerung einer Gleichstrommaschine über einen aus dem Drehstromnetz gespeisten Stromrichter

Generator arbeitet, formt der Stromrichter die Drehstromenergie in Gleichstromenergie bzw. die Gleichstromenergie in Drehstromenergie um. Bei Motorbetrieb arbeitet der Stromrichter als Gleichrichter, bei Generatorbetrieb als Wechselrichter. Mit Hilfe der Steuerspannung kann die Gleichspannung in ihrer Höhe verändert und damit die Drehzahl der Maschine kontinuierlich verstellt werden.

Der Stromrichter kann so aufgebaut werden, daß in beiden Drehrichtungen der Maschine Motor- und Generatorbetrieb möglich ist. Dazu muß der Stromrichter sowohl eine Umkehr der Spannung als auch – unabhängig davon – der Richtung des Gleichstromes zulassen. In Bild 1.3. sind die möglichen Arbeitsbereiche eines derartigen Stromrichters dargestellt. Die Strom-Spannungs-Ebene des Gleichstromsystems läßt sich in vier Quadranten entsprechend den jeweiligen Vorzeichen der Gleichspannung $U_d$ und des Gleichstromes $I_d$ einteilen. Gleiche Vorzeichen von Gleichstrom und Gleichspannung bedeuten, daß Leistung an das Gleichstromsystem abgegeben wird (Verbraucher-Zählpfeil-System). Dies ist in den Quadranten I und III der Fall. Haben Gleichstrom und Gleichspannung entgegengesetzte Vorzeichen, so wird Leistung aus dem Gleichstromsystem entnommen (Wechselrichterbetrieb des Stromrichters). Dies ist in den Quadranten II und IV der Fall. Stromrichter für Umkehrantriebe (z.B. Antrieb einer Umkehrwalzenstraße) müssen den eben geschilderten Vierquadrantenbetrieb ermöglichen.
In Bild 1.4. ist die Speisung einer Drehstrommaschine aus einem Gleichstromnetz konstanter Spannung im Blockschaltbild dargestellt. Über die Steuerspannungen $u_{St\,1}$ und $u_{St\,2}$ kann sowohl die Frequenz als auch die Höhe der Maschinenspannung unabhängig voneinander verändert werden. Erfolgt die Zuordnung von Spannung und Frequenz in der Weise, daß der magnetische Fluß der Maschine unabhängig von der Drehzahl und der Belastung dem Nennwert entspricht,

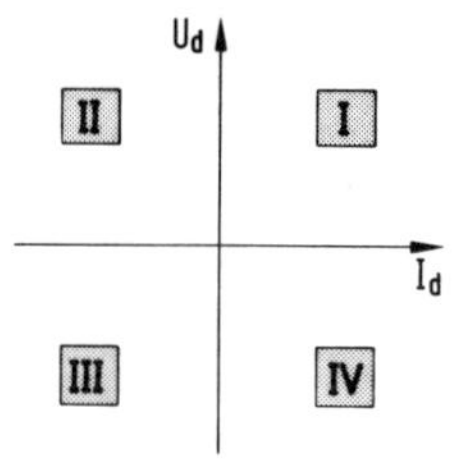


Bild 1.3.
Die vier Quadranten in der Gleichstrom-Gleichspannungsebene ($U_d/I_d$)

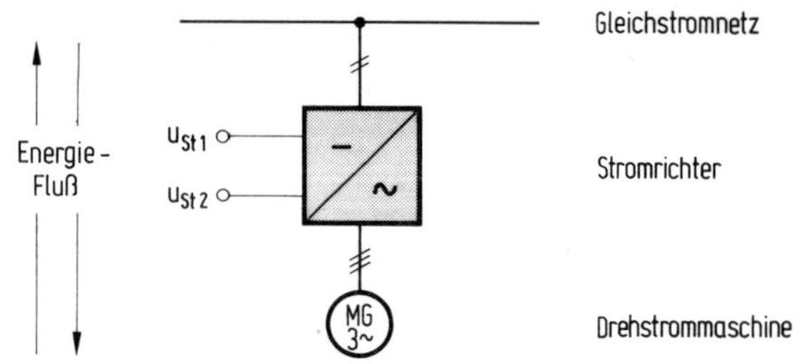


Bild 1.4.
Drehzahlsteuerung einer Drehstrommaschine über einen aus dem Gleichstromnetz gespeisten Stromrichter

dann ist eine optimale verlustarme Drehzahlsteuerung z. B. einer Asynchronmaschine möglich. Die Maschine kann bei jeder Drehzahl mit dem Nennmoment belastet werden. Derartige Antriebe sind erforderlich, wenn beispielsweise bei einer hohen Drehzahl die Grenzleistung der Gleichstrommaschine überschritten wird oder wenn extrem wartungsfreie Antriebe notwendig sind. Bekanntlich ist die Grenzleistung der Gleichstrommaschine hyperbolisch abhängig von der Höchstdrehzahl der Maschine. Bei 1000 U $\min^{-1}$ bzw. 10000 U $\min^{-1}$ ergibt sich eine Grenzleistung von etwa 2 MW bzw. 200 kW. Diese theoretischen Grenzleistungen sind z. Z. noch nicht erreicht.

Eine weitere bedeutende Anwendung finden derartige Antriebe z. B. in der Textilindustrie. Hier kommt es häufig darauf an, viele kleine Synchronmotoren mit Permanenterregung und einer Einzelleistung von einigen 100 W in der Drehzahl zu steuern (Bild 1.5.). Die Maschinen sollen dabei in absolutem Gleichlauf mit sehr hoher Frequenzkonstanz (z. B. $\pm 0{,}01\,\%$ bezogen auf jede Frequenz) laufen. Diese Genauigkeit ist heute mit einem digitalen Frequenzgeber ohne weiteres erreichbar. Der Stromrichter in Bild 1.5. arbeitet im normalen Betrieb als Wechselrich-

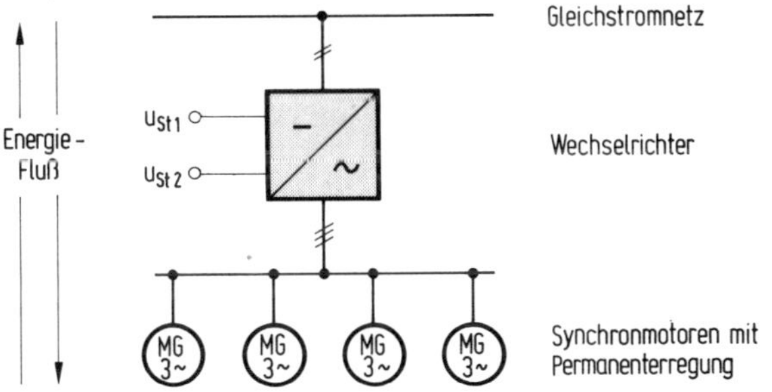


Bild 1.5.
Stromrichter zur Speisung von Mehrmotorenantrieben aus einem Gleichstromnetz

ter, da er Gleichstromenergie in Drehstromenergie umformt. Bei Umkehr der Energierichtung speist der Stromrichter als Gleichrichter Leistung in das Gleichstromnetz ein. Eine Umkehr der Energierichtung tritt z. B. ein, wenn die Maschinenfrequenz schnell zu tieferen Werten hin verstellt wird, so daß die angeschlossenen Maschinen übersynchron laufen.

Schaltet man entsprechend Bild 1.6. die beiden bisher besprochenen Stromrichter in Reihe, so erhält man einen Wechselstromumrichter, kurz Umrichter genannt. Die beiden Teilstromrichter müssen durch einen oder mehrere Energiespeicher entkoppelt werden, damit die Pulsfrequenz des Teilstromrichters I keinen Einfluß auf das Verhalten der Drehstrommaschine nimmt. Man nennt derartige Stromrichter Zwischenkreis-Umrichter, da die beiden Teilstromrichter über einen Gleichspannungs- bzw. Gleichstromzwischenkreis verbunden sind. Bei Umrichtern mit Gleichspannungszwischenkreis nach Bild 1.6.a wird der Teilstromrichter II von einer eingeprägten Gleichspannung gespeist. Diese Umrichter eignen sich besonders zur Speisung von Mehrmotorenantrieben. Bei der Variante b in Bild 1.6. wird Teilstromrichter II von einem eingepragten Gleichstrom gespeist. Umrichter mit Gleichstromzwischenkreis sind besonders zur Speisung von Einmotorenantrieben geeignet. Der konkrete Schaltungsaufbau der Teilstromrichter II ist in beiden Fällen verschieden. Abgesehen vom Schaltungsaufbau unterscheiden sich die beiden Teilstromrichter eines Zwischenkreis-Umrichters in der Betriebsart. Bei Motorbetrieb arbeitet Teilstromrichter I als Gleichrichter und Teilstromrichter II als Wechselrichter. Bei Generatorbetrieb der Drehstrommaschine (z. B. beim Abbremsen) kehren die beiden Teilstromrichter ihre Funktion um.

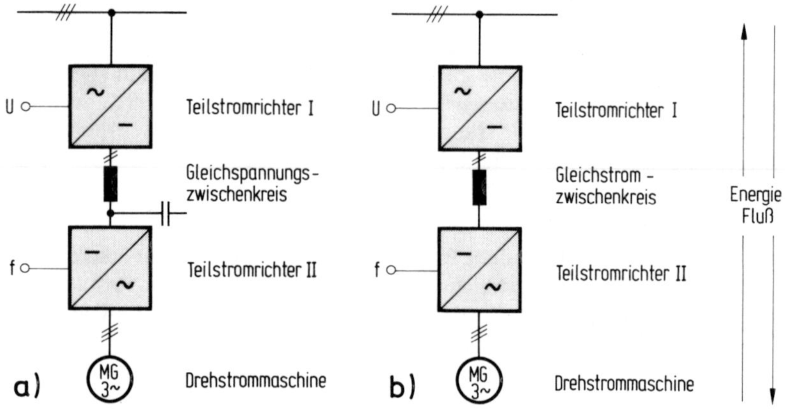


Bild 1.6. Blockschaltbilder von Zwischenkreisumrichtern
a) mit Gleichspannungszwischenkreis
b) mit Gleichstromzwischenkreis

In Bild 1.6. wird die Maschinenspannung über Teilstromrichter I und die Maschinenfrequenz über Teilstromrichter II geändert. Es handelt sich daher um Umrichter mit veränderbarer Zwischenkreisspannung. Daneben werden auch Umrichter mit konstanter Zwischenkreisspannung gebaut. Bei diesen Umrichtern wird sowohl die Spannung als auch die Frequenz über den Teilstromrichter II eingestellt.

Zwischenkreis-Umrichter haben in den letzten Jahren zunehmend an Bedeutung gewonnen. In einigen Anwendungsfällen, z.B. in der Textilindustrie, wurden schon wenige Jahre nach der Entwicklung dieser Schaltungen die Maschinenumformer völlig verdrängt.

Man kann die beiden Teilstromrichter in Bild 1.6. auch so in Reihe schalten, daß die Gleichstromklemmen jeweils den Ein- bzw. Ausgang der Schaltung bilden. Auf diese Weise entsteht der in Bild 1.7. dargestellte Gleichstromumrichter. Speziell handelt es sich um einen Zwischenkreis-Gleichstromumrichter, da die beiden Teilstromrichter über einen Wechselstrom-Zwischenkreis miteinander verbunden sind.

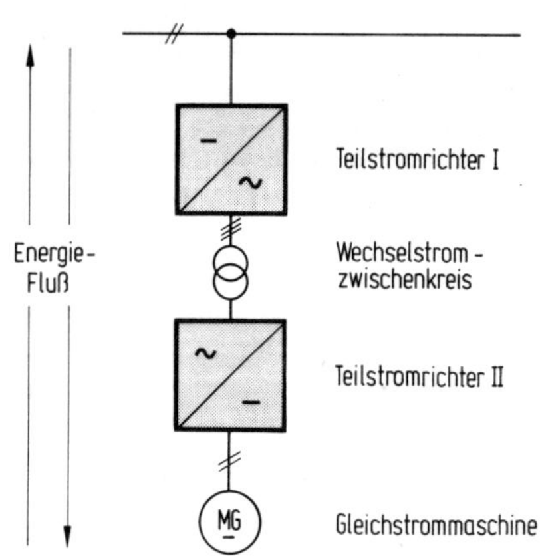


Bild 1.7.
Blockschaltbild eines
Zwischenkreis-Gleichstromumrichters

Mit einem derartigen Stromrichter kann eine konstante Gleichspannung in eine einstellbare Gleichspannung umgeformt werden. Bei Motorbetrieb der Gleichstrommaschine arbeitet Teilstromrichter I als Wechselrichter und Teilstromrichter II als Gleichrichter, bei Generatorbetrieb ist es umgekehrt.

Innerhalb der Gleichstromumrichter hat der Gleichstromsteller eine relativ hohe Bedeutung. Ein Gleichstromsteller ist ein Gleichstromumrichter ohne Wechselstromzwischenkreis. Die beiden Gleichstromseiten sind im allgemeinen galvanisch miteinander verbunden.

Die grundsätzliche Arbeitsweise eines Gleichstromstellers geht aus Bild 1.8.a hervor. Der Schalter $S$ wird mit konstanter Frequenz ein- und ausgeschaltet. Über eine Steuerung, die im Prinzipschaltbild nicht eingezeichnet ist, kann die Einschaltdauer $t_e$ des Schalters stufenlos gesteuert werden. Damit ist der Mittelwert der Ausgangsspannung veränderbar:

$$U_{aAV} = \frac{1}{T} \int_0^{t_e} U_B \, dt$$

$$U_{aAV} = \frac{t_e}{T} U_B .$$

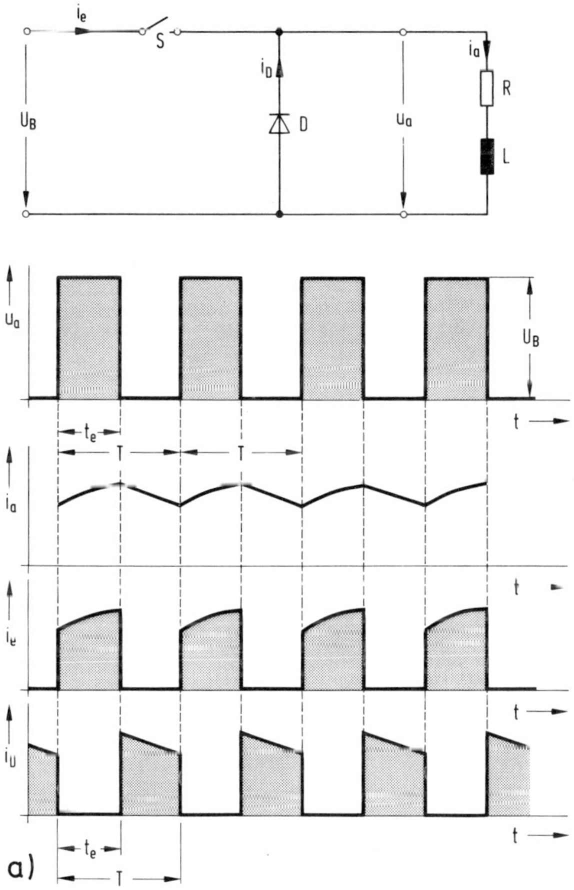


Bild 1.8.a.
Zur Wirkungsweise
des Gleichstromstellers

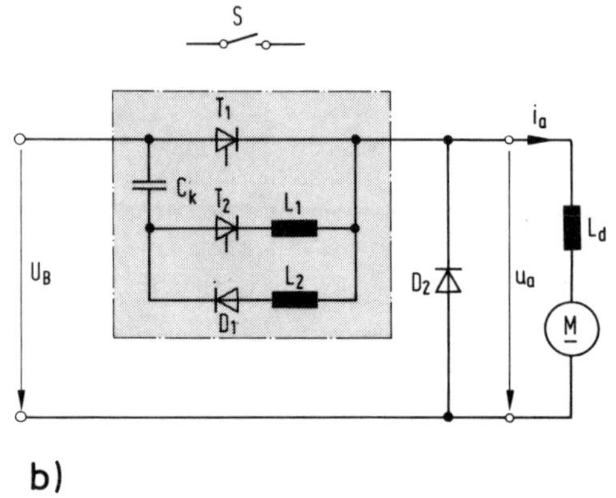


Bild 1.8.b.
Prinzipschaltbild eines Gleichstromstellers

Die Freilaufdiode *D* ermöglicht das Weiterfließen des Laststromes bei periodisch geöffnetem Schalter *S*. Während der Stromführungszeit der Diode wird die in der Induktivität *L* gespeicherte magnetische Energie teilweise im Widerstand *R* in Wärme umgesetzt. Bei günstiger Zuordnung von Taktfrequenz und Größe der Induktivität *L* hat der Ausgangsstrom $i_a$ nur eine geringe Welligkeit. Der Gleichstromsteller ist damit geeignet, eine Gleichstrommaschine verlustlos in der Drehzahl zu steuern. In Bild 1.8.b ist der mechanische Schalter *S* durch Halbleiterventile ersetzt worden. Die Wirkungsweise dieser Schaltung wird in einem der folgenden Kapitel behandelt. Der Schaltungsaufwand für den Starkstromkreis ist nicht besonders hoch. Wie sich später zeigen wird, ist auch die Steuerung und Regelung eines derartigen Antriebes nicht aufwendig. Ein Gleichstromsteller kann daher auf den verschiedensten Gebieten in technischer und wirtschaftlicher Hinsicht vorteilhaft eingesetzt werden. Als Beispiele für die Anwendung seien genannt: Regelung der Antriebsmotoren von Straßen- und U-Bahnen, Gabelstaplern, Krankenfahrstühlen, Elektroautos, Rangierlokomotiven etc.

## 1.2. Innere Wirkungsweise von Stromrichtern

Im vorangegangenen Kapitel wurden die Stromrichter nach ihrer äußeren Wirkungsweise unterschieden. Es ergaben sich grobe Unterscheidungsmerkmale, die lediglich durch die verschiedenen Arten der Umformung der elektrischen Energie gekennzeichnet sind.

Eine verfeinerte Einteilung wird möglich, wenn man die Stromrichter nach der Herkunft der Kommutierungsspannung (Führung des Stromrichters) sowie nach der Herkunft der Taktfrequenz (Taktgebung des Stromrichters) unterscheidet.

### 1.2.1. Führung des Stromrichters

Man unterscheidet grundsätzlich zwischen fremdgeführten und selbstgeführten Stromrichtern.

Bei einem fremdgeführten Stromrichter wird die Kommutierungsspannung – das ist die Spannung, durch deren Wirkung der Strom von einem Stromrichterzweig auf den nächsten übergeht – von einer fremden, nicht zum Stromrichter gehörenden Spannungsquelle zur Verfügung gestellt. Innerhalb der fremdgeführten Stromrichter kann man noch speziell zwischen netz- und lastgeführten Stromrichtern unterscheiden.

Bei einem netzgeführten Stromrichter stellt das speisende Wechselspannungsnetz die Kommutierungsspannung zur Verfügung.

Der lastgeführte Stromrichter erhält die Kommutierungsspannung vom Verbraucher.

Am Beispiel der schon von Band I her bekannten dreipulsigen Mittelpunktschaltung soll der Kommutierungsvorgang näher erläutert werden. Bei dieser Schaltung handelt es sich entsprechend den bisher dargelegten Definitionen um einen fremdgeführten Stromrichter, oder präziser ausgedrückt, um einen nicht steuerbaren netzgeführten Gleichrichter. In Bild 1.9. ist die Grundschaltung und in Bild 1.10. der ventilseitige Ersatzschaltplan des Gleichrichters angegeben. In den Reaktanzen $X_k$ sind die Streureaktanzen des Transformators sowie die im Vergleich hierzu viel kleineren Reaktanzen des speisenden Netzes und der Verbindungsleitungen zusammengefaßt. Die ohmschen Widerstände werden vernachlässigt. Es wird eine ideale Glättung des Gleichstromes ($X_d \to \infty$) vorausgesetzt.

Der Kommutierungsvorgang soll anhand der Bilder 1.10. und 1.11. erklärt werden.

Bei Beginn der Betrachtung führe die Diode $D_1$ den Gleichstrom $I_d$ ($x \leqq x_1$ in Bild 1.11.). Zum Zeitpunkt $x = x_1$ wird auch die Diode $D_2$ leitend. Wegen der Reaktanzen $X_k$ kann der Strom in der Diode $D_1$ nicht plötzlich abklingen, und der Strom in der Diode $D_2$ nicht schlagartig den

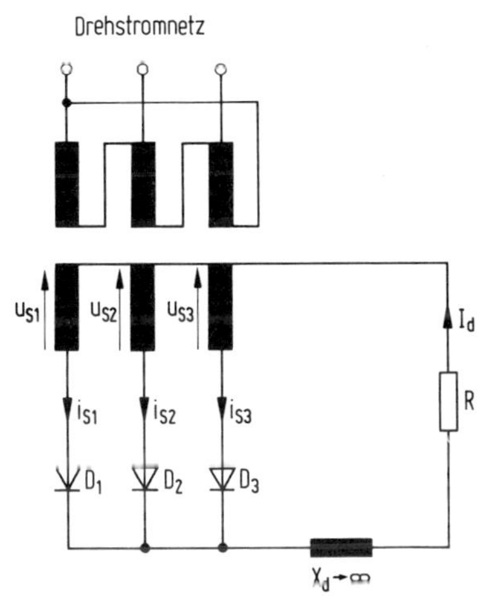


Bild 1.9.
Grundschaltbild eines dreipulsigen Gleichrichters

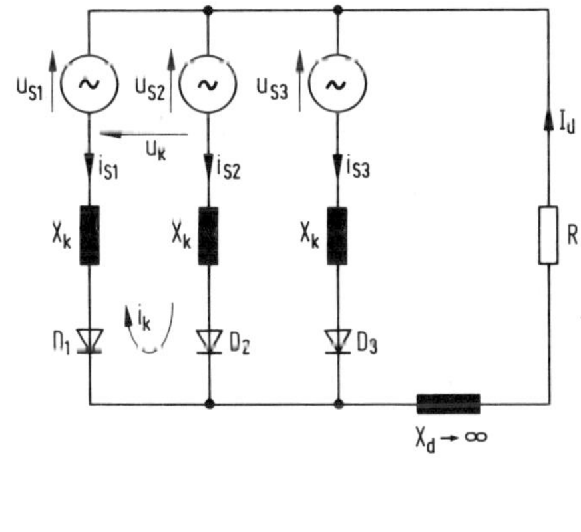


Bild 1.10.
Ventilseitiger Ersatzschaltplan des dreipulsigen Gleichrichters mit Kommutierungsreaktanzen

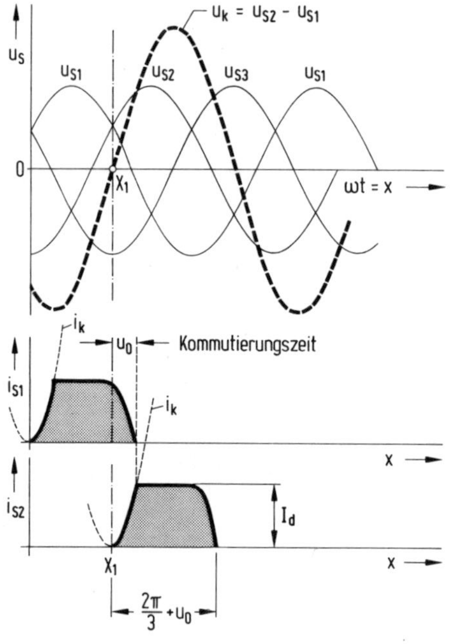


Bild 1.11.
Kommutierung des Stroms von Diode $D_1$ auf Diode $D_2$

Wert des Gleichstromes $I_d$, der ja infolge der großen Glättungsdrossel ($X_d$) konstant bleibt, annehmen. Während einer gewissen Zeit, der Kommutierungs- oder Überlappungszeit, führen daher beide Zweige gleichzeitig Strom. Es bildet sich, entsprechend einem zweipoligen Kurzschluß des Transformators, ein Kurzschlußstrom $i_k$ aus. Wie aus Bild 1.10. deutlich zu erkennen ist, überlagert sich der Kurzschlußstrom $i_k$ dem Gleichstrom in der stromabgebenden Diode $D_1$ so, daß die Summe beider immer kleiner wird. Hat der Summenstrom in der Diode $D_1$ den Wert Null erreicht, so verhindert die Sperrwirkung der Diode ein Weiterfließen. Gleichzeitig hat der Strom in der Diode $D_2$ von Null beginnend den Wert des Gleichstromes $I_d$ erreicht. Der Kommutierungsvorgang ist beendet.

Die Kommutierungsspannung $u_k$, durch deren Wirkung also der Strom von einem Ventilzweig auf den nächsten übergeht, ist durch die Differenz der Spannungen der kommutierenden Zweige, in unserem Fall durch die Spannung $u_k = u_{S2} - u_{S1}$ (Bilder 1.10. u. 1.11.) gegeben. Diese Spannung wird von einer nicht zum Stromrichter gehörenden Spannungsquelle, nämlich vom Drehstromnetz, zur Verfügung gestellt.

Demgegenüber benötigen selbstgeführte Stromrichter keine fremde Wechselspannungsquelle zur Kommutierung. Bei ihnen wird während der Kommutierung eine Spannung im Kommutierungskreis wirksam, die von einem zum Stromrichter gehörenden Energiespeicher zur Verfügung gestellt wird.

In Bild 1.8.b wurde das Prinzipschaltbild eines Gleichstromstellers angegeben. Bei dieser Schaltung handelt es sich um einen selbstgeführten Stromrichter. Es besteht hier die Aufgabe, den Laststrom $i_a$ im Takt einer vorgegebenen Frequenz von Thyristor $T_1$ auf die Diode $D_2$ zu kommutieren. Die zur Kommutierung notwendige Kommutierungsspannung wird von dem zum Gerät gehörenden Kommutierungskondensator $C_k$ bereitgehalten und mit Hilfe des

Thyristors $T_2$ zu einem von der Steuerung vorgegebenen Zeitpunkt eingeschaltet. Die Vorgänge während der Kommutierung werden in einem späteren Kapitel noch eingehend beschrieben. An dieser Stelle sei lediglich vermerkt, daß noch eine Zwischenkommutierung stattfindet, d.h. der Laststrom kommutiert unter dem Einfluß der Kondensatorspannung zunächst von Thyristor $T_1$ auf Thyristor $T_2$ und dann erst auf die Diode $D_2$.

In einem späteren Kapitel wird gezeigt, daß zur Kommutierung des Stromes Blindleistung benötigt wird. Bei fremdgeführten Stromrichtern stellt entweder das Netz (netzgeführte Stromrichter) oder die Last (lastgeführte Stromrichter) die erforderliche Kommutierungsblindleistung zur Verfügung.

Im Falle der selbstgeführten Stromrichter kann weder die speisende Gleichspannungsquelle noch die an den Stromrichter angeschlossene Last diese Blindleistung aufbringen. Der selbstgeführte Stromrichter selbst muß daher sowohl die Kommutierungsblindleistung als auch gegebenenfalls die von der Last benötigte Blindleistung zur Verfügung stellen. Dies wird deutlich, wenn man z.B. den Stromrichter nach Bild 1.4. (Speisung einer Asynchronmaschine aus einem Gleichstromnetz) betrachtet. Das speisende Gleichstromnetz kann keine Blindleistung abgeben. Die an den Stromrichter angeschlossene Asynchronmaschine benötigt selbst in jedem Betriebszustand Blindleistung. Der Stromrichter muß daher sowohl die Kommutierungsblindleistung als auch die von der Maschine benötigte Blindleistung erzeugen. Die Speisung einer Asynchronmaschine aus einem Gleichstromnetz ist daher nur über einen selbstgeführten Stromrichter möglich. Bei Motorbetrieb arbeitet der Stromrichter als selbstgeführter Wechselrichter, bei Generatorbetrieb als selbstgeführter Gleichrichter. Die gleichen Verhältnisse liegen bei dem Teilstromrichter II in Bild 1.6. und dem Teilstromrichter I in Bild 1.7. vor.

### 1.2.2. Taktgebung des Stromrichters

Wie bereits erwähnt, ergibt sich eine weitere Unterscheidung der Stromrichter nach der Herkunft der Taktfrequenz. Die Taktfrequenz ist die Frequenz, mit der ein Stromrichterzweig periodisch in den leitenden Zustand versetzt wird. Man unterscheidet zwischen fremd- und eigengetakteten Stromrichtern. Innerhalb der fremdgetakteten Stromrichter kann man noch zwischen netzgetakteten und lastgetakteten Stromrichtern differenzieren.

Fremdgetaktete Stromrichter benötigen eine fremde, nicht zum Stromrichter gehörende Wechselspannungsquelle, die über den Steuersatz die Taktfrequenz bestimmt. Bei netzgetakteten Stromrichtern bestimmt das Wechselspannungsnetz die Taktfrequenz, während bei lastgetakteten Stromrichtern die Wechselspannung am Verbraucher diese Aufgabe übernimmt.

Die Verhältnisse sollen am Beispiel eines dreipulsigen netzgeführten und netzgetakteten Stromrichters (Bild 1.12.) näher erläutert werden. Der Steuersatz in Bild 1.12. liefert für die Thyristoren $T_1$ bis $T_3$ netzsynchrone Steuerimpulse, die mit Hilfe der Steuerspannung $u_{St}$ in der Phasenlage gegenüber der Netzspannung verschoben werden können. Die an den Steuersatz angeschlossene Drehspannung ist zur Synchronisation der Steuerimpulse erforderlich. In Bild 1.13. ist die Bildung der gesteuerten Gleichspannung $u_d$ bei einem bestimmten Steuerwinkel $\alpha$ dargestellt.

Im Gegensatz zu den fremdgetakteten Stromrichtern benötigen Stromrichter mit Eigentaktgebung keine fremde Wechselspannungsquelle als Taktgeber. Bei ihnen erzeugt allein ein im Stromrichter enthaltener Taktgeber in Verbindung mit dem Steuersatz die Taktfrequenz. Dies soll am Beispiel einer umrichtergespeisten Asynchronmaschine (Bild 1.14.) verdeutlicht werden.

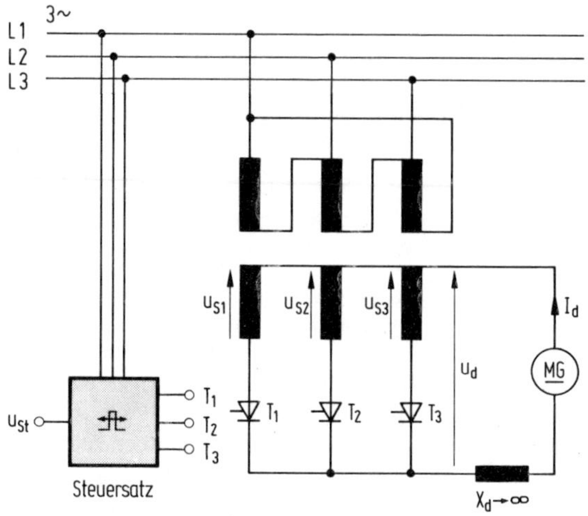


Bild 1.12.
Drehzahlsteuerung einer Gleichstrommaschine über einen netzgeführten und netzgetakteten Stromrichter

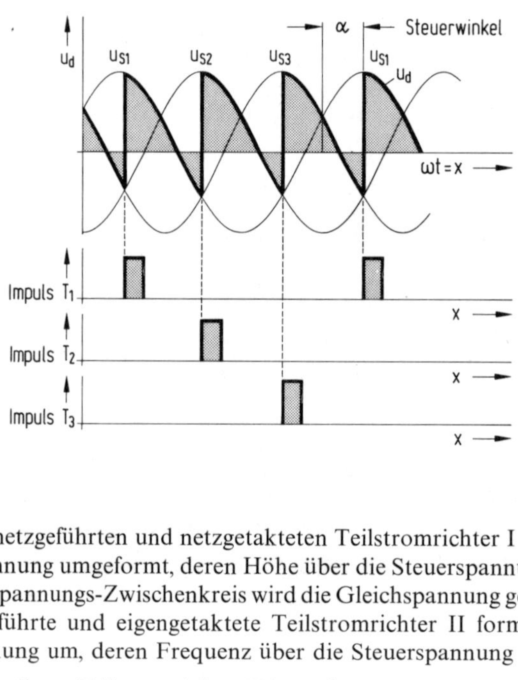


Bild 1.13.
Gleichspannungsbildung bei einem Stromrichter nach Bild 1.12

Über den netzgeführten und netzgetakteten Teilstromrichter I wird die Netzspannung in eine Gleichspannung umgeformt, deren Höhe über die Steuerspannung $u_{St1}$ gesteuert werden kann. Im Gleichspannungs-Zwischenkreis wird die Gleichspannung geglättet. Der in Reihe geschaltete selbstgeführte und eigengetaktete Teilstromrichter II formt die Gleichspannung in eine Drehspannung um, deren Frequenz über die Steuerspannung $u_{St2}$ einstellbar ist.

Der Steuerteil von Teilstromrichter II benötigt – im Gegensatz zu Teilstromrichter I – keine, die Taktfrequenz bestimmende fremde Spannungsquelle. Die Frequenz der Ausgangsspannung wird von dem zum Stromrichter gehörenden Spannungs-Frequenz-Umsetzer vorgegeben. Der Spannungs-Frequenz-Umsetzer formt die Steuergleichspannung $u_{St2}$ in eine Impulsfolge um, deren Frequenz linear mit der Steuerspannung ansteigt (vgl. Bd. I, S. 265). Über den Steuersatz II (Blockschaltbild in Bild 1.15.) werden die als elektronische Schalter wirkenden Thyristoren des Stromrichters II im Takt der Frequenz des Spannungs-Frequenz-Umsetzers jeweils

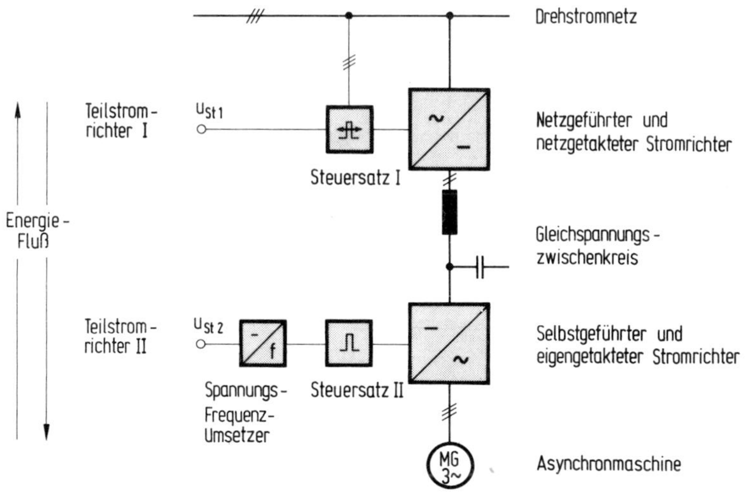


Bild 1.14. Umrichtergespeiste Asynchronmaschine

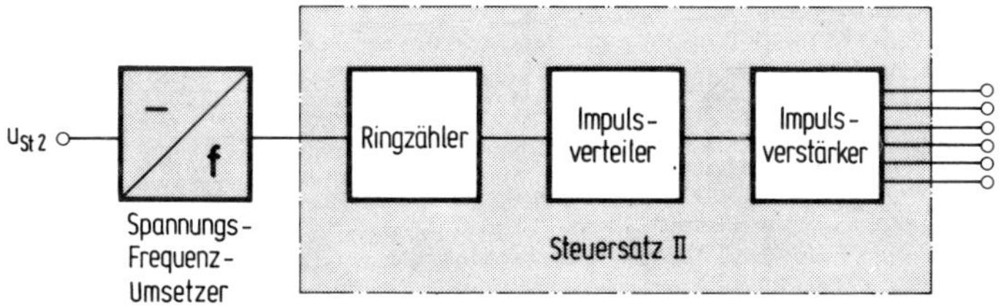


Bild 1.15. Blockschaltbild von Steuersatz II

abwechselnd so eingeschaltet, daß am Ausgang des Umrichters drei um 120° versetzte rechteckförmige Wechselspannungen entstehen. In Bild 1.16. sind die Verhältnisse am Beispiel eines sechspulsigen selbstgeführten Wechselrichters dargestellt. Es ist klar, daß die Ausgangsspannungen nicht sinusförmig sein können, da die als Schalter wirkenden Thyristoren lediglich die Eingangs-Gleichspannung $U_d$ mit wechselnder Polarität an die Ausgänge des Stromrichters zu schalten vermögen. Die Auswirkungen der oberschwingungshaltigen Spannung auf das Betriebsverhalten der Asynchronmaschine sind gering. Bei großen Maschinenleistungen lohnt es sich u. U., auf eine höhere Pulszahl des Stromrichters überzugehen. Durch eine Erhöhung der Pulszahl des speisenden Stromrichters kann nämlich ein annähernd sinusförmiger Verlauf von Strom und Spannung erreicht werden (Bild 1.17.).

Eine interessante Variante ergibt sich, wenn bei einer umrichtergespeisten Synchronmaschine nach Bild 1.18. der Teilstromrichter II lastgetaktet, also fremdgetaktet ist. Ein derartiger Antrieb wird auch als Stromrichtermotor bezeichnet. Die Aufgabe des auf der Maschinenwelle angeordneten Polradlagegebers besteht darin, die Polradstellung der Synchronmaschine kontaktlos zu erfassen und entsprechende Impulse an den Steuersatz II zu geben. Die Polradstellung kann mit Hilfe eines Systems von Hallsonden erfaßt werden. Hierzu werden Dauermagnete in eine läuferfeste Scheibe eingebracht, die an ständerfesten Hallsonden

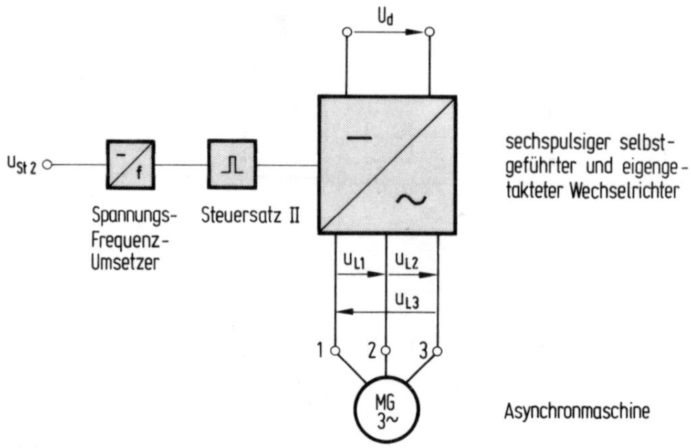


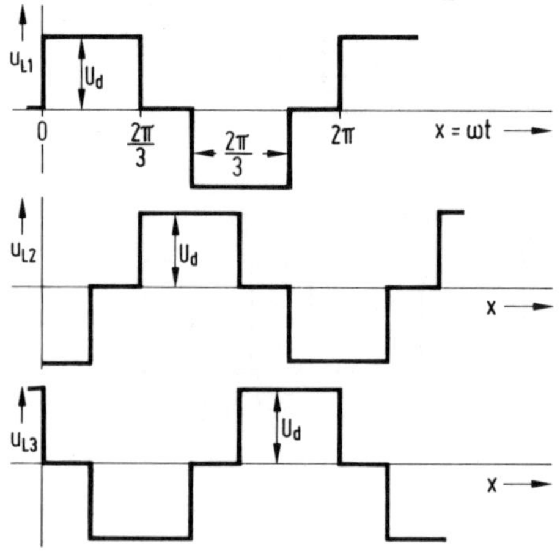


Bild 1.16.
Ausgangsspannungen bei einem sechspulsigen selbstgeführten und eigengetakteten Wechselrichter

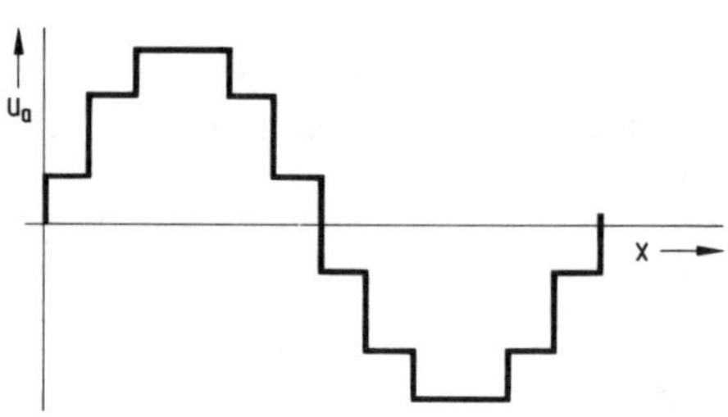


Bild 1.17.
Ausgangsspannung bei einem zwölfpulsigen selbstgeführten und eigengetakteten Wechselrichter

vorbeirotieren. Die Anzahl der Hallsonden entspricht dabei der Pulszahl des Stromrichters. Die Thyristoren des Teilstromrichters II werden nun so geschaltet, daß in der Maschine Ständer- und Läuferfeld immer angenähert senkrecht aufeinander stehen. Die Kombination der Synchronmaschine mit dem fremdgetakteten Teilstromrichter II (in Bild 1.18. umrandet) nimmt dadurch das Verhalten einer Gleichstrommaschine an. Der Ständer der Synchronmaschine

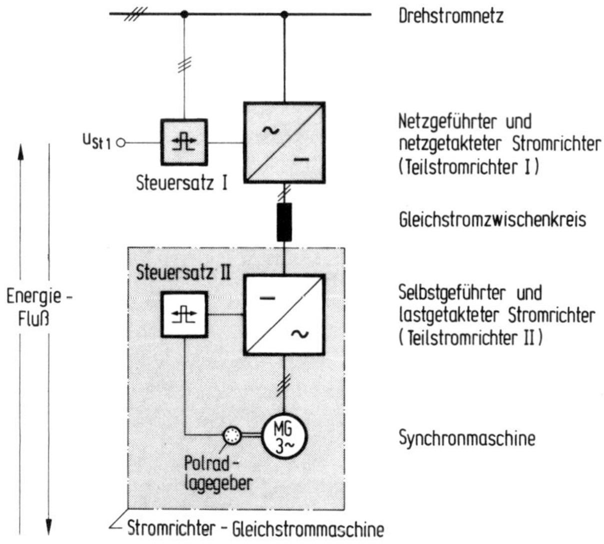


Bild 1.18.
Prinzip des
Stromrichtermotors

bildet den Anker, der mechanische Kommutator und die Bürsten einer herkömmlichen Gleichstrommaschine werden durch den fremdgetakteten Teilstromrichter II ersetzt.

Die „Stromrichter-Gleichstrommaschine" kann wie eine normale fremderregte Gleichstrommaschine durch eine veränderbare Gleichspannung in ihrer Drehzahl gesteuert werden. Diese Aufgabe übernimmt nach Bild 1.18. der netzgeführte Teilstromrichter I.

Wird die Synchronmaschine dagegen über einen eigengetakteten Teilstromrichter II gespeist (Schaltung wie in Bild 1.14.), dann hat sie das Verhalten wie am starren Netz.

Der Stromrichtermotor nach dem Prinzip in Bild 1.18. hat in den letzten Jahren zunehmend an Bedeutung gewonnen. Die Anwendungsgebiete sind da zu finden, wo der herkömmlichen Gleichstrommaschine wegen des mechanischen Kommutators Anwendungsgrenzen gesetzt sind:

1. bei Antrieben für Pumpen, Kompressoren großer Leistung und hoher Drehzahl, wo die Grenzleistung der Gleichstrommaschine überschritten wird;
2. bei Antrieben, bei denen der Kommutator wegen seiner Wartungsbedürftigkeit unerwünscht ist, z. B. in der Textilindustrie, bei Antriebsmotoren in Kernkraftwerken, bei Bahnantrieben.

Stromrichtermotoren werden sowohl für kleinere Leistungen als auch für Leistungen, die weit im MW Bereich liegen, gebaut. Antriebe kleiner Leistung mit dauermagneterregten Maschinen oder Reluktanzmaschinen können z. B. in der Textilindustrie vorteilhaft eingesetzt werden. Für Pumpenantriebe werden Stromrichtermotoren bis in den MW-Bereich angewendet. Als weitere Anwendungsmöglichkeiten sind Antriebe von Kesselspeisepumpen und Verdichtern in der chemischen Industrie zu nennen, wo es auf sehr hohe Leistungen und hohe Drehzahlen ankommt.

# 2. Thyristoren

## 2.1. Wirkungsweise

Das Halbleiterelement des Thyristors enthält in seiner Normalausführung vier sich abwechselnde *p*- und *n*-dotierte Halbleiterschichten (Bild 2.1.). Als Ausgangsmaterial wird Silizium verwendet. Die beiden äußeren Schichten sind stark dotiert, während die beiden inneren, die Basisschichten, schwach dotiert sind. Für die Funktion des Thyristors sind weitere Materialien und Teile erforderlich: Stromzuführungen, eine gegen mechanische und atmosphärische Einflüsse schützende Kapsel sowie ein Kupferboden mit Kontaktfläche und Gewindezapfen zum Befestigen des Thyristors an einem Kühlkörper. In Bild 2.2. ist der Aufbau einer Thyristortablette schematisch dargestellt. Wie bei der Diode, wird der Anschluß an die äußere *P*-Schicht als Anode (*A*) und der Anschluß an die äußere *N*-Schicht als Kathode (*K*) bezeichnet. Der Steueranschluß (*G*) befindet sich an der mittleren *P*-Schicht.

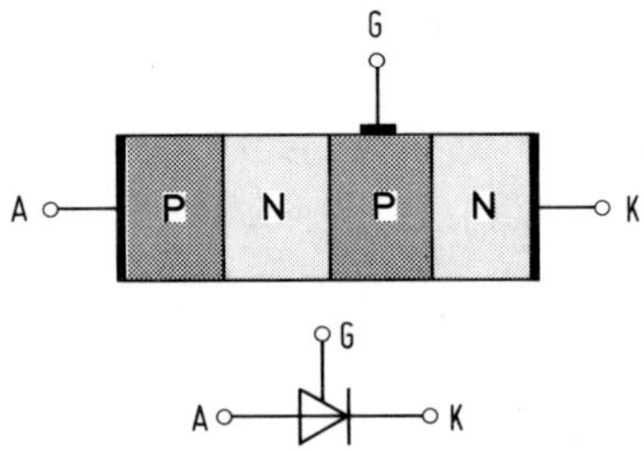


Bild 2.1.
Schichtenfolge bei einem Thyristor

Zur Erläuterung der Wirkungsweise soll der Thyristor zunächst mit offenem Steueranschluß betrieben werden.

*Gesperrter Zustand bei anliegender negativer Spannung*

Wie aus Bild 2.3. hervorgeht, werden an den beiden äußeren *PN*-Übergängen die beweglichen Ladungsträger abgezogen und somit trägerverarmte hochohmige Zonen geschaffen. Die

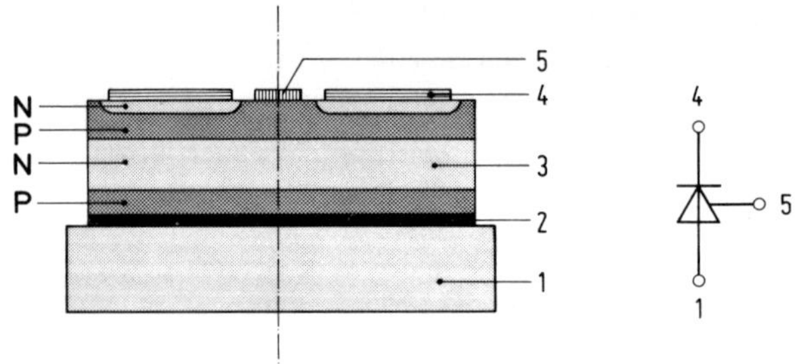


Bild 2.2. Schematischer Aufbau der Thyristortablette
1 Siliziumträgerplatte (Molybdän), 2 Anodenkontakt (Al), 3 Siliziumscheibe (PNPN-Stuktur), 4 Kathodenkontakt (Ring, AuSb), 5 Kontakt für Steueranschluß (AuB)

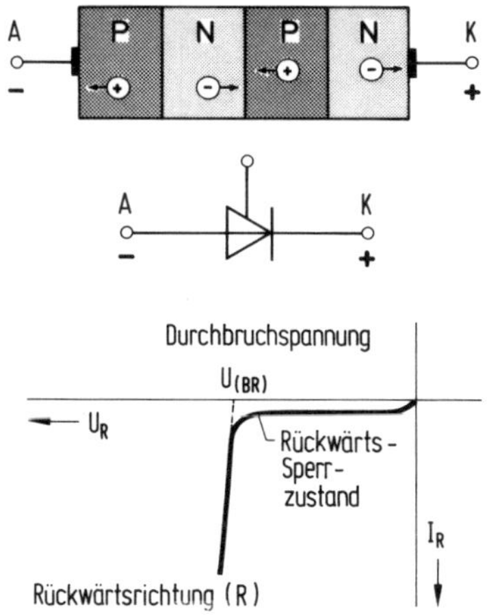


Bild 2.3.
Verhalten des Thyristors bei anliegender negativer Spannung

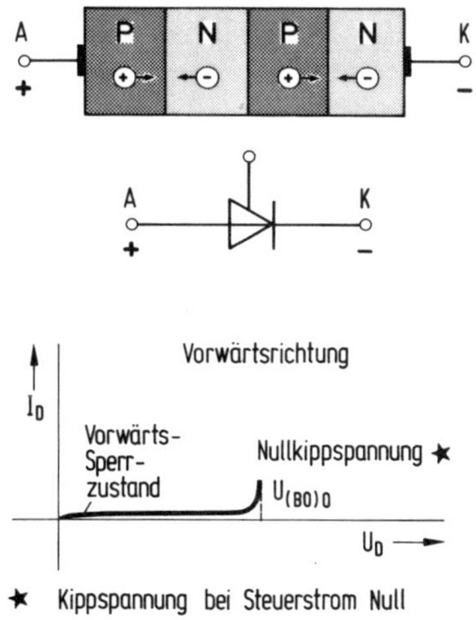


Bild 2.4.
Verhalten des Thyristors bei anliegender positiver Spannung

beiden äußeren *PN*-Übergänge sind daher gesperrt, während der mittlere *PN*-Übergang durchlässig ist. Es ergibt sich eine Kennlinie wie bei einer Diode in Sperrichtung.

Nach DIN 41785, Bl. 3 erhalten die Sperrgrößen in Rückwärtsrichtung den Index *R*; *r*. Speziell wird für die Durchbruchspannung der Index (*BR*) verwendet. In Datenbüchern wird die höchste periodische Rückwärts-Spitzensperrspannung nach der gleichen Norm mit $U_{RRM}$ angegeben.

*Gesperrter Zustand bei anliegender positiver Spannung*

Eine am Thyristor anliegende positive Spannung wirkt sich nach Bild 2.4. so aus, daß der mittlere *PN*-Übergang an Ladungsträgern verarmt und damit sperrt, während die beiden äußeren *PN*-Übergänge durchlässig sind. Nach DIN 41785 erhält die Sperrgröße in Vorwärtsrichtung den Index *D*; *d*. In Datenbüchern wird speziell die höchste periodische Vorwärts-Spitzenspannung mit $U_{DRM}$ bezeichnet. Bei der sog. Nullkippspannung $U_{(BO)0}$ – das ist die Kippspannung bei Steuerstrom Null – „kippt" der Thyristor in den Durchlaßzustand. Der Index (B0) wird nach der angeführten Norm generell für Kippspannungen verwendet.

*Das Verhalten des Thyristors bei Ansteuerung*

Durch einen kurzen Stromimpuls von einigen µs Dauer, der über die Steuerelektrode *G* eingespeist wird, kann der Thyristor vom gesperrten in den durchlässigen Zustand versetzt werden („Kippen"). Zur weiteren Erläuterung wird auf Bild 2.5. Bezug genommen. Ausgehend von der Schaltung in Bild 2.5.a wird in den Darstellungen b bis d gezeigt, wie der Thyristor gedanklich in zwei Transistoren zerlegt werden kann. Wird in Bild 2.5.d der Schalter $S_I$ geschlossen, dann liegt zwischen Anode und Kathode eine positive Spannung, der

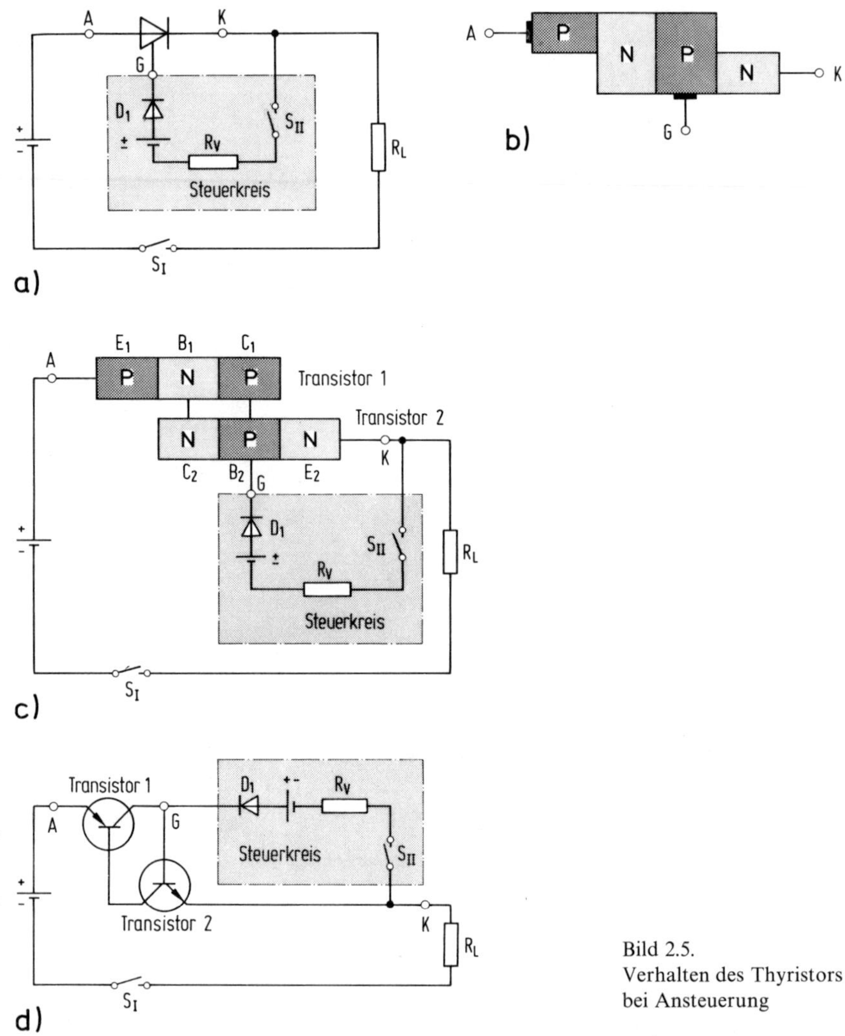


Bild 2.5.
Verhalten des Thyristors bei Ansteuerung

Thyristor sperrt. Nach Schließen des Schalters $S_{\mathrm{II}}$ kann über die Basis-Emitterstrecke von Transistor 2 ein Basisstrom $I_{\mathrm{B}2}$, der durch den Vorwiderstand $R_{\mathrm{V}}$ begrenzt ist, fließen. Die Diode $D_1$ dient lediglich zur Entkopplung von Haupt- und Steuerkreis. Dieser Basisstrom bewirkt entsprechend der Stromverstärkung $B_2$ von Transistor 2 einen Kollektorstrom $I_{\mathrm{C}2} = B_2 I_{\mathrm{B}2}$, der seinerseits den Basisstrom $I_{\mathrm{B}1}$ von Transistor 1 bildet. Der Kollektorstrom von Transistor 1, $I_{\mathrm{C}1} = B_1 \cdot I_{\mathrm{B}1} = B_1 B_2 I_{\mathrm{B}2}$, fließt als Basisstrom in den Transistor 2 usw. Dieses Spiel setzt sich mit steigender Wirkung fort, und der Strom im Hauptkreis schaukelt sich lawinenartig auf. Das Schließen des Schalters in Steuerkreis $S_{\mathrm{II}}$ hatte nur eine auslösende Wirkung. Ein Öffnen dieses Schalters kann weder das weitere Durchschalten verhindern, noch den Thyristor wieder abschalten, da der Transistor 2 seinen Basisstrom als Kollektorstrom von Transistor 1 erhält. Ein Abschalten des Stromes im Hauptkreis ist also über den Steuerkreis – im Gegensatz zum Transistor – nicht möglich. Der Thyristor kann erst wieder sperren, wenn der äußere Strom Null geworden ist. Dies ist im vorliegenden Fall nur durch das Öffnen von Schalter $S_I$ möglich. Denkt man sich im Lastkreis an Stelle von $R_L$ die Parallelschaltung einer Anzahl von Widerständen, die immer hochohmiger werden, dann kann man durch Abschalten einzelner Teilwiderstände den Strom im Hauptkreis immer kleiner werden lassen. Man findet schließlich einen minimalen Strom $I_H$, der fließen muß, damit der Thyristor durchgeschaltet bleibt. Dieser Strom wird Haltestrom genannt und findet seine Erklärung darin, daß zum Durchschalten der Transistoren in Bild 2.5.d Basisströme einer gewissen Größenordnung erforderlich sind. Die Durchlaßkennlinie eines Thyristors entspricht – abgesehen vom Haltestrom $I_H$ – der einer Silizium-Leistungsdiode.

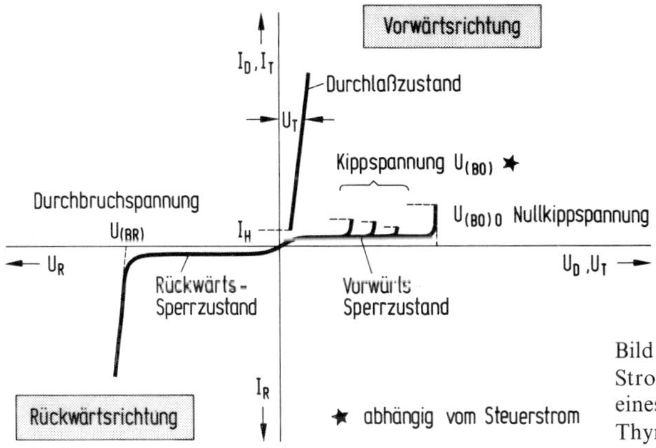


Bild 2.6.
Strom-Spannungskennlinien eines rückwärts sperrenden Thyristors (schematisch)

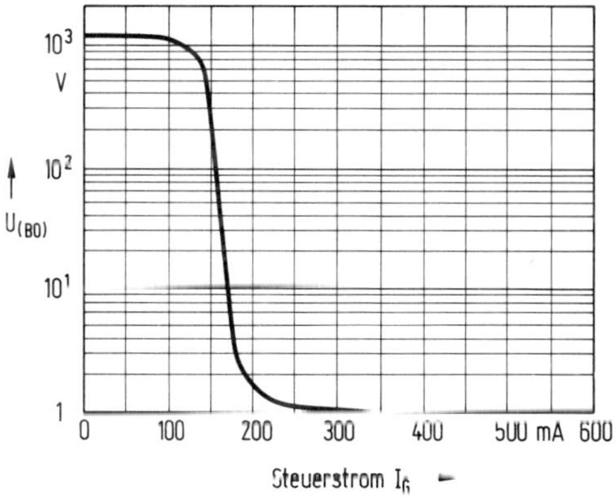


Bild 2.7.
Typische Zündkennlinie eines Thyristors

In Bild 2.6. sind die Strom-Spannungs-Kennlinien eines rückwärts sperrenden Thyristors schematisch angegeben. Der besseren Anschaulichkeit wegen, sind die Strom- und Spannungsgrößen nicht maßstabsgetreu eingetragen. Entsprechend DIN 41785, Bl. 3 werden für den Durchlaßzustand bei Thyristoren die Indizes $T$; $t$ verwendet.

In der Strom-Spannungs-Kennlinie ist schematisch die Abhängigkeit der Kippspannung $U_{(BO)}$ vom Steuerstrom dargestellt. In Bild 2.7. ist die typische Zündkennlinie eines größeren Thyristors quantitativ angegeben.

## 2.2. Thermisches Verhalten

Bei Belastung des Thyristors entstehen Verluste: Durchlaßverluste, Sperrverluste, Steuerverluste, Ein- und Ausschaltverluste. Die Sperr- und Steuerverluste können im allgemeinen gegenüber den Durchlaßverlusten vernachlässigt werden. Bei höheren Frequenzen müssen auch die Ein- und ggf. die Ausschaltverluste berücksichtigt werden.

Die Durchlaßverluste können bei gegebenem zeitlichen Verlauf des Durchlaßstromes anhand der Durchlaßkennlinie (Bild 2.8.) berechnet werden. Dazu wird die Durchlaßkennlinie durch die Ersatzgerade

$$U_T = U_{(T0)} + r_T I_T \qquad (2.1.)$$

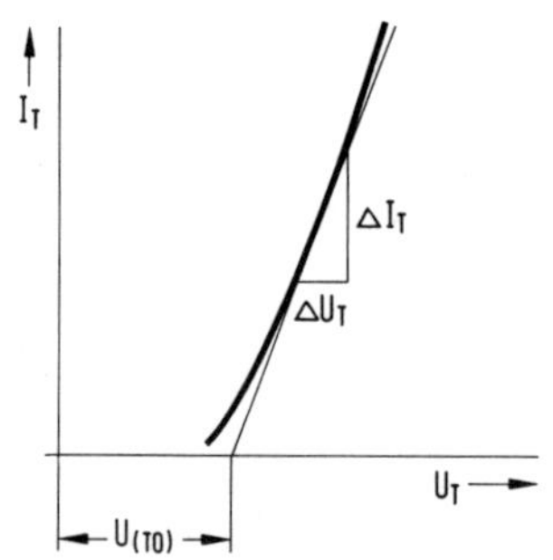


Bild 2.8.
Durchlaßkennlinie eines Thyristors und Annäherung durch eine Ersatzgerade

angenähert. Hierin ist $U_{(T0)}$ die sog. Schleusenspannung; das ist der Spannungswert, der sich bei Ersatz des interessierenden Teils der Durchlaßkennlinie durch eine Gerade als Abschnitt auf der Spannungsachse ergibt. $r_T = \frac{\Delta U_T}{\Delta I_T}$ ist der differentielle Widerstand (Ersatzwiderstand), also ein Widerstand, der sich aus der Neigung der Tangente an die Strom-Spannungs-Kennlinie in dem Punkt ergibt, der dem über den Thyristor fließenden Gleichstrom bzw. der an dem Thyristor liegenden Gleichspannung entspricht.

Wenn sich der durch den Thyristor fließende Strom zeitlich ändert $(i_T = i_T(t))$, dann ist auch die Durchlaßspannung eine Funktion der Zeit.

$$u_T(t) = U_{(T0)} + r_T\, i_T(t). \qquad (2.2.)$$

Der zeitliche Verlauf der Verlustleistung ergibt sich durch das Produkt aus $u_T(t)$ und $i_T(t)$:

$$p_T = u_T(t) \cdot i_T(t) = U_{(T0)}\, i_T(t) + r_T\, i_T^2(t). \qquad (2.3.)$$

Der Mittelwert der Gleichung (2.3.) liefert die gesuchte Verlustleistung:

$$P_{TAV} = \frac{1}{T} \int_0^T p_T(t)\, dt = U_{(T0)} \frac{1}{T} \int_0^T i_T(t)\, dt + r_T \frac{1}{T} \int_0^T i_T^2(t)\, dt. \qquad (2.4.)$$

In Gl. (2.4.) ist das erste Integral der Mittelwert $I_{TAV}$ und das zweite das Quadrat des Effektivwertes $I_{TEFF}^2$ des Durchlaßstromes. Damit ist

$$\boxed{P_{TAV} = U_{(T0)} I_{TAV} + r_T I_{TEFF}^2.} \qquad (2.5.)$$

*Beispiel 2.1.*

Bei einem einphasigen selbstgeführten Wechselrichter in Brückenschaltung führen die Thyristoren bei rein induktiver Last einen Strom, dessen zeitlicher Verlauf in Bild 2.9. dargestellt ist. Die zulässigen Durchlaßverluste der Thyristoren betragen $P_{TAV\,zul} = 4$ W. Weiterhin ist $U_{(T0)} = 1$ V und $r_T = 26$ mΩ. Gesucht ist der zulässige Maximalwert des Durchlaßstromes $I_0$.

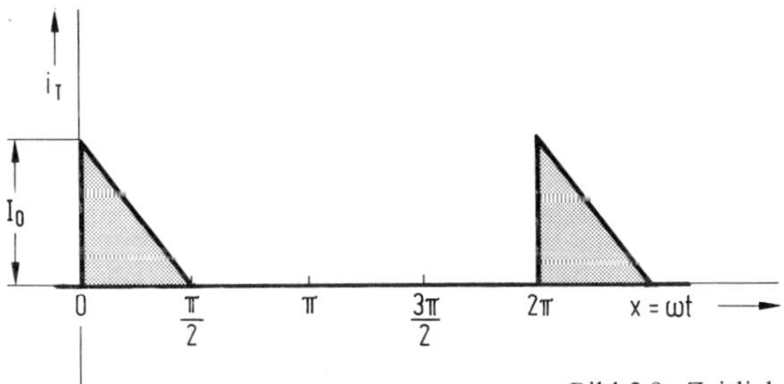


Bild 2.9. Zeitlicher Verlauf des Durchlaßstroms

Lösung:

$$i_T(x) = -\frac{2I_0}{\pi} x + I_0 \qquad 0 \leqq x \leqq \frac{\pi}{2}$$

$$I_{TAV} = \frac{1}{2\pi} \int_0^{\frac{\pi}{2}} \left(-\frac{2I_0}{\pi} x + I_0\right) dx$$

$$I_{TAV} = \frac{I_0}{8}$$

$$I_{TEFF}^2 = \frac{1}{2\pi} \int_0^{\frac{\pi}{2}} i_T^2(x)\, dx$$

$$i_T^2(x) = \frac{4}{\pi^2} I_0^2 x^2 - \frac{4}{\pi} I_0^2 x + I_0^2$$

$$I_{TEFF}^2 = \frac{I_0^2}{12}.$$

Damit kann man für die Durchlaßverluste angeben:

$$P_{TAV} = U_{(T0)} \frac{I_0}{8} + r_T \frac{I_0^2}{12}.$$

Die Lösung der quadratischen Gleichung ergibt:

$$(I_{0\,1,2})_{\mathrm{zul}} = -\frac{3}{4}\,\frac{U_{(\mathrm{T}0)}}{r_{\mathrm{T}}} \pm \sqrt{\left(\frac{3}{4}\,\frac{U_{(\mathrm{T}0)}}{r_{\mathrm{T}}}\right)^2 + 12\,\frac{P_{\mathrm{TAV\,zul}}}{r_{\mathrm{T}}}}$$

$$\underline{I_{0\,\mathrm{zul}} = 22{,}9\ \mathrm{A}.}$$

**Thermisches Ersatzschaltbild**

Wärmekreise können in ähnlicher Weise wie elektrische Kreise behandelt werden (s. auch Band I, Kapitel 2.3.):

| | |
|---|---|
| Verluste | $\triangleq$ Strom |
| Temperatur | $\triangleq$ elektrisches Potential |
| Temperaturdifferenz | $\triangleq$ Spannung |
| Wärmewiderstand | $\triangleq$ ohmscher Widerstand |
| Wärmekapazität | $\triangleq$ Kondensator. |

Vereinfachend kann angenommen werden, daß die im Thyristorsystem entstehende Verlustwärme einer konzentrischen Wärmequelle entstammt.

In Bild 2.10. ist das thermische Ersatzschaltbild für Dauerbetrieb und konstante Verlustleistung dargestellt. $R_{\mathrm{thJC}}$ ist der innere (Sperrschicht-Gehäuse) und $R_{\mathrm{thCA}}$ der äußere Wärmewiderstand (Gehäuse-Umgebung).

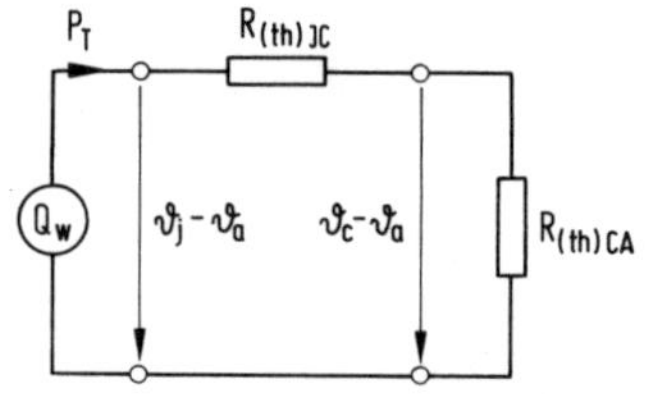


Bild 2.10.
Thermisches Ersatzschaltbild für den Dauerbetrieb
$\vartheta_j$ Ersatzsperrschichttemperaturen
$\vartheta_a$ Umgebungstemperatur
$\vartheta_c$ Gehäusetemperatur
$R_{(\mathrm{th})\mathrm{JC}}$ innerer Wärmewiderstand
$R_{(\mathrm{th})\mathrm{CA}}$ äußerer Wärmewiderstand

Aus dem Ersatzschaltbild kann man sofort ablesen:

$$\vartheta_j - \vartheta_a = P_{\mathrm{T}}(R_{\mathrm{thJC}} + R_{\mathrm{thCA}}).$$

Damit ergibt sich für die Sperrschichttemperatur:

$$\boxed{\vartheta_j = P_{\mathrm{T}}(R_{\mathrm{thJC}} + R_{\mathrm{thCA}}) + \vartheta_a.} \qquad (2.6.)$$

Die zulässigen Durchlaßverluste sind durch die Beziehung

$$\boxed{P_{\mathrm{TAV\,zul}} = \frac{\vartheta_{j\,\max} - \vartheta_{a\,\max}}{R_{\mathrm{thJC}} + R_{\mathrm{thCA}}}} \qquad (2.7.)$$

gegeben.

Bei zeitlich veränderlicher Belastung des Thyristors müssen die Wärmekapazitäten der an der Wärmeleitung beteiligten Schichten (Siliziumtablette, Molybdänscheibe, Übergang zwischen Gehäuse und Kühlkörper sowie der eigentliche Kühlkörper) berücksichtigt werden.

In Bild 2.11.a ist das vereinfachte thermische Ersatzschaltbild eines Thyristors für Impulsbetrieb dargestellt.

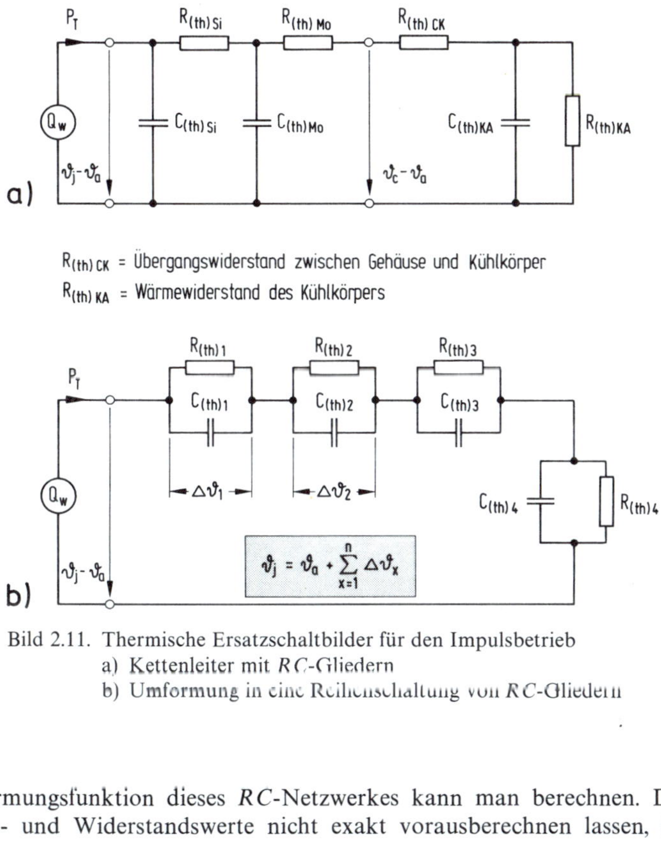


Bild 2.11. Thermische Ersatzschaltbilder für den Impulsbetrieb
a) Kettenleiter mit $RC$-Gliedern
b) Umformung in eine Reihenschaltung von $RC$-Gliedern

Die Erwärmungsfunktion dieses $RC$-Netzwerkes kann man berechnen. Da sich aber die Kapazitäts- und Widerstandswerte nicht exakt vorausberechnen lassen, ist das Ergebnis unzuverlässig. Aus der Berechnung ergibt sich jedoch, daß die Erwärmungskurve $\Delta\vartheta_j = f(t)$ aus einer Summe von e-Funktionen besteht. Die Anzahl der e-Funktionen ist im allgemeinen nicht identisch mit der Anzahl der Wärmekapazitäten des zugrunde gelegten Ersatzschaltbildes:

$$\vartheta_j = \vartheta_a + P_T \sum_{x=1}^{n} R_{thx}\left(1 - e^{-\frac{t}{\tau_x}}\right). \qquad (2.8.)$$

Die Zeitkonstanten $\tau_x$ und die Wärmewiderstände $R_{thx}$ in Gl. (2.8.) entsprechen nicht den physikalischen Zeitkonstanten des Ersatzschaltbildes 2.11.a. Die Werte $\tau_x$ und $R_{thx}$ hängen nämlich nicht nur von den Kapazitäten und Widerständen der Einzelteile ab, sondern auch noch von deren Lage in bezug auf den Erwärmungspunkt. Aufgrund der Gl. (2.8.) kann das physikalische Ersatzschaltbild in das Ersatzschaltbild in Bild 2.11.b transformiert werden.

Die Größen $\tau_x$ und $R_{thx}$ werden durch graphische Analyse aus dem gemessenen zeitlichen Erwärmungsverlauf $\Delta\vartheta_j = f(t)$ eines Thyristors gewonnen.

Nach Bild 2.11.b werden die einzelnen *RC*-Glieder vom gleichen Wärmestrom durchflossen. Man kann daher für jedes *RC*-Glied das Temperaturgefälle einzeln ermitteln. Aus der Summe der Einzeltemperaturgefälle $\Delta\vartheta_x$ und der Umgebungstemperatur $\vartheta_a$ ergibt sich die Sperrschichttemperatur:

$$\boxed{\vartheta_j = \vartheta_a + \sum_{x=1}^{x=n} \Delta\vartheta_x.} \qquad (2.9.)$$

*Beispiel 2.2.*

Temperaturerhöhung am Ende eines rechteckförmigen Verlustleistungsimpulses (Bild 2.12.) an einem *RC*-Glied des thermischen Ersatzschaltbildes:

$$\Delta\vartheta_x = \hat{P}_T R_{thx}\left(1 - e^{-\frac{t_p}{\tau_x}}\right).$$

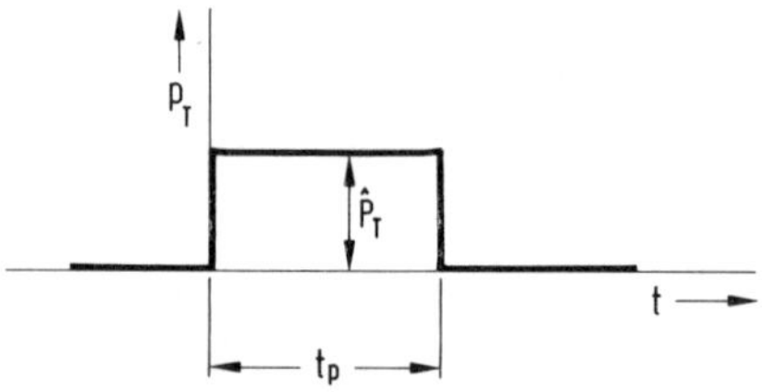


Bild 2.12.
Zur Berechnung der Temperaturerhöhung am Ende eines rechteckförmigen Verlustleistungsimpulses

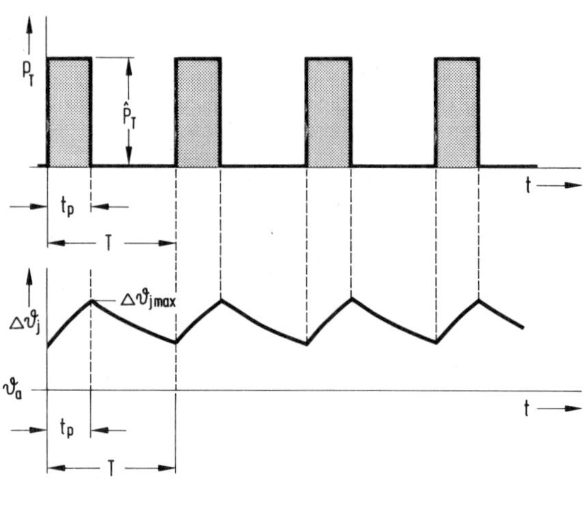


Bild 2.13.
Berechnung der maximalen Tablettentemperatur bei Belastung des Thyristors mit rechteckförmigen Impulsströmen im Dauerbetrieb

*Beispiel 2.3.*

Bei vielen Stromrichterschaltungen wird der Thyristor im Dauerbetrieb mit rechteckförmigen Impulsströmen der Einschaltdauer $t_p$ und der Periode $T$ belastet (Bild 2.13.). Gesucht ist das maximale Temperaturgefälle an einem *RC*-Glied des thermischen Ersatzschaltbildes sowie die maximale Tablettentemperatur.

Wie schon erwähnt, lassen sich Wärmekreise wie elektrische Stromkreise berechnen. Daher sollen zunächst entsprechend Bild 2.14. die Spannungsschwankungen an einem einzelnen *RC*-Glied bei Speisung mit eingeprägtem Strom berechnet werden.

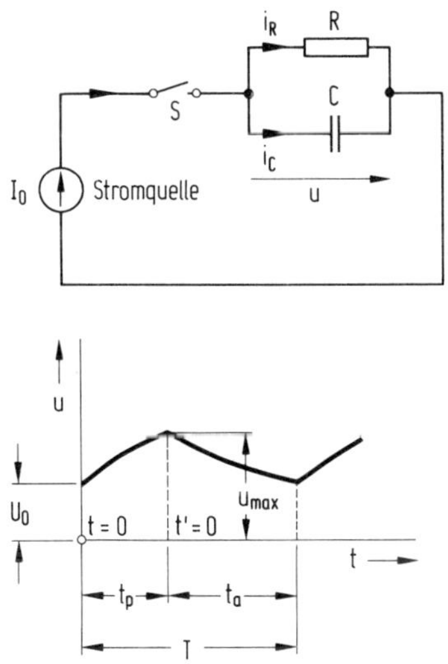


Bild 2.14.
Berechnung der Spannungsschwankungen an einem *RC*-Glied

Während der Zeit $t_p$ ist der Schalter $S$ in Bild 2.14. geschlossen, und der Kondensator kann geladen werden. In der Zeit $t_a$ wird der Kondensator $C$ über den Widerstand $R$ entladen. Im eingeschwungenen Zustand ist der Kondensator bei Schließen des Schalters $S$ auf die Anfangsspannung $U_0$ aufgeladen.

Im Zeitbereich $0 \leqq t \leqq t_p$ gilt

$$I_0 = i_R + i_c$$

$$I_0 = \frac{u}{R} + C\frac{du}{dt}$$

bzw.

$$\tau\frac{du}{dt} + u = I_0 R \qquad \tau = RC.$$

Mit der Anfangsbedingung $(u)_{t=0} = U_0$ ergibt die Lösung der Differentialgleichung

$$u(t) = I_0 R\left(1 - e^{-\frac{t}{\tau}}\right) + U_0 e^{-\frac{t}{\tau}}. \tag{2.10.}$$

Zum Zeitpunkt $t = t_p$ ist $(u)_{t=t_p} = u_{max}$:

$$u_{max} = I_0 R\left(1 - e^{-\frac{t_p}{\tau}}\right) + U_0 e^{-\frac{t_p}{\tau}} \tag{2.11.}$$

Im Zeitbereich $0 \leqq t' \leqq t_a$ gilt

$$u(t') = u_{max}\,e^{-\frac{t'}{\tau}}. \tag{2.12.}$$

Zum Zeitpunkt $t' = t_a$ ist $(u)_{t'=t_a} = U_0$:

$$U_0 = u_{max}\,e^{-\frac{t_a}{\tau}}. \tag{2.13.}$$

Durch Kombination der Gleichungen (2.11.) und (2.13.) ergibt sich mit

$$t_p + t_a = T$$

$$u_{max} = I_0 R \frac{1 - e^{-\frac{t_p}{\tau}}}{1 - e^{-\frac{T}{\tau}}}. \tag{2.14.}$$

Übersetzt man dieses Ergebnis auf die Wärmegrößen, dann erhält man für das maximale Temperaturgefälle an einem $RC$-Glied des thermischen Ersatzschaltbildes:

$$\boxed{\Delta\vartheta_{x\,max} = \hat{P}_T R_{th\,x} \frac{1 - e^{-\frac{t_p}{\tau_x}}}{1 - e^{-\frac{T}{\tau_x}}}.} \tag{2.15.}$$

Die maximale Tablettentemperatur ist dann entsprechend Gl. (2.9.):

$$\boxed{\vartheta_{j\,max} = \vartheta_a + \hat{P}_T \sum_{x=1}^{x=n} R_{th\,x} \frac{1 - e^{-\frac{t_p}{\tau_x}}}{1 - e^{-\frac{T}{\tau_x}}}.} \tag{2.16.}$$

*Beispiel 2.4.*

In der Praxis kommt es häufig vor, daß der Thyristor mit einer periodischen Folge gleicher Impulsblöcke (Aussetzbetrieb) belastet wird. Diese Verhältnisse sind in Bild 2.15. dargestellt. Gesucht ist das maximale Temperaturgefälle an einem $RC$-Glied sowie die maximale Tablettentemperatur.

Zunächst sollen wieder die Spannungsschwankungen an einem elektrischen $RC$-Glied untersucht werden. Der eingeprägte Strom $I_0$ in Bild 2.14. soll den zeitlichen Verlauf wie die Verlustleistung in Bild 2.15. haben.

Nach Gl. (2.10.) hat die Spannung $u$ zur Zeit $t = t_p$ nach dem ersten Stromimpuls den Wert

$$(u)_{t=t_p} = I_0 R\left(1 - e^{-\frac{t_p}{\tau}}\right) + U_0\,e^{-\frac{t_p}{\tau}}.$$

Unter Verwendung der Abkürzungen

$$A = I_0 R\left(1 - e^{-\frac{t_p}{\tau}}\right)$$

und

$$B = U_0\,e^{-\frac{t_p}{\tau}}$$

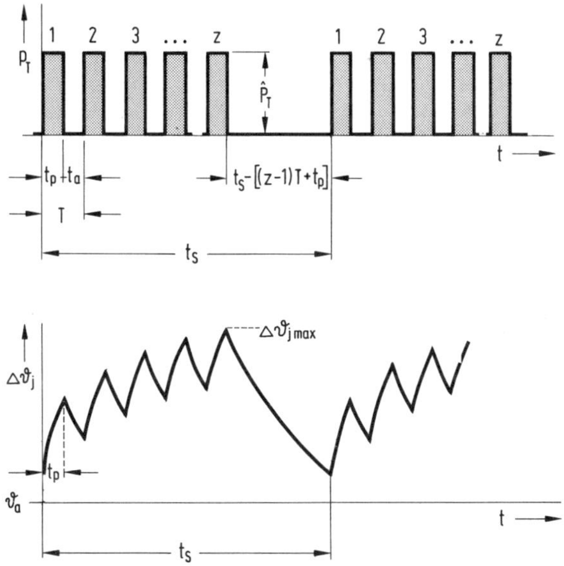


Bild 2.15. Belastung des Thyristors mit einer periodischen Folge gleicher Impulsblöcke (Aussetzbetrieb)

wird hieraus

$$(u)_{t=t_p} = A + B.$$

Am Ende der Entladungsphase des Kondensators nach dem ersten Impuls ist

$$(u)_{t'=t_a} = (A+B)\,e^{-\frac{t_a}{\tau}}.$$

Diese Spannung ist die Anfangsspannung für die nächste impulsförmige Aufladung des Kondensators. Führt man diese Rechnung Impuls für Impuls weiter, dann läßt sich eine Gesetzmäßigkeit in der Bildung der Gleichungen erkennen. Beispielsweise ergibt sich für den Maximalwert der Spannung nach dem dritten Impuls:

$$(u_{max})_3 = A + A\,e^{-\frac{T}{\tau}} + (A+B)\,e^{-\frac{2T}{\tau}}.$$

$$(u_{max})_3 = A + A\,e^{-\frac{T}{\tau}} + A\,e^{-\frac{2T}{\tau}} + B\,e^{-\frac{2T}{\tau}}.$$

Allgemein kann man daher für die Maximalspannung nach dem $z$-ten Impuls schreiben:

$$(u_{max})_z = A + A\,e^{-\frac{T}{\tau}} \ldots + A\,e^{-\frac{(z-3)T}{\tau}} + A\,e^{-\frac{(z-2)T}{\tau}} + A\,e^{-\frac{(z-1)T}{\tau}} + B\,e^{-\frac{(z-1)T}{\tau}}$$

$$(u_{max})_z = A \sum_{m=1}^{m=z} e^{-\frac{(z-m)T}{\tau}} + B\,e^{-\frac{(z-1)T}{\tau}}. \qquad (2.17.)$$

Nach dem $z$-ten Impuls entlädt sich der Kondensator während der Zeit $t_S - [(z-1)\,T + t_p]$ (Bild 2.15.).

An der Stelle $t=t_S$ hat die Spannung $u$ den Wert

$$(u)_{t=t_S}=(u_{max})_z\, e^{-\frac{t_S-[(z-1)T+t_P]}{\tau}}. \tag{2.18.}$$

Zur Ermittlung der Anfangsspannung $U_0$ muß offenbar

$$U_0=(u)_{t=t_S}$$

gelten. Damit wird

$$U_0=\left[A\sum_{m=1}^{m=z} e^{-\frac{(z-m)T}{\tau}}+B\,e^{-\frac{(z-1)T}{\tau}}\right] e^{-\frac{t_S-[(z-1)T+t_P]}{\tau}}$$

und nach einigen Zwischenrechnungen:

$$U_0=\frac{A\sum\limits_{m=1}^{m=z} e^{-\frac{(z-m)T}{\tau}}\cdot e^{-\frac{t_S-[(z-1)T+t_P]}{\tau}}}{1-e^{-\frac{t_S}{\tau}}}.$$

Setzt man diesen Wert in Gl. (2.17.) ein, dann erhält man

$$(u_{max})_z=\frac{A\sum\limits_{m=1}^{m=z} e^{-\frac{(z-m)T}{\tau}}}{1-e^{-\frac{t_S}{\tau}}}. \tag{2.19.}$$

Untersucht man die Summe in Gl. (2.19.) näher, so findet man

$$\sum_{m=1}^{m=z} e^{-\frac{(z-m)T}{\tau}}=\frac{1-e^{-\frac{zT}{\tau}}}{1-e^{-\frac{T}{\tau}}}. \tag{2.20.}$$

Dies soll z.B. für $z=5$ gezeigt werden:

$$\sum_{m=1}^{m=5} e^{-\frac{(5-m)T}{\tau}}=e^{-\frac{4T}{\tau}}+e^{-\frac{3T}{\tau}}+e^{-\frac{2T}{\tau}}+e^{-\frac{T}{\tau}}+1=\frac{1-e^{-\frac{5T}{\tau}}}{1-e^{-\frac{T}{\tau}}}.$$

Durch Division des auf der rechten Seite der Gleichung stehenden Ausdruckes erkennt man sofort, daß beide Ausdrücke gleich sind.

Führt man die Beziehung (2.20.) in Gl. (2.19.) ein, dann erhält man für die Maximalspannung nach dem $z$-ten Impuls im eingeschwungenen Zustand:

$$(u_{max})_z=\frac{I_0 R\left(1-e^{-\frac{t_P}{\tau}}\right)}{1-e^{-\frac{T}{\tau}}}\cdot\frac{1-e^{-\frac{zT}{\tau}}}{1-e^{-\frac{t_S}{\tau}}}. \tag{2.21.}$$

Nach Ersatz der elektrischen Größen durch Wärmegrößen findet man die wichtigen Beziehungen:

$$\Delta\vartheta_{x\,max} = \hat{P}_T R_{th\,x} \frac{1-e^{-\frac{t_P}{\tau_x}}}{1-e^{-\frac{T}{\tau_x}}} \cdot \frac{1-e^{-\frac{zT}{\tau_x}}}{1-e^{-\frac{t_S}{\tau_x}}} \tag{2.22.}$$

$$\vartheta_{j\,max} = \vartheta_a + \hat{P}_T \sum_{x=1}^{x=n} R_{th\,x} \frac{1-e^{-\frac{t_P}{\tau_x}}}{1-e^{-\frac{T}{\tau_x}}} \cdot \frac{1-e^{-\frac{zT}{\tau_x}}}{1-e^{-\frac{t_S}{\tau_x}}}. \tag{2.23.}$$

*Beispiel 2.5.*

Gesucht ist der zulässige Gleichstrommittelwert $I_{TAV\,zul}$ eines Siemens-Thyristors BSt L02 während der Einschaltdauer $t_1$ bei einem Belastungsspiel nach Bild 2.16. unter folgenden Bedingungen:

a) Betrieb mit Kühlkörper LK 09, Kühlluftmenge $V = 35$ l/s je Kühlkörper.

b) Zulässige Tablettentemperatur $\vartheta_{j\,max} = 115\,°C$, Zulufttemperatur $\vartheta_a = 40\,°C$.

c) Rechteckstrom 50 Hz, Stromflußwinkel 120° entsprechend Drehstrom-Brückenschaltung.

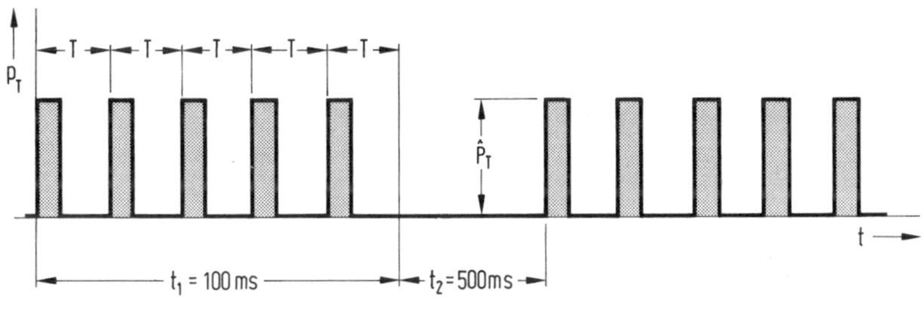


Bild 2.16. Zum Berechnungsbeispiel (Aussetzbetrieb)

Für die o.g. Kühlungsbedingungen sind aus den entsprechenden Datenblättern folgende Teilzeitkonstanten und Teilwärmewiderstände zu entnehmen:

| | |
|---|---|
| $\tau_1 = 240$ s | $R_{th\,1} = 0{,}062$ K/W |
| $\tau_2 = 60$ s | $R_{th\,2} = 0{,}080$ K/W |
| $\tau_3 = 11$ s | $R_{th\,3} = 0{,}075$ K/W |
| $\tau_4 = 1{,}77$ s | $R_{th\,4} = 0{,}095$ K/W |
| $\tau_5 = 200$ ms | $R_{th\,5} = 0{,}065$ K/W |
| $\tau_6 = 33$ ms | $R_{th\,6} = 0{,}045$ K/W |
| $\tau_7 = 3{,}7$ ms | $R_{th\,7} = 0{,}028$ K/W. |

Es liegt der Belastungsfall des Beispiels 2.4. vor. Somit kann Gl. (2.22.) in Verbindung mit Gl. (2.9.) angewendet werden:

$$\sum_{x=1}^{x=7} \Delta \vartheta_x = \hat{P}_{\mathrm{T\,zul}} \sum_{x=1}^{x=7} R_{\mathrm{th\,x}} \frac{1-e^{-\frac{t_p}{\tau_x}}}{1-e^{-\frac{T}{\tau_x}}} \cdot \frac{1-e^{-\frac{z\cdot T}{\tau_x}}}{1-e^{-\frac{t_S}{\tau_x}}}.$$

In obiger Gleichung ist

$$t_p = \frac{20\ \mathrm{ms}}{3} \qquad T = 20\ \mathrm{ms}$$

$$t_S = 600\ \mathrm{ms} \qquad z = 5.$$

Zahlenmäßig wird dann

$$\sum_{x=1}^{x=7} \Delta \vartheta_x = \hat{P}_{\mathrm{T\,zul}}(0{,}062 \cdot 0{,}333 \cdot 0{,}1667 + 0{,}08 \cdot 0{,}333 \cdot 0{,}167 + 0{,}075 \cdot 0{,}333 \cdot 0{,}17 + \\ + 0{,}095 \cdot 0{,}335 \cdot 0{,}19 + 0{,}065 \cdot 0{,}345 \cdot 0{,}41 + 0{,}045 \cdot 0{,}4 \cdot 0{,}95 + \\ + 0{,}028 \cdot 0{,}84 \cdot 1)\ \mathrm{K/W}$$

$$\sum_{x=1}^{x=7} \Delta \vartheta_x = \hat{P}_{\mathrm{T\,zul}} \cdot 0{,}068\ \mathrm{K/W}.$$

Mit

$$\vartheta_{\mathrm{j\,max}} = \vartheta_a + \sum_{x=1}^{x=7} \Delta \vartheta_x$$

erhält man

$$\vartheta_{\mathrm{j\,max}} = \vartheta_a + \hat{P}_{\mathrm{T\,zul}} \cdot 0{,}068\ \mathrm{K/W}$$

bzw.

$$\hat{P}_{\mathrm{T\,zul}} = \frac{\vartheta_{\mathrm{j\,max}} - \vartheta_a}{0{,}068\ \mathrm{K/W}} = \frac{75}{0{,}068}\ \mathrm{W}$$

$$\underline{\hat{P}_{\mathrm{T\,zul}} = 1102{,}9\ \mathrm{W}.}$$

Für den Thyristor BSt L02 kann man aus dem Datenblatt ablesen:

$$U_{(\mathrm{T0})} = 0{,}76\ \mathrm{V}; \qquad r_T = 1{,}8 \cdot 10^{-3}\ \Omega.$$

Der Mittelwert der zulässigen Verlustleistung während des Impulsblocks ist

$$P_{\mathrm{TAV\,zul}} = \frac{\hat{P}_{\mathrm{T\,zul}}}{3} = 367{,}65\ \mathrm{W}.$$

Der Strom im Thyristor hat während dieser Zeit den in Bild 2.17. dargestellten Verlauf. Es ist

$$I_{\mathrm{TAV}} = \frac{I_d}{3}$$

und

$$I_{\mathrm{TEFF}} = \frac{I_d}{\sqrt{3}}.$$

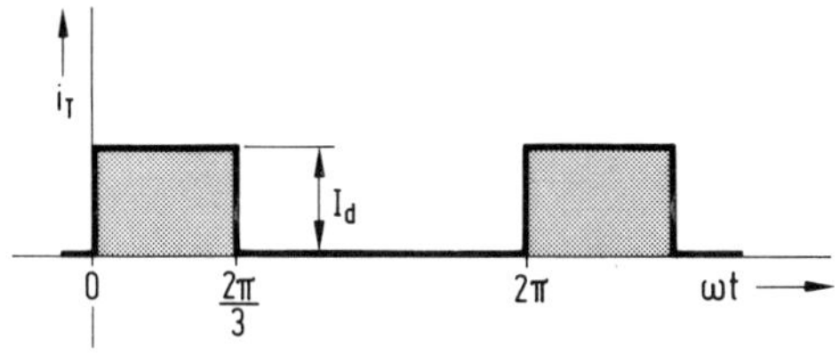


Bild 2.17.
Stromverlauf im Thyristor bei der Drehstrom-Brückenschaltung

Damit ist

$$P_{\mathrm{TAV\,zul}} = U_{(\mathrm{T0})} \frac{I_{\mathrm{d\,zul}}}{3} + r_{\mathrm{T}} \frac{I_{\mathrm{d\,zul}}^2}{3}.$$

Die Lösung der quadratischen Gleichung ergibt:

$$I_{\mathrm{d\,zul}} = -\frac{U_{(\mathrm{T0})}}{2r_{\mathrm{T}}} + \sqrt{\left(\frac{U_{(\mathrm{T0})}}{2r_{\mathrm{T}}}\right)^2 + \frac{3P_{\mathrm{TAV\,zul}}}{r_{\mathrm{T}}}}$$

$$\underline{I_{\mathrm{d\,zul}} = 600\ \mathrm{A}.}$$

Der gesuchte zulässige Gleichstrommittelwert eines Thyristors ist dann

$$I_{\mathrm{TAV\,zul}} = \frac{I_{\mathrm{d\,zul}}}{3} = \frac{600\ \mathrm{A}}{3}$$

$$\underline{I_{\mathrm{TAV\,zul}} = 200\ \mathrm{A}.}$$

## 2.3. Dynamische Eigenschaften

### 2.3.1. Einschaltverhalten

Ausgehend vom Sperrzustand mit positiver Anodenspannung wird der Thyristor entsprechend Bild 2.18. zur Zeit $t=0$ mit dem Steuerstrom $i_{\mathrm{G}}$ angesteuert. Es vergeht zunächst eine bestimmte, vom Steuerimpuls und der Höhe der Spannung $U_{\mathrm{D}}$ abhängige Zeit, bis die Spannung zusammenzubrechen beginnt. Die Zeit, die vergeht, bis die Spannung auf 90% ihres Anfangswertes abgesunken ist, wird die Zündverzugszeit $t_{\mathrm{gd}}$ genannt. Der eigentliche Durchschaltvorgang läuft in der Durchschaltzeit $t_{\mathrm{gr}}$ ab. Diese Zeit ist im wesentlichen von der Größe und der Anstiegsgeschwindigkeit des Laststromes sowie von der Höhe des Steuerstromes abhängig. Die gesamte Zündzeit beträgt

$$t_{\mathrm{gt}} = t_{\mathrm{gd}} + t_{\mathrm{gr}}.$$

In Bild 2.19. ist der Verlauf der zusammenbrechenden Spannung und des ansteigenden Stromes $i_{\mathrm{T}}$ während des Einschaltvorganges im Oszillogramm festgehalten. Die Vorwärts-Sperrspannung beträgt $U_{\mathrm{D}} = 600$ V. Die Stromanstiegsgeschwindigkeit ist $\frac{\mathrm{d}i_{\mathrm{T}}}{\mathrm{d}t} = 50$ A/μs. Die Zündverzugszeit $t_{\mathrm{gd}}$ ist in hohem Maße von der Höhe des Zündimpulses abhängig. Ein Zündimpuls, der gerade noch zum Zünden führt, ist bezüglich des Einschaltverhal-

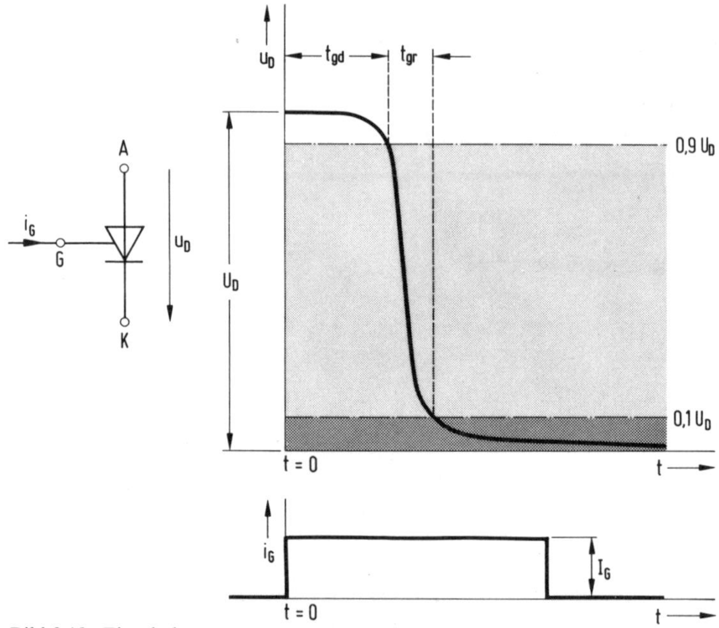


Bild 2.18. Einschaltvorgang

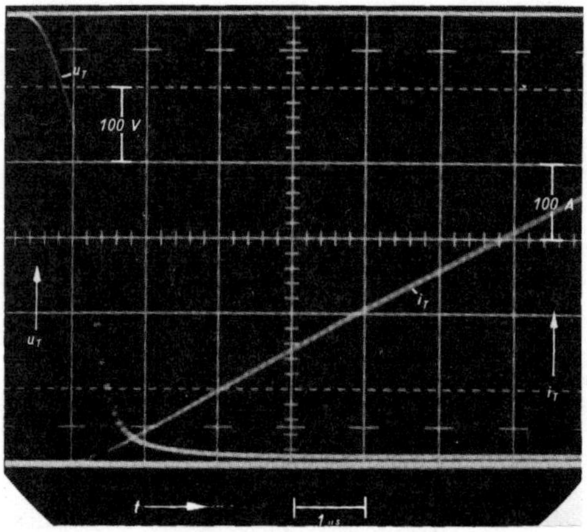


Bild 2.19.
Verlauf der zusammenbrechenden Vorwärts-Sperrspannung und des ansteigenden Laststroms $\left(\frac{di_T}{dt} = 50\ \text{A}/\mu\text{s}\right)$ während des Einschaltvorganges beim BBC-Thyristor CS 239

tens und der Einschaltverluste völlig ungeeignet. In den Bildern 2.20. und 2.21. ist dargestellt, wie durch einen stärkeren Zündimpuls die Zündzeit wesentlich verkürzt werden kann. Die in Bild 2.20. angegebenen Scheitelwerte der Zündimpulse werden jeweils innerhalb einer Mikrosekunde erreicht. Mit steigendem Scheitelwert des Zündimpulses geht die Zündverzugszeit von 2,5 µs auf 0,5 µs und die Durchschaltzeit von 1,4 µs auf 0,7 µs zurück. Andererseits ist ein stärkerer Zündimpuls nur dann sinnvoll, wenn er mit steiler Flanke ansteigt, da ja nur derjenige Teil des Zündimpulses wirksam wird, der innerhalb der Zündverzugszeit auf den Thyristor einwirkt. Bei einer Zündverzugszeit von einer Mikrosekunde ist dies nur die Anstiegsflanke des Zündimpulses. Aus diesen Gründen ist für ein verlustarmes

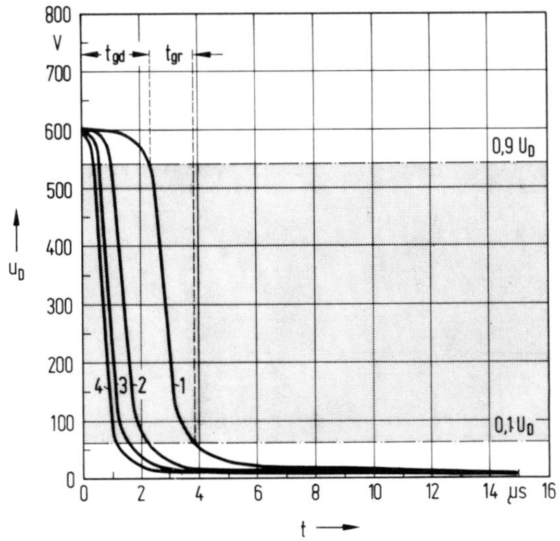


Bild 2.20.
Einschaltverhalten des Thyristors CS 239 bei verschiedenen Zündimpulsen, Anstiegszeit jeweils 1 µs
1: $I_G = 0{,}2$ A
2: $I_G = 0{,}7$ A
3: $I_G = 1{,}8$ A
4: $I_G = 4{,}0$ A

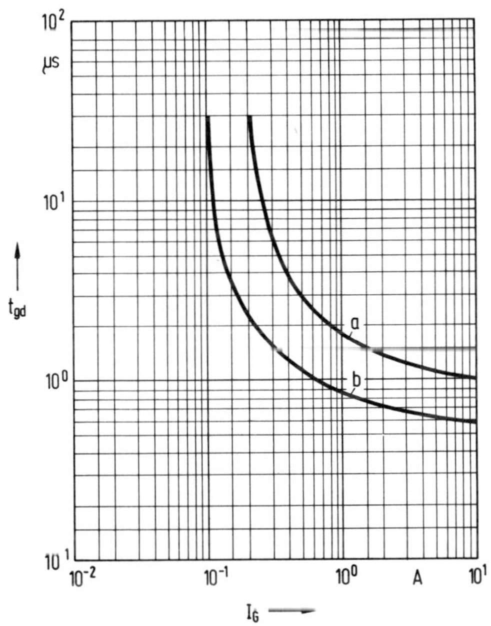


Bild 2.21.
Zündverzugszeit $t_{gd}$ bei den Thyristoren CS 239 und CS 189 in Abhängigkeit vom Steuerstrom $I_G$ mit einer Anstiegszeit von 1 µs
$\vartheta_j = 25$ °C
a oberer Grenzwert
b typischer Wert

Einschalten des Thyristors ein Zündimpuls mit mindestens 1,5 A Scheitelwert erforderlich, der innerhalb einer Mikrosekunde ansteigt. Bei vielen Stromrichterschaltungen wird aus schaltungstechnischen Gründen ein längerer Zündimpuls benötigt. Impulsübertrager für längere Impulse sind für die Übertragung steiler Impulse jedoch ungeeignet. Daher werden – vor allem bei größeren Thyristoren – zur Ansteuerung des Thyristors oft zwei Übertrager parallel geschaltet. Der eine Übertrager überträgt einen langen Zündimpuls, der andere einen Kurzimpuls mit sehr steiler Anstiegsflanke (Bild 2.22.).

Wie aus dem Oszillogramm in Bild 2.19. deutlich hervorgeht, durchläuft der Thyristor während der Durchschaltzeit eine bezüglich der Einschaltverluste gefährliche Phase. Vor

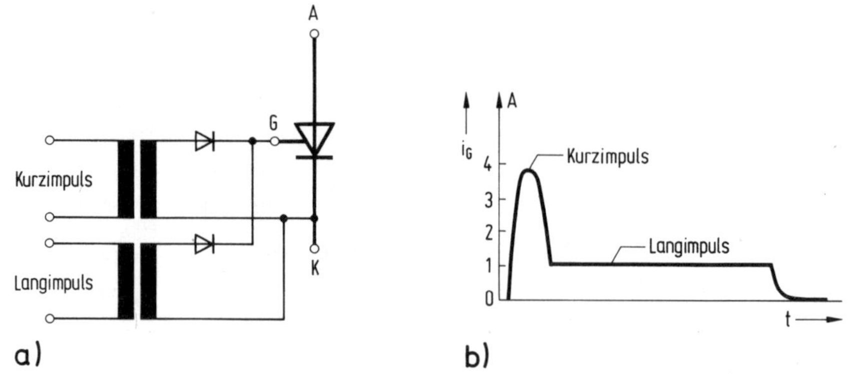


Bild 2.22. Zünden eines Thyristors mit einem Kurz- und einem Langimpuls

allem bei Strömen mit großer Änderungsgeschwindigkeit und schwachen Zündimpulsen treten Verlustleistungsspitzen auf, die weit über 10 kW hinausgehen können und den Thyristor zerstören. In diesem Zusammenhang muß erwähnt werden, daß in den meisten Stromrichterschaltungen für die in den Thyristoren auftretenden Stromsteilheiten nicht die Lastinduktivitäten maßgebend sind, sondern allein die im Kommutierungskreis wirksamen Induktivitäten. Dies geht z.B. deutlich aus Bild 2.23. hervor. Die Stromsteilheit in den Thyristoren ist nur von den Kommutierungsreaktanzen $X_k$ im Kommutierungskreis, nicht aber von der sehr großen Glättungsdrossel $X_d$ abhängig. Stromrichtertransformatoren werden so dimensioniert, daß ihre Streureaktanzen zur Begrenzung der Stromsteilheit im Thyristor ausreichend sind. Bei Stromrichtern, die direkt an das Netz angeschlossen werden (z.B. Drehstrom-Brückenschaltung), müssen Kommutierungsdrosseln, die auch dreiphasig ausgeführt sein können, vorgeschaltet werden.

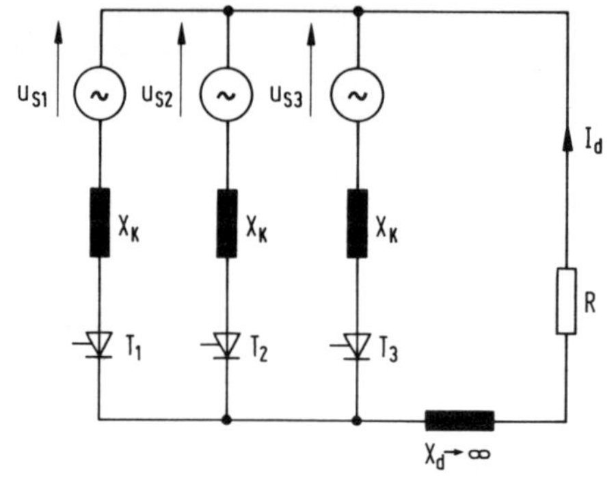


Bild 2.23.
Ventilseitiger Ersatzschaltplan eines dreipulsigen Stromrichters mit Kommutierungsreaktanzen

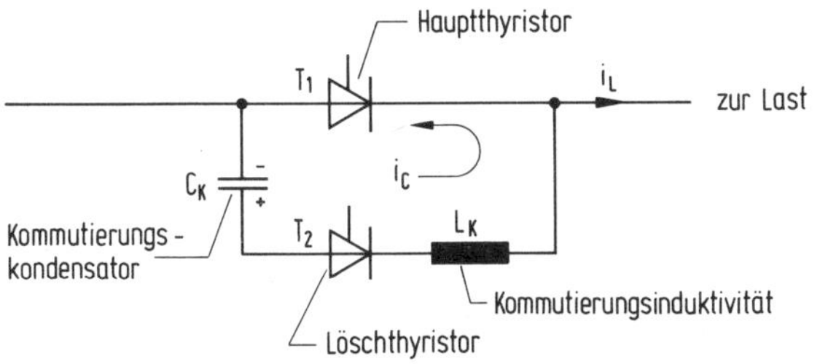


Bild 2.24.
Kommutierungskreis bei einem selbstgeführten Stromrichter

In Bild 2.24. ist ein Ausschnitt aus einem Kommutierungskreis eines selbstgeführten Stromrichters dargestellt. Zum Löschen des Hauptthyristors $T_1$ wird der Löschthyristor $T_2$ gezündet. Unter dem Einfluß der Kondensatorspannung fließt im Kommutierungskreis ein Strom $i_C$, der sich im Thyristor dem Laststrom so überlagert, daß der Summenstrom Null wird. Die Spannung des Kondensators $C_k$ liegt nach erfolgter Löschung als Sperrspannung am Hauptthyristor an. Die Kommutierungsinduktivität $L_k$ begrenzt dabei den Anstieg des Kondensatorstromes im Löschthyristor $T_2$. Äußere Induktivitäten haben auf den Löschvorgang keinen Einfluß. Die Kommutierungsinduktivität $L_k$ in Bild 2.24. kann auch vorteilhaft als Sättigungsdrossel ausgeführt sein, da der Stromanstieg nur während der Einschaltphase des Thyristors begrenzt werden muß.

Im Anschluß an den schnellen Spannungszusammenbruch während der Durchschaltzeit folgt eine Zeitspanne, in der die Spannung zwischen Anode und Kathode wesentlich langsamer auf den stationären Wert der Durchlaßspannung absinkt. Dies geht deutlich aus dem Oszillogramm in Bild 2.25. hervor. Physikalisch gibt es hierfür folgende Erklärung:

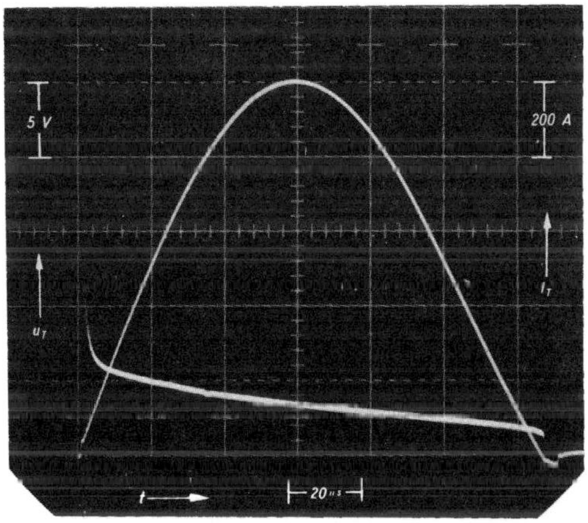


Bild 2.25.
Spannungsverlauf im Anschluß an die Durchschaltphase bei einem Stromimpuls mit 1000 A Scheitelwert;
Anstiegssteilheit $\frac{di}{dt} = 25$ A/µs

Während der Durchschaltzeit ist der Thyristor lediglich in axialer Richtung in einem kleinen Gebiet um die Mittelachse durchgeschaltet worden. Der Strom kann nun beginnen, durch den Thyristor zu fließen. Die Leitfähigkeit der Thyristortablette breitet sich nach Durchschalten in axialer Richtung anschließend in radialer Richtung aus (Bild 2.26.). Man kann davon ausgehen, daß sich das leitende Gebiet in radialer Richtung im Mittel näherungsweise mit einer Geschwindigkeit von 0,1 mm/µs ausbreitet. Der zur Stromführung verfügbare

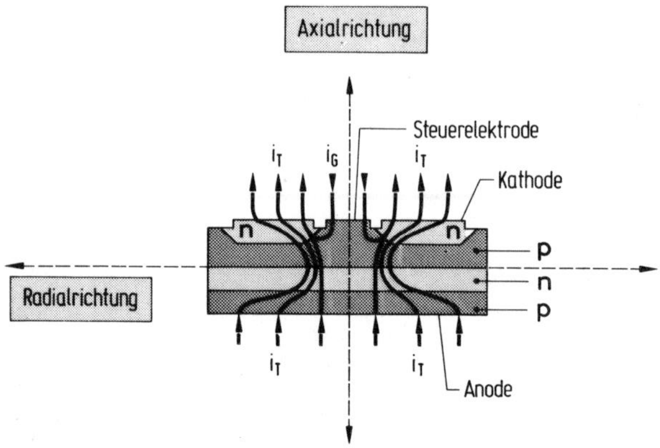


Bild 2.26.
Ausbreitung der Leitfähigkeit in radialer Richtung

Querschnitt ändert sich zeitlich. Wegen $R \sim \frac{1}{A}$ ($A$ Fläche) ändert sich auch der dynamische Widerstand des Thyristors von einem anfänglich hohen Wert auf den niedrigen statischen differentiellen Widerstand $r_T$. Bei hohen Anstiegssteilheiten des Durchlaßstromes, wie z. B. in Bild 2.25., ergeben die Produkte aus den jeweiligen Zeitwerten von Widerstand und Strom Spannungswerte, die vor allem zu Beginn des Vorganges ganz erheblich über den statischen Werten der Durchlaßspannung liegen. Thyristoren großer Leistung benötigen zur vollen Leitfähigkeit entsprechend ihrer Flächengröße bis über hundert Mikrosekunden. Wenn nun während dieser Zeit die Anstiegsgeschwindigkeit des Stromes im Thyristor sehr hoch ist, dann können sich in dem anfänglich kleinen leitenden Teil der Thyristortablette in der direkten Umgebung der Steuerelektrode sehr hohe Stromdichten ausbilden, die zur Zerstörung des Thyristors führen können.

In Bild 2.27. ist der zeitliche Verlauf der Verluste direkt aus dem Oszillogramm in Bild 2.25. durch Multiplikation der Zeitwerte des Durchlaßstromes mit denen der Durchlaßspannung

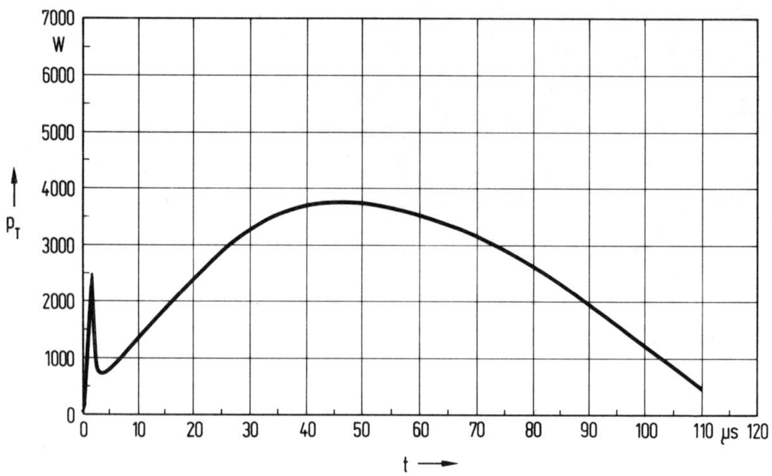


Bild 2.27. Zeitlicher Verlauf der Verluste bei einem Einschaltvorgang nach Bild 2.25

ermittelt worden. Die Verlustleistungsspitze während der Durchschaltzeit ist ebenfalls berücksichtigt.

Unter vereinfachenden Annahmen sind die geschilderten Verhältnisse einer relativ unkomplizierten Berechnung zugänglich.

Zunächst kann man für die Zeit der Ausbreitungsphase der Leitfähigkeit in radialer Richtung für den Thyristor einen dynamischen Ersatzwiderstand $r_{\mathrm{T\,dyn}}$ berechnen.

Geht man vereinfachend davon aus, daß sich das leitende Gebiet mit der konstanten Geschwindigkeit $v$ ausbreitet, dann benötigt der Thyristor bis zur vollen Leitfähigkeit in radialer Richtung entsprechend Bild 2.28. die Zeit

$$t_1 = \frac{r_\mathrm{a} - r_\mathrm{i}}{v}.$$

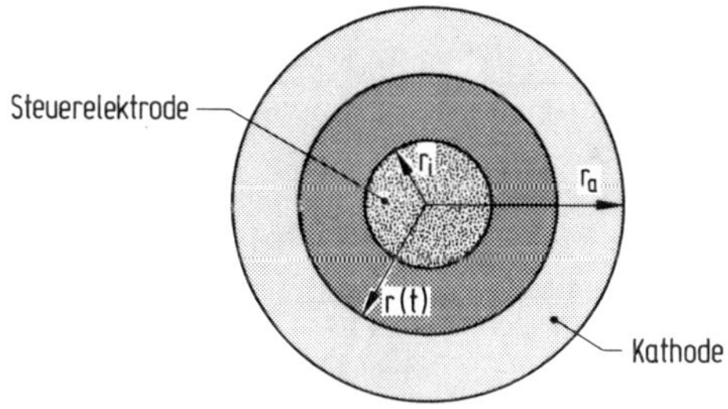


Bild 2.28.
Zur Berechnung des dynamischen Ersatzwiderstandes

Mit $r_\mathrm{a} = 11{,}35$ mm, $r_\mathrm{i} = 1{,}6$ mm und $v = 0{,}1$ mm/µs (BBC-Thyristor CS 239) ist

$$t_1 = \frac{9{,}75\ \mathrm{mm}}{0{,}1\ \mathrm{mm}}\ \mu\mathrm{s} = 97{,}5\ \mu\mathrm{s}$$

Wegen $R = \rho\,\frac{1}{A}$, also $R \sim \frac{1}{A}$ ist

$$\frac{r_{\mathrm{T\,dyn}}}{r_\mathrm{T}} = \frac{A}{A_\mathrm{dyn}}.$$

$A$ ist die Fläche und $r_\mathrm{T}$ der statische differentielle Widerstand des Thyristors.

Nach Bild 2.28. ist

$$A = (r_\mathrm{a}^2 - r_\mathrm{i}^2)\pi$$
$$A_\mathrm{dyn} = [r^2(t) - r_\mathrm{i}^2]\,\pi$$
$$r(t) = r_\mathrm{i} + v\,t$$
$$A_\mathrm{dyn} = (r_\mathrm{i}^2 + 2\,v\,t\,r_\mathrm{i} + v^2\,t^2)\pi - r_\mathrm{i}^2\,\pi$$
$$A_\mathrm{dyn} = (2\,r_\mathrm{i}\,v\,t + v^2\,t^2)\pi.$$

Damit wird

$$\frac{r_{\mathrm{T\,dyn}}}{r_{\mathrm{T}}}=\frac{A}{A_{\mathrm{dyn}}}=\frac{r_{\mathrm{a}}^2-r_{\mathrm{i}}^2}{2r_{\mathrm{i}}vt+v^2t^2}$$

bzw.

$$\boxed{r_{\mathrm{T\,dyn}}=\frac{r_{\mathrm{a}}^2-r_{\mathrm{i}}^2}{2r_{\mathrm{i}}vt+v^2t^2}\,r_{\mathrm{T}}.} \tag{2.24.}$$

Mit $r_{\mathrm{T}}=0{,}9\cdot 10^{-3}\,\Omega$ ist der zeitliche Verlauf des dynamischen Widerstandes $r_{\mathrm{T\,dyn}}$ in Bild 2.29. dargestellt.

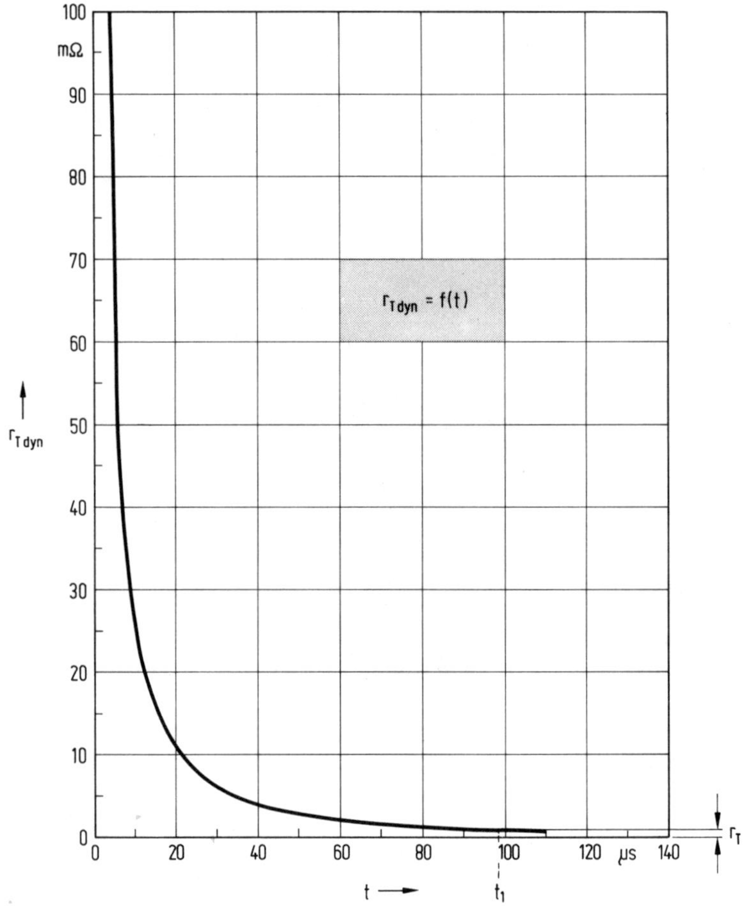


Bild 2.29. Zeitlicher Verlauf des dynamischen Ersatzwiderstandes

Der zeitliche Verlauf der Durchlaßspannung ist während des Einschaltvorganges durch die Beziehung

$$u_{\mathrm{T\,dyn}} = U_{(\mathrm{T\,0})} + r_{\mathrm{T\,dyn}}\, i_{\mathrm{T}}(t) \tag{2.25.}$$

gegeben.

Durch den Thyristor soll ein sinusförmiger Strom mit der Periodendauer $T = 250\,\mu\mathrm{s}$ fließen:

$$i_{\mathrm{T}} = \hat{i} \sin \omega t. \tag{2.26.}$$

Die Anstiegssteilheit dieses Stromes ist

$$\left(\frac{\mathrm{d}i_{\mathrm{T}}}{\mathrm{d}t}\right)_{t=0} = \hat{i}\omega. \tag{2.27.}$$

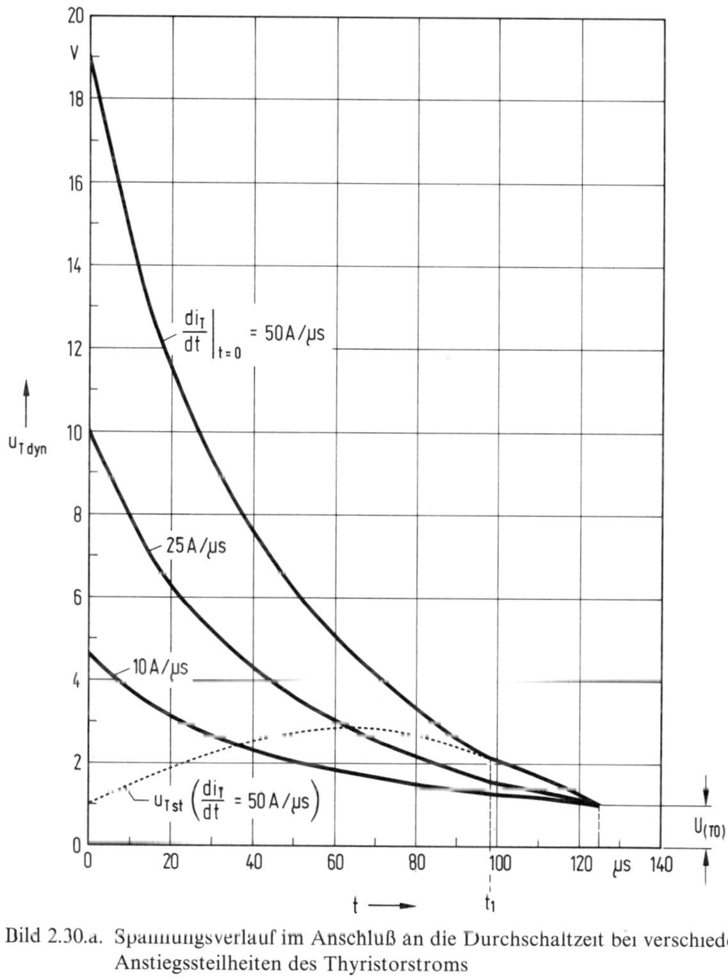


Bild 2.30.a. Spannungsverlauf im Anschluß an die Durchschaltzeit bei verschiedenen Anstiegssteilheiten des Thyristorstroms

Setzt man in die Gl. (2.25.) die Beziehungen (2.24.) und (2.26.) ein, dann erhält man

$$u_{\mathrm{T\,dyn}} = U_{(\mathrm{T\,0})} + r_{\mathrm{T\,dyn}}\,\hat{i}\sin\omega t$$

$$u_{\mathrm{T\,dyn}} = U_{(\mathrm{T\,0})} + \frac{r_{\mathrm{a}}^2 - r_{\mathrm{i}}^2}{2 r_{\mathrm{i}} v t + v^2 t^2}\, r_{\mathrm{T}}\,\hat{i}\sin\omega t. \qquad (2.28.)$$

Für $t=0$ liefert der zweite Summand den unbestimmten Ausdruck $\frac{0}{0}$. Durch Anwendung der Regel von Bernoulli L'Hospital ergibt sich nach getrennter Differentiation von Zähler und Nenner der Grenzwert:

$$\lim_{t\to 0} r_{\mathrm{T\,dyn}}\,\hat{i}\sin\omega t = \frac{(r_{\mathrm{a}}^2 - r_{\mathrm{i}}^2)\,\omega\,\hat{i}}{2 r_{\mathrm{i}} v}\, r_{\mathrm{T}}. \qquad (2.29.)$$

In Bild 2.30.a ist mit $U_{(\mathrm{T\,0})} = 1\,\mathrm{V}$ der zeitliche Verlauf der Durchlaßspannung im Anschluß an die Durchschaltzeit bei verschiedenen Anstiegssteilheiten des Thyristorstromes (Bild 2.30.b) dargestellt. Je höher die Anstiegssteilheit des Stromes ist, desto größer wird die Differenz zwischen der dynamischen und der statischen Durchlaßspannung. Die gestrichelte Kurve zeigt zum Vergleich den zeitlichen Verlauf der statischen Durchlaßspannung

$$u_{\mathrm{T\,st}} = U_{(\mathrm{T\,0})} + r_{\mathrm{T}}\, i_{\mathrm{T}}(t).$$

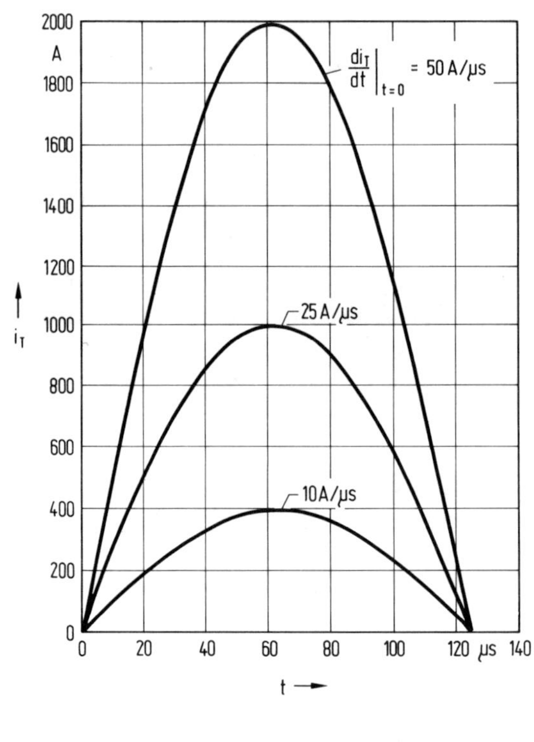


Bild 2.30.b.
Zeitlicher Verlauf des Thyristorstroms bei verschiedenen Anstiegssteilheiten

Die beim Einschalten des Thyristors auftretenden Verluste ergeben sich zu

$$p_T(t) = U_{(T0)}\, i_T(t) + r_{T\,dyn}\, i_T(t)^2. \tag{2.30.}$$

In Bild 2.31. ist der zeitliche Verlauf der Verlustleistung bei verschiedenen Anstiegssteilheiten des Thyristorstromes dargestellt. Im gleichen Bild ist für $\left(\frac{d i_T}{d t}\right)_{t=0} = 50$ A/µs zum Vergleich der zeitliche Verlauf der Verlustleistung entsprechend der statischen Kennlinie eingetragen (gestrichelt):

$$p_{T\,stat} = U_{(T0)}\, i_T(t) + r_T\, i_T(t)^2.$$

Die Differenz zwischen den beiden entsprechenden Kurven sind die zusätzlichen Einschaltverluste.

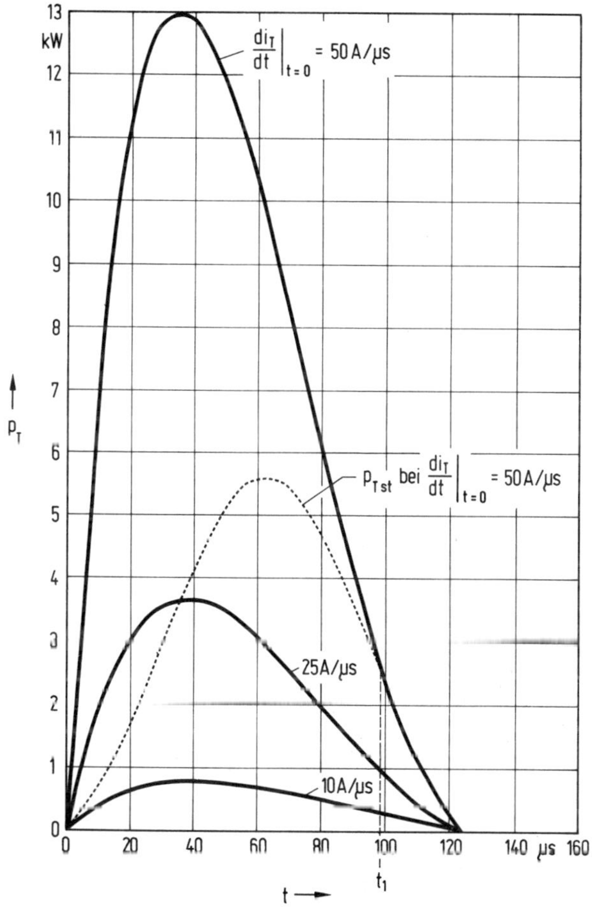


Bild 2.31. Zeitlicher Verlauf der Verluste bei einem Einschaltvorgang nach Bild 2.30

Es soll nochmals erwähnt werden, daß die durchgeführten Rechnungen unter der sehr vereinfachenden Annahme einer konstanten Ausbreitungsgeschwindigkeit $v$ durchgeführt wurden. Vergleicht man das Ergebnis z.B. bezüglich der Durchlaßspannung $u_{\mathrm{T\,dyn}}$ mit dem entsprechenden Oszillogramm, dann ergeben sich Abweichungen, die vor allem auf die unterschiedlichen Ausbreitungsgeschwindigkeiten zu Beginn und am Ende des Vorganges zurückzuführen sind. Trotzdem ergibt die vereinfachte Rechnung einen guten Überblick über das Einschaltverhalten des Thyristors bei verschiedenen Anfangsstromsteilheiten.

### 2.3.2. Ausschaltverhalten

Das Ausschaltverhalten wird im wesentlichen durch die Sperrverzögerungsladung des Thyristors bestimmt. Hierbei handelt es sich um einen ganz ähnlichen Vorgang wie beim Ausschalten einer Diode bzw. eines Transistors. Wird der vor dem Ausschalten fließende Thyristorstrom langsam verringert, dann haben die für den Stromtransport nicht mehr benötigten Ladungsträger genügend Zeit zu rekombinieren. Der Thyristor schaltet bei Unterschreiten des Haltestromes $I_{\mathrm{H}}$ ab.

Wenn demgegenüber der Thyristor mit steil abfallendem Strom ausgeschaltet wird, steht bei Erreichen des Haltestromes noch eine große Anzahl von Ladungsträgern in den einzelnen Halbleiterschichten zur Verfügung. Diese werden in ihrer Summe als Sperrverzögerungsladung $Q_{\mathrm{rr}}$ bezeichnet. Bevor der Thyristor sperren kann, müssen diese Ladungsträger zuerst in umgekehrter Stromrichtung ausgeräumt werden. Es fließt also zunächst ein Strom in Sperrichtung mit der gleichen Steilheit wie in Vorwärtsrichtung; dadurch werden die Ladungsträger aus den einzelnen Schichten des Kristalles abgesaugt (Oszillogramm in Bild 2.32.). Bei Erreichen des Maximalwertes des Rückstromes (Rückstromspitze $I_{\mathrm{RRM}}$) sind die nicht zum Stromtransport benötigten Ladungsträger weitgehend abgebaut. Der Thyristor kann Sperrspannung aufnehmen, und der Rückstrom geht mit hoher Änderungsgeschwindigkeit auf seinen stationären Wert über. Dieser „Rückstromabriß" erfordert schaltungstechnische Maßnahmen in Form der $RC$-Beschaltung eines Thyristors (Bild 2.33.). Zusammen mit der Kommutierungsinduktivität $L_{\mathrm{k}}$ im Kommutierungskreis können nämlich entsprechend der Beziehung $L_{\mathrm{k}} \dfrac{\mathrm{d}i_{\mathrm{R}}}{\mathrm{d}t}$ hohe Überspannungen auftreten, die zur Zerstörung des Thyristors führen.

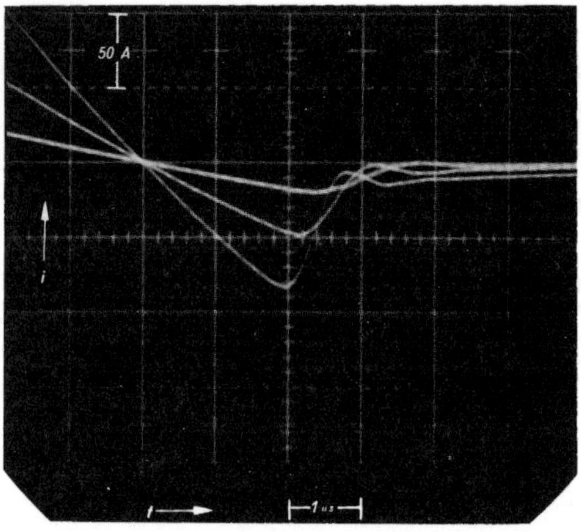


Bild 2.32.
Sperrverzögerungsladung und Rückstromspitze beim Ausschalten des BBC-Thyristors CS 239
Vorstrom: $I_{\mathrm{T}} = 250$ A
Steilheiten der Ströme beim Ausschalten: $\dfrac{\mathrm{d}i}{\mathrm{d}t} = (10, 20, 50)$ A/µs
Sperrschichttemperatur $\vartheta_{\mathrm{j}} = 125$ °C

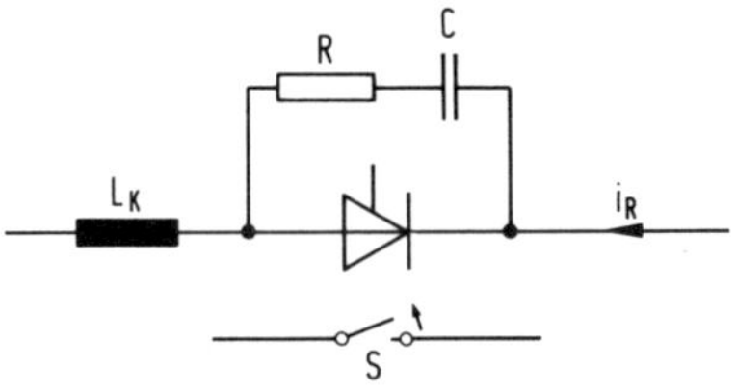


Bild 2.33.
*RC*-Beschaltung eines Thyristors

Die Sperrverzögerungszeit $t_{rr}$ eines Thyristors ist die Zeitspanne zwischen dem Zeitpunkt, bei dem der Strom beim Wechsel von der Vorwärts- zur Rückwärtsrichtung durch Null geht und dem Zeitpunkt, bei dem der Rückstrom von seinem Spitzenwert $I_{RRM}$ auf einen vorgegebenen Wert (z.B. 10%) abgeklungen ist oder bis zu dem Zeitpunkt, wenn der extrapolierte Wert die Nullinie erreicht (Bild 2.34.). Die Sperrverzögerungsladung ist die Ladungsmenge, die während der Sperrverzögerungszeit über die Anschlüsse des Thyristors abfließt.

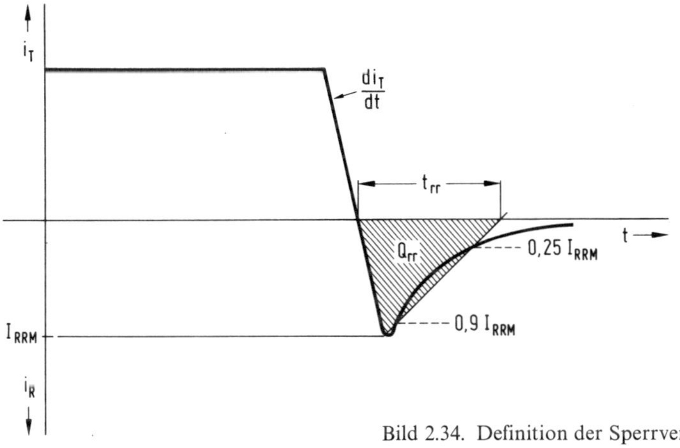


Bild 2.34. Definition der Sperrverzögerungszeit $t_{rr}$

Die Sperrverzögerungsladung $Q_{rr}$ und die Rückstromspitze $I_{RRM}$ sind von der Höhe des Vorstromes und von der Stromsteilheit beim Ausschalten abhängig. Diese Abhängigkeiten sind in den Bildern 2.35. und 2.36. wiedergegeben.

Infolge des nichtidealen Ausschaltverhaltens treten – ähnlich wie beim Einschalten – Ausschaltverluste auf. Wie schon erwähnt wurde, kann der Thyristor nach Erreichen der Rückstromspitze Sperrspannung aufnehmen. In Bild 2.37. wird deutlich, daß vom Zeitpunkt $t_0$ an Strom und Spannung gleichzeitig vorhanden sind; das Produkt aus den jeweiligen Zeitwerten von Strom und Spannung ergibt den zeitlichen Verlauf der Ausschaltverlustleistung:

$$p_{RQ}(t) = u_R(t)\, i_R(t)$$

Da der Rückstrom relativ schnell auf seinen statischen Wert abklingt, ist die Ausschaltarbeit $W_{RQ}$ trotz hoher Augenblickswerte der Ausschaltleistung $p_{RQ}$ klein. Die Ausschaltverluste

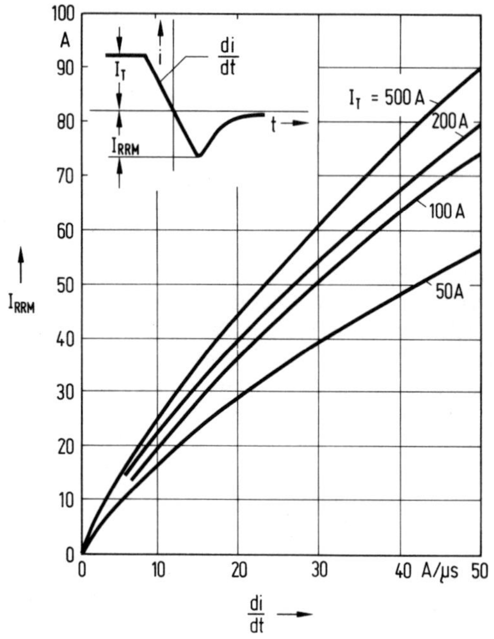


Bild 2.35.
Rückstromspitze $I_{RRM}$ bei dem BBC-Thyristor CS 239 in Abhängigkeit von der Stromsteilheit $\frac{di}{dt}$ beim Ausschalten
Parameter: Vorstrom $I_T$
Sperrschichttemperatur $\vartheta_j = 125\,°C$

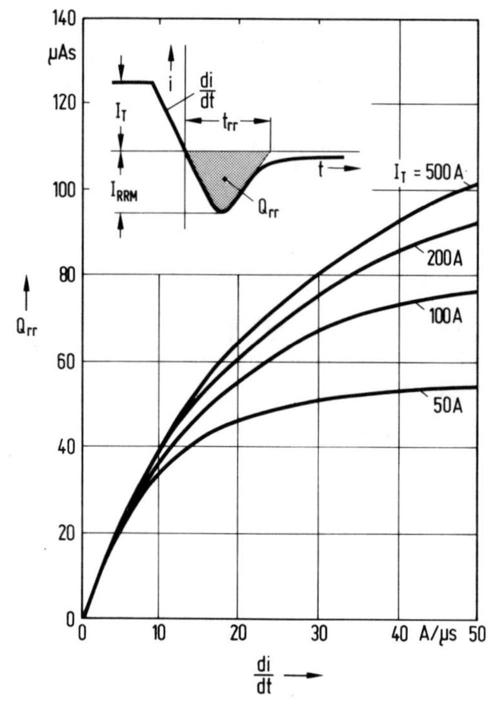


Bild 2.36.
Sperrverzögerungsladung bei dem BBC-Thyristor CS 239 in Abhängigkeit von der Stromsteilheit $\frac{di}{dt}$ beim Ausschalten
Parameter: Vorstrom $I_T$
Sperrschichttemperatur $\vartheta_j = 125\,°C$

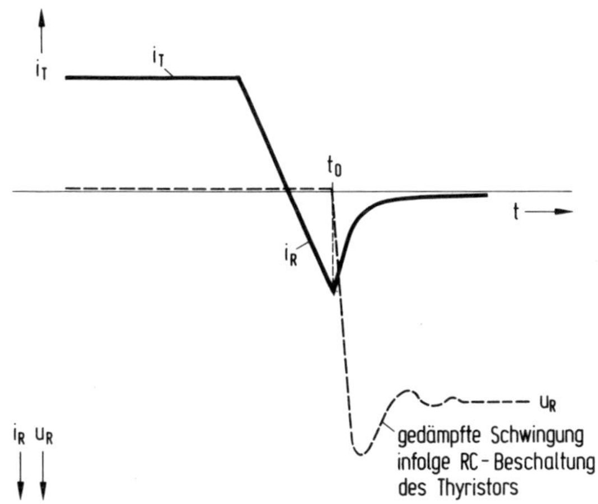


Bild 2.37.
Zeitlicher Verlauf von Rückstrom und Sperrspannung beim Ausschalten eines Thyristors

werden von der Überschwingweite der Sperrspannung und der Stromsteilheit beim Ausschalten maßgeblich beeinflußt. Daher wirken sich eine optimale Dimensionierung der $RC$-Beschaltung und eine Verringerung der Stromsteilheit durch Einschalten von Stufen- oder Sättigungsdrosseln im günstigen Sinne aus.

Nach Abklingen des Rückstromes ist der Ausschaltvorgang beim Thyristor noch nicht abgeschlossen. Der Thyristor kann zwar negative Sperrspannungen bis zur Höhe der Durchbruchspannung aufnehmen (die beiden äußeren $PN$-Übergänge sind gesperrt), er kann aber nicht sofort eine wiederkehrende positive Spannung sperren. Das liegt daran, daß im mittleren $PN$-Übergang, der ja die positive Spannung aufnehmen muß, noch Ladungsträger vorhanden sind, die im wesentlichen durch Rekombination abgebaut werden müssen. Erst nach Abklingen der Ladungsträgerkombination am mittleren $PN$-Übergang kann der Thyristor positive Spannungen sperren.

Die Zeitdauer, die der Thyristor benötigt, um vom Stromnulldurchgang aus zum frühestmöglichen Zeitpunkt wieder eine positive Sperrspannung aufnehmen zu können, ohne in den Durchlaßzustand zu kippen, wird die Freiwerdezeit $t_q$ genannt (Bild 2.38.).

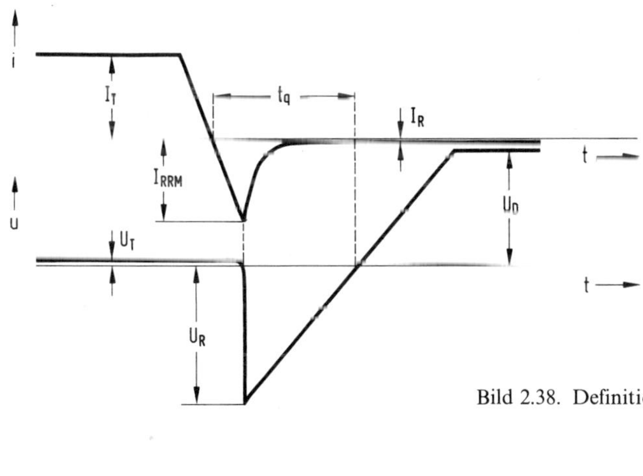


Bild 2.38. Definition der Freiwerdezeit $t_q$

Die Freiwerdezeit ist für selbstgeführte Stromrichter eine wichtige Größe, da von ihr der Schaltungsaufwand in hohem Maße abhängig ist.

Die Freiwerdezeit wird hauptsächlich von folgenden Parametern beeinflußt:

Sperrschichttemperatur
Vorstrom und Steilheit des Stromabfalles
Höhe der negativen Sperrspannung
Anstiegsgeschwindigkeit und Höhe der anschließenden positiven Sperrspannung.

Die wichtigsten Einflußgrößen sind die Höhe der Sperrschichttemperatur und die Höhe der negativen Sperrspannung. Die entsprechenden Abhängigkeiten sind für einen bestimmten Thyristortyp in Bild 2.39. wiedergegeben.

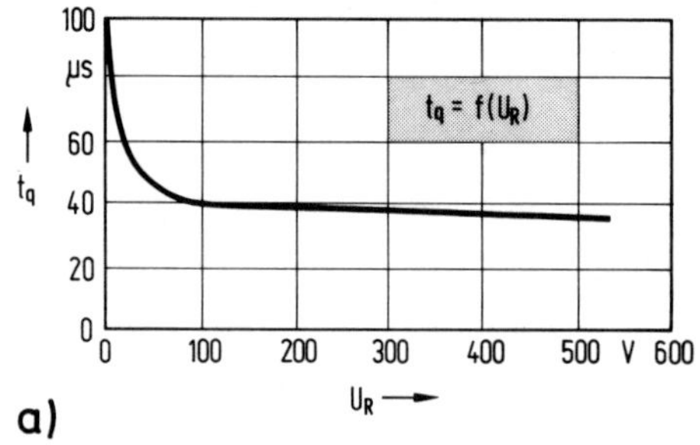


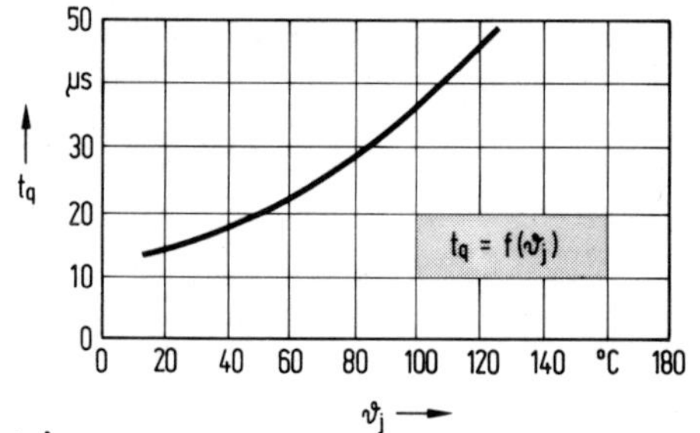


Bild 2.39.
Abhängigkeit der Freiwerdezeit
a) von der negativen Sperrspannung
b) von der Sperrschichttemperatur

Ein weiterer wichtiger und grundlegender Begriff im Bereich der selbstgeführten Stromrichter ist die Schonzeit $t_c$. Eine nähere Erläuterung dieses Begriffes soll anhand der Schaltung in Bild 2.40. erfolgen. In dieser Schaltung besteht die Aufgabe, den eingeschalteten Hauptthyristor $T_1$, der den Gleichstrom $I_d$ führt, abzuschalten. Dazu wird zur Zeit $t=0$ (Bild 2.41.) der Löschthyristor $T_2$ gezündet. Unter dem Einfluß der Kondensatorspannung (Anfangsspannung $(u_c)_{t=0} = +U_B$) fließt ein sinusförmiger Strom $i_c$ (Schwingkreis $C_k$, $T_2$, $L_1$, $T_1$), der sich dem Strom im Hauptthyristor so überlagert, daß der Summenstrom Null wird ($i_{T1} = I_d - i_c$). Vereinfachend soll angenommen werden, daß die Drosselspule im Lastkreis $L_d$ sehr groß ist, so daß sich der Laststrom während des Kommutierungsvorganges nicht ändert. Wenn der Strom im Hauptthyristor Null geworden ist, hat der Strom im Löschthyristor die Höhe des als konstant angenommenen Laststromes erreicht. Der Strom ist also von Thyristor $T_1$ auf Thyristor $T_2$ kommutiert worden. Die Kondensatorspannung $U_{C0}$ liegt als negative

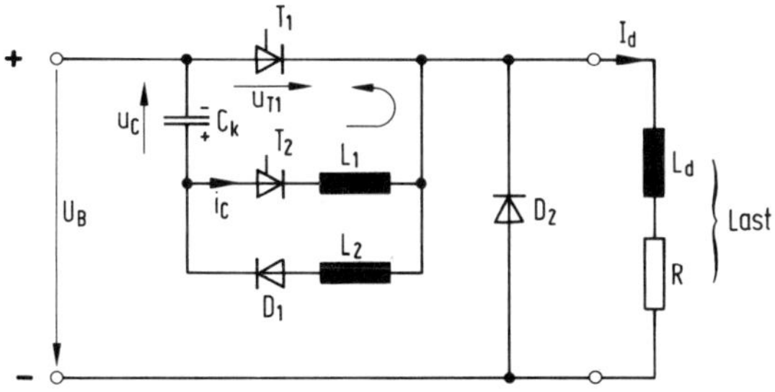


Bild 2.40.
Schaltung zur Erklärung der Schonzeit $t_c$

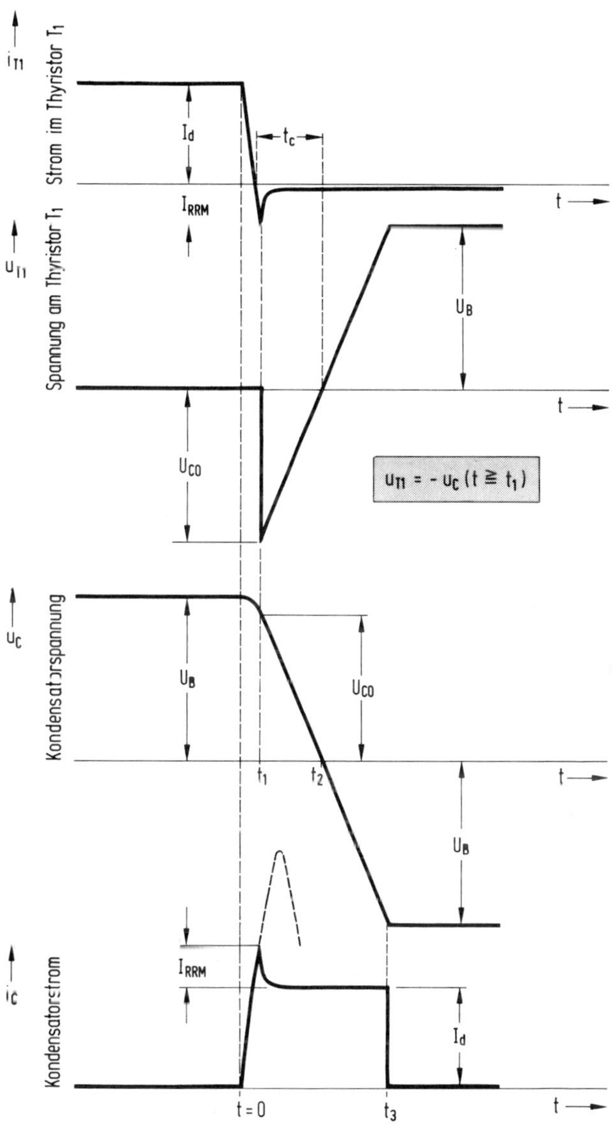


Bild 2.41.
Strom- und Spannungsverhältnisse beim Abschalten des Hauptthyristors

Sperrspannung am Hauptthyristor an ($u_{T1} = -u_c$). Infolge des konstanten Laststromes $I_d$ lädt sich nun der Löschkondensator linear um:

$$u_c = -\frac{1}{C_k}\int_{t_1}^{t} I_d\,dt + C$$

$$u_c = -\frac{1}{C_k} I_d(t-t_1) + C$$

$$t = t_1 : u_c = U_{C0}$$

$$u_c = -\frac{1}{C_k} I_d(t-t_1) + U_{C0}.$$

Zum Zeitpunkt $t = t_2$ ist die Kondensatorspannung und damit auch die Spannung am Hauptthyristor Null geworden:

$$0 = -\frac{1}{C_k} I_d(t_2 - t_1) + U_{C0}.$$

Die Schonzeit $t_c$ ist die Zeitspanne zwischen dem Nulldurchgang des Stromes und dem Nulldurchgang der wiederkehrenden positiven Sperrspannung am Thyristor. Diese Zeit ist demnach von der Dimensionierung der Schaltung abhängig. Beispielsweise kann die Zeit $t_c$ bei gegebenen Werten $U_B$ und $I_d$ durch Verdoppelung der Kapazität des Löschkondensators auch verdoppelt werden. Damit eine Löschung des Hauptthyristors möglich ist, muß die Schonzeit größer als die Freiwerdezeit des Thyristors sein:

$$t_c > t_q.$$

Setzt man näherungsweise

$$t_2 - t_1 \approx t_c,$$

dann ergibt sich eine Dimensionierungsvorschrift für den Löschkondensator:

$$0 \approx -\frac{1}{C_k} I_d t_c + U_{C0}$$

$$C_k \approx \frac{I_d t_c}{U_{C0}}$$

oder mit $U_{C0} \approx U_B$

$$C_k \approx \frac{I_d t_c}{U_B} \qquad t_c > t_q.$$

Im weiteren Verlauf der zeitlichen Vorgänge lädt sich der Kondensator um. Wenn die Kondensatorspannung die Höhe $u_c = -U_B$ erreicht hat, dann wird die Freilaufdiode in Durchlaßrichtung gepolt: Der Strom im Löschthyristor $T_2$ kommutiert auf die Freilaufdiode $D_2$. Der gesamte Kommutierungsvorgang ist jetzt abgeschlossen. Die Kondensatorspannung hat nach Beendigung des Kommutierungsvorganges gegenüber dem Zeitpunkt $t = 0$ eine umgekehrte Polarität und ist somit zum erneuten Löschen ungeeignet. Dieser Nachteil wird durch den Umschwingkreis (Umschwingdiode $D_1$, Umschwingdrossel $L_2$) ausgeglichen. Sobald der Hauptthyristor wieder eingeschaltet wird, schwingt die Kondensatorspannung über $T_1$, $L_2$, $D_1$ wieder auf die zum Löschen geeignete Polarität um.

### 2.3.3. $\frac{du}{dt}$-Verhalten eines Thyristors

Wird ein Thyristor mit steil ansteigender positiver Sperrspannung beansprucht, so kann er auch ohne Steuerstrom durchschalten. Dieser Einschaltvorgang ist in der Praxis höchst unerwünscht, da er in den meisten Fällen zum Kurzschluß und damit zum Ausfall der Stromrichteranlage führt.

Dieses $\frac{du}{dt}$-Verhalten hängt mit den kapazitiven Eigenschaften der einzelnen $PN$-Übergänge des Thyristors zusammen. Man unterscheidet die Sperrschicht- und die Diffusionskapazität. Als Sperrschichtkapazität bezeichnet man die Kapazität, die entsteht, wenn der $PN$-Übergang in Sperrichtung gepolt ist. In diesem Fall bildet die stark ladungsträgerverarmte Übergangszone eine isolierende Schicht zwischen der gut leitenden $P$- und $N$-Zone, deren Breite von der angelegten Sperrspannung abhängt. Der in Sperrichtung gepolte $PN$-Übergang ist mit einem Plattenkondensator vergleichbar, dessen Kapazität durch die Sperrspannung beeinflußbar ist:

$$C_{\mathrm{R}} = \varepsilon\,\varepsilon_0 \frac{A}{d};$$

$\varepsilon$ Dielektrizitätskonstante des Halbleitermaterials
$\varepsilon_0$ absolute Dielektrizitätskonstante
$A$ Fläche des $PN$-Überganges
$d$ Dicke der Raumladungszone.

Als Diffusionskapazität bezeichnet man die Kapazität zwischen der $P$- und $N$-Zone, die entsteht, wenn der $PN$-Übergang in Durchlaßrichtung gepolt ist. Die Diffusionskapazität wird jedoch praktisch nicht wirksam, da der Durchlaßwiderstand des $PN$-Überganges sehr niedrig und damit der entsprechende Kondensator nahezu kurzgeschlossen ist.

In Bild 2.42.b ist für den Fall der positiven Sperrspannung ein Ersatzschaltbild des Thyristors angegeben. Die einzelnen als Dioden dargestellten $PN$-Übergänge sind mit Kondensatoren überbrückt, die den Sperrschicht- bzw. Diffusionskapazitäten entsprechen. Da bei positiver Sperrspannung die beiden äußeren $PN$-Übergänge in Durchlaßrichtung gepolt sind, braucht man deren Kapazitäten nicht zu berücksichtigen (Bild 2.42.c).

Bei einem Kondensator gilt allgemein:

$$q(t) = C\,u_{\mathrm{c}}(t)$$

$$i_{\mathrm{c}} = \frac{dq}{dt} = C\frac{du_{\mathrm{c}}}{dt}.$$

In unserem Fall entspricht der Spannung $u_{\mathrm{c}}$ die zeitlich veränderliche positive Spannung $u_{\mathrm{D}}(t)$. Da sich die Sperrschichtkapazität mit der Sperrspannung, also auch mit der Zeit

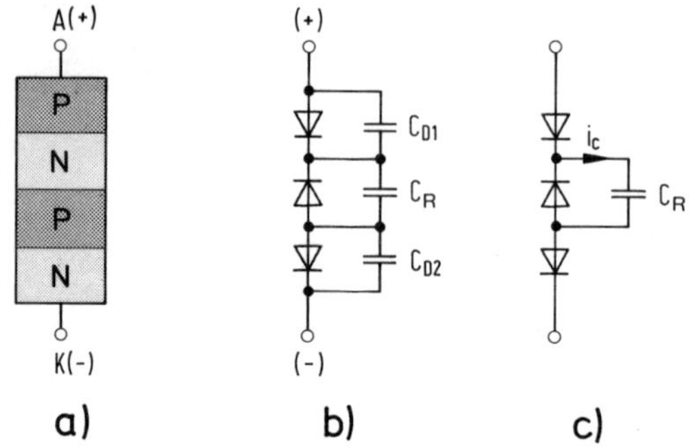


Bild 2.42.
Ersatzschaltbilder des Thyristors
a) Schichtenfolge
b) ideale Dioden mit parallelgeschalteten Kondensatoren
c) Vernachlässigung der Diffusionskapazitäten $C_{D1}$ und $C_{D2}$

ändert, gilt

$$q(t) = C_R(t)\, u_D(t)$$

und

$$i_c = \frac{dq}{dt} = C_R(t)\frac{du_D}{dt} + u_D(t)\frac{dC_R}{dt}.$$

Dieser Strom fließt über die äußeren *PN*-Übergänge des Thyristors und löst eine Ladungsträgerinjektion in die Basiszonen hinein aus. Er hat damit die Wirkung eines Steuerstromes. Da die Sperrschichtkapazität flächenproportional ist, besteht unter sonst gleichen Bedingungen bei großflächigen Thyristoren eine wesentlich größere $\frac{du}{dt}$-Abhängigkeit als bei kleineren Thyristoren. In vielen Anwendungsfällen steigt die Spannung nicht von Null aus, sondern von einer positiven oder negativen Vorspannung an. In beiden Fällen ergibt sich ein wesentlich günstigeres $\frac{du}{dt}$-Verhalten als beim Spannungsanstieg von Null aus. Weiterhin hat ein negativer Steuerstrom, der dem kapazitiven Strom entgegenwirkt, eine günstige Auswirkung. Die kritische Spannungssteilheit $\left(\frac{du}{dt}\right)_{cr}$ – das ist der größte Wert der Spannungsanstiegsgeschwindigkeit in Schaltrichtung, bei dem der Thyristor ohne Steuerimpuls noch nicht vom sperrenden in den leitenden Zustand umschaltet – wird in den Datenblättern unter bestimmten Bedingungen angegeben. Einige dieser Bedingungen sind z.B.:

a) Die positive Sperrspannung steigt von Null auf den Wert $U_{D1}$ an. Dieser Wert beträgt zwei Drittel der höchsten zulässigen Spitzensperrspannung,
b) höchste zulässige Sperrschichttemperatur,
c) Wiederholungsfrequenz 50 Hz,
d) vor Anlegen der Spannung ist der Thyristor strom- und spannungslos.

## 2.4. Thyristorarten

Nach DIN 41 786 ist ein Thyristor ein Halbleiterbauelement mit mindestens drei Zonenübergängen, das von einem Sperrzustand in einen Durchlaßzustand (oder umgekehrt) umgeschaltet werden kann. Dabei wird die Benennung „Thyristor" als Oberbegriff für alle Arten von

Bauelementen, die dieser Definition entsprechen, gebraucht. Wenn keine Irrtümer möglich sind, wird unter „Thyristor“ speziell die bisher behandelte rückwärts sperrende Thyristortriode verstanden.

Neben der rückwärts sperrenden Thyristortriode sind in den letzten Jahren weitere Thyristorbauelemente entwickelt worden. In der folgenden Tabelle sind die verschiedenen Thyristorarten zusammengestellt.

| Zahl der Anschlüsse | Verhalten | | |
|---|---|---|---|
| | in Rückwärtsrichtung | | in beiden Richtungen schaltbar |
| | sperrend | leitend | |
| 2 | **rückwärts sperrende Thyristordiode** (reverse blocking diode thyristor) | **rückwärts leitende Thyristordiode** (reverse conducting diode thyristor) | **Zweirichtungs-Thyristordiode** (bi-directional diode thyristor) |
| 3 | **rückwärts sperrende Thyristortriode** (reverse blocking triode thyristor) | **rückwärts leitende Thyristortriode** (reverse conducting triode thyristor) | **Zweirichtungs-Thyristortriode** (bi-directional triode thyristor) |

*Rückwärts sperrende Thyristordiode*

Bei diesem Bauelement handelt es sich um einen Thyristor mit zwei Anschlüssen, der in der Rückwärtsrichtung sperrt. Diese Diode wird auch als Vierschichtdiode bezeichnet. Sie schaltet beim Überschreiten der Kippspannung $U_{(BO)}$ vom hochohmigen Sperrzustand in den niederohmigen Durchlaßzustand. Das Schaltsymbol sowie die Kennlinie ist in Bild 2.43. angegeben. Die Wirkungsweise entspricht im übrigen der einer rückwärts sperrenden Thyristortriode.

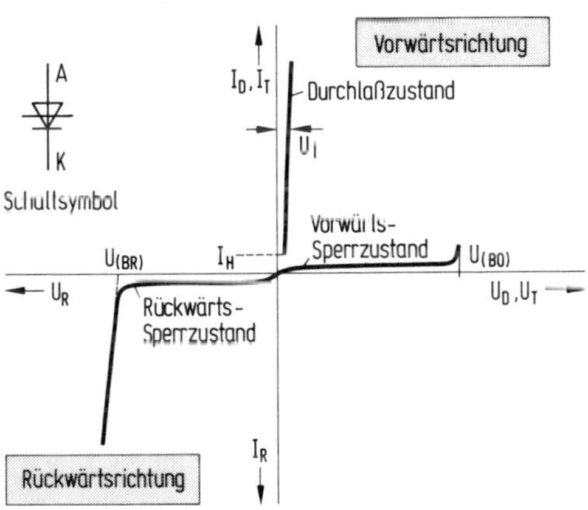


Bild 2.43.
Kennlinie und Schaltsymbol einer Vierschichtdiode (rückwärts sperrende Thyristordiode)

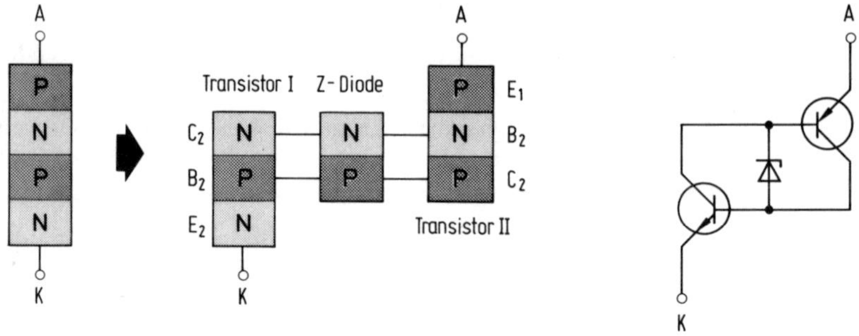


Bild 2.44. Zerlegung des Vierschichters in zwei Transistoren und eine $Z$-Diode

Das Verhalten der Vierschichtdiode kann man sich anhand von Bild 2.44. leicht erklären, wenn man gedanklich den Vierschichter in zwei Transistoren und eine $Z$-Diode zerlegt. Die Emitterdioden der beiden Transistoren sind stets in Durchlaßrichtung gepolt. Bei kleinen Spannungen kann aber kein Strom fließen, weil die $Z$-Diode sperrt. Bei Überschreiten der Durchbruchspannung der $Z$-Diode fließt über die Emitterstrecken der Transistoren ein Basisstrom. Wegen der gegenseitigen Verbindung von Kollektor und Basis bewirken die entsprechenden Kollektorströme ein rasches Anwachsen der Basisströme, so daß durch einen Aufschaukelungsprozeß die beiden Transistoren nahezu schlagartig durchgesteuert werden. Die Vierschichtdiode kippt erst wieder in den gesperrten Zustand zurück, wenn der Haltestrom $I_H$ unterschritten wird.

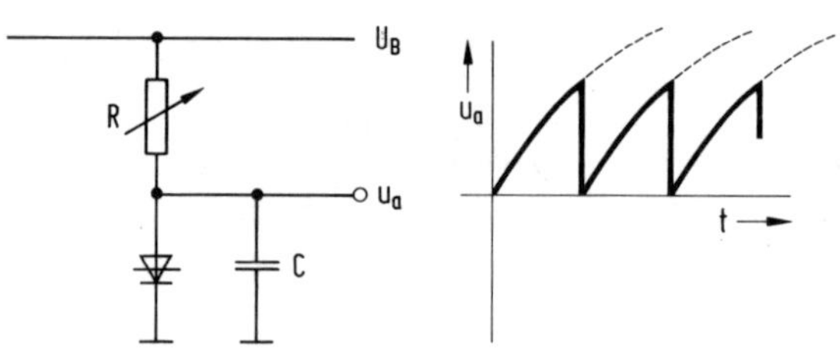


Bild 2.45. Sägezahngenerator mit Vierschichtdiode

In Bild 2.45. ist als einfaches Anwendungsbeispiel ein Sägezahngenerator mit Vierschichtdiode dargestellt. Über den Widerstand $R$ lädt sich der Kondensator solange auf, bis die Kippspannung $U_{(BO)}$ der Vierschichtdiode erreicht ist. In diesem Augenblick schaltet die Diode in den niederohmigen Durchlaßzustand, und der Kondensator entlädt sich. Bei Unterschreiten des Haltestromes $I_H$ kippt die Diode wieder in den gesperrten Zustand, und der Kondensator kann sich von neuem aufladen.

*Rückwärtsleitende Thyristoren*

In Bild 2.46. ist die Kennlinie eines rückwärts leitenden Thyristors dargestellt. In Rückwärtsrichtung entspricht die Kennlinie der einer normalen Diode. Man unterscheidet Bauelemente mit und ohne Steueranschluß. Von der Wirkungsweise her kann die rückwärts leitende Thyristordiode als eine Vierschichtdiode angesehen werden, zu der eine normale Diode

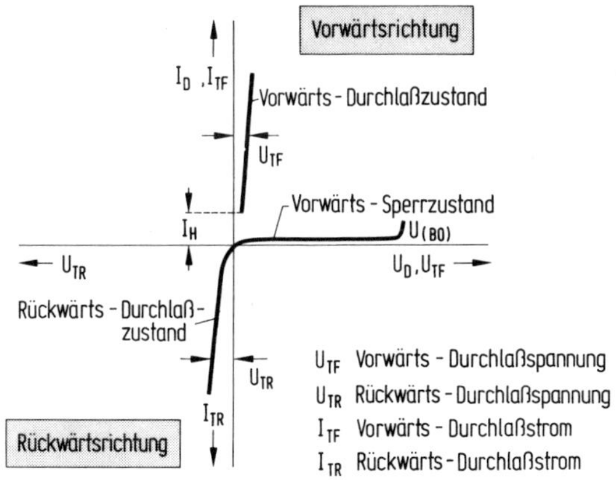


Bild 2.46.
Kennlinie eines rückwärts leitenden Thyristors

Bild 2.47. Rückwärts leitende Thyristoren (Ersatzschaltbilder)
a) Thyristortriode
b) Thyristordiode

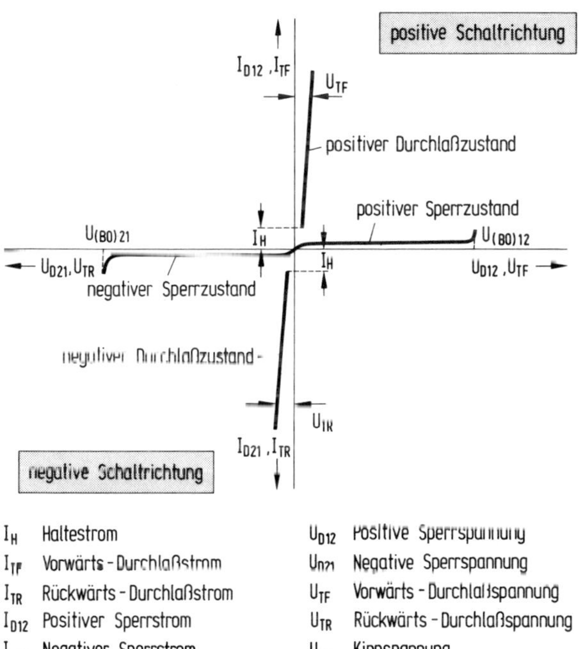


Bild 2.48
Kennlinie eines Zweirichtungs-Thyristors

antiparallel geschaltet ist (Bild 2.47.b). Bei der entsprechenden Triode ist zu einem rückwärts sperrenden Thyristor eine Diode antiparallel geschaltet (Bild 2.47.a).

*Zweirichtungs-Thyristoren*

Diese Thyristoren haben zwei Schaltrichtungen, in denen sie im wesentlichen die gleichen Eigenschaften besitzen. In Bild 2.48. ist die Kennlinie wiedergegeben. Auch diese Bauelemente werden mit und ohne Steueranschluß ausgeführt. In Bild 2.49. sind die entsprechenden Schaltsymbole angegeben.

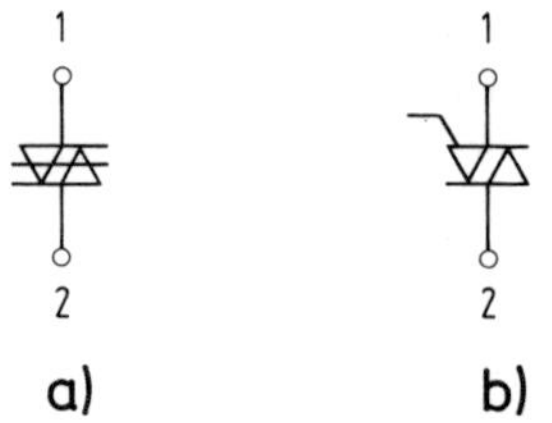


Bild 2.49.
Schaltsymbole von Zweirichtungs-Thyristoren
a) Zweirichtungs-Thyristordiode
b) Zweirichtungs-Thyristortriode (Triac)

Bei der Zweirichtungs-Thyristordiode sind – von außen her gesehen – zwei Vierschichtdioden antiparallel geschaltet. Das Schalten dieser Elemente erfolgt durch Überschreiten der Kippspannung. Beim sog. Diac weicht die Kennlinie von der in Bild 2.48. dargestellten schematischen Kennlinie eines Zweirichtungs-Thyristors ab. Der Unterschied besteht darin, daß sich die Spannung nach dem Zünden nur um die relativ kleine Spannung $\Delta U$ erniedrigt (Bild 2.50.). Diese Dioden eignen sich zur Impulserzeugung, insbesondere zum Zünden von Thyristoren.

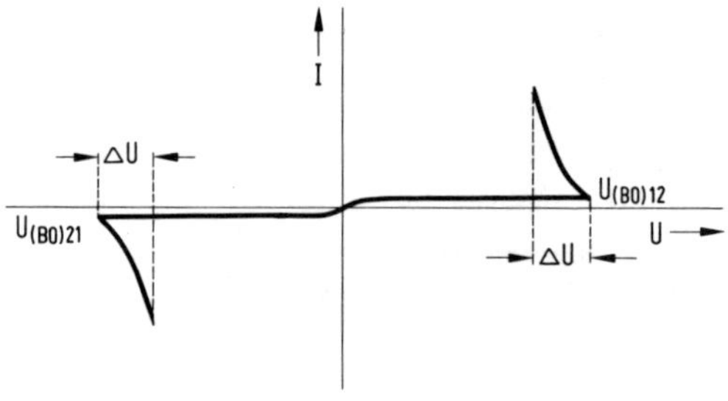


Bild 2.50.
Kennlinie eines Diacs

Die Zweirichtungs-Thyristortriode (Triac) hat normalerweise einen Steueranschluß und läßt sich unabhängig von der Polung der Hauptanschlüsse durch einen positiven oder negativen Steuerstrom einschalten. Der Triac kann vorteilhaft in Schaltungen eingesetzt werden, bei denen die Wechselspannung in ihrem Effektivwert gesteuert werden soll (Wechselstromsteller). Mit der Schaltung in Bild 2.51. kann die Spannung am Widerstand $R_L$ stufenlos verstellt werden: Der Kondensator $C$ lädt sich über die Widerstände $R_L$ und $R_V$ auf. Bei Erreichen der Kippspannung des Diac wird der Triac unabhängig von der Polung seiner Hauptanschlüsse, also sowohl bei der positiven als auch bei der negativen Halbschwingung der speisenden Wechselspannungsquelle, durch den Entladestrom des Kondensators eingeschal-

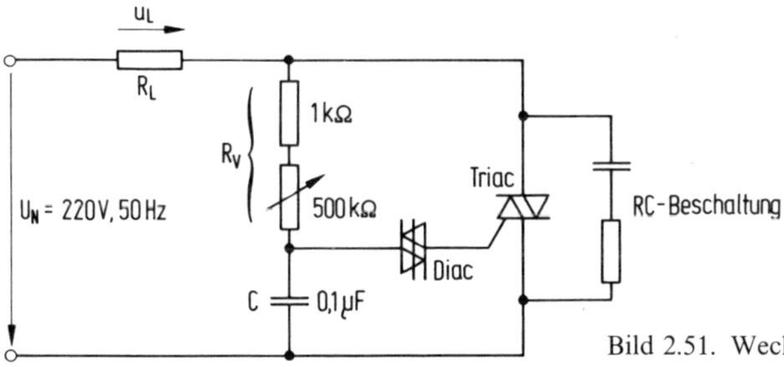


Bild 2.51. Wechselstromsteller mit Triac

tet. Der zeitliche Verlauf des Stromes entspricht den jeweiligen Ausschnitten der Wechselspannung. Beim Nulldurchgang des Stromes wird der Triac jeweils wieder abgeschaltet. Mit dem Potentiometer kann der Steuerwinkel und damit die Spannung am Verbraucher stufenlos verstellt werden. In Bild 2.52. ist die Spannung an der Last $u_L$ für zwei verschiedene Aussteuerwinkel dargestellt.

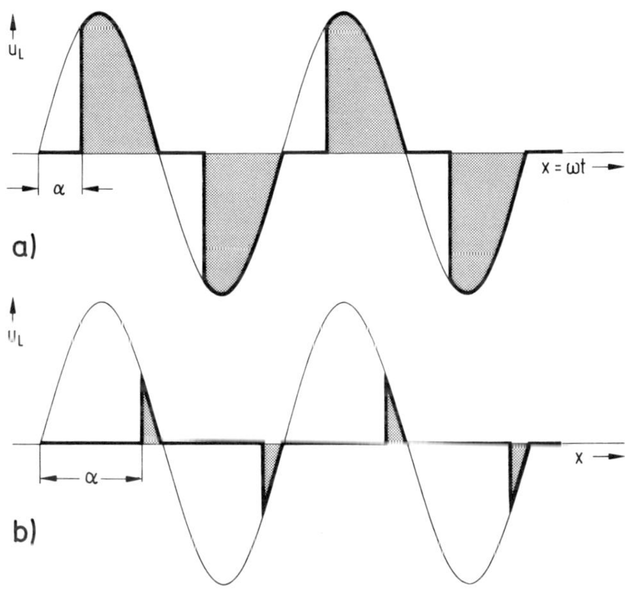


$$\frac{U_{L\alpha\,eff}}{U_{N\,eff}} = \sqrt{1 - \frac{\alpha}{\pi} + \frac{1}{2\pi}\sin 2\alpha}$$

Bild 2.52. Spannungsverläufe bei einem Wechselstromsteller
a) $\alpha = 60°$
b) $\alpha = 150°$

Ihre Anwendung finden Wechselstromsteller mit Triac z.B. bei der Helligkeitssteuerung von Glühlampen und der Drehzahlsteuerung von Wechselstrommotoren (z.B. Handbohrmaschinen, Waschmaschinen, Pumpen, Lüfter).

# 3. Netzgeführte Stromrichter

Bei den netzgeführten Stromrichtern stellt das Wechselspannungsnetz die zum Kommutieren erforderliche Kommutierungsspannung zur Verfügung (Kapitel 1.2.1.). Innerhalb der netzgeführten Stromrichter gibt es die verschiedensten Ausführungsarten. Sie sind im wesentlichen durch die Art der Umwandlung der elektrischen Energie (Gleichrichten, Wechselrichten, Umrichten), die Steuerung und Richtung des Energieflusses sowie durch die spezielle Stromrichterschaltung gekennzeichnet.

Hinsichtlich der Richtung des Energieflusses kann man grundsätzlich zwischen dem „Ein-Energierichtung-Stromrichter“ und dem „Zwei-Energierichtung-Stromrichter“ (DIN 41750, Blatt 2) unterscheiden.

Zu den Ein-Energierichtung-Stromrichtern (kurz Ein-Richtung-Stromrichter) gehören steuerbare und nicht steuerbare Gleichrichter. Sie ermöglichen nur eine Richtung des Gleichstromes, eine Spannungsrichtung und damit nur eine Energierichtung. In der in Bild 3.1. dargestellten Strom-Spannungsebene ist nur ein Betrieb im I. Quadranten möglich (Ein-Quadrant-Stromrichter). Zu den steuerbaren Gleichrichtern, die nur für eine Energierichtung geeignet sind, gehören all Schaltungen, die neben gesteuerten auch noch ungesteuerte Ventile enthalten, z.B. halbgesteuerte Brückenschaltungen, Stromrichter mit Freilaufzweigen.

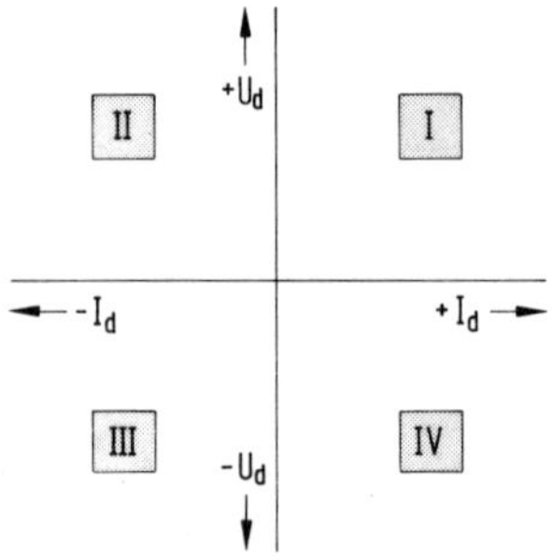


Bild 3.1.
Die vier Quadranten in der Gleichstrom-Gleichspannungs-Ebene

Ersetzt man bei den in Band I behandelten zwei- bis sechspulsigen Gleichrichterschaltungen alle Dioden durch Thyristoren, dann kann z.B. bei Anschluß eines Gleichstromgenerators bei entsprechender Steuerung der Thyristoren Gleichstromenergie in Wechsel- bzw. Drehstromenergie umgeformt werden. Die Umkehr der Energierichtung (Wechselrichterbetrieb) wird durch die Umkehr der Gleichspannung bei gleichbleibender Stromrichtung bewirkt. In Bild 3.2. ist ein derartiger Stromrichter, der für Gleich- und Wechselrichterbetrieb geeignet ist, dargestellt. Es handelt sich um die schon von Band I her bekannte dreipulsige Mittelpunktschaltung. Mit dieser Schaltung ist entsprechend Bild 3.3. ein Betrieb im I. und IV. Quadranten der Strom-Spannungs-Ebene möglich (Zwei-Quadrant-Stromrichter). Stromrichter, die eine Umkehr des Energieflusses ermöglichen, werden nach DIN 41750, Blatt 2 Zwei-Energierichtung-Stromrichter (kurz: Zwei-Richtung-Stromrichter) genannt.

In vielen Anwendungsfällen (z.B. Umkehrantrieb) ist ein Betrieb in allen vier Quadranten der Strom-Spannungs-Ebene erforderlich. Entsprechend Bild 3.1. ist hierzu auch die Umkehr

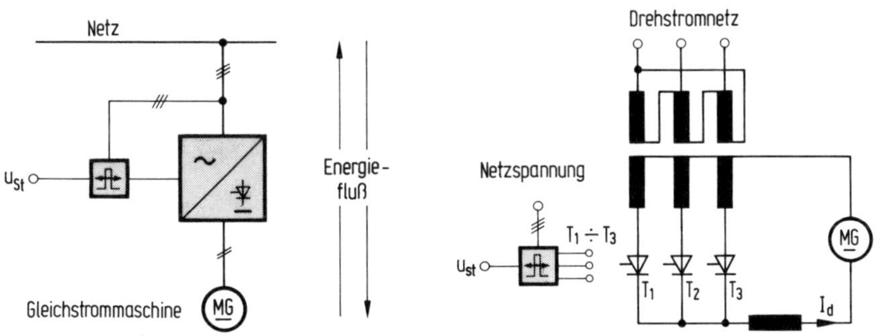


Bild 3.2. Stromrichter zum Gleich- und Wechselrichten (Gleichbleibende Stromrichtung auf der Gleichstromseite)

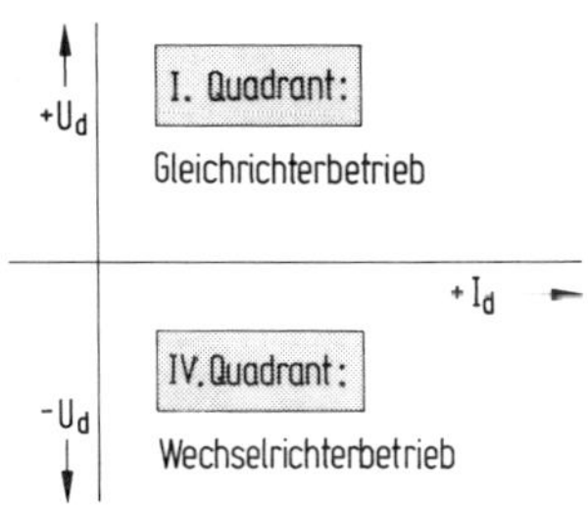


Bild 3.3.
Arbeitsbereiche des Stromrichters nach Bild 3.2 in der Strom-Spannungs-Ebene (Zwei-Quadrant-Stromrichter mit Spannungsumkehr)

der Stromrichtung auf der Gleichstromseite notwendig. Wegen der Ventilwirkung der Stromrichterventile ist dies aber nur möglich, wenn einem „Einzelstromrichter“ z.B. nach Bild 3.2. ein weiterer Einzelstromrichter mit umgekehrter Ventilrichtung parallelgeschaltet wird. Auf diese Weise erhält man einen „Doppel-Stromrichter“ (DIN 71750), der durch gegensinnige Parallelschaltung zweier Einzel-Stromrichter gebildet wird, von denen jeder für eine Stromrichtung bestimmt ist (Bild 3.4.). Mit dieser Schaltung ist ein Betrieb in allen vier Quadranten der Strom-Spannungs-Ebene möglich (Bild 3.5.). Eine Gleichstrommaschine

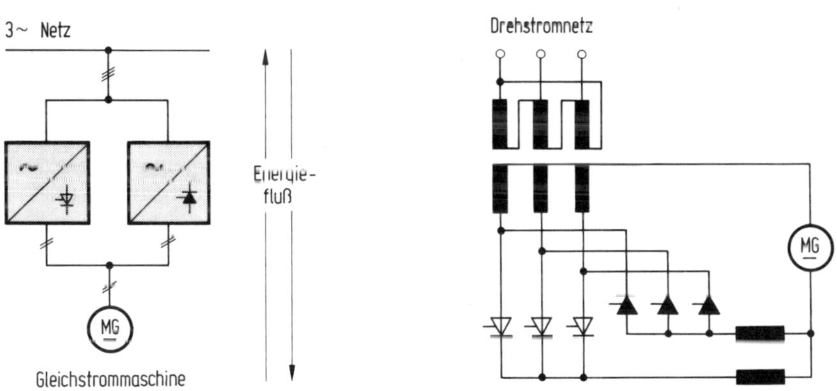


Bild 3.4. Doppel-Stromrichter für Vier-Quadrant-Betrieb (Umkehrstromrichter)

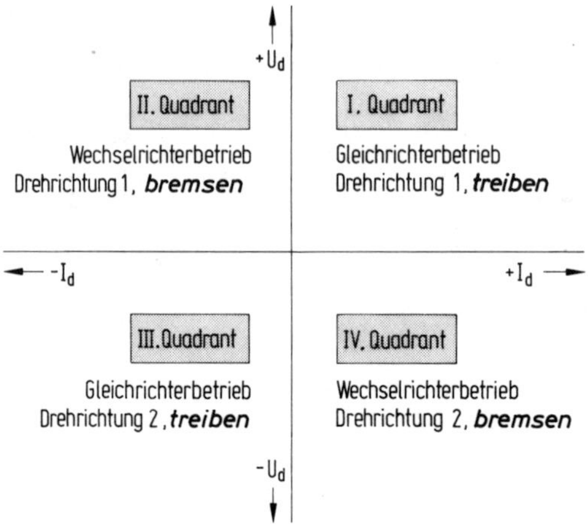


Bild 3.5.
Arbeitsbereiche eines Umkehrstromrichters

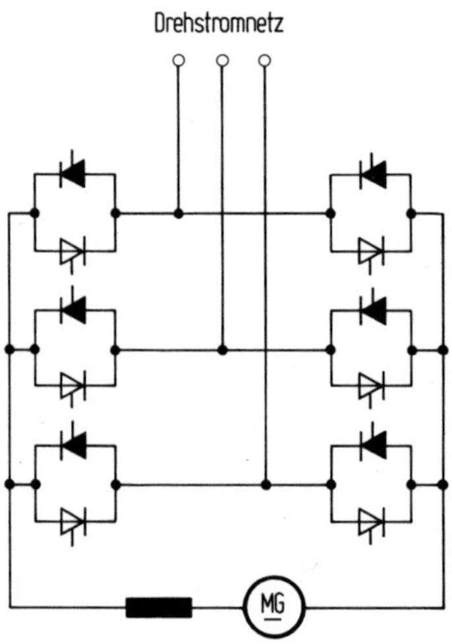


Bild 3.6.
Umkehr-Stromrichter mit antiparallelen Ventilen

kann mit einem derartigen Stromrichter z.B. in Drehrichtung 1 hochgefahren (I. Quadrant), in der gleichen Richtung abgebremst (II. Quadrant) und anschließend in Drehrichtung 2 (III. Quadrant) hochgefahren werden. Beim Abbremsen wird die kinetische Energie der rotierenden Massen über den jeweils im Wechselrichterbetrieb arbeitenden Einzelstromrichter ins Netz zurückgeliefert. Der in Bild 3.4. dargestellte Stromrichter wird auch als Vier-Quadrant-Stromrichter oder Umkehr-Stromrichter bezeichnet.

Ein Umkehr-Stromrichter kann auch dadurch gebildet werden, daß man entsprechend Bild 3.6. jedem Ventil eines Einzelstromrichters ein zweites antiparallel schaltet. In derartigen Schaltungen wird eine spezielle Logik benötigt, die dafür sorgt, daß nur jeweils Ventile einer Stromrichtung eingeschaltet sind.

Ein netzgeführter Stromrichter ist weiterhin durch seine spezielle Schaltung gekennzeichnet. Neben der schon von Band I her bekannten Ausführung einer Stromrichterschaltung als

Mittelpunkt- oder Brückenschaltung ist die Pulszahl des Stromrichters ein wesentliches Merkmal. Bei netzgeführten Stromrichtern ist die Pulszahl $p$ gleich dem Verhältnis der Grundfrequenz der der Gleichspannung überlagerten Wechselspannung (Pulsfrequenz $p \cdot f_N$) zur Netzfrequenz $f_N$. In Bild 3.7. ist die ungesteuerte und ungeglättete Ausgangsspannung eines zwei-, drei- und sechspulsigen Stromrichters dargestellt. Bei einer Netzfrequenz von $f_N = 50$ Hz sind dann die Grundfrequenzen der überlagerten Wechselspannungen 100 Hz, 150 Hz bzw. 300 Hz.

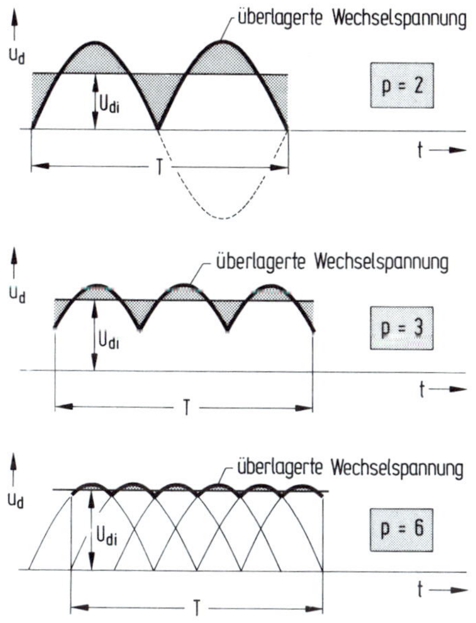


Bild 3.7.
Ausgangsspannungen eines zwei-, drei- und sechspulsigen Stromrichters

## 3.1. Der dreipulsige Stromrichter

Es ist zweckmäßig, die Theorie der netzgeführten Stromrichter am Beispiel des dreipulsigen Stromrichters zu erläutern, weil hier bei relativ leicht übersehbarer Schaltung die Voraussetzung eines nahezu vollkommen geglätteten Gleichstromes in der Praxis auch erfüllbar ist. Bei den einfacheren zweipulsigen Stromrichterschaltungen ist dies – vor allem bei gesteuertem Betrieb – kaum möglich.

### 3.1.1. Strom- und Spannungsverhältnisse bei ungesteuertem Gleichrichterbetrieb

Bei der in Bild 3.8. dargestellten Grundschaltung eines dreipulsigen Gleichrichters sollen folgende Voraussetzungen gelten:

1. Ideale Dioden (Kennlinie in Bild 3.9.),
2. die Induktivität $L_d$ der Glättungsdrossel ist so groß, daß der Gleichstrom praktisch konstant ist (ideale Glättung des Gleichstromes),

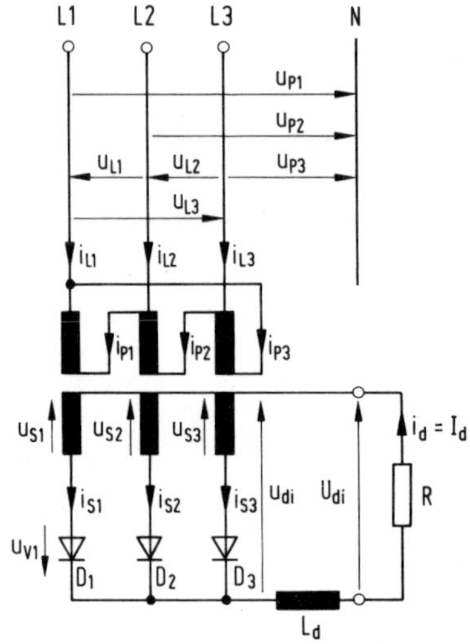


Bild 3.8.
Grundschaltung eines dreipulsigen Gleichrichters M 3

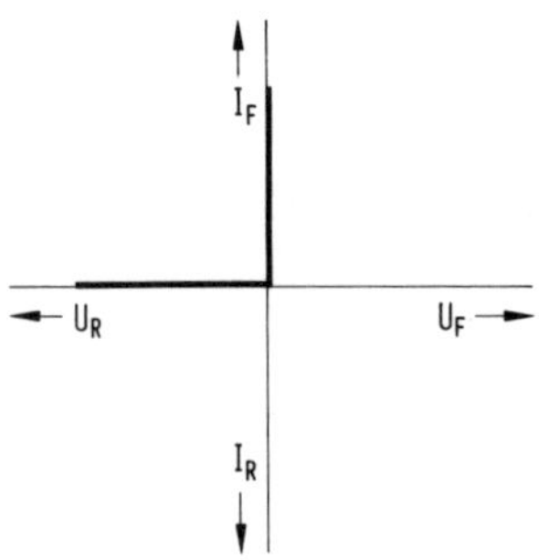


Bild 3.9.
Ideale Dioden-Kennlinie

3. der Transformator hat weder Verluste noch Streuung,
4. symmetrisches, starres Drehstromnetz mit sinusförmigen Spannungen.

Mit diesen Voraussetzungen ergeben sich die in Bild 3.10. dargestellten ventilseitigen Strom- und Spannungsverhältnisse. Es übernimmt immer jeweils die Diode den Gleichstrom, in deren Zweig die Spannung am höchsten ist. Die anderen Dioden sind dann automatisch in Sperrichtung gepolt. Beispielsweise ergibt sich für die Spannung an der Diode $D_1$ aus Bild 3.8.:

$$-u_{S1}+u_{V1}+u_{di}=0$$

$$u_{V1}=u_{S1}-u_{di} \qquad -\frac{\pi}{3}\leqq x=\pi$$

$$u_{V1}=0 \qquad -\pi\leqq x\leqq-\frac{\pi}{3}.$$

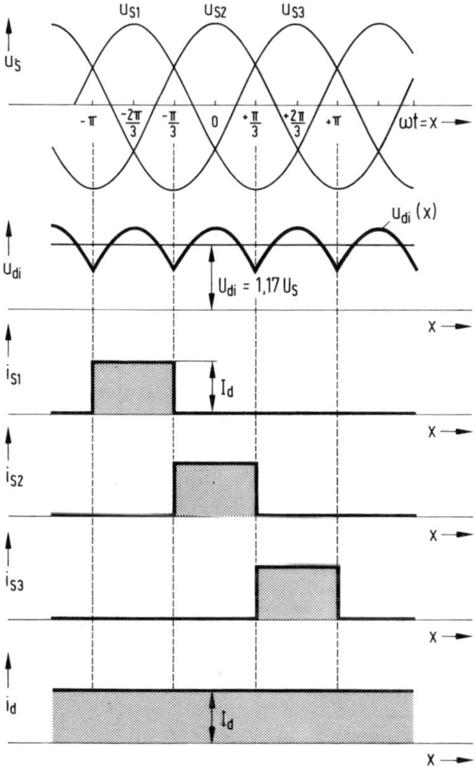


Bild 3.10.
Strom- und Spannungsverhältnisse bei einem Stromrichter nach Bild 3.8

In Bild 3.11. ist die Spannung an der Diode $D_1$ dargestellt. Geht man in Bild 3.10. von der Spannung

$$u_{S2} = \sqrt{2}\, U_S \cos x$$

aus, dann ergibt sich der Mittelwert der ungeglätteten Gleichspannung zu

$$U_{di} = \frac{3}{2\pi} \int_{-\frac{\pi}{3}}^{\frac{\pi}{3}} \sqrt{2}\, U_S \cos x \, \mathrm{d}x = \sqrt{2}\, U_S \frac{\sin \frac{\pi}{3}}{\frac{\pi}{3}}$$

$$\boxed{U_{di} = 1{,}17\, U_S} \qquad (3.1.)$$

$U_S$ ist der Effektivwert der sekundären Transformatorspannung.

Der Index *i* beim Mittelwert der Gleichspannung deutet an, daß es sich um einen idealen Wert, also um eine Spannung bei Vernachlässigung aller Spannungsabfälle im Stromrichter, handelt.

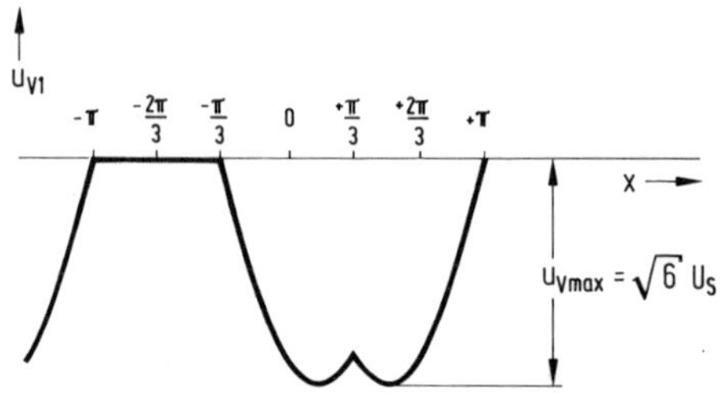


Bild 3.11.
Zeitlicher Verlauf der Spannung an der Diode D1

Im übrigen sei an dieser Stelle erwähnt, daß für Augenblickswerte zeitlich veränderlicher Größen Kleinbuchstaben verwendet werden (z.B. $i$, $u$, $p$).

Für Gleichwerte, Mittel- und Effektivwerte und für Scheitelwerte periodisch veränderlicher Ströme, Spannungen und Leistungen, also auch für zeitlich konstante Größen, werden Großbuchstaben verwendet (z.B. $I$, $U$, $P$).

Bei idealer Glättung des Gleichstromes liegt die Gleichspannung $U_{\mathrm{di}}$ am Widerstand $R$ in Bild 3.8. an, während die überlagerte Wechselspannung an der als unendlich groß angenommenen Glättungsdrossel $L_{\mathrm{d}}$ abfällt.

Aus Bild 3.8. wird deutlich, daß der Sternpunkt des Transformators zur Rückleitung des Gleichstromes erforderlich ist. Stromrichterschaltungen, bei denen der Sternpunkt zur Rückleitung benötigt wird, werden Sternpunktschaltungen oder auch Mittelpunktschaltungen (Abkürzung $M$) genannt. Im vorliegenden Fall handelt es sich um einen dreipulsigen Gleichrichter in $M3$-Schaltung.

### 3.1.2. Strom-Verhältnisse auf der Netzseite

Zur Ermittlung der zeitlichen Verläufe der Ströme auf der Netzseite wird das Übersetzungsverhältnis des Transformators in Bild 3.8. mit $\ddot{u} = 1:1$ angenommen. Im stationären Betrieb können in den Leiter- und Wicklungsströmen auf der Netzseite keine Gleichanteile enthalten sein, da der Transformator keinen Gleichstrom übertragen kann. Legt man daher bei den Sekundärströmen $i_{\mathrm{S}1}$ bis $i_{\mathrm{S}3}$ eine Nullinie so fest, daß die positiven und negativen Strom-Zeitflächen gleich sind, dann ist der Gleichanteil ausgeschaltet. Als Ergebnis liegen die zeitlichen Verläufe der primären Wicklungsströme $i_{\mathrm{P}1}$ bis $i_{\mathrm{P}3}$ vor.

Aus Bild 3.8. ergibt sich für die Leiterströme

$$i_{\mathrm{L}1} = i_{\mathrm{P}3} - i_{\mathrm{P}1}$$
$$i_{\mathrm{L}2} = i_{\mathrm{P}1} - i_{\mathrm{P}2}$$
$$i_{\mathrm{L}3} = i_{\mathrm{P}2} - i_{\mathrm{P}3}.$$

In Bild 3.12. sind die so konstruierten zeitlichen Verläufe der Ströme auf der Netzseite dargestellt. Der Magnetisierungsstrom des Transformators ist vernachlässigt worden.

Bei einem Transformator, der reine Wechselströme führt, ist für jeden Schenkel die Summe aus primärer und sekundärer Durchflutung gleich. Die Summe ist zu jedem Zeitpunkt Null (Magnetisierungsstrom vernachlässigt). Im vorliegenden Fall ist die Summe aus primärer und sekundärer Durchflutung nicht Null, da in den Sekundärströmen des Transformators

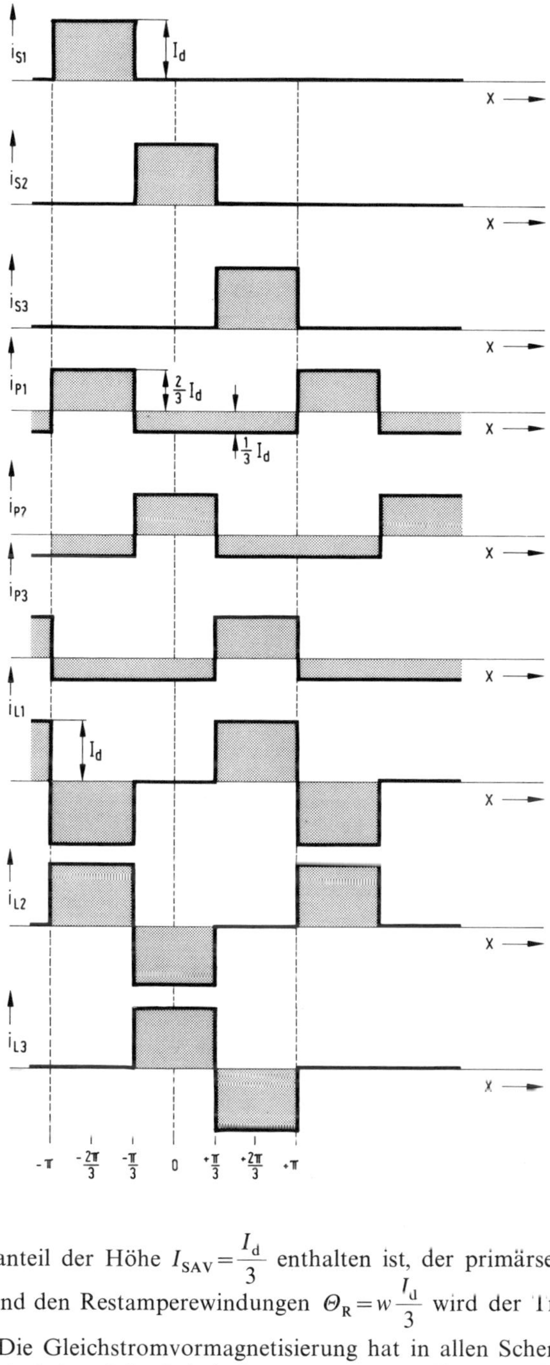


Bild 3.12.
Zeitlicher Verlauf der Ströme auf der Netzseite

ein Gleichanteil der Höhe $I_{SAV} = \frac{I_d}{3}$ enthalten ist, der primärseitig nicht übertragen wird. Entsprechend den Restamperewindungen $\Theta_R = w \frac{I_d}{3}$ wird der Transformator daher vormagnetisiert. Die Gleichstromvormagnetisierung hat in allen Schenkeln die gleiche Richtung. Es entsteht in jedem Schenkel ein konstanter magnetischer Fluß. Dieser „Jochfluß" schließt sich über die Luft oder den Transformatorkessel und bedingt einen höheren Magnetisierungsstrom als bei Betrieb mit normaler Drehstrombelastung.

Untersucht man die Verhältnisse an einem Stromrichtertransformator für den allgemeinen Fall, dann erhält man für die primären Wicklungsströme:

Bei primärer *Sternschaltung*

$$\boxed{\begin{aligned} i_{\mathrm{Pk}} &= i_{\mathrm{Sk}} - \frac{1}{3}\sum i_{\mathrm{Sk}} \\ \frac{\Theta_{\mathrm{R}}}{w} &= \frac{1}{3}\sum i_{\mathrm{Sk}}, \end{aligned}} \tag{3.2.}$$

bei primärer *Dreieckschaltung*

$$\boxed{\begin{aligned} i_{\mathrm{Pk}} &= i_{\mathrm{Sk}} - \frac{1}{6\pi}\int_0^{2\pi}\sum i_{\mathrm{Sk}}\,\mathrm{d}x \\ \frac{\Theta_{\mathrm{R}}}{w} &= \frac{1}{6\pi}\int_0^{2\pi}\sum i_{\mathrm{Sk}}\,\mathrm{d}x. \end{aligned}} \tag{3.3.}$$

$\Theta_{\mathrm{R}}$ Restamperewindungen
$k$ Schenkel 1, 2, 3.

Aus diesen Gleichungen geht hervor, daß im allgemeinen Fall (beliebiger zeitlicher Verlauf der Sekundärströme) bei primärer *Dreieckschaltung* ein Jochgleichfluß entsprechend der Beziehung

$$\frac{\Theta_{\mathrm{R}}}{w} = \frac{1}{6\pi}\int_0^{2\pi}\sum i_{\mathrm{Sk}}\,\mathrm{d}x$$

auftreten kann. Bei primärer *Sternschaltung* ist wegen

$$\frac{\Theta_{\mathrm{R}}}{w} = \frac{1}{3}\sum i_{\mathrm{Sk}}$$

ein Jochfluß mit Gleich- und Wechselanteil möglich.

Im vorliegenden speziellen Fall – also bei idealer Glättung des Gleichstromes – tritt sowohl bei primärer Stern- als auch bei primärer Dreieckschaltung der gleiche Jochgleichfluß auf.

Bei *Sternschaltung* ist (Bild 3.13.):

$$\frac{\Theta_{\mathrm{R}}}{w} = \frac{1}{3}\sum i_{\mathrm{Sk}} = \frac{I_{\mathrm{d}}}{3}.$$

Im Fall der *Dreieckschaltung* gilt:

$$\frac{\Theta_{\mathrm{R}}}{w} = \frac{1}{6\pi}\int_0^{2\pi}\sum i_{\mathrm{Sk}}\,\mathrm{d}x = \frac{1}{6\pi}\int_0^{2\pi} I_{\mathrm{d}}\,\mathrm{d}x = \frac{I_{\mathrm{d}}}{3}.$$

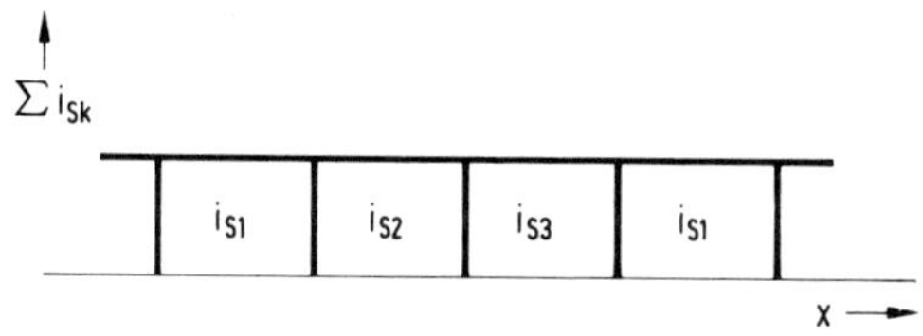


Bild 3.13.
Zur Berechnung der Rest-Amperewindungen $\Theta_R$

Nach Gl. (3.3.) ergibt sich für die Primärströme:

$$i_{P1} = i_{S1} - \tfrac{1}{3} I_d$$
$$i_{P2} = i_{S2} - \tfrac{1}{3} I_d$$
$$i_{P3} = i_{S3} - \tfrac{1}{3} I_d.$$

Die Leiterströme sind dann

$$i_{L1} = i_{P3} - i_{P1} = i_{S3} - i_{S1}$$
$$i_{L2} = i_{P1} - i_{P2} = i_{S1} - i_{S2}$$
$$i_{L3} = i_{S2} - i_{S3}.$$

Es ergeben sich die zeitlichen Verläufe wie in Bild 3.12.

Bei netzseitiger Sternschaltung des Transformators ist nach Gl. (3.2.):

$$i_{P1} = i_{S1} - \tfrac{1}{3}(i_{S1} + i_{S2} + i_{S3})$$
$$i_{P1} = \tfrac{2}{3} i_{S1} - \tfrac{1}{3} i_{S2} - \tfrac{1}{3} i_{S3}$$
$$i_{P2} = -\tfrac{1}{3} i_{S1} + \tfrac{2}{3} i_{S2} - \tfrac{1}{3} i_{S3}$$
$$i_{P3} = -\tfrac{1}{3} i_{S1} - \tfrac{1}{3} i_{S2} + \tfrac{2}{3} i_{S3}.$$

Diese Ströme sind identisch mit den Strömen in den Netzzuleitungen. Bei idealer Glättung des Gleichstromes ergeben sich im Vergleich zur Dreieckschaltung keine Unterschiede.

Um die im allgemeinen unterschiedlichen Verhältnisse bei primärer Stern- bzw. Dreieckschaltung zu verdeutlichen, soll ein dreipulsiger gesteuerter Stromrichter einen rein ohmschen Verbraucher speisen. Der Steuerwinkel betrage $\alpha = 60°$. In Bild 3.14. sind die für diesen Fall gültigen Strom- und Spannungsverhältnisse auf der Ventilseite dargestellt.

Entsprechend den Beziehungen (3.2. und 3.3.) ist im unteren Teil von Bild 3.14. $\Theta_R$ für die Stern- und die Dreieckschaltung ermittelt worden.

Bei netzseitiger Sternschaltung tritt im Jochfluß außer dem Gleichanteil noch ein Wechselanteil mit dreifacher Netzfrequenz auf. Hierdurch werden zusätzliche Eisenverluste und evtl. eine Erwärmung des Transformatorkessels verursacht. Außerdem induziert der Wechselanteil des Jochflusses entsprechende Spannungen in den Wicklungen. Die Auswirkungen dieser induzierten Spannungen sollen hier nicht weiter untersucht werden. Bei netzseitiger Dreieckschaltung ist dagegen im Jochfluß kein Wechselanteil enthalten.

In Bild 3.15. sind die unterschiedlichen zeitlichen Verläufe der Wicklungsströme bei netzseitiger Stern- bzw. Dreieckschaltung dargestellt.

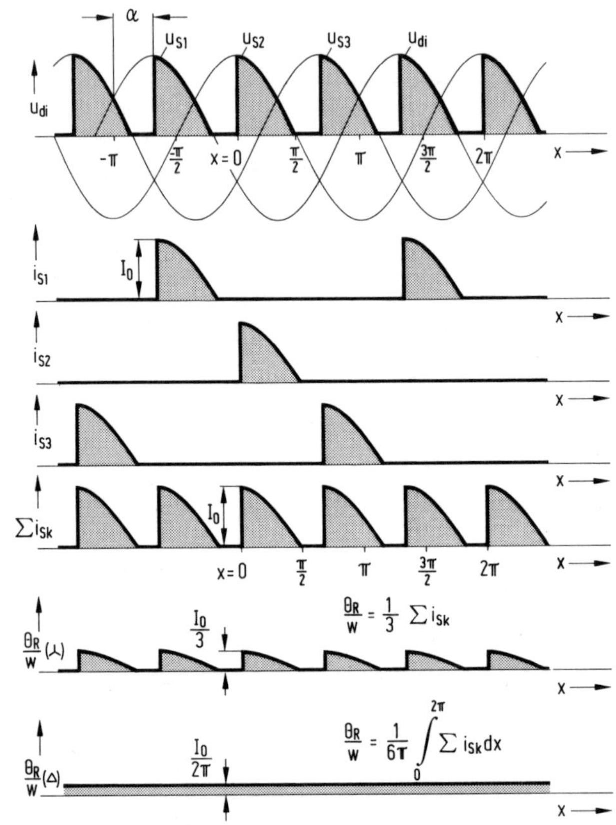


Bild 3.14. Strom- und Spannungsverhältnisse bei rein ohmscher Last und einem Steuerwinkel $\alpha = 60°$

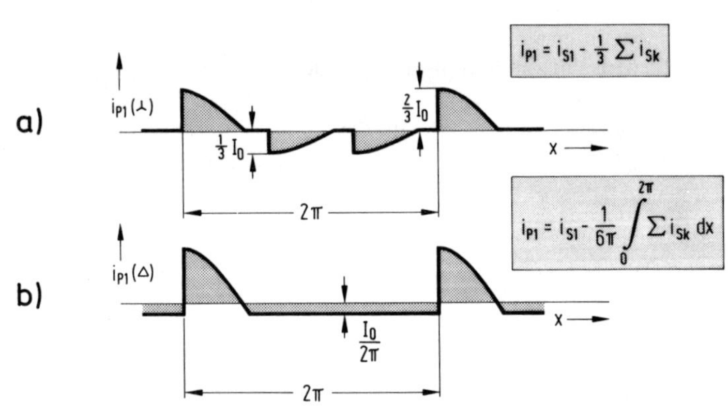


Bild 3.15. Primäre Wicklungsströme bei ohmscher Last und einem Steuerwinkel $\alpha = 60°$
a) netzseitige Sternschaltung, b) netzseitige Dreieckschaltung

Ein Jochfluß kann bei der M3-Schaltung ganz ausgeschaltet werden, wenn man nach Bild 3.16. auf eine Zickzackschaltung des Transformators übergeht. Bei dieser Schaltung fließt jeder Ventilstrom durch die Wicklungen von zwei Schenkeln, so daß diese wechselseitig magnetisiert werden. Diesem Vorteil steht jedoch eine ca. 8% höhere Bauleistung des Transformators, verglichen mit der des Transformators in Bild 3.8., gegenüber.

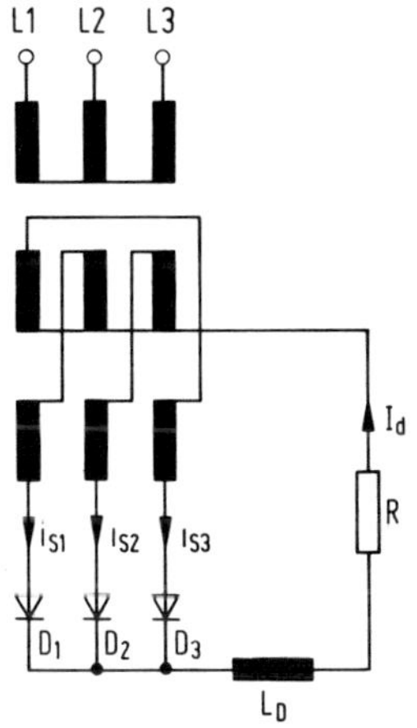


Bild 3.16.
Dreipulsiger Gleichrichter mit Zickzackschaltung des Transformators

### 3.1.3. Bauleistung des Transformators

Die nichtsinusförmigen Wicklungsströme verringern die Ausnutzbarkeit des Transformators. Wie in einer anschließenden Rechnung gezeigt wird, tragen nur die Grundschwingungen der rechteckförmigen Ströme zur Gleichstromleistung $P_{di} = I_d U_{di}$ bei. Die Beanspruchung der Wicklungen des Transformators ist jedoch durch die Effektivwerte der tatsächlich auftretenden Ströme bestimmt.

Nach Fourier kann man einen periodischen Vorgang durch die Reihe

$$f(x) = a_0 + a_1 \cos x + a_2 \cos 2x + \cdots + a_n \cos nx + \\ + b_1 \sin x + b_2 \sin 2x + \cdots + b_n \sin nx \tag{3.4.}$$

darstellen. Wenn $f(x)$ eine periodische Funktion der Periode $2\pi$ ist, haben die Koeffizienten $a_0$, $a_\nu$, $b_\nu$ die Werte

$$a_0 = \frac{1}{2\pi} \int_0^{2\pi} f(x)\,\mathrm{d}x \qquad \text{(Gleichanteil)}$$

$$a_\nu = \frac{1}{\pi} \int_0^{2\pi} f(x) \cos \nu x\,\mathrm{d}x \tag{3.5.}$$

$$b_\nu = \frac{1}{\pi} \int_0^{2\pi} f(x) \sin \nu x\,\mathrm{d}x.$$

Die Berechnung der Grundschwingungskomponenten

$$a_1 = \frac{1}{\pi} \int_0^{2\pi} f(x) \cos x \, dx$$

$$b_1 = \frac{1}{\pi} \int_0^{2\pi} f(x) \sin x \, dx$$

eines sekundären Transformatorstromes soll nach Bild 3.17. erfolgen.

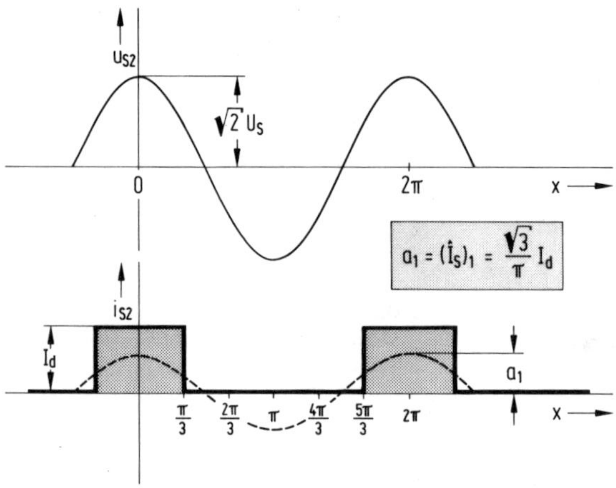


Bild 3.17.
Zur Berechnung der Grundschwingung eines sekundären Transformatorstromes

Wegen $f(x) = f(-x)$ ist

$$b_1 = 0.$$

Die Amplitude der Grundschwingung ergibt sich daher zu

$$a_1 = \frac{1}{\pi} \left[ \int_0^{\frac{\pi}{3}} I_d \cos x \, dx + \int_{\frac{5\pi}{3}}^{2\pi} I_d \cos x \, dx \right]$$

$$a_1 = \frac{1}{\pi} I_d \left( \sin \frac{\pi}{3} - \sin \frac{5\pi}{3} \right)$$

$$a_1 = \frac{\sqrt{3}}{\pi} I_d.$$

Der Effektivwert ist dann

$$(I_S)_{1\,\mathrm{eff}} = \frac{a_1}{\sqrt{2}} = \frac{\sqrt{3}}{\pi \sqrt{2}} I_d.$$

In Bild 3.17. ist die Grundschwingung des sekundären Transformatorstromes gestrichelt eingezeichnet worden. Man erkennt, daß Strom und Spannung in Phase liegen. Es tritt also keine Blindkomponente auf ($b_1 = 0$). Damit wird die Grundschwingungsleistung auf der Sekundärseite (Index $S$) des Transformators mit $U_S = \frac{U_{di}}{1{,}17}$:

$$P_{S1} = 3 (I_S)_1 \, U_S$$

$$P_{S1} = 3 \frac{\sqrt{3}}{\pi \sqrt{2}} I_d \frac{U_{di}}{1{,}17}$$

$$P_{S1} = I_d \, U_{di} = P_{P1} .$$

Das gleiche Ergebnis erhält man wegen des verlustlos angenommenen Transformators für die Primärseite (Index $P$). Hiermit ist der Beweis erbracht, daß nur die Grundschwingungen der Ströme zur Leistung im Gleichstromkreis beitragen. Die Oberschwingungen belasten lediglich das Netz sowie die Wicklungen des Transformators.

Die Wicklungen des Transformators müssen entsprechend den Effektivwerten der tatsächlich auftretenden Ströme dimensioniert werden.

Der Effektivwert eines zeitlich veränderlichen Stromes ist

$$I_{eff} = \sqrt{\frac{1}{T} \int_0^T [i(t)]^2 \, dt} .$$

Bei einer Periode $2\pi$ kann man schreiben

$$I_{eff} = \sqrt{\frac{1}{2\pi} \int_0^{2\pi} [i(x)]^2 \, dx} .$$

Für den sekundären Transformatorstrom nach Bild 3.17. ist dann

$$I_S = \sqrt{\frac{1}{2\pi} I_d^2 \frac{2\pi}{3}} = \frac{I_d}{\sqrt{3}} .$$

Damit ergibt sich für die ventilseitige Wicklungsleistung $P_S$ des Transformators bei $I_d = I_{dN}$ (Nennstrom):

$$P_S = 3 \, U_S I_S = 3 \frac{U_{di}}{1{,}17} \frac{I_{dN}}{\sqrt{3}}$$

$$\boxed{P_S = 1{,}48 \, P_{di} .} \qquad (3.6.)$$

Nach Bild 3.18. erhält man für den Effektivwert des netzseitigen Wicklungsstromes

$$I_P = \sqrt{\frac{1}{2\pi} \left[ \left(\frac{2 I_d}{3}\right)^2 \frac{2\pi}{3} + \left(\frac{I_d}{3}\right)^2 \frac{4\pi}{3} \right]} = \frac{\sqrt{2}}{3} I_d .$$

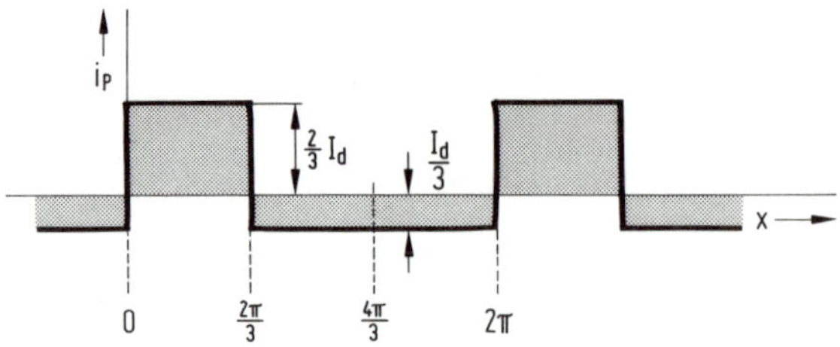


Bild 3.18.
Zur Berechnung des Effektivwertes des netzseitigen Wicklungsstromes

Die netzseitige Wicklungsleistung ist mit

$$U_L = U_S = \frac{U_{di}\,\pi}{3\sqrt{2}\sin\frac{\pi}{3}} \qquad (\ddot{u}=1)$$

$$P_P = 3\,U_L\,I_P = 3\,\frac{U_{di}\,\pi}{3\sqrt{2}\sin\frac{\pi}{3}}\,\frac{\sqrt{2}}{3}\,I_{dN}$$

$$\boxed{P_P = 1{,}21\,P_{di}.} \qquad (3.7.)$$

Die geometrischen Abmessungen des Transformators sind durch die Bauleistung

$$P_{BAU} = \tfrac{1}{2}(P_S + P_P) \qquad (3.8.)$$

festgelegt. Im vorliegenden Fall ist

$$\boxed{P_{BAU} = \tfrac{1}{2}(1{,}48 + 1{,}21)\,P_{di} = 1{,}35\,P_{di}.} \qquad (3.9.)$$

Die Bauleistung des Stromrichtertransformators in Bild 3.8. wird also um 35% größer im Vergleich zu einem Transformator, der eine normale Drehstrombelastung speist.

### 3.1.4. Gleich- und Wechselrichterbetrieb

Ersetzt man nach Bild 3.19. die Dioden durch Thyristoren, dann kann die Ausgangsspannung des Stromrichters $U_{di\alpha}$ stufenlos in ihrer Höhe gesteuert werden. Der Steuersatz erzeugt netzsynchrone Zündimpulse, deren zeitliche Lage – vom natürlichen Zündzeitpunkt aus – verstellt werden kann. Der natürliche Zündzeitpunkt ist der Augenblick, in welchem eine Diode den Strom übernehmen würde, also beim Schnittpunkt zweier Phasenspannungen. Die Thyristoren können damit um den Steuerwinkel $\alpha$ verzögert eingeschaltet werden (Bild 3.20.).

Der jeweils neu gezündete Thyristor kann immer dann Strom übernehmen, wenn die Phasenspannung der ablösenden Phase höher als die der vorhergehenden Phase ist. Aus Bild 3.19. kann man z.B. während der Stromführungszeit von Thyristor $T_1$ ablesen:

$$-u_{S1} - u_{V2} + u_{S2} = 0$$

$$u_{V2} = u_{S2} - u_{S1}.$$

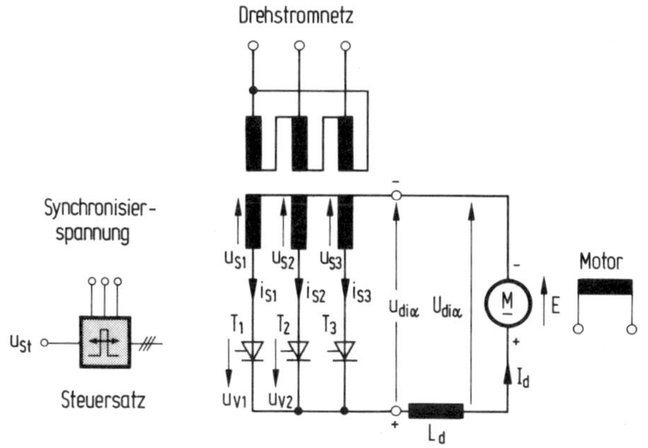


Bild 3.19.
Gesteuerter Stromrichter in M 3-Schaltung mit Gegenspannung im Gleichstromkreis

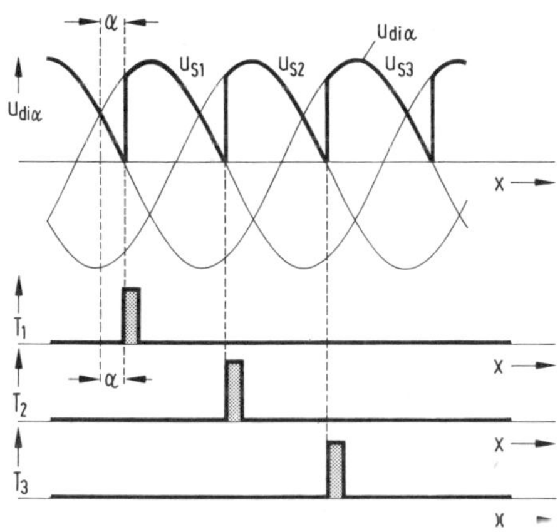


Bild 3.20.
Zur Definition des Steuerwinkels α

Eine Stromübernahme von Thyristor $T_2$ ist möglich, solange

$$u_{V2} > 0,$$

also

$$u_{S2} > u_{S1}$$

ist.

In Bild 3.21. ist der mögliche Bereich der Zündverzögerung dargestellt. Er beträgt 180°.

Wenn Thyristor $T_2$ in diesem Bereich gezündet wird, kann er den Gleichstrom übernehmen, während Thyristor $T_1$ sofort gesperrt wird.

Bei der Stromübernahme von Thyristor $T_2$ gilt (Bild 3.19.):

$$-u_{S2} - u_{V1} + u_{S1} = 0$$

$$u_{V1} = u_{S1} - u_{S2}$$

$$u_{V1} < 0 \quad \text{für } u_{S2} > u_{S1}.$$

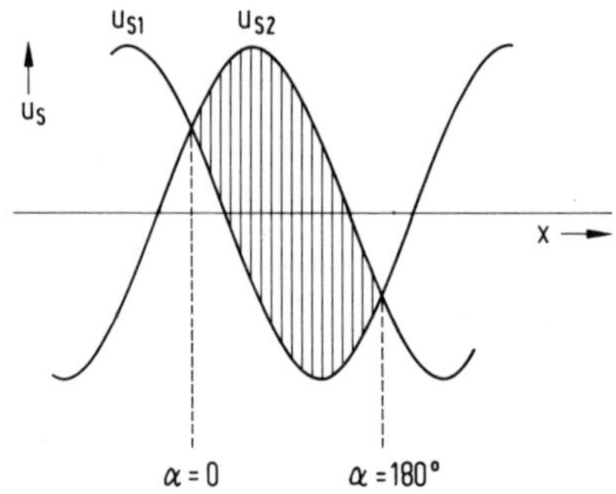


Bild 3.21.
Möglicher Bereich der Zündverzögerung

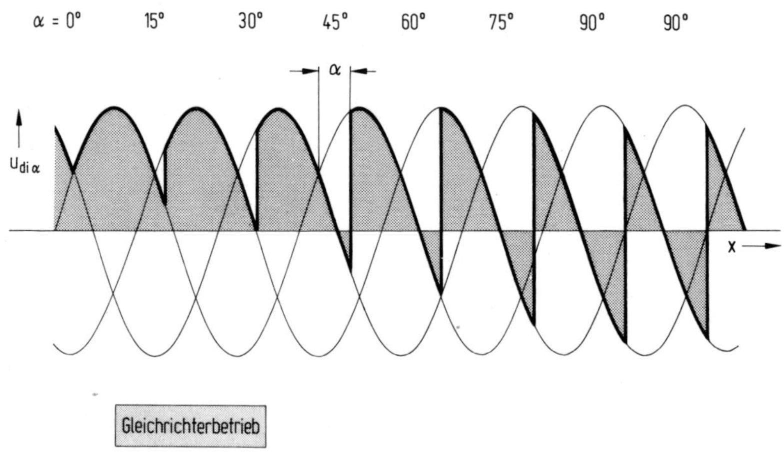


Bild 3.22. Zeitlicher Verlauf der ungeglätteten Gleichspannung $u_{di\alpha}$ bei stetiger Vergrößerung des Steuerwinkels bis $\alpha = 90°$

In Bild 3.22. ist der zeitliche Verlauf der ungeglätteten Gleichspannung $u_{di\alpha}$ bei stetiger Vergrößerung des Steuerwinkels bis zu $\alpha = 90°$ dargestellt. Dabei ist eine ideale Glättung des Gleichstromes vorausgesetzt. Bei $\alpha = 90°$ ist der Mittelwert der Gleichspannung Null, da die positiven und negativen Spannungs-Zeitflächen gleich sind. Beginnt man umgekehrt wie in Bild 3.22. mit dem Steuerwinkel $\alpha = 90°$, dann kann durch Verkleinerung des Steuerwinkels die Gleichspannung stetig erhöht und damit z.B. eine Gleichstrommaschine verlustarm als Motor hochgefahren werden.

Die Berechnung des Gleichspannungsmittelwertes $U_{di\alpha}$ erfolgt nach Bild 3.23. Geht man von dem cos-förmigen Verlauf der Spannung $u_{S2}$ aus, dann erhält man

$$U_{di\alpha} = \frac{3}{2\pi} \int_{-\frac{\pi}{3}+\alpha}^{+\frac{\pi}{3}+\alpha} \sqrt{2}\, U_S \cos x \, dx$$

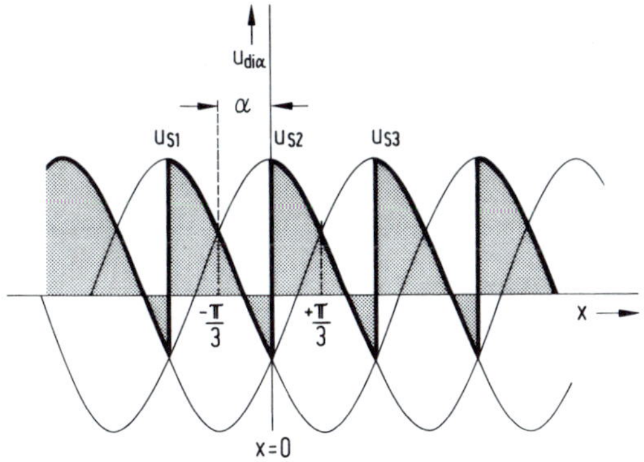


Bild 3.23.
Zur Berechnung des Gleichspannungsmittelwertes

$$U_{\mathrm{di}\alpha}=\frac{\sqrt{2}\,U_{\mathrm{S}}\sin\frac{\pi}{3}}{\frac{\pi}{3}}\cos\alpha$$

$$\boxed{U_{\mathrm{di}\alpha}=U_{\mathrm{di}}\cos\alpha.} \tag{3.10.}$$

Gl. (3.10.) gilt für „nichtlückenden Betrieb", d.h. der Gleichstrom darf keine „Lücken", wie z.B. bei ohmscher Last in Bild 3.14., aufweisen. Bei der vorausgesetzten idealen Glättung fließt der Gleichstrom wegen der großen Glättungsdrossel auch dann weiter, wenn die ungeglättete Gleichspannung negative Augenblickswerte aufweist.

In Bild 3.21. ist dargestellt, daß der mögliche Bereich der Zündverzögerung $\alpha=180°$ beträgt. Für $\alpha>90°$ ergibt sich nach Gl. (3.10.) eine negative Gleichspannung. Da wegen der Ventilwirkung der Thyristoren der Strom nicht negativ werden kann, ergibt sich eine negative Gleichstromleistung $P_{\mathrm{d}1}$. Entsprechend dem bisher angewendeten Verbraucher-Zählpfeilsystem bedeutet dies, daß bei einem derartigen Betrieb Energie aus dem Gleichstromnetz in das Drehstromnetz geliefert wird: Der Stromrichter arbeitet bei $\alpha>90°$ im Wechselrichterbetrieb.

Die Vorgänge beim Wechselrichterbetrieb sollen anhand der Bilder 3.24. und 3.25. näher erläutert werden. Gegenüber den Verhältnissen in Bild 3.19. arbeitet jetzt die Gleichstrommaschine als Generator mit umgekehrter Polarität. Bei $\alpha>90°$ ist die Spannung des Stromrichters negativ. Entsprechend Bild 3.25. kann man den Stromrichter als eine veränderliche Spannungsquelle, der eine Diode in Reihe geschaltet ist, auffassen. Würde der Stromrichter als Gleichrichter arbeiten, dann wären die beiden Spannungsquellen (Stromrichter und Generator) in Reihe geschaltet. Es würde ein sehr hoher Strom fließen, der lediglich durch die Innenwiderstände des Stromrichters und des Generators begrenzt wird. Wenn dagegen der Stromrichter mit einem Steuerwinkel $\alpha>90°$ ausgesteuert wird, dann kehrt sich seine Spannung um, und die beiden Spannungsquellen in Bild 3.25. sind gegeneinander geschaltet. Bei einem bestimmten Steuerwinkel sind beide Spannungen gleich groß, und es kann kein Strom fließen. Wird der Stromrichter nun so ausgesteuert, daß seine Spannung etwas unterhalb der Generatorspannung liegt, dann kann ein definierter Strom fließen. In der Praxis wird dieser definierte Strom über einen Stromregler, der den Steuersatz des

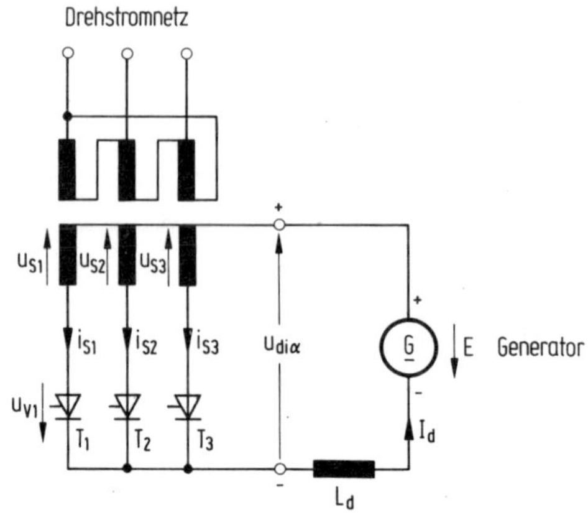


Bild 3.24.
Stromrichter im Wechselrichterbetrieb

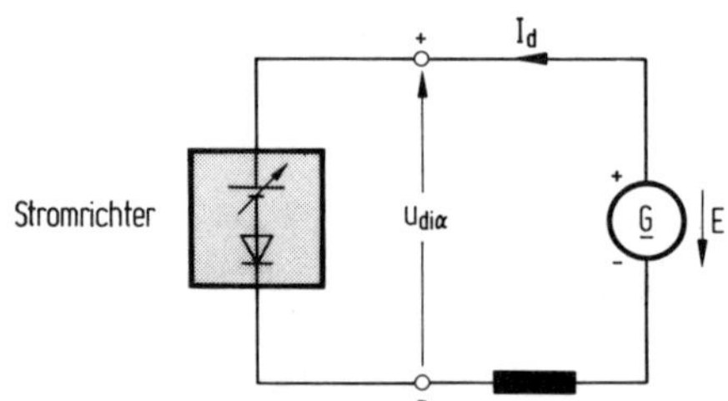


Bild 3.25.
Zur Erläuterung des Wechselrichterbetriebs

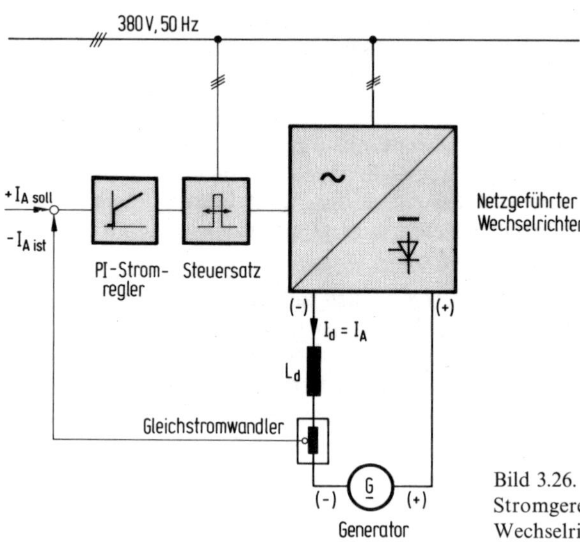


Bild 3.26.
Stromgeregelter netzgeführter Wechselrichter

Stromrichters entsprechend ansteuert, eingestellt (Bild 3.26.). Bei der Ersatzschaltung in Bild 3.25. lädt der Generator die Batterie auf. In Wirklichkeit wird über den als Wechselrichter arbeitenden Stromrichter die Gleichstromenergie des Generators in Drehstromenergie

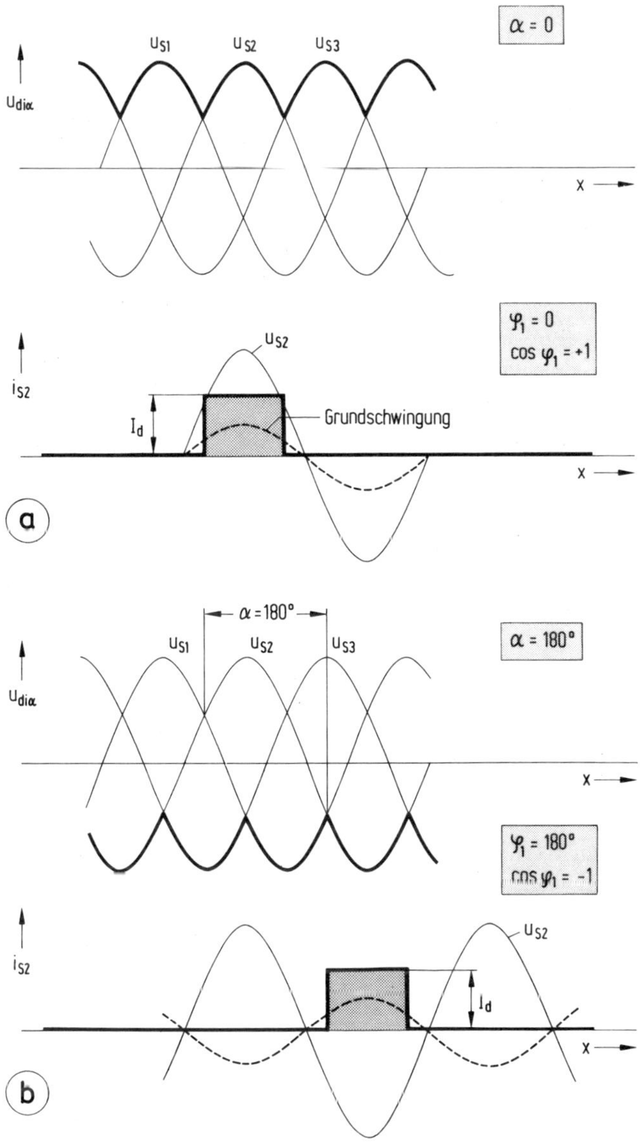


Bild 3.27. Strom- und Spannungsverhältnisse
a) Gleichrichterbetrieb ($\alpha = 0$)
b) Wechselrichterbetrieb ($\alpha = 180°$)

umgeformt. Dieser Sachverhalt wird besonders deutlich, wenn man in Bild 3.27. die Strom- und Spannungsverhältnisse auf der Sekundärseite des Drehstromtransformators bei $\alpha = 0°$ und $\alpha = 180°$ näher studiert.

In Bild 3.27.a arbeitet der Stromrichter als Gleichrichter bei $\alpha = 0°$. Die Phasenverschiebung zwischen der Grundschwingung des sekundären Wicklungsstromes und der Phasenspannung ist $\varphi_1 = 0°$. Damit ist $\cos\varphi_1 = 1$. Bezüglich der Grundschwingungen verhält sich der Stromrichter wie eine ideale Widerstandslast.

Bei $\alpha = 180°$ (wie sich später zeigen wird, ist dieser Aussteuerungswinkel praktisch nicht möglich) ist die Phasenverschiebung zwischen der Grundschwingung des Stromes und der Phasenspannung $\varphi_1 = 180°$; d.h. $\cos\varphi_1 = -1$. Bezüglich der Grundschwingungen verhält sich der Stromrichter daher wie ein Synchrongenerator, der reinen Wirkstrom in das Drehstromnetz einspeist. Bei einem Steuerwinkel $\alpha < 180°$ verhält sich der als Wechselrichter arbeitende Stromrichter wie ein untererregter Synchrongenerator, d.h. er speist Wirkstrom in das Netz ein und entnimmt gleichzeitig Magnetisierungsblindstrom. Aus Bild 3.27. ist ersichtlich, daß $\alpha = \varphi_1$ ist. Bei $\alpha = 90°$ ist $\cos\varphi_1 = 0$, und der Stromrichter verhält sich hinsichtlich der Grundschwingungen wie eine ideale Drosselspule am Drehstromnetz. In Bild 3.28. ist der eben geschilderte Sachverhalt in einem Zeigerdiagramm dargestellt. Es sei an dieser Stelle erwähnt, daß ein Betrieb im II. und III. Quadranten des Zeigerdiagrammes (induktive Blindleistungsabgabe) mit Schaltungen der Leistungselektronik auch grundsätzlich möglich ist. Auf diese Spezialschaltungen (Stromrichter mit Kapazitäten als Kommutierungsreaktanzen, Umrichter mit Gleichstrom- bzw. Gleichspannungszwischenkreis als elektronischer Phasenschieber etc.) kann an dieser Stelle nicht eingegangen werden.

In Bild 3.29. ist der Verlauf der Gleichspannung bei zeitlich stetiger Änderung des Steuerwinkels $\alpha$ von 90° auf 150° dargestellt. Bild 3.30. zeigt das Verhalten des Stromrichters bei plötzlichem Übergang vom Gleichrichter- in den Wechselrichterbetrieb und umgekehrt.

Es wurde bereits erwähnt, daß der theoretisch mögliche Steuerwinkel $\alpha = 180°$ in der Praxis nicht erreicht werden kann. Dies wird verständlich, wenn man die Spannung an einem Thyristor z.B. bei $\alpha = 150°$ betrachtet.

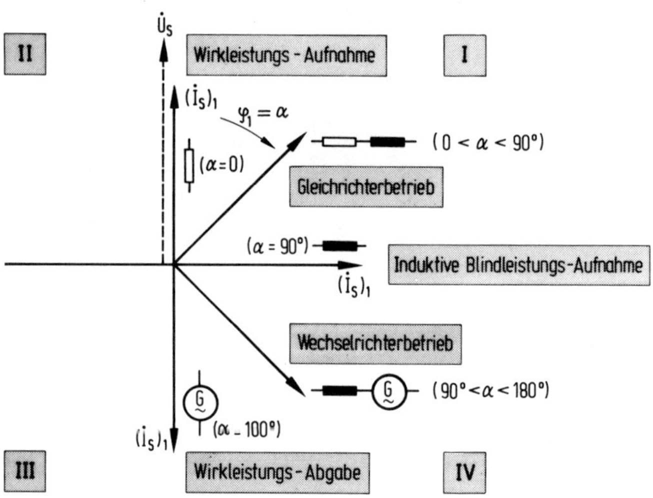


Bild 3.28. Zeigerdiagramm für die Grundschwingungen

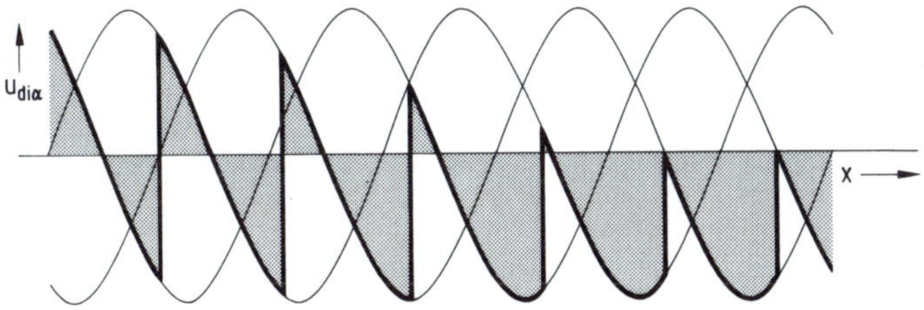


Bild 3.29. Verlauf der Gleichspannung bei zeitlich stetiger Änderung des Steuerwinkels $\alpha$ von 90° auf 150°

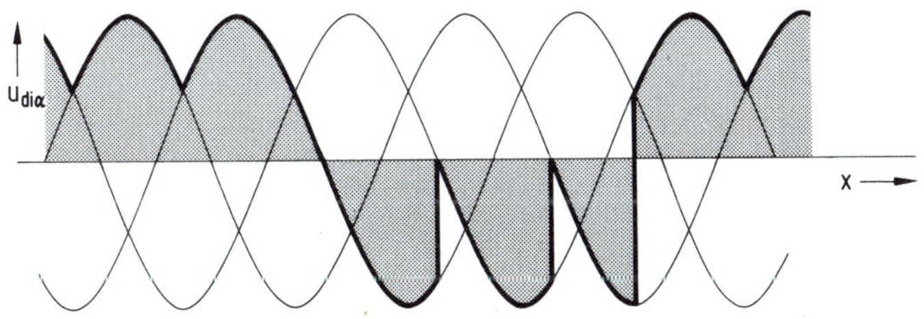


Bild 3.30. Zeitlicher Verlauf der Gleichspannung bei einem plötzlichen Übergang vom Gleichrichterbetrieb in den Wechselrichterbetrieb und umgekehrt

Aus Bild 3.24. kann man für die Spannung $u_{V1}$ am Thyristor $T_1$ folgende Gleichung ablesen:

$$-u_{S1} + u_{V1} + u_{di\alpha} = 0$$

$$u_{V1} = u_{S1} - u_{di\alpha}.$$

In Bild 3.31. ist die Thyristorspannung aufgrund dieser Beziehung ermittelt worden. In diesem Bild wird deutlich, daß die Spannung am Thyristor nach der Stromführung nur für eine gewisse Zeit entsprechend dem Löschwinkel $\gamma$ negativ ist. In dieser Zeit (Schonzeit $t_c$) muß der Thyristor seine Sperrfähigkeit für positive Spannungen wiedererlangen. In Kapitel 2.3.2. ist dargelegt worden, daß die Schonzeit $t_c$ größer als die Freiwerdezeit $t_q$ sein muß. Die Freiwerdezeit der Thyristoren, die für netzgeführte Stromrichter geeignet sind, beträgt (100... 300) µs. Bei $\alpha = 180°$ könnte der stromführende Thyristor nicht gesperrt werden, weil der Löschwinkel $\gamma = 0°$ betragen und damit der Thyristor sofort nach der Stromführung mit positiver Spannung beansprucht würde. Es kann keine Kommutierung des Stromes stattfinden. Dies führt zum „Kippen" des Wechselrichters, einer kurzschlußartigen Störung. Das Kippen des Wechselrichters wird dadurch vermieden, daß man den maximal möglichen Steuerwinkel $\alpha_{max}$ auf einen Steuerwinkel unterhalb 180° begrenzt.

In Kapitel 1.2.1., Bild 1.10. wurde gezeigt, daß in Wirklichkeit die Kommutierung des Stromes von einem Thyristor auf den in der Steuerung folgenden nicht schlagartig vor sich geht. Die Stromübergabe erfolgt vielmehr während einer endlichen Kommutierungs- oder Überlappungszeit (Überlappungswinkel, Kommutierungswinkel $u$). Erst nach der Kommutierungszeit liegt am Thyristor negative Spannung an. Dadurch wird der Löschwinkel $\gamma$ verkleinert. Mit Rücksicht auf die endliche Kommutierungsdauer und die Freiwerdezeit des

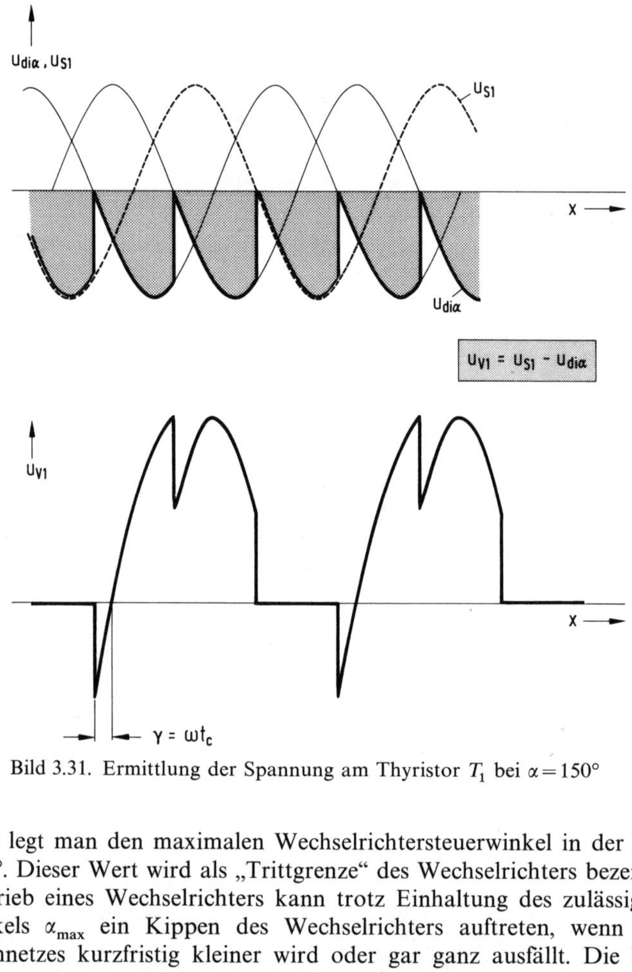


Bild 3.31. Ermittlung der Spannung am Thyristor $T_1$ bei $\alpha = 150°$

Thyristors legt man den maximalen Wechselrichtersteuerwinkel in der Praxis meistens auf $\alpha_{max} = 150°$. Dieser Wert wird als „Trittgrenze" des Wechselrichters bezeichnet. Beim praktischen Betrieb eines Wechselrichters kann trotz Einhaltung des zulässigen Wechselrichtersteuerwinkels $\alpha_{max}$ ein Kippen des Wechselrichters auftreten, wenn die Spannung des Drehstromnetzes kurzfristig kleiner wird oder gar ganz ausfällt. Die hiermit verbundene Verringerung von $U_{d\alpha}$ hat bei gleichbleibender Spannung des Gleichstromgenerators ein starkes Anwachsen des Gleichstromes zur Folge. Abgesehen von Schutzeinrichtungen, die den Wechselrichter in diesem Fall automatisch abschalten können, wird der Überlappungswinkel zu groß, und der Stromrichter fällt wegen Kommutierungsschwierigkeiten ($t_c < t_q$) aus. Bei schwachen Netzen muß der Löschwinkel $\gamma$ nach dem niedrigst zu erwartenden Wechselspannungswert festgelegt werden.

In Bild 3.32. ist die Steuerkennlinie des Stromrichters $\frac{U_{di\alpha}}{U_{di}} = \cos\alpha$ unter Beachtung der Trittgrenze des Wechselrichters dargestellt.

### 3.1.5. Steuerblindleistung, Leistungsfaktor

Für die folgenden Ausführungen wird eine sinusförmige Netzspannung sowie ein ideal geglätteter Gleichstrom vorausgesetzt. Die Kommutierungsreaktanzen werden vernachlässigt.

Bei sinusförmigem Spannungsverlauf und nichtsinusförmigem Stromverlauf kann man nachfolgende allgemeine Beziehungen angeben.

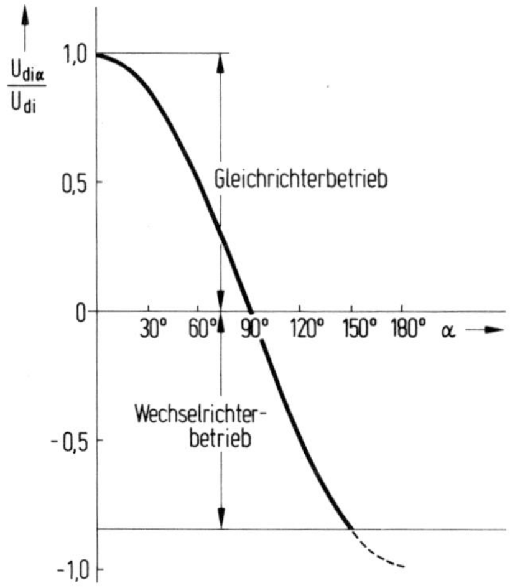


Bild 3.32.
Steuerkennlinie des Stromrichters

Für die Wirkleistung ist nur die Grundschwingung des Stromes maßgebend (s. auch Kapitel 3.1.3.):

$$P = U I_1 \cos\varphi_1 . \tag{3.11.}$$

$I_1$ ist der Effektivwert der Grundschwingung des Stromes und $\varphi_1$ die Phasenverschiebung der Spannung gegen diese Grundschwingung.

Scheinleistung und Blindleistung können ebenfalls für die Grundschwingung des Stromes angegeben werden:

Grundschwingungs-Scheinleistung $S_1 = U I_1$ (3.12.)

Grundschwingungs-Blindleistung $Q_1 = U I_1 \sin\varphi_1$. (3.13.)

Definiert man willkürlich wie bei Sinusverlauf von Strom und Spannung die Scheinleistung auch bei nichtsinusförmigem Strom

$$S = U I = U\sqrt{I_1^2 + I_2^2 + I_3^2 + \cdots} \tag{3.14.}$$

und die Blindleistung durch

$$Q = \sqrt{S^2 - P^2}, \tag{3.15.}$$

so ergibt sich, daß diese Blindleistung im Gegensatz zur Wirkleistung mit durch die Oberschwingungen des Stromes bestimmt ist:

$$Q = \sqrt{S^2 - P^2} = \sqrt{U^2(I_1^2 + I_2^2 + I_3^2 + \cdots) - U^2 I_1^2 \cos^2\varphi_1}$$

$$Q = \sqrt{U^2(I_2^2 + I_3^2 + \cdots) + U^2 I_1^2 - U^2 I_1^2 \cos^2\varphi_1}$$

$$Q = \sqrt{U^2(I_2^2 + I_3^2 + \cdots) + U^2 I_1^2 (1 - \cos^2\varphi_1)}$$

$$Q = \sqrt{(U I_1 \sin\varphi_1)^2 + U^2(I_2^2 + I_3^2 + \cdots)} \tag{3.16.}$$

$Q$ enthält zwei Bestandteile:

die Grundschwingungs-Blindleistung

$$Q_1 = U I_1 \sin\varphi_1$$

und die sog. Verzerrungsleistung

$$\boxed{D = U\sqrt{(I_2^2 + I_3^2 + \cdots)} = U\sqrt{\sum_{\nu>1}^{\infty} I_\nu^2}.} \tag{3.17.}$$

Das Verhältnis vom Effektivwert der Grundschwingung zum Effektivwert der gesamten Wechselgröße nennt man den Grundschwingungsgehalt $g$:

$$\boxed{g = \frac{I_1}{I}.} \tag{3.18.}$$

Der Klirrfaktor $k$ ist das Verhältnis vom Effektivwert der Oberschwingungen zum Effektivwert der Wechselgröße:

$$k = \frac{\sqrt{I_2^2 + I_3^2 + I_4^2 + \cdots}}{I} \tag{3.19.}$$

$$k = \frac{\sqrt{I^2 - I_1^2}}{I}$$

$$\boxed{k = \sqrt{1 - g^2}.} \tag{3.20.}$$

Mit dieser Definition kann man auch schreiben:

$$Q_1 = U I_1 \sin\varphi_1 = S g \sin\varphi_1 \tag{3.21.}$$

$$D = S k.$$

Für die Wirkleistung gilt auch

$$P = S g \cos\varphi_1. \tag{3.22.}$$

Damit wird der Leistungsfaktor

$$\boxed{\frac{P}{S} = \lambda = g \cos\varphi_1.} \tag{3.23.}$$

$\cos\varphi_1$ wird auch Verschiebungsfaktor genannt.

Bei sinusförmigem Strom wird der Verschiebungsfaktor gleich dem Leistungsfaktor, also $\lambda = \cos\varphi_1 = \cos\varphi$.

Aus den bisherigen Definitionen folgt allgemein:

$$S^2 = P^2 + Q_1^2 + D^2. \tag{3.24.}$$

Es gelten die folgenden Beziehungen:

$$\begin{aligned} S^2 &= P^2 + Q^2 \\ S_1^2 &= P^2 + Q_1^2 \\ S^2 &= S_1^2 + D^2 \\ Q^2 &= Q_1^2 + D^2. \end{aligned} \tag{3.25.}$$

Der Zusammenhang zwischen diesen Leistungsgrößen läßt sich durch rechtwinklige Dreiekke veranschaulichen. Diese können nach Bild 3.33. zu einem Vierflach vereinigt werden.

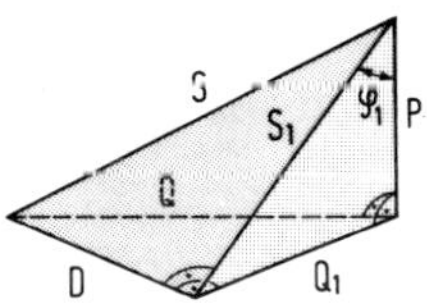


Bild 3.33.
Zusammenhang der Leistungsgrößen bei nichtsinusförmigem Strom in einem Vierflach

In Bild 3.34. ist dargestellt, wie sich bei zwei verschiedenen Steuerwinkeln die Phasenlage des sekundären Transformatorstromes gegenüber der Phasenspannung ändert. Die Aussteuerung des Stromrichters ist demnach mit einer Blindleistung, der sog. Steuerblindleistung, verbunden.

Die Leistung im gesteuerten Betrieb ist

$$P_{d\alpha} = U_{di\alpha} I_d = U_{di} I_d \cos\alpha. \tag{3.26.}$$

Für die Grundschwingungs-Scheinleistung gilt

$$S_1 = 3\, U_S (I_S)_1 .$$

$(I_S)_1$ ist der Effektivwert der Grundschwingung eines sekundären Transformatorstromes. Er beträgt nach Kapitel 3.1.3.

$$(I_S)_1 = \frac{\sqrt{3}}{\pi\sqrt{2}}\, I_d . \tag{3.27.}$$

Mit

$$U_S = \frac{\pi\, U_{di}}{3\sqrt{2}\sin\dfrac{\pi}{3}}$$

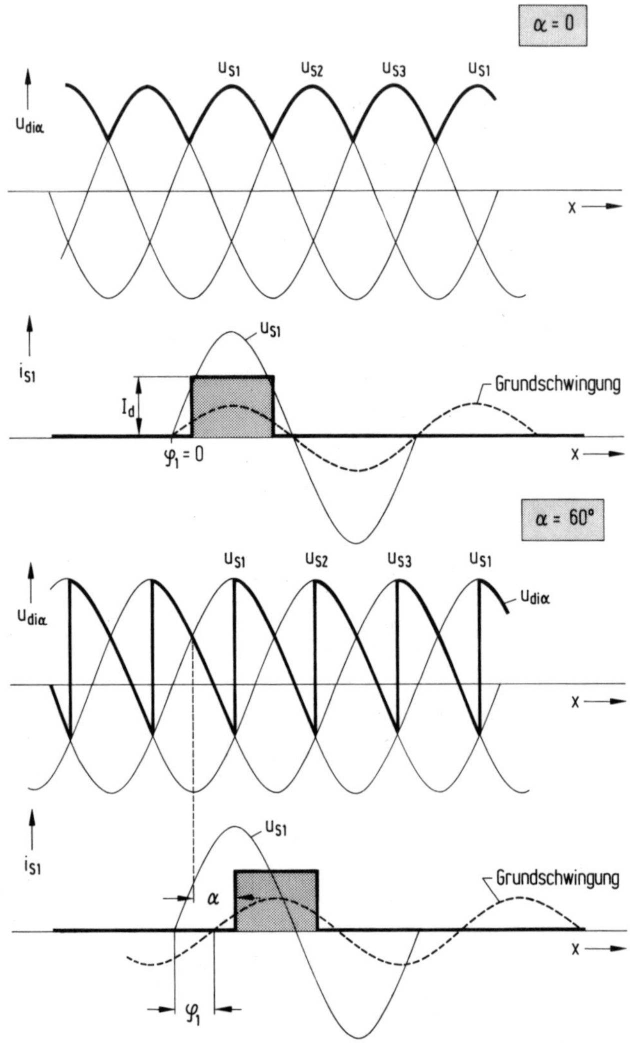


Bild 3.34. Änderung der Phasenlage des sekundären Transformatorstromes gegenüber der Phasenspannung mit dem Steuerwinkel $\alpha$

wird

$$S_1 = 3 \frac{\pi U_{\mathrm{di}}}{3\sqrt{2}\sin\frac{\pi}{3}} \frac{\sqrt{3}\, I_{\mathrm{d}}}{\pi\sqrt{2}}$$

$$S_1 = U_{\mathrm{di}} I_{\mathrm{d}}.$$

Der Verschiebungsfaktor $\cos\varphi_1$ ist

$$\cos\varphi_1 = \frac{P_{\mathrm{d}\alpha}}{S_1} = \frac{U_{\mathrm{di}} I_{\mathrm{d}} \cos\alpha}{U_{\mathrm{di}} I_{\mathrm{d}}}$$

$$\boxed{\cos\varphi_1 = \cos\alpha.} \tag{3.28.}$$

Der Verschiebungsfaktor $\cos\varphi_1$ ist also gleich dem Aussteuerungsgrad $\cos\alpha$.

Die Grundschwingungs-Blindleistung ist

$$Q_{1\alpha} = S_1 \sin\varphi_1$$

$$Q_{1\alpha} = U_{\mathrm{di}} I_{\mathrm{d}} \sin\alpha. \tag{3.29.}$$

Quadriert und addiert man die Gleichungen (3.26.) und (3.29.), dann erhält man

$$Q_{1\alpha}^2 + P_{\mathrm{d}\alpha}^2 = (U_{\mathrm{di}} I_{\mathrm{d}})^2 \underbrace{(\sin^2\alpha + \cos^2\alpha)}_{1}$$

$$\left(\frac{Q_{1\alpha}}{U_{\mathrm{di}} I_{\mathrm{d}}}\right)^2 + \left(\frac{P_{\mathrm{d}\alpha}}{U_{\mathrm{di}} I_{\mathrm{d}}}\right)^2 = 1$$

$$\left(\frac{Q_{1\alpha}}{U_{\mathrm{di}} I_{\mathrm{d}}}\right)^2 + \cos^2\alpha = 1$$

$$\boxed{\left(\frac{Q_{1\alpha}}{U_{\mathrm{di}} I_{\mathrm{d}}}\right)^2 + \left(\frac{U_{\mathrm{di}\alpha}}{U_{\mathrm{di}}}\right)^2 = 1.} \tag{3.30.}$$

Gl. (3.30) stellt die Gleichung eines Kreises dar. Die in Bild 3.35. dargestellte Kreisbogenkurve wird auch als Blindlastkurve des Stromrichters bezeichnet. Aus diesem Bild ist deutlich zu erkennen, daß der Blindleistungsbedarf eines netzgeführten Stromrichters vor allem bei niedrigem Aussteuerungsgrad sehr hoch ist. In der Praxis kommt dieser Tatsache eine hohe Bedeutung zu, weil beim Anfahren großer stromrichtergespeister Gleichstrommaschinen hohe Blindlaststöße im Netz auftreten. Ein Beispiel soll dies verdeutlichen.

Bei einer drehzahlgeregelten, stromrichtergespeisten Gleichstrommaschine von 500 kW sei die Strombegrenzung auf den zweifachen Nennstrom eingestellt. Im Anfahraugenblick ($\alpha = \varphi_1 = 90°$) nimmt der Stromrichter dann etwa 1000 kVA Blindleistung auf.

### 3.1.6. Kommutierung

Bisher wurde bei der Behandlung des dreipulsigen Stromrichters vorausgesetzt, daß der Gleichstrom von dem jeweils neu gezündeten Thyristor schlagartig übernommen wird, während gleichzeitig das vorher stromführende Ventil den Strom ebenso schnell abgibt. In Kapitel 2.3. wurde bei der Behandlung des Einschaltverhaltens von Thyristoren gezeigt, daß eine hohe Anstiegsgeschwindigkeit des Stromes zur Zerstörung der Thyristoren führen kann. In realen Schaltungen muß daher dafür gesorgt werden, daß Induktivitäten in den Kommutierungskreisen die Anstiegsgeschwindigkeit des Stromes begrenzen. Im Falle der M3-Schaltung sorgen die Streureaktanzen des Transformators für diese Begrenzung. Bei Strom-

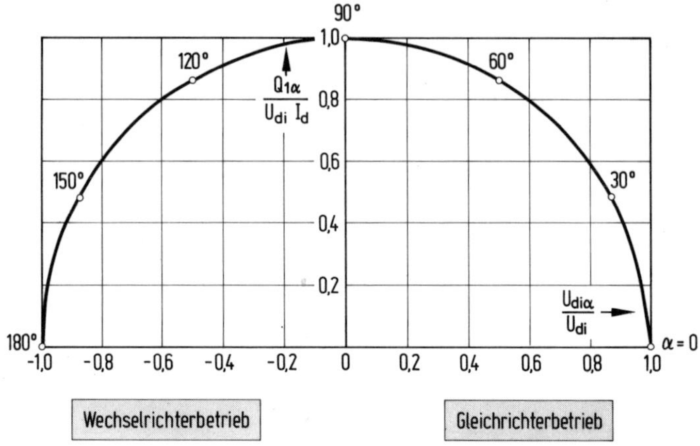


Bild 3.35. Blindlastkurve eines Stromrichters bei konstant gehaltenem Gleichstrom

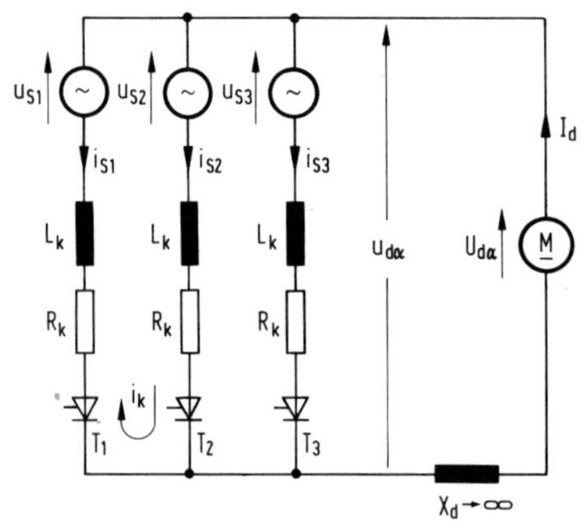


Bild 3.36.
Ersatzschaltplan des dreipulsigen Stromrichters mit Kommutierungsinduktivitäten und ohmschen Widerständen in den Ventilzweigen

richtern, die direkt an das Netz angeschlossen werden können (z.B. Drehstrom-Brückenschaltung), müssen Kommutierungsdrosseln vorgeschaltet werden. Aber auch die Reaktanzen des speisenden Netzes haben Einfluß auf die Kommutierung, da diese in den jeweiligen Kommutierungskreisen automatisch eingeschaltet sind.

In Bild 3.36. ist der ventilseitige Ersatzschaltplan des dreipulsigen Stromrichters unter Berücksichtigung der Induktivitäten und ohmschen Widerstände in den Ventilzweigen angegeben. In den Induktivitäten $L_k$ sind die Streuinduktivitäten des Transformators sowie die im Vergleich hierzu viel kleineren Induktivitäten des speisenden Netzes und der Verbindungsleitungen zusammengefaßt. In den Widerständen $R_k$ sind die ohmschen Widerstände der Ventilzweige zusammengefaßt. Vor allem die Kommutierungsreaktanzen haben einen bedeutenden Einfluß auf das Betriebsverhalten des Stromrichters. Bei der Berechnung des Kommutierungsvorganges soll wieder von einem ideal geglätteten Gleichstrom ($X_d \to \infty$) ausgegangen werden.

In Bild 3.36. soll Thyristor $T_1$ gerade Strom führen. Zur Zeit $x=0$ (entspricht $\alpha=0$, s. Bild 3.37.) wird Thyristor $T_2$ gezündet. Wegen der Induktivitäten in den Ventilzweigen kann der

Strom im Thyristor $T_1$ nicht plötzlich abklingen und der Strom im Thyristor $T_2$ nicht schlagartig auf den Wert des Gleichstromes, der ja infolge der großen Glättungsdrossel konstant bleibt, ansteigen. Während einer gewissen Zeit – der Kommutierungs- oder Überlappungszeit – führen daher beide Zweige gleichzeitig Strom. In dieser Zeit gilt nach Bild 3.36. folgende Differentialgleichung:

$$-u_{S2}+X_k\frac{di_{S2}}{dx}+R_k i_{S2}-R_k i_{S1}-X_k\frac{di_{S1}}{dx}+u_{S1}=0. \tag{3.31.}$$

Vernachlässigt man die bei größeren Leistungen im Vergleich zu den Reaktanzen kleinen ohmschen Widerstände $R_k$, dann erhält man:

$$X_k\frac{di_{S2}}{dx}-X_k\frac{di_{S1}}{dx}=u_{S2}-u_{S1}.$$

Mit

$$i_{S1}+i_{S2}=I_d,$$

also

$$\frac{di_{S1}}{dx}=-\frac{di_{S2}}{dx}$$

und

$$u_{S2}-u_{S1}=u_k \quad \text{(Kommutierungsspannung)}$$

ergibt sich

$$2X_k\frac{di_{S2}}{dx}=u_k.$$

Aus Bild 3.36. ist ersichtlich, daß während der Kommutierungszeit der Strom $i_{S2}$ dem Kurzschlußstrom $i_k$ entspricht:

$$2X_k\frac{di_k}{dx}=u_k. \tag{3.32.}$$

Legt man entsprechend Bild 3.37. den Nullpunkt $x=0$ bei $\alpha=0$, dann ergibt sich für die Kommutierungsspannung

$$u_k=\sqrt{2}\,U_k\sin x \tag{3.33.}$$

mit

$$U_k=\sqrt{3}\,U_3 \tag{3.34.}$$

Der Kurzschlußstrom $i_k$ ist dann

$$i_k=\frac{1}{2X_k}\int\sqrt{2}\,U_k\sin x\,dx+C$$

$$i_k=\frac{\sqrt{2}\,U_k}{2X_k}(-\cos x)+C$$

$C$ Integrationskonstante.

Für $x=0$ ist $i_k=0$:

$$C=\frac{\sqrt{2}\,U_k}{2X_k}.$$

Damit wird

$$i_k=\frac{\sqrt{2}\,U_k}{2X_k}(1-\cos x)$$

$$i_k=\sqrt{2}\,I_k(1-\cos x) \tag{3.35.}$$

mit

$$I_k=\frac{U_k}{2X_k}. \tag{3.36.}$$

In Bild 3.37. (s. auch Lit. 1) ist der Kurzschlußstrom $i_k$ nach Gl. (3.35.) über der Zeit aufgetragen. Gleichzeitig sind bei verschiedenen Steuerwinkeln die zeitlichen Verläufe der Ströme $i_{S1}$ und $i_{S2}$ während der Kommutierungszeit (Überlappungswinkel $u$) dargestellt. In allen Fällen wurde ein konstanter Gleichstrom $I_d$ vorausgesetzt. Man erkennt, daß der Überlappungswinkel $u$ im Gleichrichterbetrieb mit wachsendem Steuerwinkel $\alpha$ kleiner wird. Im Wechselrichterbetrieb vergrößert er sich wieder. Die Höhe des Gleichstromes wurde so gewählt, daß der „Anfangsüberlappungswinkel" $u_0=30°$ beträgt. Es ist deutlich zu erkennen, daß bei diesem Wert des Anfangsüberlappungswinkels ein Kippen des Wechselrichters auftreten würde, falls die Wechselrichter-Trittgrenze auf $\alpha_{max}=150°$ festgelegt ist. Bei diesem Steuerwinkel würde der Löschwinkel (s. auch Bild 3.31.) Null werden. Die Schonzeit, die ja größer als die Freiwerdezeit der Thyristoren sein muß, wäre dann ebenfalls Null. Die Darstellung in Bild 3.37. vermittelt auch einen qualitativ guten Eindruck darüber, wie sich eine Absenkung der Netzspannung auf den Wechselrichterbetrieb eines Stromrichters auswirkt. Eine Absenkung der Netzspannung hat zunächst einmal eine Verringerung der Stromrichter-Gegenspannung ($U_{d\alpha}$) zur Folge. Wenn die im Wechselrichterbetrieb als Generator arbeitende Gleichstrommaschine (Bild 3.36.) weiterhin konstanten Strom über den Stromrichter in das Netz einspeisen soll, muß der Steuerwinkel so vergrößert werden, daß wieder die gleiche Gegenspannung wie vor der Absenkung der Netzspannung vorhanden ist. Für den Stromrichtertransformator bedeutet dies, daß er eine genügende Spannungsreserve haben muß, d.h. bei höchstmöglicher Maschinenspannung muß bei normaler Netzspannung (Nennspannung) noch ein genügend großer Respektabstand zur Wechselrichter-Trittgrenze bestehen. Der Steuerwinkel wird also bei einer Spannungsabsenkung in Richtung Wechselrichter-Trittgrenze verschoben. Gleichzeitig ist die Amplitude des Kurzschlußstromes $i_k$ proportional zur Absenkung der Netzspannung geringer geworden. Wie aus Bild 3.37. hervorgeht, bedeutet dies eine wesentliche Vergrößerung des Überlappungswinkels $u$ und eine entsprechende Verringerung des Löschwinkels $\gamma$.

In den folgenden Ausführungen soll der Überlappungswinkel $u$ in Abhängigkeit vom Steuerwinkel $\alpha$ berechnet werden. Wie schon mehrfach erwähnt, entspricht der Überlappungswinkel $u$ der Zeit, während der sich zwei ablösende Ventile gleichzeitig an der Stromführung beteiligen.

Entsprechend Gl. (3.32.) und Gl. (3.33.) ist

$$2X_k\frac{\mathrm{d}i_k}{\mathrm{d}x}=u_k=\sqrt{2}\,U_k\sin x.$$

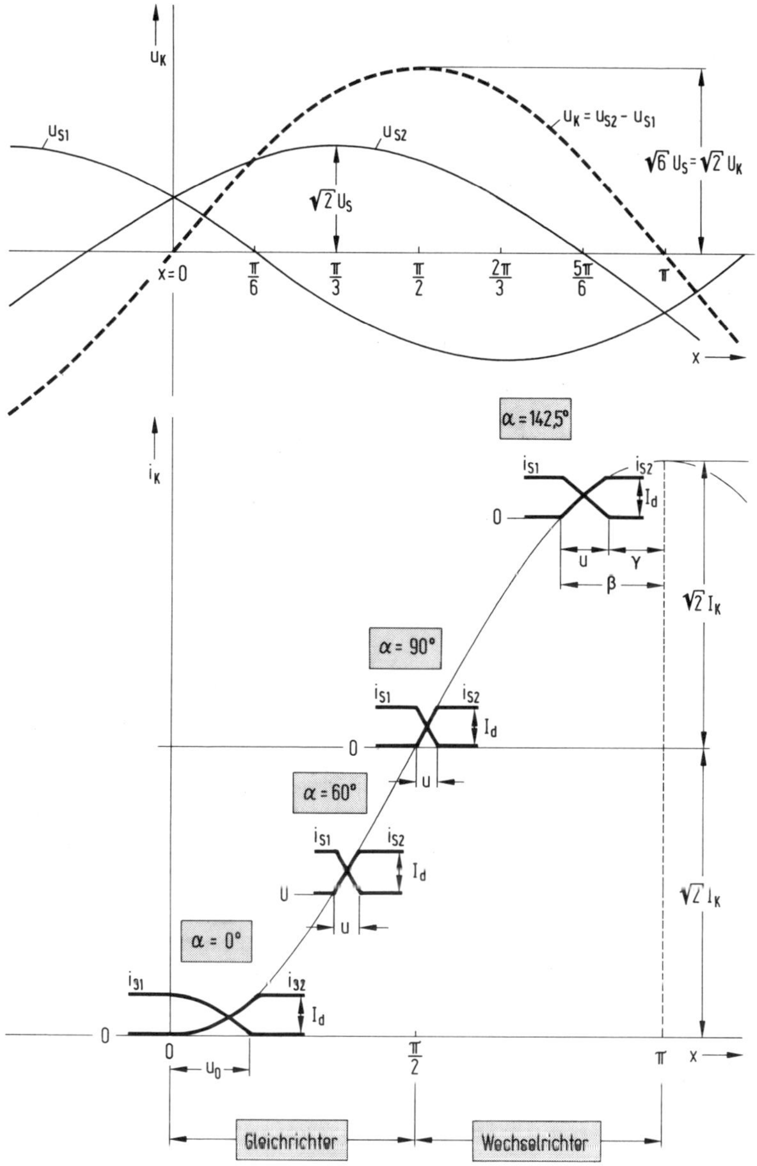


Bild 3.37. Spannungen und Thyristorströme während des Kommutierungsvorganges bei verschiedenen Steuerwinkeln α

Wenn man diese Gleichung über die Kommutierungszeit integriert, erhält man

$$2X_k \int_{\alpha}^{\alpha+u} \frac{d i_k}{d x} d x = \sqrt{2} U_k \int_{\alpha}^{\alpha+u} \sin x \, d x$$

$$2X_k \int_{\alpha}^{\alpha+u} d i_k = \sqrt{2} U_k \int_{\alpha}^{\alpha+u} \sin x \, d x.$$

Der linke Teil der Gleichung ist die Summe der Änderungen des Kurzschlußstromes während der Überlappung. In der Kommutierungszeit hat sich der Kurzschlußstrom jeweils um die Höhe des Gleichstromes $I_d$ geändert:

$$\int_{\alpha}^{\alpha+u} d i_k = I_d.$$

Es ergibt sich daher

$$2X_k I_d = \sqrt{2} U_k [-\cos x]_{\alpha}^{\alpha+u}$$

$$2X_k I_d = \sqrt{2} U_k [\cos\alpha - \cos(\alpha+u)].$$

Mit

$$I_k = \frac{U_k}{2X_k} = \frac{\sqrt{3} U_S}{2X_k} \tag{3.37.}$$

wird

$$\boxed{\cos(\alpha+u) = \cos\alpha - \frac{I_d}{\sqrt{2} I_k}.} \tag{3.38.}$$

Für $\alpha = 0$ ergibt sich der Anfangsüberlappungswinkel $u_0$:

$$\boxed{\cos u_0 = 1 - \frac{I_d}{\sqrt{2} I_k}.} \tag{3.39.}$$

Wenn man aus Gl. (3.39.)

$$\frac{I_d}{\sqrt{2} I_k} = 1 - \cos u_0$$

berechnet, kann man durch Einsetzen in Gl. (3.38.) auch schreiben:

$$\boxed{1 - \cos u_0 = \cos\alpha - \cos(\alpha+u).}$$

In Bild 3.38. ist der Überlappungswinkel $u$ in Abhängigkeit vom Steuerwinkel $\alpha$ für verschiedene Anfangsüberlappungswinkel $u_0$ aufgetragen.

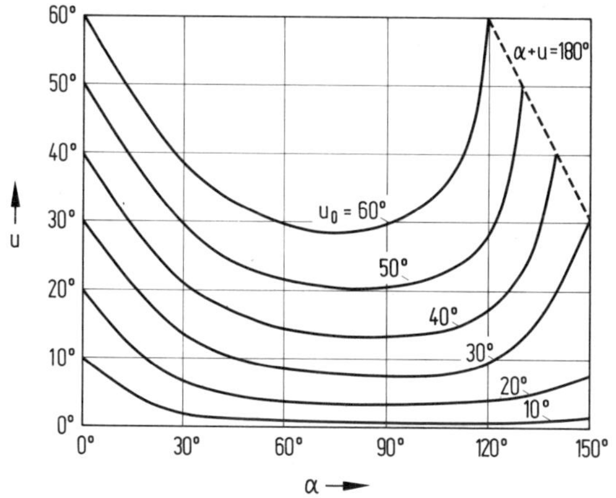


Bild 3.38. Überlappungswinkel $u$ in Abhängigkeit vom Steuerwinkel $\alpha$, Parameter ist $u_0$

## 3.1.7. Induktive Gleichspannungsänderung

Die Vorgänge während der Kommutierungszeit haben einen Einfluß auf den zeitlichen Verlauf der ungeglätteten Gleichspannung.

Während der Kommutierung kann man bei Vernachlässigung der ohmschen Widerstände aus Bild 3.36. ablesen:

$$-u_{S1}+X_k\frac{d\,i_{S1}}{dx}+u_{d\alpha}=0$$

$$-u_{S2}+X_k\frac{d\,i_{S2}}{dx}+u_{d\alpha}=0.$$

Addiert man diese beiden Gleichungen, dann erhält man:

$$-u_{S1}-u_{S2}+X_k\left(\frac{d\,i_{S1}}{dx}+\frac{d\,i_{S2}}{dx}\right)+2u_{d\alpha}=0.$$

Wegen

$$i_{S1}+i_{S2}=I_d$$

ist

$$\frac{d\,i_{S1}}{dx}+\frac{d\,i_{S2}}{dx}=0$$

und damit

$$2u_{d\alpha}=u_{S1}+u_{S2}$$

$$u_{d\alpha}=\frac{u_{S1}+u_{S2}}{2} \qquad \alpha\leqq x\leqq\alpha+u. \qquad (3.41.)$$

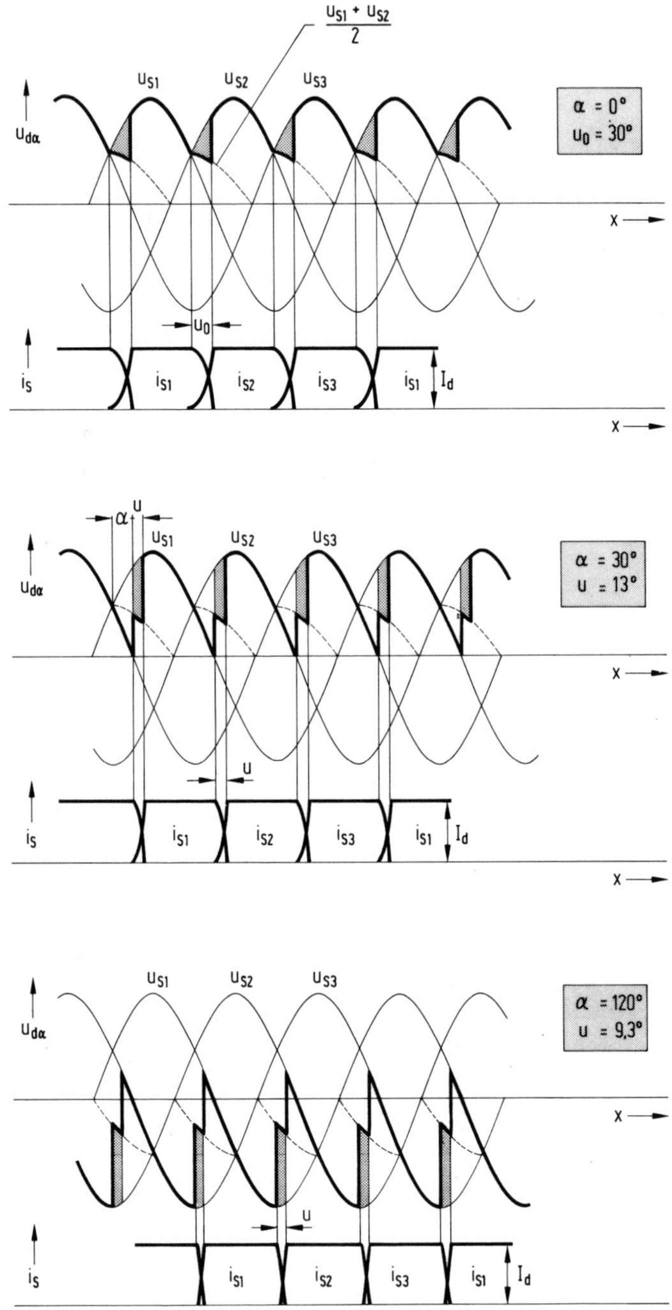


Bild 3.39. Zeitlicher Verlauf der ungeglätteten Gleichspannung bei verschiedenen Steuerwinkeln

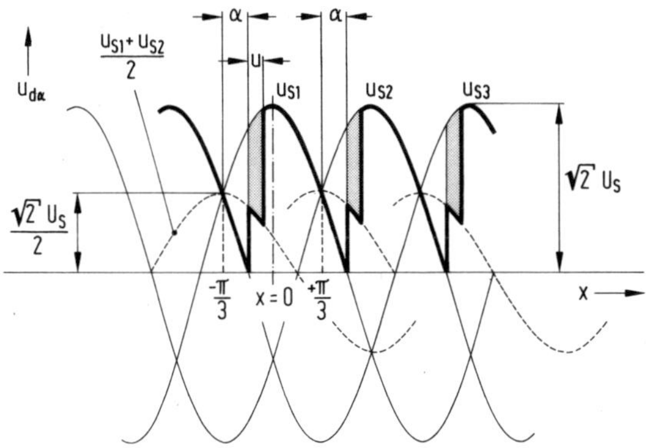


Bild 3.40.
Zur Berechnung des Gleichspannungs-Mittelwertes $U_{d\alpha}$

Die Gleichspannung hat demnach während der Überlappung einen zeitlichen Verlauf, der der halben Summe der Spannungen in den kommutierenden Ventilzweigen entspricht. In Bild 3.39. ist bei drei verschiedenen Steuerwinkeln $\alpha$ der zeitliche Verlauf der ungeglätteten Gleichspannung bei jeweils konstantem Gleichstrom dargestellt. Der Anfangsüberlappungswinkel beträgt $u_0 = 30°$.

Die Berechnung des Gleichspannungs-Mittelwertes $U_{d\alpha}$ unter Berücksichtigung der Kommutierungszeit erfolgt nach Bild 3.40. Entsprechend der Festlegung für $x=0$ hat die ungeglättete Gleichspannung im Bereich $-\frac{\pi}{3}+\alpha \leqq x \leqq -\frac{\pi}{3}+\alpha+u$ den zeitlichen Verlauf

$$u_{d\alpha}=\frac{u_{S1}+u_{S2}}{2}=\frac{\sqrt{2}\,U_S}{2}\cos\left(x+\frac{\pi}{3}\right).$$

In der übrigen Zeit hat die Gleichspannung einen cos-förmigen Verlauf. Damit kann man entsprechend Bild 3.40. ansetzen:

$$U_{d\alpha}=\frac{3}{2\pi}\left[\int_{-\frac{\pi}{3}+\alpha}^{-\frac{\pi}{3}+\alpha+u}\frac{\sqrt{2}\,U_S}{2}\cos\left(x+\frac{\pi}{3}\right)\mathrm{d}x+\int_{-\frac{\pi}{3}+\alpha+u}^{\frac{\pi}{3}+\alpha}\sqrt{2}\,U_S\cos x\,\mathrm{d}x\right]$$

$$U_{d\alpha}=\frac{3}{2\pi}\sqrt{2}\,U_S\sin\frac{\pi}{3}\,[\cos\alpha+\cos(\alpha+u)].$$

Mit

$$U_{di}=\sqrt{2}\,U_S\,\frac{\sin\frac{\pi}{3}}{\frac{\pi}{3}}$$

wird schließlich

$$\boxed{\frac{U_{d\alpha}}{U_{di}}=\frac{\cos\alpha+\cos(\alpha+u)}{2}.} \qquad (3.42.)$$

Die Gleichspannung $U_{d\alpha}$, die unter Berücksichtigung der endlichen Kommutierungszeit berechnet wurde, hat sich gegenüber der ideellen Gleichspannung $U_{di\alpha}$ geändert.

Man kann daher ansetzen:

$$U_{d\alpha} = U_{di\alpha} - D_x. \tag{3.43.}$$

$D_x$ ist die induktive Gleichspannungsänderung.

Mit Gl. (3.42.) ergibt sich

$$U_{d\alpha} = U_{di} \cos\alpha - D_x$$

$$D_x = \frac{U_{di}}{2} [\cos\alpha - \cos(\alpha + u)]. \tag{3.44.}$$

Bezieht man $D_x$ auf die ideelle Leerlaufgleichspannung $U_{di}$, dann erhält man die relative induktive Gleichspannungsänderung:

$$\frac{D_x}{U_{di}} = d_x = \frac{1}{2} [\cos\alpha - \cos(\alpha + u)]. \tag{3.45.}$$

Hieraus kann man folgende wichtige Beziehung ableiten:

$$\boxed{\cos(\alpha + u) = \cos\alpha - 2\,d_x.} \tag{3.46.}$$

Für $\alpha = 0$ ist

$$\boxed{\cos u_0 = 1 - 2\,d_x.} \tag{3.47.}$$

Neben der induktiven Gleichspannungsänderung $D_x$ ist die ohmsche Gleichspannungsänderung

$$D_r = R_k I_d \tag{3.48.}$$

bei großen Leistungen relativ gering. Die Durchlaßspannung $U_T$ der Thyristoren kann im allgemeinen gegen die hohe Stromrichterspannung vernachlässigt werden.

Die Gleichspannungsänderungen bewirken im Gleichrichterbetrieb eine Verminderung, im Wechselrichterbetrieb dagegen wegen der Vorzeichenumkehr eine Erhöhung der Ausgangsspannung des Stromrichters. Aus diesem Grunde wurde auch nicht die Bezeichnung „Spannungsabfall“ verwendet.

### 3.1.8. Voreilwinkel des Wechselrichters

Die Definition des Voreilwinkels $\beta$ geht unmittelbar aus den Bildern 3.37. und 3.41. hervor. Es ist

$$\alpha + \beta = 180°$$

$$\beta = 180° - \alpha.$$

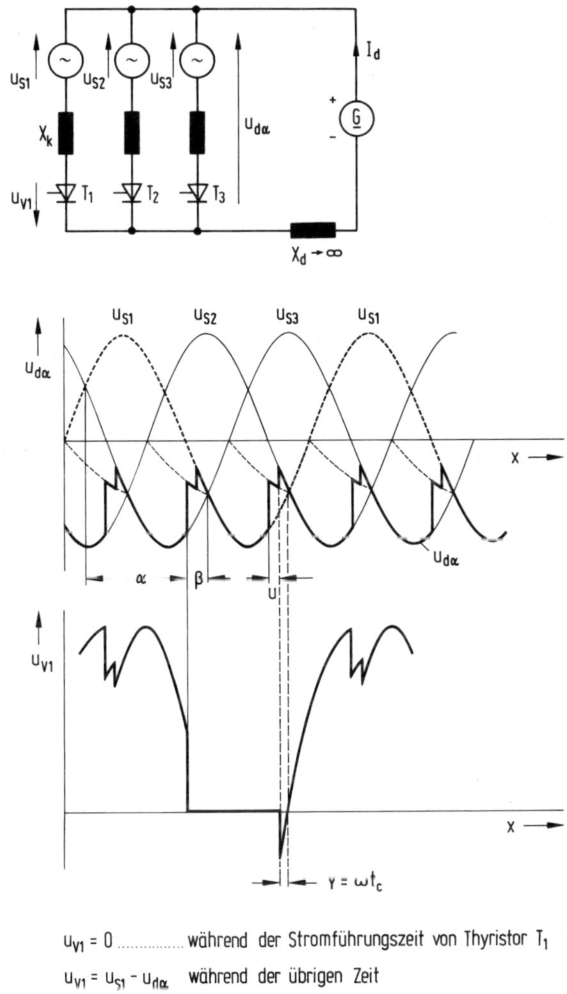


Bild 3.41.
Voreilwinkel des Wechselrichters und Thyristorspannung $u_{v1}$ bei $\alpha = 150°$

Weiterhin ist

$$\beta = u + \gamma$$

und

$$\alpha + \gamma + u = 180°.$$

Der Löschwinkel $\gamma$ ist der Zeitabschnitt, in welchem nach Beendigung der Kommutierung, negative Sperrspannung am Thyristor anliegt. Anschließend nimmt die Thyristorspannung positive Werte an (Bild 3.41.). Damit eine einwandfreie Löschung des Thyristors möglich ist, muß

$$\gamma > \omega t_q$$

sein. Wird diese Bedingung nicht eingehalten, ist ein Kippen des Wechselrichters die Folge.

Mit Hilfe der im vorhergehenden Abschnitt entwickelten Beziehungen kann der maximal einstellbare Steuerwinkel unter Berücksichtigung des Überlappungswinkels berechnet werden.

Setzt man in die Gleichung (3.46.)

$$\cos(\alpha+u)=\cos\alpha-2\,d_x$$

$$\alpha=\pi-(\gamma+u)$$

ein, so erhält man

$$\cos(\gamma+u)=\cos\gamma-2\,d_x. \tag{3.49.}$$

Mit

$$\beta=\gamma+u$$

ist

$$\boxed{\cos\beta=\cos\gamma-2\,d_x.} \tag{3.50.}$$

Der Voreilwinkel soll nun so berechnet werden, daß bei einer Spannungsabsenkung und einem Überstrom ein gewählter minimaler Löschwinkel $\gamma_{min}$ nicht unterschritten wird.

Bei Nennspannung und Nennstrom ($U_N$, $I_{dN}$) ist entsprechend Gl. (3.50.):

$$\cos\beta_N-\cos\gamma_N=-2\,d_{xN}. \tag{3.51.}$$

Bei einer Spannungsabsenkung und einem Überstrom ist

$$\cos\beta_{min}-\cos\gamma_{min}=-2\,d_x. \tag{3.52.}$$

Dividiert man Gl. (3.52.) durch Gl. (3.51.), dann ist

$$\frac{\cos\beta_{min}-\cos\gamma_{min}}{\cos\beta_N-\cos\gamma_N}=\frac{d_x}{d_{xN}}. \tag{3.53.}$$

Durch Vergleich von Gl. (3.38.) und Gl. (3.46.) erhält man

$$d_x=\frac{I_d}{2\sqrt{2}I_k}. \tag{3.54.}$$

Damit wird das Verhältnis

$$\frac{d_x}{d_{xN}}=\frac{I_d U_N}{I_{dN} U}. \tag{3.55.}$$

Setzt man diese Beziehung in Gl. (3.53.) ein und berücksichtigt gleichzeitig Gl. (3.51.), dann wird endgültig:

$$\boxed{\cos\beta_{min}=\cos\gamma_{min}-2\,d_{xN}\,\frac{I_d}{I_{dN}}\,\frac{U_N}{U}.} \tag{3.56.}$$

*Beispiel 3.1.*

Ein Stromrichter in M3-Schaltung ist an ein Drehstromnetz, 50 Hz, angeschlossen. Die Spannungsschwankungen betragen +10 %, −20 %. Die nominelle sekundäre Leerlaufspannung des Transformators ist $U_{SN} = 380$ V. Die auf die Sekundärseite des Transformators bezogenen Streuinduktivitäten betragen 1 mH je Phase. Der Nennstrom der Anlage ist $I_{dN} = 100$ A. Im dynamischen Betrieb wird mit einer Strombegrenzung der Gleichstrom auf den 2,5-fachen Wert des Nennstromes begrenzt. Die Freiwerdezeit der Thyristoren beträgt 300 µs. Aus Sicherheitsgründen soll die Schonzeit $t_c = 2{,}5\, t_q$ sein. Auf welchen Wert muß die Wechselrichter-Trittgrenze eingestellt werden, damit im ungünstigsten Fall ein Kippen des Stromrichters vermieden wird?

Lösung:

Mit Gl. (3.56.) wird

$$\cos \beta_{min} = \cos \gamma_{min} - 2\, d_{xN} \frac{I_d}{I_{dN}} \frac{U_N}{U}.$$

Hierin ist

$$\gamma_{min} = 2{,}5\, \omega\, t_q = 2{,}5 \cdot 2\pi \cdot 50\,\mathrm{s}^{-1} \cdot 300 \cdot 10^{-6}\,\mathrm{s} \cdot \frac{180°}{\pi} = 13{,}5°.$$

$$\frac{I_d}{I_{dN}} = 2{,}5 \qquad \frac{U_N}{U} = 1{,}25.$$

Nach Gl. (3.54.) ist

$$d_{xN} = \frac{I_{dN}}{2\sqrt{2}\, I_{kN}}$$

mit

$$I_{kN} = \frac{\sqrt{3}\, U_{SN}}{2\, X_k}. \qquad (3.37.)$$

Damit wird

$$d_{xN} = \frac{100\,\mathrm{A} \cdot 2 \cdot 2\pi \cdot 50\,\mathrm{s}^{-1} \cdot 1 \cdot 10^{-3}\,\mathrm{H}}{2 \cdot \sqrt{2} \cdot \sqrt{3} \cdot 380\,\mathrm{V}} = 0{,}0338$$

und

$$\cos \beta_{min} = \cos 13{,}5° - 2 \cdot 0{,}0338 \cdot 2{,}5 \cdot 1{,}25 = 0{,}761$$

$$\beta_{min} = 40{,}4°$$

$$\underline{\alpha_{max} = 139{,}6°}.$$

### 3.1.9. Kommutierungsblindleistung

Infolge der endlichen Kommutierungszeit ergibt sich bei einem netzgeführten Stromrichter zusätzlich zur Steuerblindleistung auch noch Kommutierungsblindleistung. Dies wird deutlich, wenn man in Bild 3.39. z.B. bei $\alpha = 0$ die Phasenlage des sekundären Transformatorstromes in bezug auf die entsprechende Phasenspannung betrachtet. Infolge des Überlappungswinkels verschiebt sich der Strom nach rechts, was eine induktive Blindleistungsaufnahme des Stromrichters bedeutet. Andererseits ist klar, daß der über seine Streureaktanzen während der Kommutierungszeit kurzgeschlossene Transformator induktiv belastet ist. Die Berechnung der Kommutierungsblindleistung erfolgt nach Bild 3.42.

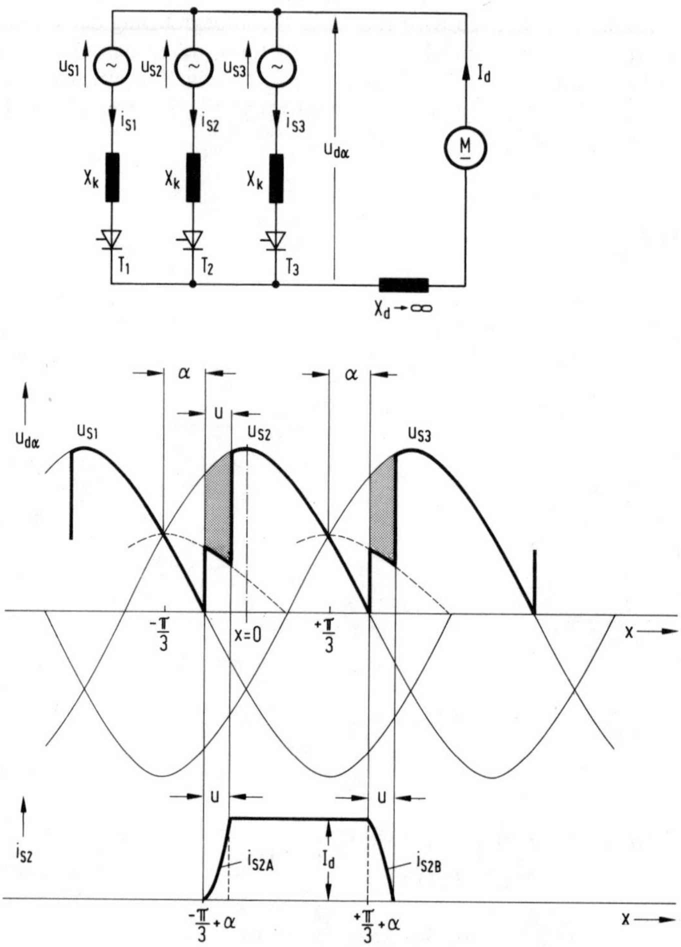


Bild 3.42. Zur Berechnung der Kommutierungsblindleistung

Die Grundschwingungs-Blindleistung ist

$$Q_{1\alpha} = 3\,U_S (I_S)_1 \sin\varphi_1 = 3\,U_S (I_{Sb})_1 . \tag{3.57.}$$

In dieser Gleichung ist $(I_S)_1$ der Effektivwert der Grundschwingung eines sekundären Transformatorstromes. $(I_{Sb})_1$ ist der Effektivwert des Grundschwingungs-Blindstromes. Geht man nach Bild 3.42. von der cos-förmigen Spannung $u_{S2}$ aus, dann ist in der Fourierreihe nach Gl. (3.4.) der Koeffizient $b_1 = \frac{1}{\pi} \int\limits_0^{2\pi} f(x) \sin x \, \mathrm{d}x$ die Amplitude des Grundschwingungs-Blindstromes.

Für den Effektivwert der Blindkomponente des Stromes $i_{S2}$ kann daher nach Bild 3.42. folgender Ansatz gemacht werden:

$$(I_{Sb})_1 = \frac{b_1}{\sqrt{2}} = \frac{1}{\pi\sqrt{2}} \left[ \int\limits_{-\frac{\pi}{3}+\alpha}^{-\frac{\pi}{3}+\alpha+u} i_{S2A}(x) \sin x \, \mathrm{d}x + I_d \int\limits_{-\frac{\pi}{3}+\alpha+u}^{\frac{\pi}{3}+\alpha} \sin x \, \mathrm{d}x + \right.$$

$$\left. + \int\limits_{-\frac{\pi}{3}+\alpha}^{-\frac{\pi}{3}+\alpha+u} i_{S2B}(x) \sin x \, \mathrm{d}x \right]. \qquad (3.58.)$$

In dieser Gleichung sind $i_{S2A}(x)$ und $i_{S2B}(x)$ die Funktionen bei Anstieg bzw. bei Abfall des Stromes $i_{S2}$.

Die Berechnung dieser beiden Stromfunktionen erfolgt nach dem Ersatzschaltplan in Bild 3.42.

Es möge Thyristor $T_1$ Strom führen. Zur Zeit $x = -\frac{\pi}{3} + \alpha$ wird Thyristor $T_2$ gezündet. Während der Überlappungszeit gilt folgende Gleichung:

$$-u_{S2} + X_k \frac{\mathrm{d}i_{S2}}{\mathrm{d}x} - X_k \frac{\mathrm{d}i_{S1}}{\mathrm{d}x} + u_{S1} = 0.$$

Wegen

$$i_{S1} + i_{S2} = I_d$$

ist

$$\frac{\mathrm{d}i_{S1}}{\mathrm{d}x} = -\frac{\mathrm{d}i_{S2}}{\mathrm{d}x}$$

und damit

$$\frac{\mathrm{d}i_{S2}}{\mathrm{d}x} = \frac{u_{S2} - u_{S1}}{2X_k} \qquad (3.59.)$$

Die allgemeine Lösung dieser Gleichung ist

$$i_{S2} = \frac{1}{2X_k} \int (u_{S2} - u_{S1}) \, \mathrm{d}x + C$$

$C$ Integrationskonstante.

Mit

$$u_{S1} = \sqrt{2}\, U_S \cos\left(x + \frac{2\pi}{3}\right)$$

$$u_{S2} = \sqrt{2}\, U_S \cos x \qquad (3.60.)$$

$$u_{S3} = \sqrt{2}\, U_S \cos\left(x - \frac{2\pi}{3}\right)$$

erhält man

$$i_{S2}=\frac{\sqrt{2}U_S}{2X_k}\int\left[\cos x-\cos\left(x+\frac{2\pi}{3}\right)\right]\mathrm{d}x+C$$

$$i_{S2}=\frac{\sqrt{2}U_S}{2X_k}\left[\sin x-\sin\left(x+\frac{2\pi}{3}\right)\right]+C.$$

Für

$$x=-\frac{\pi}{3}+\alpha$$

ist

$$i_{S2}=0.$$

Hieraus errechnet sich die Integrationskonstante zu

$$C=\frac{\sqrt{2}U_S}{X_k}\cos\alpha\sin\frac{\pi}{3}.$$

Für den Strom $i_{S2}$ ergibt sich damit

$$i_{S2}=\frac{\sqrt{2}U_S}{2X_k}\left(\frac{3}{2}\sin x-\frac{\sqrt{3}}{2}\cos x+\sqrt{3}\cos\alpha\right). \tag{3.61.}$$

Führt man die schon bekannte Beziehung

$$1-\cos u_0=\frac{I_d}{\sqrt{2}I_k}=\frac{\sqrt{2}I_d X_k}{\sqrt{3}U_S}$$

ein, dann erhält man:

$$i_{S2}=\frac{I_d}{\sqrt{3}(1-\cos u_0)}\left(\frac{3}{2}\sin x-\frac{\sqrt{3}}{2}\cos x+\sqrt{3}\cos\alpha\right)$$

$$i_{S2}=\frac{I_d}{1-\cos u_0}\left(\frac{\sqrt{3}}{2}\sin x-\frac{\cos x}{2}+\cos\alpha\right)$$

$$-\frac{\pi}{3}+\alpha\leqq x\leqq-\frac{\pi}{3}+\alpha+u.$$

Die Stromfunktion in dem angegebenen Bereich wurde $i_{S2A}(x)$ genannt:

$$i_{S2A}(x)=\frac{I_d}{1-\cos u_0}\left(\frac{\sqrt{3}}{2}\sin x-\frac{\cos x}{2}+\cos\alpha\right). \tag{3.62.}$$

Zur Berechnung der Stromfunktion $i_{S2B}(x)$ muß man von der Zündung des Thyristors $T_3$ zum Zeitpunkt $x=\frac{\pi}{3}+\alpha$ ausgehen.

Im Bereich $\frac{\pi}{3}+\alpha \leqq x \leqq \frac{\pi}{3}+\alpha+u$ gilt die Gleichung

$$-u_{S3}+X_k\frac{d i_{S3}}{d x}-X_k\frac{d i_{S2}}{d x}+u_{S2}=0.$$

Mit

$$\frac{d i_{S3}}{d x}=-\frac{d i_{S2}}{d x}$$

wird

$$\frac{d i_{S2}}{d x}=\frac{u_{S2}-u_{S3}}{2X_k}. \tag{3.63.}$$

Die weitere Rechnung entspricht genau der vorhergehenden. Es ergibt sich schließlich, wenn man beachtet, daß zur Zeit $x=\frac{\pi}{3}+\alpha$ der Strom $i_{S2}$ den Wert $i_{S2}=I_d$ hat:

$$i_{S2\,B}(x)=\frac{I_d}{1-\cos u_0}\left(1-\cos u_0+\frac{\sqrt{3}}{2}\sin x+\frac{\cos x}{2}-\cos\alpha\right). \tag{3.64.}$$

Setzt man die errechneten Stromfunktionen $i_{S2\,A}(x)$ und $i_{S2\,B}(x)$ in Gl. (3.58.) ein und errechnet dann nach Gl. (3.57.) die auf $U_{di}I_d$ bezogene Blindleistung, dann erhält man endgültig:

$$\boxed{\frac{Q_{1\alpha}}{U_{di}I_d}=\frac{2u+\sin 2\alpha-\sin 2(\alpha+u)}{4[\cos\alpha-\cos(\alpha+u)]}.} \tag{3.65.}$$

In dieser Gleichung ist sowohl die Steuer- als auch die Kommutierungsblindleistung enthalten.

Für $\alpha=0$ ergibt sich vereinfacht:

$$\boxed{\frac{Q_1}{U_{di}I_d}=\frac{2u_0-\sin 2u_0}{4(1-\cos u_0)}.} \tag{3.66.}$$

In Bild 3.43. ist die bezogene Blindleistung in Abhängigkeit von der Gleichspannung bei konstantem Gleichstrom im Gleichrichterbetrieb dargestellt. Parameter ist der Anfangs-Überlappungswinkel $u_0$. Um ein Gefühl für die mögliche Größe der Kommutierungsblindleistung zu erhalten, soll ein Stromrichter mit einer ideellen Leerlaufspannung von $U_{di}=500$ V und $I_d=1000$ A bei einem Anfangs-Überlappungswinkel von $u_0=30°$ bei voller Aussteuerung ($\alpha=0$) betrachtet werden.

Nach Gl. (3.66.) ist

$$Q_1=500\,\frac{2\cdot 0{,}524-\sin 60°}{4(1-\cos 30°)}\,\text{kVA}$$

$$Q_1=169{,}8\,\text{kVA}.$$

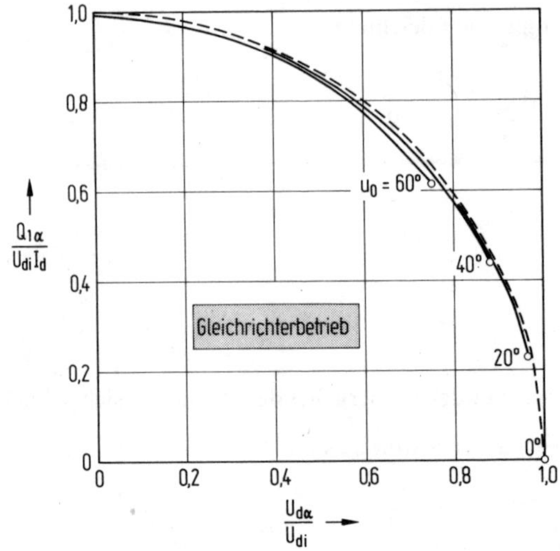


Bild 3.43.
Blindleistung in Abhängigkeit von der Gleichspannung bei konstantem Gleichstrom. Parameter $u_0$

Der Spannungsabfall bei Nennstrom und voller Aussteuerung ist nach Gl. (3.44.)

$$D_x = \frac{500}{2}(1 - \cos 30°)$$

$$D_x = 33{,}5\,\text{V}.$$

## 3.2. Sechspulsige Stromrichter

### 3.2.1. Stromrichter in sechspulsiger Mittelpunktschaltung M6

Bei dem Stromrichter in Bild 3.44. bilden die Sekundärwicklungen des Transformators ein Sechsphasensystem. Die sekundären Spannungen $u_{S1}$ bis $u_{S6}$ sind jeweils um 60° in der Phase verschoben. Es führt immer der Thyristor Strom, in dessen Zweig die Spannung am höchsten ist. Die Stromführungsdauer der Thyristoren beträgt 60°. Unter der Voraussetzung eines ideal geglätteten Gleichstromes und bei Vernachlässigung der Kommutierungsvorgänge sind die Strom- und Spannungsverhältnisse des Stromrichters in Bild 3.45. dargestellt.

Geht man von der cos-förmigen Spannung $u_{S2}$ aus (Bild 3.45.), dann erhält man für den Gleichspannungsmittelwert bei voller Aussteuerung

$$\boxed{U_{di} = \frac{3\sqrt{2}\,U_S}{\pi} \int_{-\frac{\pi}{6}}^{+\frac{\pi}{6}} \cos x \,\mathrm{d}x = 1{,}35\,U_S.} \qquad (3.67.)$$

Bei Steuerung ist

$$U_{di\alpha} = U_{di} \cos \alpha.$$

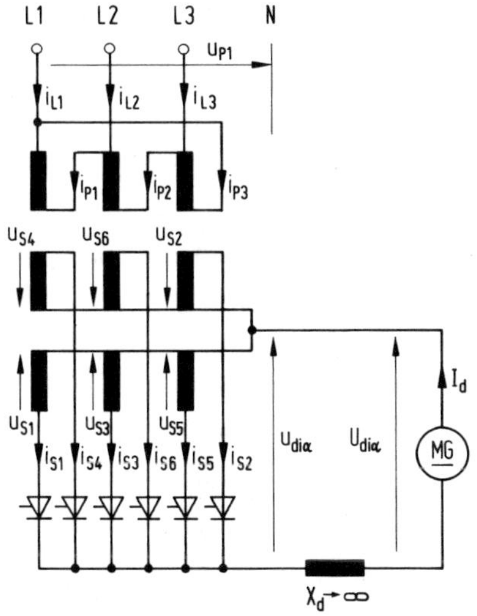


Bild 3.44.
Stromrichter in sechspulsiger Mittelpunktschaltung M 6

Da eine primäre Dreieckschaltung vorliegt, kann man nach Gl. (3.3.) entsprechend den Formeln

$$i_{Pk} = i_{Sk} - \frac{1}{6\pi} \int_0^{2\pi} \sum i_{Sk} \, dx$$

$$\frac{\Theta_R}{w} = \frac{1}{6\pi} \int_0^{2\pi} \sum i_{Sk} \, dx \qquad k \text{ Schenkel } 1, 2, 3$$

die primären Wicklungsströme sowie die Restamperewindungen leicht bestimmen.

Da jeder Schenkel des Transformators von den entsprechenden Ventilströmen gegensinnig durchflossen wird, ist nach Bild 3.46.

$$\frac{1}{6\pi} \int_0^{2\pi} \sum i_{Sk} = 0 \qquad k \text{ Schenkel } 1, 2, 3.$$

Damit ist $\frac{\Theta_R}{w} = 0$, und die primären Wicklungsströme ergeben sich zu

$$i_{P1} = i_{S1} - i_{S4}$$
$$i_{P2} = i_{S3} - i_{S6}$$
$$i_{P3} = i_{S5} - i_{S2}. \qquad (3.68.)$$

Für die Leiterströme erhält man nach Bild 3.44.

$$i_{L1} = i_{P3} - i_{P1} = i_{S5} - i_{S2} - i_{S1} + i_{S4}$$
$$i_{L2} = i_{P1} - i_{P2} = i_{S1} - i_{S4} - i_{S3} + i_{S6}$$
$$i_{L3} = i_{P2} - i_{P3} = i_{S3} - i_{S6} - i_{S5} + i_{S2}. \qquad (3.69.)$$

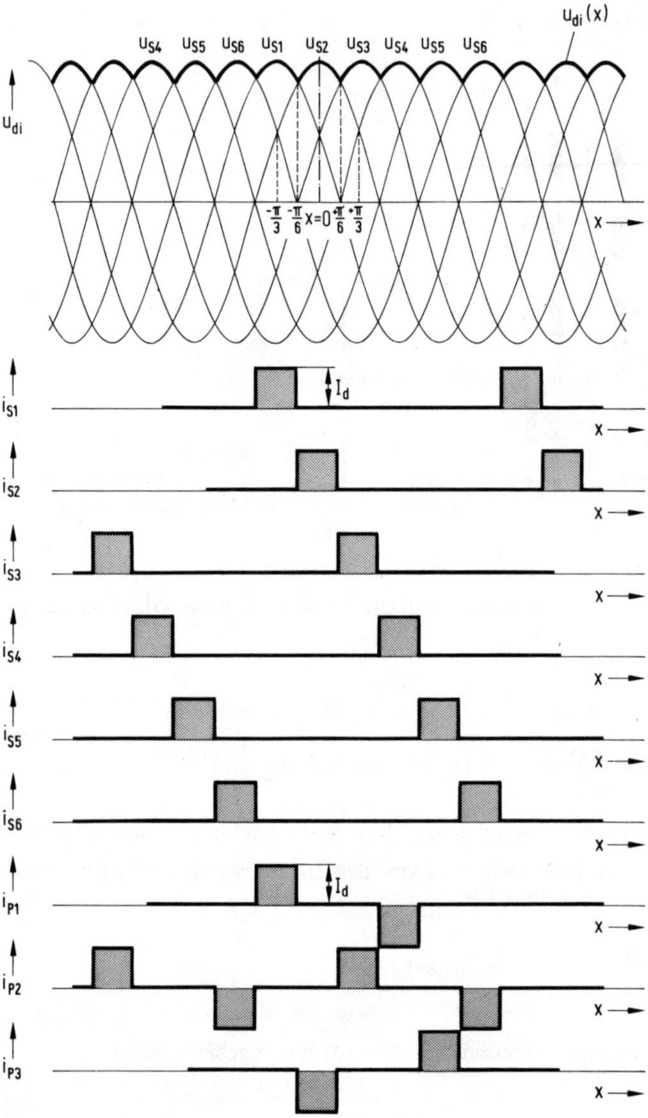


Bild 3.45. Strom- und Spannungsverhältnisse bei einem Stromrichter in M6-Schaltung

Die zeitlichen Verläufe der Leiterströme bei primärer Dreieckschaltung des Stromrichtertransformators sind in Bild 3.47. dargestellt.

Bei primärer Sternschaltung ist entsprechend den Gleichungen (3.2.)

$$i_{Pk} = i_{Sk} - \tfrac{1}{3} \sum i_{Sk}$$

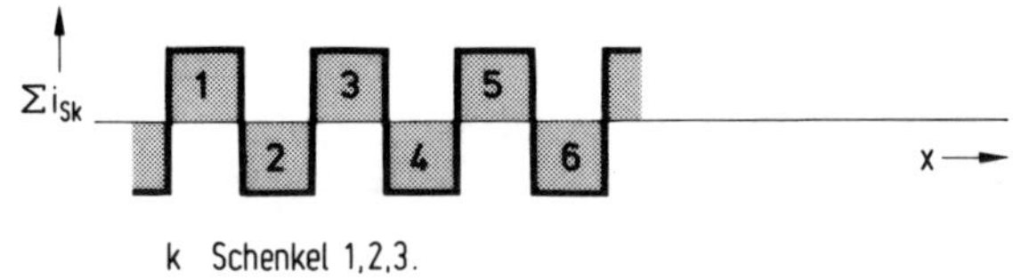


Bild 3.46.
Zur Bestimmung von $\frac{\Theta_R}{w}$

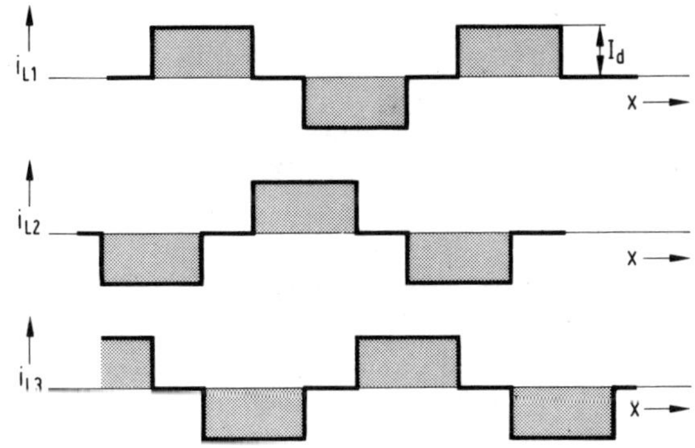


Bild 3.47.
Zeitliche Verläufe der Leiterströme bei primärer Dreieckschaltung des Stromrichtertransformators

und

$$\frac{\Theta_R}{w} = \frac{1}{3} \sum i_{Sk}.$$

Damit erhält man

$$i_{P1} = i_{S1} - i_{S4} - \tfrac{1}{3}(i_{S1} - i_{S4} + i_{S3} - i_{S6} + i_{S5} - i_{S2})$$
$$i_{P1} = \tfrac{2}{3} i_{S1} + \tfrac{1}{3} i_{S2} - \tfrac{1}{3} i_{S3} - \tfrac{2}{3} i_{S4} - \tfrac{1}{3} i_{S5} + \tfrac{1}{3} i_{S6},$$

$$i_{P2} = i_{S3} - i_{S6} - \tfrac{1}{3}(i_{S1} - i_{S4} + i_{S3} - i_{S6} + i_{S5} - i_{S2})$$
$$i_{P2} = -\tfrac{1}{3} i_{S1} + \tfrac{1}{3} i_{S2} + \tfrac{2}{3} i_{S3} + \tfrac{1}{3} i_{S4} - \tfrac{1}{3} i_{S5} - \tfrac{2}{3} i_{S6},$$

$$i_{P3} = i_{S5} - i_{S2} - \tfrac{1}{3}(i_{S1} - i_{S4} + i_{S3} - i_{S6} + i_{S5} - i_{S2})$$
$$i_{P3} = -\tfrac{1}{3} i_{S1} - \tfrac{2}{3} i_{S2} - \tfrac{1}{3} i_{S3} + \tfrac{1}{3} i_{S4} + \tfrac{2}{3} i_{S5} + \tfrac{1}{3} i_{S6}$$

und

$$\frac{\Theta_R}{w} = \frac{1}{3} (i_{S1} - i_{S4} + i_{S3} - i_{S6} + i_{S5} - i_{S2}).$$

In Bild 3.48. sind die primären Wicklungsströme sowie $\frac{\Theta_R}{w}$ bei primärer Sternschaltung des Stromrichtertransformators dargestellt.

Zur Berechnung der Baugröße des Transformators müssen die Effektivwerte der primären und sekundären Wicklungsströme berechnet werden.

$$I_S = \sqrt{\frac{1}{2\pi} I_d^2 \frac{\pi}{3}} = \frac{I_d}{\sqrt{6}}$$

$$I_P = \sqrt{\frac{1}{2\pi} I_d^2 \frac{2\pi}{3}} = \frac{I_d}{\sqrt{3}}.$$

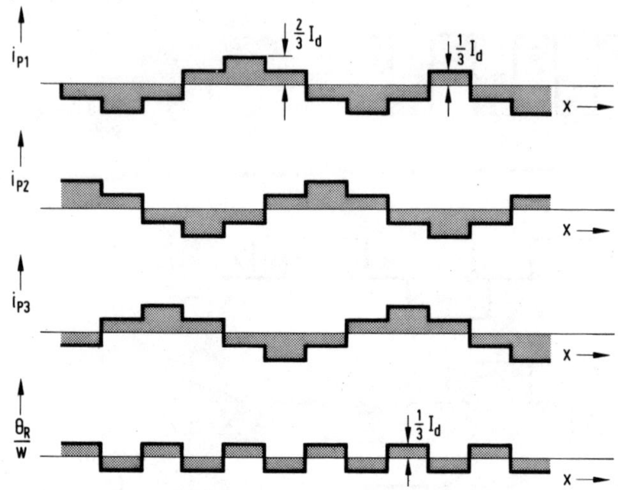


Bild 3.48. Primäre Wicklungsströme und Restamperewindungen bei primärer Sternschaltung des Stromrichtertransformators

Damit wird

$$P_S = 6\,U_S \frac{I_{dN}}{\sqrt{6}} = \frac{6\,U_{di}}{1{,}35} \frac{I_{dN}}{\sqrt{6}}$$

$$\boxed{P_S = 1{,}81\,P_{di}} \qquad (3.70.)$$

und

$$P_P = \frac{3\,U_{di}}{1{,}35} \frac{I_{dN}}{\sqrt{3}}$$

$$\boxed{P_P = 1{,}28\,P_{di}.} \qquad (3.71.)$$

Die geometrischen Abmessungen des Transformators sind durch die Bauleistung

$$P_{BAU} = \tfrac{1}{2}(P_S + P_P)$$

$$\boxed{P_{BAU} = 1{,}55\,P_{di}} \qquad (3.72.)$$

festgelegt.

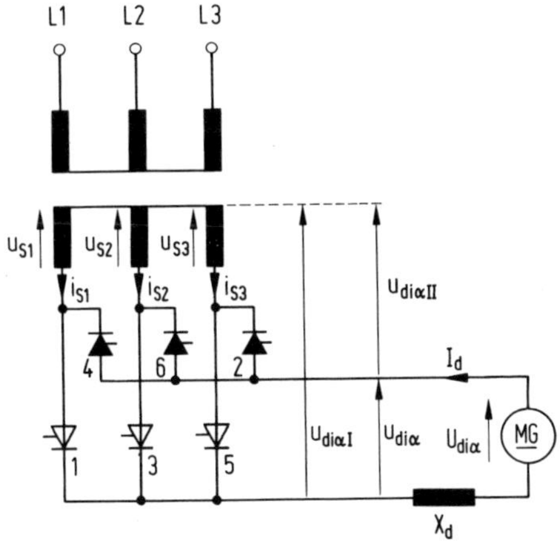


Bild 3.49.
Wechselstrommäßige Parallel- und gleichstrommäßige Reihenschaltung zweier dreipulsiger Mittelpunktschaltungen

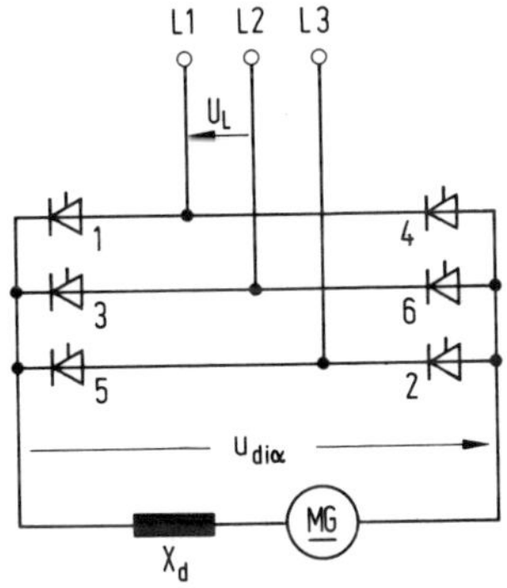


Bild 3.50.
Übliche Darstellung der Drehstrom-Brückenschaltung

## 3.2.2. Drehstrom-Brückenschaltung

Eine Brückenschaltung entsteht, wenn man zwei Mittelpunktschaltungen auf der Gleichstromseite in Reihe und auf der Wechselstromseite parallel schaltet (Bild 3.49.). Die übliche Darstellung der Drehstrom-Brückenschaltung ist in Bild 3.50. angegeben. Da der Gleichstrom über die zweite Mittelpunktschaltung (Thyristoren 4, 6, 2) zum Transformator zurückfließen kann, wird der Mittelpunkt des Transformators nicht mehr benötigt. Die Schaltung kann daher direkt an das Drehstromnetz angeschlossen werden. Dadurch ist es in vielen Anwendungsfällen möglich, den Transformator einzusparen. Wegen der Reihenschaltung zweier Mittelpunktschaltungen verdoppelt sich die Spannung, also auch die Leistung. Da sich außerdem die Pulszahl des Stromrichters verdoppelt, ist es nicht verwunderlich, daß die Drehstrom-Brückenschaltung eine der wichtigsten Schaltungen der Leistungselektronik ist. In jeder Phase fließen während beider Halbperioden Ströme wechselnder Polarität. Dadurch enthält der Phasenstrom keinen Gleichanteil. Dies wirkt sich sehr günstig auf die Bauleistung des Transformators aus. Bei den Mittelpunktschaltungen werden die ventilseitigen Wicklungen nur in einer Richtung vom Strom durchflossen. Mittelpunktschaltungen werden daher auch Einwegschaltungen genannt. Die Brückenschaltung ist dagegen eine Zweiwegschaltung.

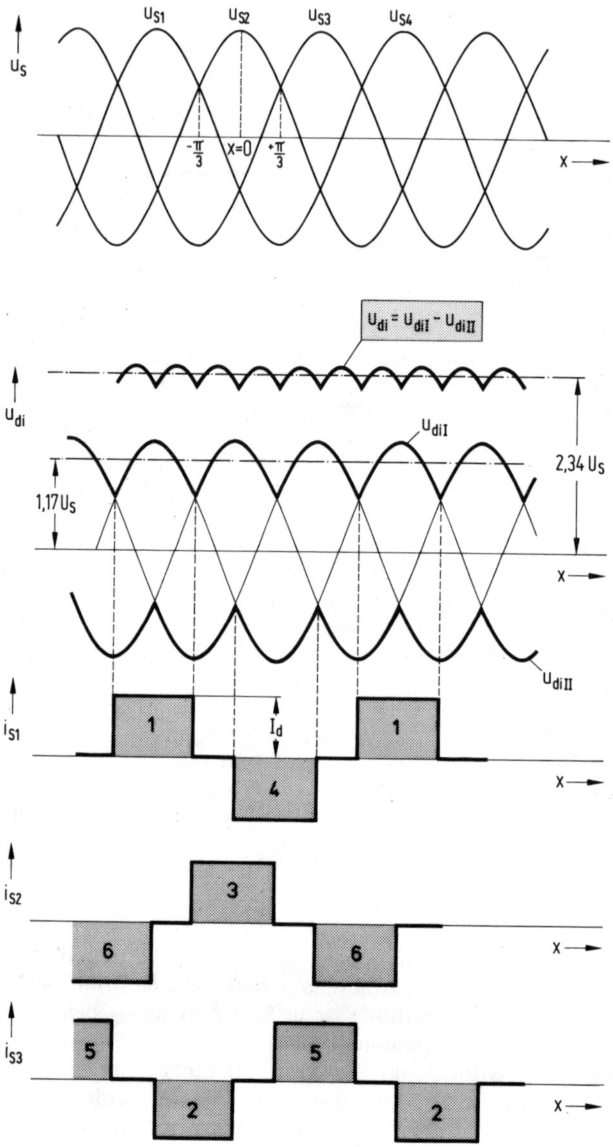


Bild 3.51. Strom- und Spannungsverhältnisse der Drehstrom-Brückenschaltung

In Bild 3.51. sind die Strom- und Spannungsverhältnisse bei $\alpha = 0$ dargestellt. Es ist nach Bild 3.49.

$$-u_{\mathrm{diI}} + u_{\mathrm{di}} + u_{\mathrm{diII}} = 0$$

$$\boxed{u_{\mathrm{di}} = u_{\mathrm{diI}} - u_{\mathrm{diII}}.} \tag{3.73.}$$

Aus der Darstellung in Bild 3.51. wird deutlich, daß sich die Pulszahl des Stromrichters gegenüber der Mittelpunktschaltung verdoppelt hat. Da eine Reihenschaltung zweier dreipulsiger Mittelpunktschaltungen vorliegt, ist der Gleichspannungsmittelwert bei $\alpha = 0$:

$$U_{di} = 2\frac{3\sqrt{2}\,U_S}{2\pi}\int_{-\frac{\pi}{3}}^{+\frac{\pi}{3}}\cos x\,dx = 2\frac{\sqrt{2}\,U_S\sin\frac{\pi}{3}}{\frac{\pi}{3}}$$

$$\boxed{U_{di} = 2{,}34\,U_S.} \qquad (3.74.)$$

Bei Steuerung gilt wieder

$$U_{di} = U_{di}\cos\alpha.$$

Geht man nach Bild 3.50. von der Leiterspannung aus, dann gilt

$$\boxed{U_{di} = 1{,}35\,U_L.} \qquad (3.75.)$$

Bei $U_L = 380\,V$ ergibt sich für die ideelle Leerlaufspannung der Drehstrom-Brückenschaltung

$$U_{di} = 1{,}35 \cdot 380\,V = 513\,V.$$

Der Effektivwert eines sekundären Transformatorstromes ist

$$I_S = \sqrt{\frac{1}{2\pi}\,I_d^2\,\frac{4\pi}{3}} = I_d\sqrt{\frac{2}{3}}.$$

Damit ist

$$P_S = P_P = 3\,U_S\,I_{SN}$$

$$P_S = P_P = 3\,\frac{U_{di}}{2{,}34}\,I_{dN}\sqrt{\frac{2}{3}}$$

$$\boxed{P_S = P_P = 1{,}05\,P_{di}} \qquad (3.76.)$$

bzw.

$$\boxed{P_{BAU} = 1{,}05\,P_{di}.} \qquad (3.77.)$$

Vergleicht man diesen Wert mit $P_{BAU} = 1{,}35\,P_{di}$ bei der dreipulsigen Mittelpunktschaltung und $P_{BAU} = 1{,}55\,P_{di}$ bei der sechspulsigen Mittelpunktschaltung, dann wird noch einmal das günstige Verhalten der Drehstrom-Brückenschaltung deutlich.

### 3.2.3. Saugdrosselschaltung

Bei der Saugdrosselschaltung in Bild 3.52. sind zwei dreipulsige Stromrichter gleichstromseitig parallel geschaltet. Die Gleichströme der beiden Teilstromrichter addieren sich:

$$I_d = I_{d\,I} + I_{d\,II}. \qquad (3.78.)$$

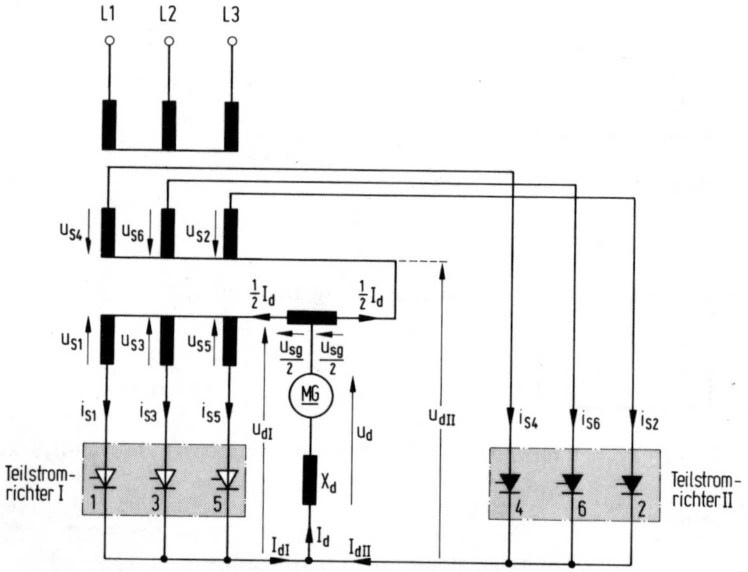


Bild 3.52. Sechspulsiger Stromrichter in Saugdrosselschaltung

In Bild 3.53. sind die Strom- und Spannungsverhältnisse der Schaltung bei $\alpha = 0$ dargestellt. Man erkennt, daß die Gleichspannungen der Teilstromrichter zwar im Mittelwert, nicht aber in ihren zeitlichen Werten übereinstimmen. Die Parallelschaltung muß daher über eine Induktivität, die Saugdrossel, erfolgen, wobei die Saugdrossel die Differenzspannung der beiden Teilstromrichter aufnimmt.

Aus Bild 3.52. kann man ablesen:

$$u_d = u_{d\,I} - \frac{u_{sg}}{2}$$

$$u_d = u_{d\,II} + \frac{u_{sg}}{2}. \qquad (3.79.)$$

Addiert man beide Gleichungen, dann ergibt sich die resultierende Gleichspannung zu

$$\boxed{u_d = \frac{u_{d\,I} + u_{d\,II}}{2}.} \qquad (3.80.)$$

Die Gleichspannung ist – wie bei der Brückenschaltung – sechspulsig.

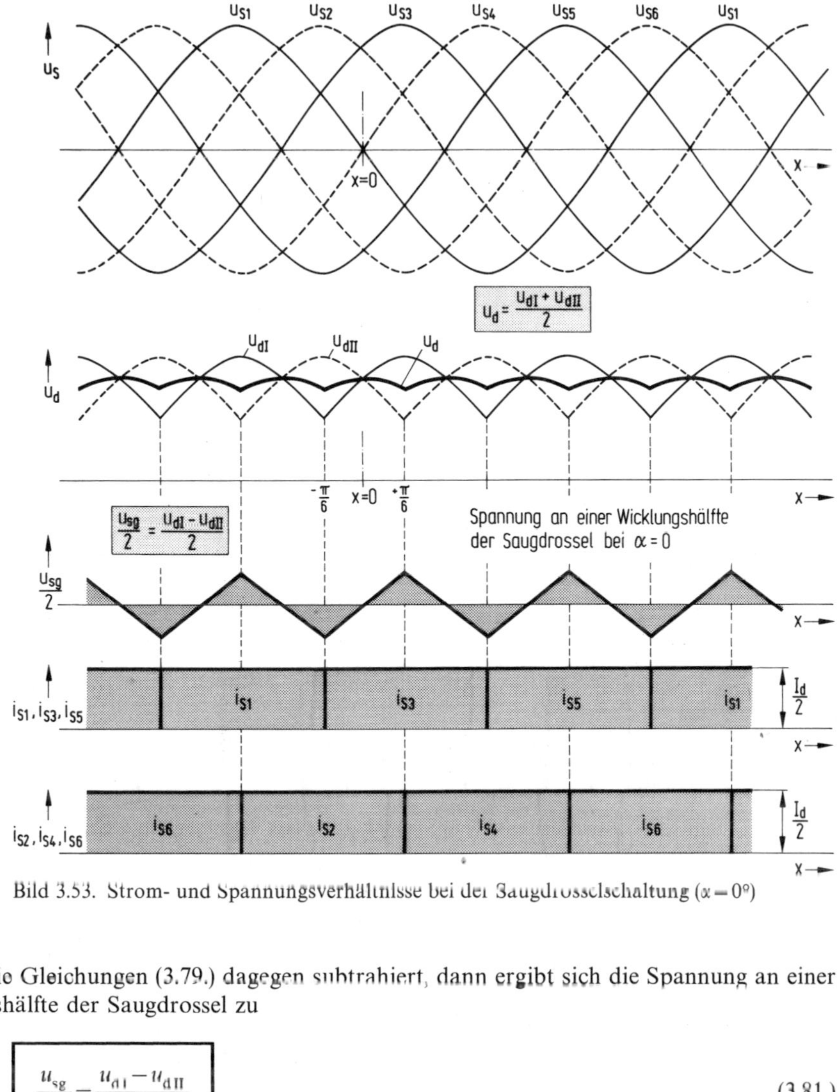


Bild 3.53. Strom- und Spannungsverhältnisse bei der Saugdrosselschaltung ($\alpha = 0°$)

Werden die Gleichungen (3.79.) dagegen subtrahiert, dann ergibt sich die Spannung an einer Wicklungshälfte der Saugdrossel zu

$$\frac{u_{sg}}{2} = \frac{u_{dI} - u_{dII}}{2}. \tag{3.81.}$$

In Bild 3.53. ist zu erkennen, daß die Stromführungsdauer der Thyristoren 120° el beträgt. Hierdurch ergibt sich eine gute Ausnutzung der Ventile und des Transformators. Die Spannung an der Saugdrossel ist vom Aussteuerungsgrad abhängig. In Bild 3.54. ist zum Vergleich die ungeglättete Gleichspannung und die Spannung an einer Wicklungshälfte der Saugdrossel bei $\alpha = 90°$ entsprechend den Beziehungen (3.80.) und (3.81.) ermittelt worden. Dem halben Gleichstrom jedes Systems überlagert sich der Magnetisierungsstrom der Saugdrossel, also ein Wechselstrom dreifacher Netzfrequenz. Dieser Magnetisierungsstrom ist nicht sinusförmig, da auch die Spannung an der Saugdrossel nicht sinusförmig ist. Bei

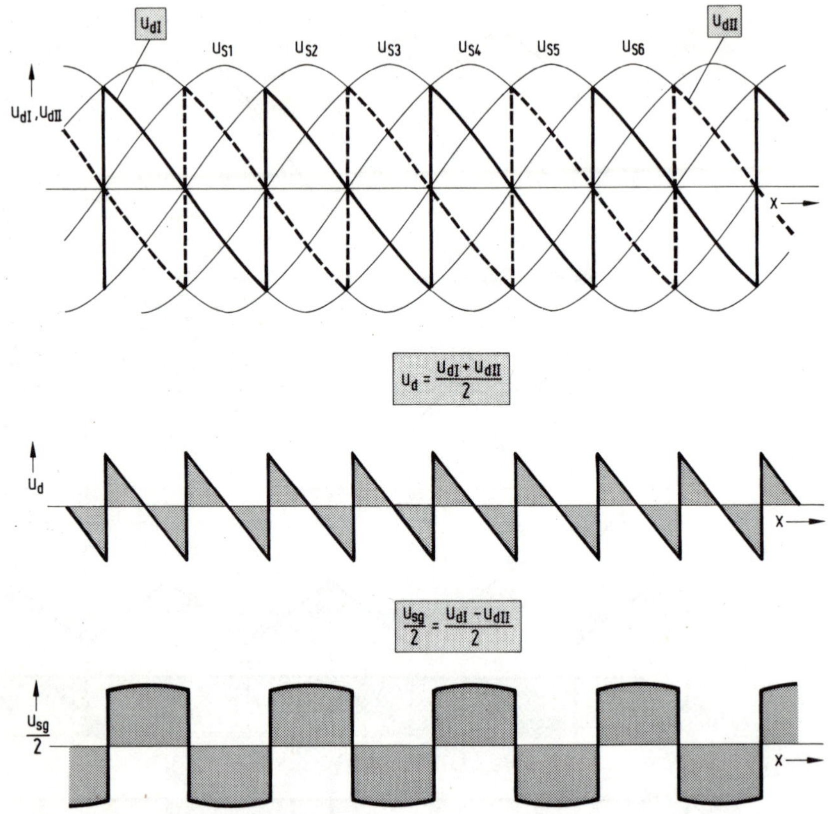


Bild 3.54. Gleichspannung und Spannung an einer Wicklungshälfte der Saugdrossel bei $\alpha = 90°$

voller Aussteuerung ist der Magnetisierungsstrom der Sinusform sehr ähnlich. Der Eisenkern der Saugdrossel wird nicht vormagnetisiert, da in jeder Saugdrosselhälfte gleichzeitig der halbe Gleichstrom fließt. Der Scheitelwert des erforderlichen Magnetisierungsstromes $i_{sgm}$ ist, verglichen mit dem Nenngleichstrom, nur sehr klein. Wird bei geringer Belastung des Stromrichters der kritische Gleichstrom, bei dem sich der negative Scheitelwert des Magnetisierungsstromes nicht mehr ausbilden kann, unterschritten, dann geht die Arbeitsweise der Saugdrosselschaltung über in die der M6-Schaltung. Unterhalb des kritischen Gleichstromes $I_{Kr}$ ist daher

$$U'_{di} = \frac{3\sqrt{2}}{\pi} U_S = 1{,}35\, U_S \qquad 0 \leqq I_d \leqq I_{Kr}.$$

Oberhalb des kritischen Gleichstromes ist nach Bild 3.53.

$$U_{di} = \frac{3}{\pi} \int_{-\frac{\pi}{6}}^{+\frac{\pi}{6}} \frac{\sqrt{3}}{2} \sqrt{2}\, U_S \cos x \, dx$$

$$U_{di} = \frac{3}{\pi} \sqrt{\frac{3}{2}}\, U_S = 1{,}17\, U_S.$$

Die prozentuale Abweichung beträgt

$$\frac{U'_{di} - U_{di}}{U_{di}} = \frac{2}{\sqrt{3}} - 1 \approx 15\,\%.$$

In Bild 3.55. sind die eben geschilderten Verhältnisse graphisch dargestellt.

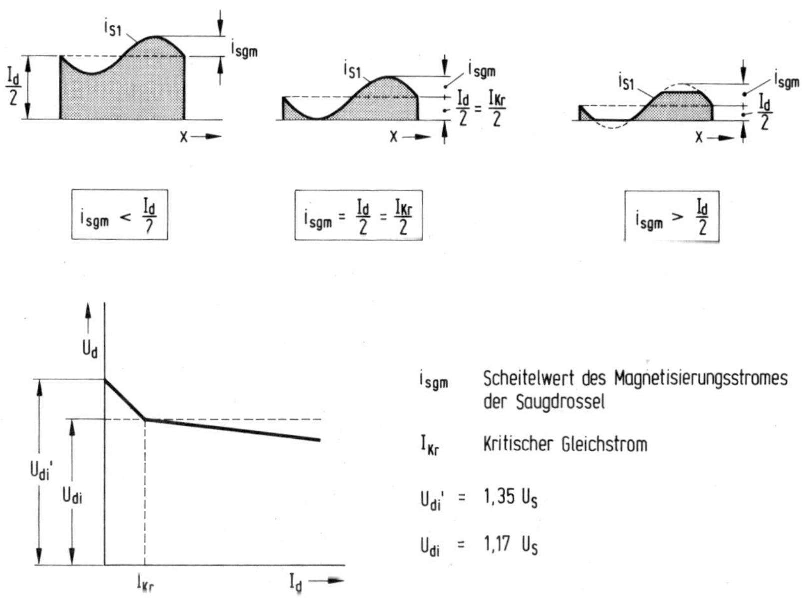


Bild 3.55. Kritischer Gleichstrom und Belastungskennlinie mit Saugdrosselspitze

Die Saugdrosselschaltung wird dann angewendet, wenn besonders hohe Gleichströme bei niedriger Ausgangsgleichspannung gefordert werden. Im Vergleich zur Drehstrom-Brückenschaltung ergibt sich bei gleicher Spannungsbeanspruchung der Ventile nur die halbe Gleichspannung.

## 3.3. Zwölfpulsige Schaltungen

Im vorangegangenen Kapitel wurde gezeigt, wie durch Reihen- bzw. Parallelschaltung zweier dreipulsiger Stromrichter eine sechspulsige Stromrichterschaltung entsteht. Schaltet man zwei sechspulsige Stromrichter mit um 30° unterschiedlichen Schaltungswinkeln parallel oder in Reihe, dann erhält man eine zwölfpulsige Stromrichterschaltung. Ein Schaltungswinkel von 30° kann dadurch erreicht werden, daß der Transformator des einen Stromrichters netzseitig in Stern und der andere in Dreieck geschaltet wird.

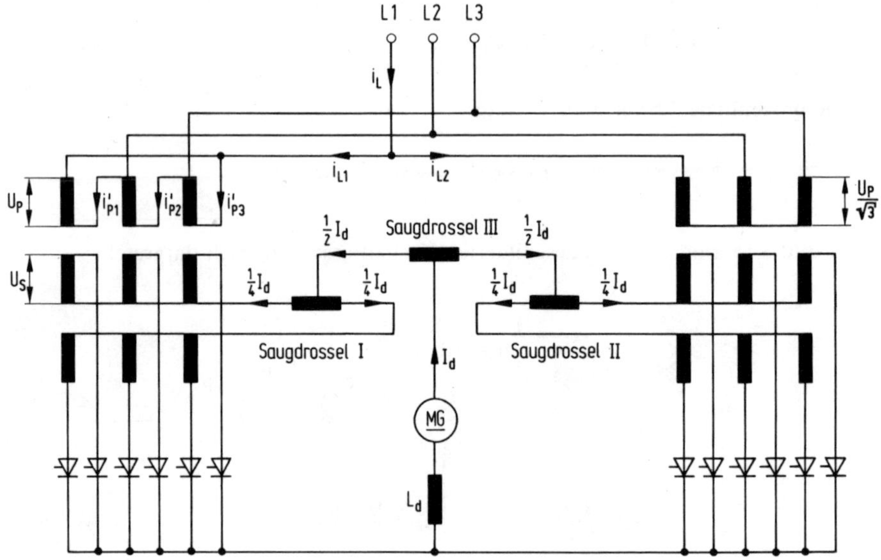


Bild 3.56. Zwölfpulsige Saugdrosselschaltung, Parallelschaltung zweier sechspulsiger Saugdrosselschaltungen mit um 30° unterschiedlichen Schaltungswinkeln

In Bild 3.56. ist eine zwölfpulsige Stromrichterschaltung angegeben, bei der zwei sechspulsige Saugdrosselschaltungen über eine dritte Saugdrossel parallel geschaltet sind. Die dritte Saugdrossel ist deshalb notwendig, weil die Augenblickswerte der ungeglätteten Gleichspannung beider Stromrichter verschieden sind, während der Mittelwert der Spannungen gleich ist.

In Bild 3.57. ist dargestellt, wie sich der Netzstrom der zwölfpulsigen Stromrichterschaltung aus den Netzströmen der Einzelstromrichter zusammensetzt. Wie in einem der folgenden Kapitel gezeigt wird, sind im Netzstrom nur noch Oberschwingungen der Ordnungszahlen $\nu = 12k \mp 1$ $(k = 1, 2, 3)$ enthalten. Der Grundschwingungsgehalt beträgt 98,8 %.

Schaltet man zwei Drehstrom-Brückenschaltungen mit um 30° unterschiedlichen Schaltungswinkeln in Reihe, dann entsteht ebenfalls eine zwölfpulsige Stromrichterschaltung. Bei der Schaltung in Bild 3.58. ist nur ein Transformator mit zwei ventilseitigen Wicklungen, wobei die eine in Stern und die andere in Dreieck geschaltet ist, erforderlich.

## 3.4. Zweipulsige Schaltungen

In Kapitel 3.1. wurde dargelegt, daß die Theorie der netzgeführten Stromrichter zweckmäßig am Beispiel des dreipulsigen Stromrichters behandelt wird, weil hier die Voraussetzung eines nahezu ideal geglätteten Gleichstromes auch praktisch erfüllbar ist. Je höherpulsig eine Stromrichterschaltung ist, um so mehr entsprechen die realen Verhältnisse der idealisierten Theorie. Bei den zweipulsigen Schaltungen ist die Voraussetzung eines nahezu vollkommen

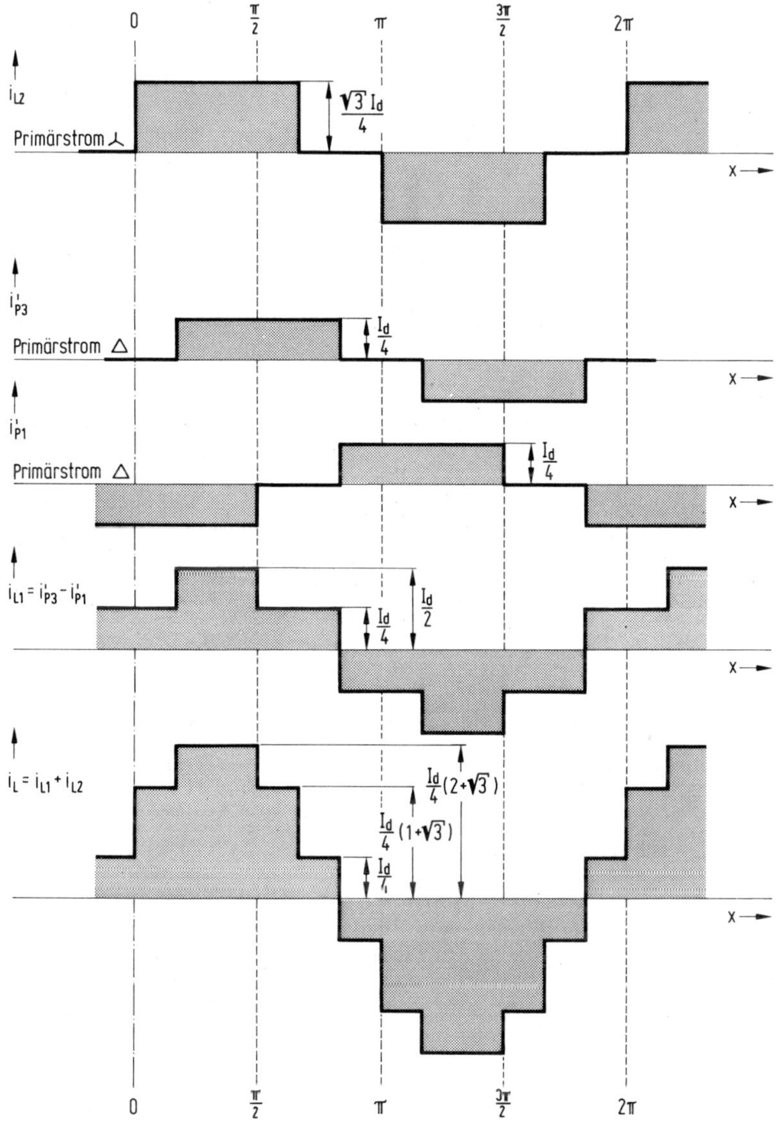


Bild 3.57. Netzstrom eines zwölfpulsigen Stromrichters nach Bild 3.56

geglätteten Gleichstromes im gesteuerten Betrieb praktisch nie erfüllbar. Deshalb ist es in einigen Fällen erforderlich, das Verhalten von zweipulsigen Schaltungen mit Hilfe einer exakten Theorie zu erfassen [Lit. 2]. Dies gilt insbesondere für die Anwendung dieser Stromrichter am $16\frac{2}{3}$ Hz-Netz.

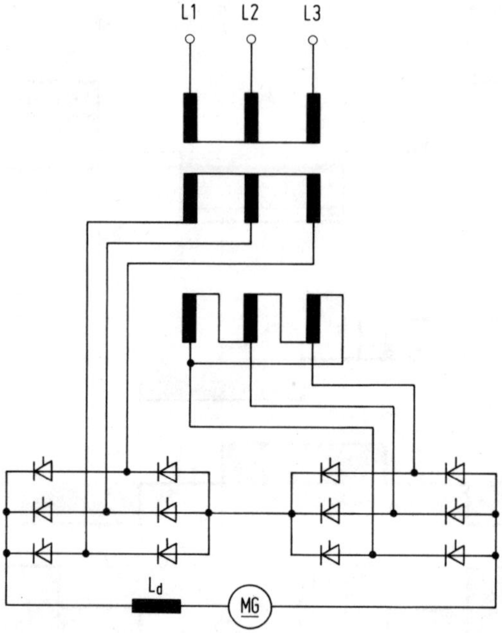


Bild 3.58.
Zwölfpulsige Stromrichterschaltung. Reihenschaltung zweier Drehstrom-Brückenschaltungen mit um 30° unterschiedlichen Schaltungswinkeln

### 3.4.1. Stromrichter in zweipulsiger Mittelpunktschaltung M2

Bei der Schaltung in Bild 3.59. sind die beiden sekundären Transformatorspannungen $u_{S1}$ und $u_{S2}$ um 180° in der Phase verschoben:

$$u_{S1} = \sqrt{2}\, U_S \cos x = -u_{S2}.$$

Es führt immer der Thyristor Strom, in dessen Zweig die Spannung höher ist. Der Transformatormittelpunkt ist wieder als Rückleitung erforderlich. Die Strom- und Spannungsverhältnisse der Schaltung sind für den Fall der idealen Glättung des Gleichstromes

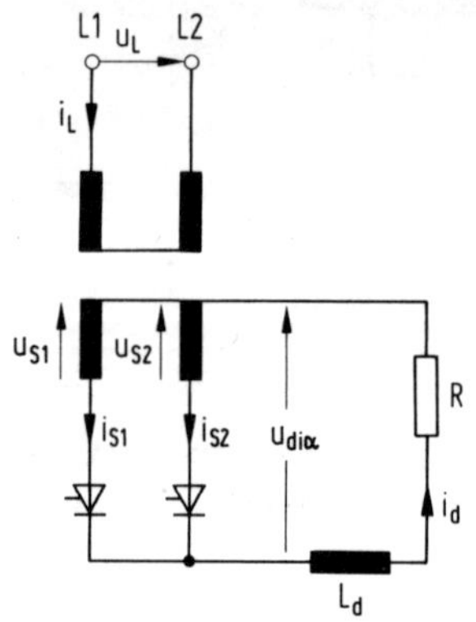


Bild 3.59.
Stromrichter in zweipulsiger Mittelpunktschaltung M2

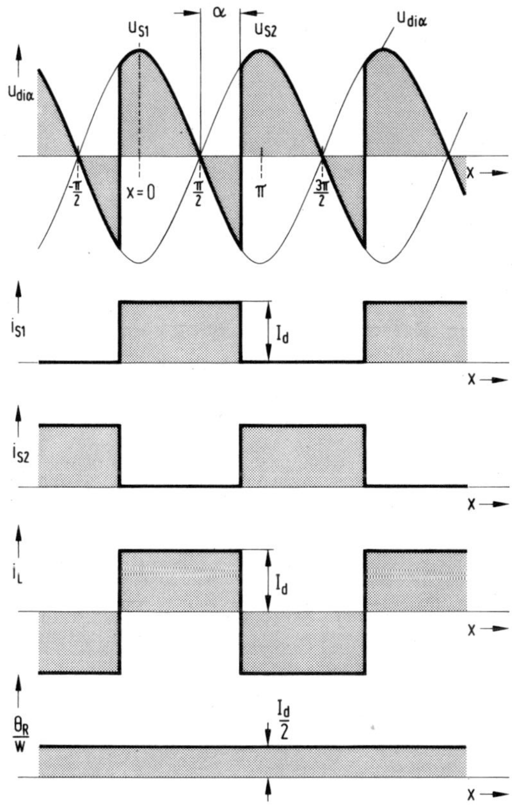


Bild 3.60.
Strom- und Spannungsverhältnisse bei einem Stromrichter in zweipulsiger Mittelpunktschaltung bei idealer Glättung des Gleichstroms

in Bild 3.60. dargestellt. Es wurde ein Wicklungsübersetzungsverhältnis des Transformators von $\frac{U_L}{U_S}=1$ angenommen. Die Kommutierungsreaktanzen sind vernachlässigt worden. Für den Mittelwert der Gleichspannung ergibt sich

$$U_{di\alpha}=\frac{\sqrt{2}\,U_S}{\pi}\int_{-\frac{\pi}{2}+\alpha}^{+\frac{\pi}{2}+\alpha}\cos x\,dx=0{,}9\,U_S\cos\alpha. \tag{3.82.}$$

Mit den Effektivwerten

$$I_S=\frac{I_d}{\sqrt{2}}$$

und

$$I_L=I_d$$

erhält man für die primäre und sekundäre Wicklungsleistung des Transformators

$$P_S = 2\,U_S \frac{I_{dN}}{\sqrt{2}} = 1{,}57\,P_{di}$$

$$P_P = U_L\,I_d = 1{,}11\,P_{di}.$$

Damit ist die Bauleistung des Transformators

$$\boxed{P_{BAU} = \tfrac{1}{2}(1{,}57 + 1{,}11)\,P_{di} = 1{,}34\,P_{di}.} \tag{3.83.}$$

Die bei der Schaltung in Bild 3.59. auftretende Vormagnetisierung der Transformatorschenkel mit $\frac{I_d}{2}$ kann man bei gleicher Bauleistung des Transformators vermeiden, wenn die netzseitige Wicklung nach Bild 3.61. als Ringwicklung ausgeführt wird.

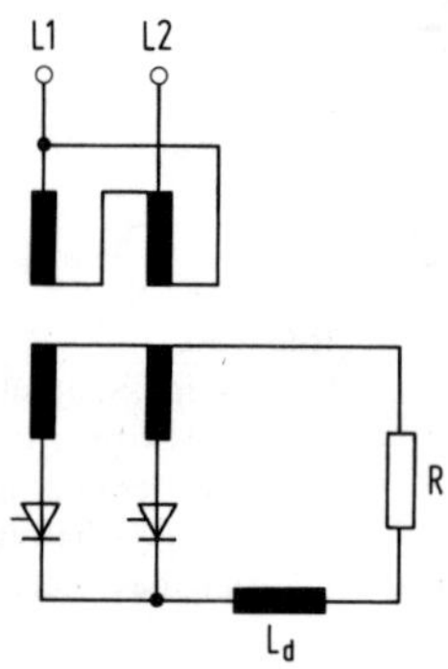


Bild 3.61.
Stromrichter in
M 2-Schaltung mit
netzseitiger Ringwicklung

In Bild 3.62. sind die Strom- und Spannungsverhältnisse unter Berücksichtigung der Kommutierungsreaktanzen bei idealer Glättung des Gleichstromes dargestellt.

Es gilt wieder

$$\frac{U_{d\alpha}}{U_{di}} = \frac{1}{2}\,[\cos\alpha + \cos(\alpha + u)]$$

mit

$$\cos(\alpha + u) = \cos\alpha - \frac{I_d}{\sqrt{2}\,I_k}$$

und

$$\sqrt{2}\,I_k = \frac{\sqrt{2}\,U_S}{X_k}.$$

Zur Berechnung der Strom- und Spannungsverhältnisse bei endlicher Glättungsinduktivität und Vernachlässigung der Kommutierungsreaktanzen kann man für den Strom $i_{S1}$ nach

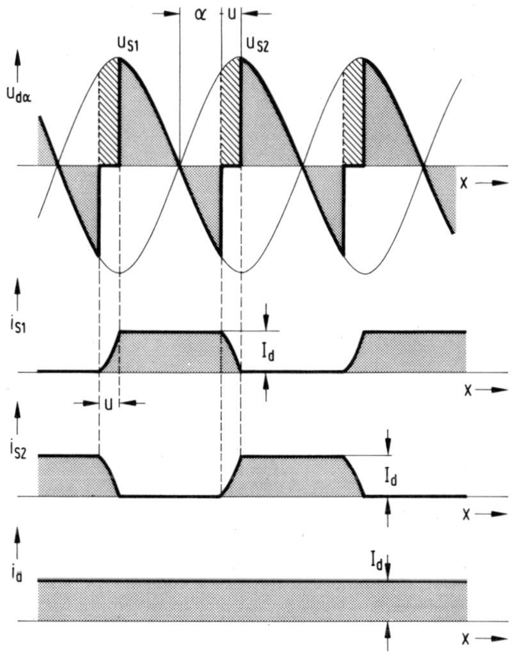


Bild 3.62.
Strom- und Spannungsverhältnisse eines zweipulsigen Stromrichters bei Berücksichtigung der Kommutierungsreaktanzen

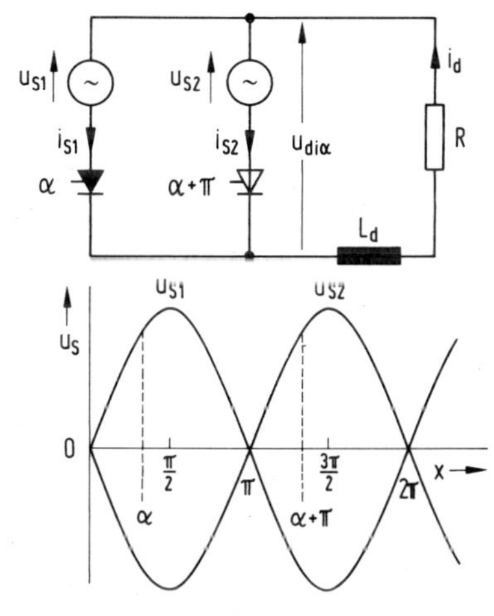


Bild 3.63.
Zur Berechnung des Stroms $i_{S1}$

Bild 3.63. von der Differentialgleichung

$$\sqrt{2}\,U_S \sin x = L_d \frac{d i_{S1}}{d x} + i_{S1} R$$

ausgehen. Mit

$$\cot \varphi = \frac{R}{\omega L_d} = \rho$$

und

$$\hat{I} = \frac{\sqrt{2}\,U_{\rm S}}{\sqrt{R^2+\omega^2 L_{\rm d}^2}}$$

lautet die allgemeine Lösung

$$i_{\rm S1} = C\,{\rm e}^{-\rho x} + \hat{I}\sin(x-\varphi) \qquad C \text{ Konstante.}$$

a) *Nichtlückender Betrieb* $0 \leqq \alpha \leqq \varphi$

Bei nichtlückendem Betrieb ist

$$i_{\rm S1}(\alpha) = i_{\rm S1}(\alpha+\pi).$$

Damit ergibt sich im Bereich $\alpha \leqq x \leqq \alpha+\pi$ die Lösung

$$\boxed{i_{\rm S1} = -\frac{2\hat{I}\sin(\alpha-\varphi)}{1-{\rm e}^{-\rho\pi}}\,{\rm e}^{-\rho(x-\alpha)} + \hat{I}\sin(x-\varphi).} \tag{3.84.}$$

Es gilt wieder

$$U_{\rm di} = \frac{2\sqrt{2}\,U_{\rm S}}{\pi} = 0{,}9\,U_{\rm S}$$

und

$$\frac{U_{{\rm di}\alpha}}{U_{\rm di}} = \cos\alpha.$$

b) *Lückender Betrieb* $\varphi \leqq \alpha \leqq \pi$

Bei lückendem Betrieb ist

$$i_{\rm S1}(\alpha) = 0$$

und

$$i_{\rm S1}(\alpha+\tau_{\rm d}) = 0$$

$\tau_{\rm d}$ ist der Stromführungswinkel des Thyristors.

Für den Bereich

$$\alpha \leqq x \leqq \alpha+\tau_{\rm d}$$

ergibt sich die Lösung

$$\boxed{i_{\rm S1} = \hat{I}[-\sin(\alpha-\varphi)\,{\rm e}^{-\rho(x-\alpha)} + \sin(x-\varphi)].} \tag{3.85.}$$

Für

$$i_{\rm S1}(\alpha+\tau_{\rm d}) = 0$$

ergibt sich die transzendente Gleichung für den Stromführungswinkel $\tau_d$:

$$\sin(\alpha-\varphi+\tau_d)=\sin(\alpha-\varphi)\,e^{-\rho\tau_d}. \tag{3.86.}$$

Im Lückbetrieb ist

$$\frac{U_{di\alpha}}{U_{di}}=\frac{1}{2}\,[\cos\alpha-\cos(\alpha+\tau_d)]. \tag{3.87.}$$

In den Bildern 3.64. bis 3.66. sind die Strom- und Spannungsverhältnisse für die drei Fälle

$\alpha=30°$; $\varphi=60°$ (nichtlückender Betrieb)
$\alpha=60°$; $\varphi=60°$ (Lückgrenze)
$\alpha=90°$; $\varphi=60°$ (lückender Betrieb)

graphisch dargestellt.

### 3.4.2. Zweipulsige Brückenschaltung B2

Ein Stromrichter in zweipulsiger Brückenschaltung B2 (Bild 3.67.) läßt sich – wie bei der Drehstrom-Brückenschaltung – aus zwei Mittelpunktschaltungen M2 ableiten, die auf der

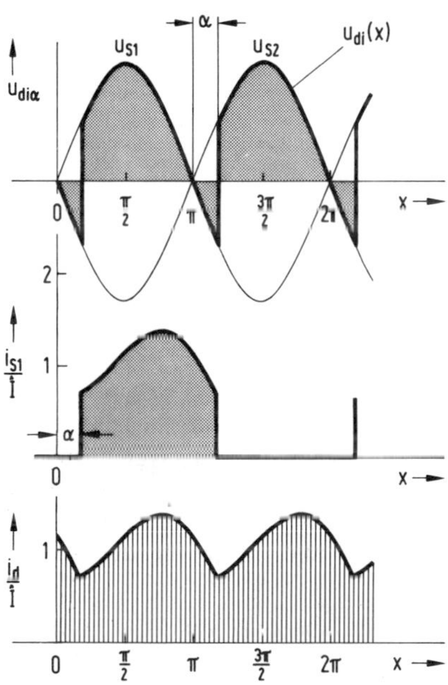


Bild 3.64.
Strom- und Spannungsverhältnisse bei nichtlückendem Betrieb; $\alpha=30°$, $\varphi=60°$

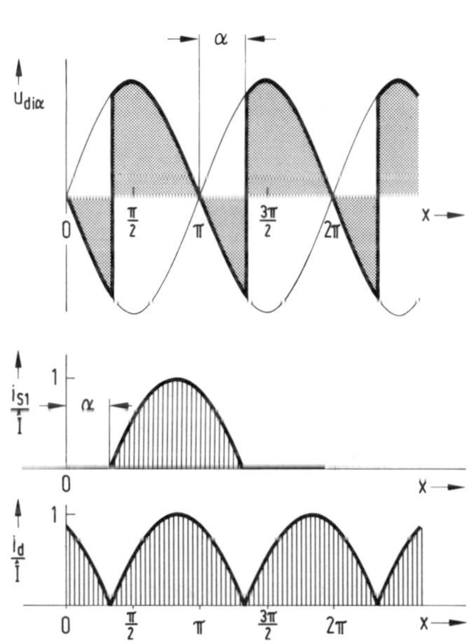


Bild 3.65.
Strom- und Spannungsverhältnisse an der Lückgrenze; $\alpha=60°$, $\varphi=60°$

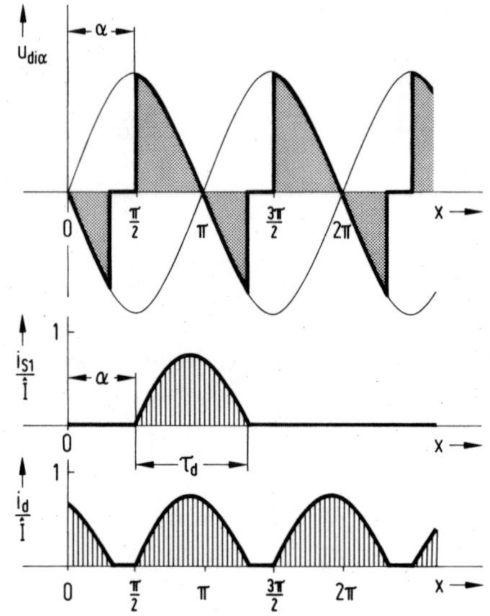


Bild 3.66.
Strom- und Spannungsverhältnisse bei lückendem Betrieb; $\alpha = 90°$, $\varphi = 60°$

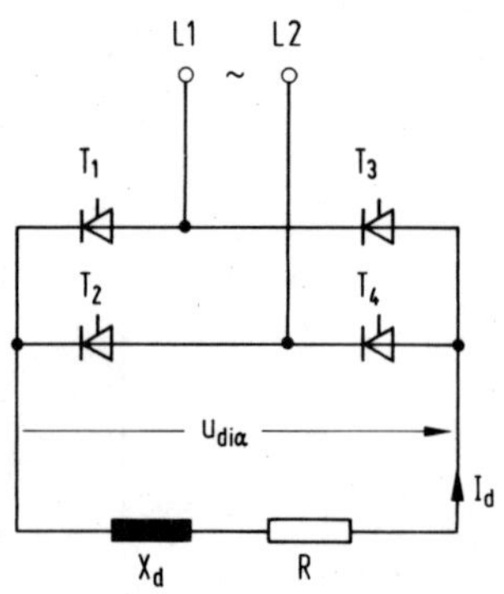


Bild 3.67.
Zweipulsige Brückenschaltung B 2

Gleichstromseite in Reihe und netzseitig parallel geschaltet sind (Bild 3.68.). Der Sternpunkt des Transformators wird als Rückleitung nicht mehr benötigt. Wenn beispielsweise der Thyristor $T_1$ Strom führt, kann der Strom über Thyristor $T_4$ zurückfließen. In der nächsten Halbschwingung führen dann die Thyristoren $T_2$ und $T_3$ gemeinsam Strom. Die Strom- und Spannungsverhältnisse sind in den Bildern 3.69.a und 3.69.b für den Fall der idealen Glättung des Gleichstromes dargestellt.

Während bei Stromrichtern am Drehstromnetz der Übergang von M3- auf B6-Schaltungen mit einer Verdoppelung der Pulszahl verbunden ist, haben beim Einphasennetz sowohl die M2- als auch die B2-Schaltung die Pulszahl zwei.

Der Mittelwert der Gleichspannung ist bei der Brückenschaltung gegenüber der Mittelpunktschaltung bei gleicher Sperrbeanspruchung der Ventile doppelt so groß:

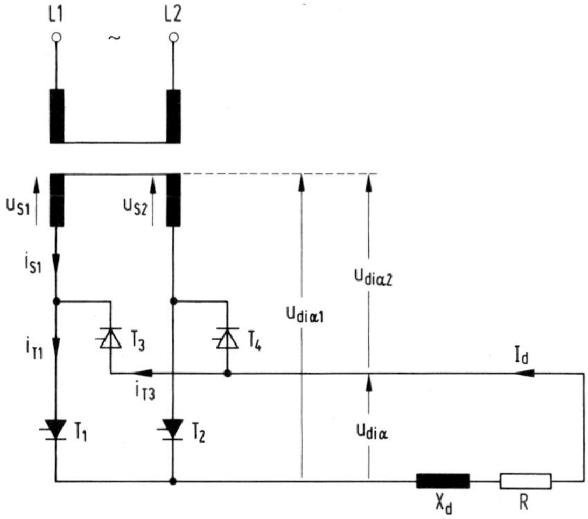


Bild 3.68.
Entstehung der Brückenschaltung B2 aus der Reihenschaltung zweier Mittelpunktschaltungen M2

$$U_{di} = \frac{4\sqrt{2}\,U_S}{\pi} = 1{,}8\,U_S. \qquad (3.88.)$$

Da nach Bild 3.69.b auf der Sekundärseite des Stromrichtertransformators reine Wechselströme fließen, ergibt sich gegenüber der Mittelpunktschaltung eine wesentlich geringere Bauleistung des Transformators:

$$P_{BAU} = 1{,}11\,P_{di}. \qquad (3.89.)$$

Die zweipulsige Brückenschaltung B2 kann auch direkt an das Netz angeschlossen werden, da – wie bereits erwähnt – der Sternpunkt des Transformators nicht mehr als Rückleitung benötigt wird.

## 3.5. Überlagerte Wechselspannung auf der Gleichstromseite

Auf der Gleichstromseite eines Stromrichters ist der Gleichspannung $U_{di}$ (arithmetischer Mittelwert) eine nichtsinusförmige Wechselspannung überlagert. Die Effektivwerte und Ordnungszahlen der einzelnen Oberschwingungen können mit Hilfe der Fourierschen Reihe nach Gl. (3.4.) berechnet werden. Wenn $f(x)$ eine periodische Funktion der Periode $2\pi$ ist, können die Amplituden der Oberschwingungen nach Gl. (3.5.) berechnet werden. Ist $f(x)$ von der Periode $r$, so lautet die Fouriersche Reihe:

$$f(x) = A_0 + \sum_\nu A_\nu \cos\left(\nu \frac{2\pi x}{r}\right) + \sum_\nu B_\nu \sin\left(\nu \frac{2\pi x}{r}\right) \qquad (\nu = 1, 2, 3, \ldots) \qquad (3.90.)$$

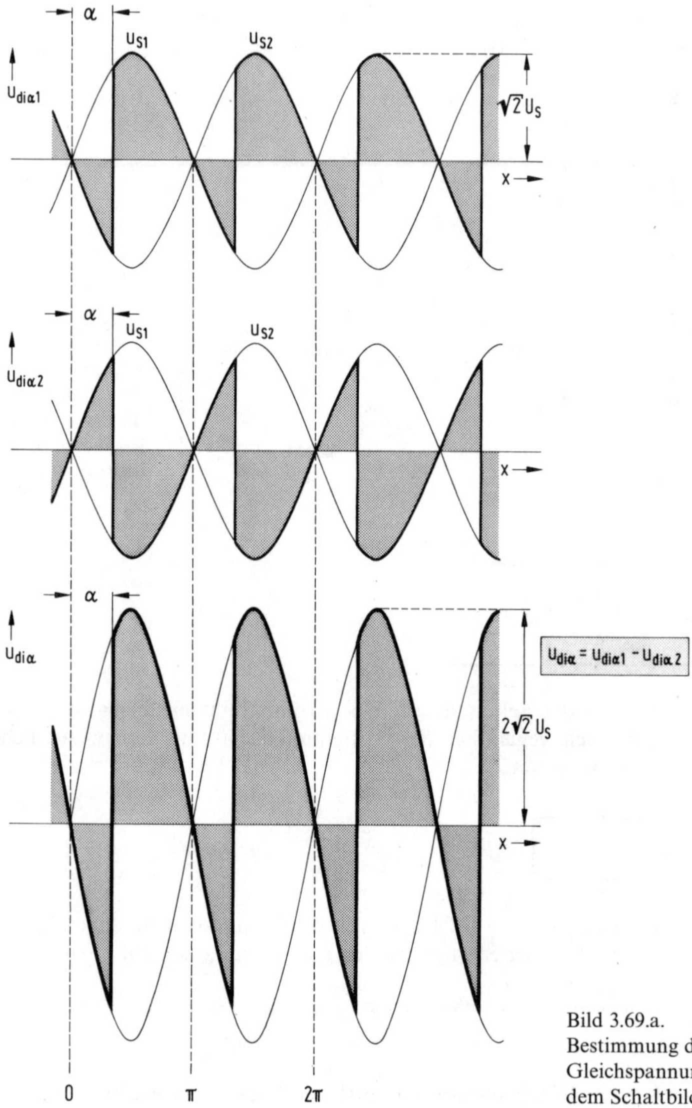


Bild 3.69.a.
Bestimmung der Gleichspannung entsprechend dem Schaltbild in Bild 3.68

mit

$$A_0 = \frac{1}{r} \int_0^r f(x)\,\mathrm{d}x$$

$$A_\nu = \frac{2}{r} \int_0^r f(x) \cos\left(\nu \frac{2\pi x}{r}\right) \mathrm{d}x \tag{3.91.}$$

$$B_\nu = \frac{2}{r} \int_0^r f(x) \sin\left(\nu \frac{2\pi x}{r}\right) \mathrm{d}x.$$

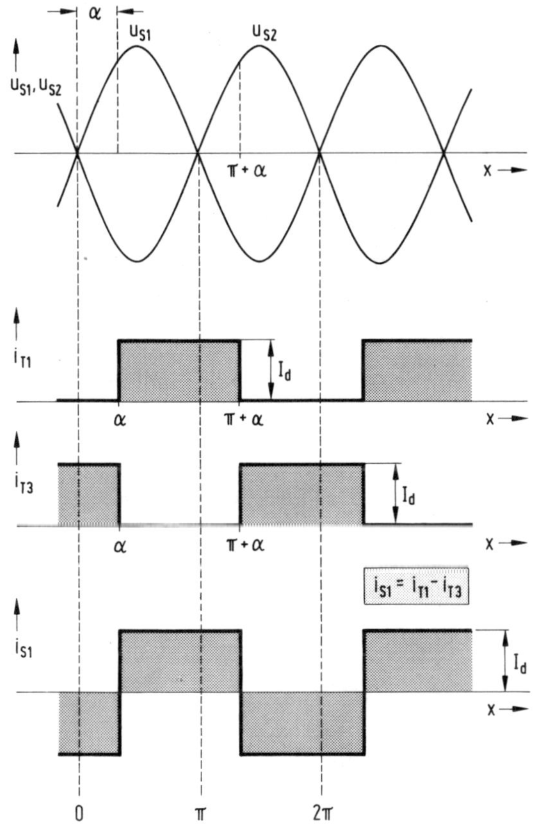


Bild 3.69.b.
Zeitlicher Verlauf der Ströme entsprechend dem Schaltbild in Bild 3.68

Bedeutet $p$ die Pulszahl eines $p$-pulsigen Stromrichters in Mittelpunktschaltung, dann erhält man für die Fourierkoeffizienten der ungeglätteten ideellen Gleichspannung bei gesteuertem nichtlückendem Betrieb nach Bild 3.70.

$$A_m = \frac{\sqrt{2}\, U_S\, p}{\pi} \int\limits_{-\frac{\pi}{p}+\alpha}^{+\frac{\pi}{p}+\alpha} \cos x \cos mx \,\mathrm{d}x$$

$$B_m = \frac{\sqrt{2}\, U_S\, p}{\pi} \int\limits_{-\frac{\pi}{p}+\alpha}^{+\frac{\pi}{p}+\alpha} \cos x \sin mx \,\mathrm{d}x. \qquad (3.92.)$$

In Gl. (3.92.) ist

$$\boxed{m = \nu p} \qquad (3.93.)$$

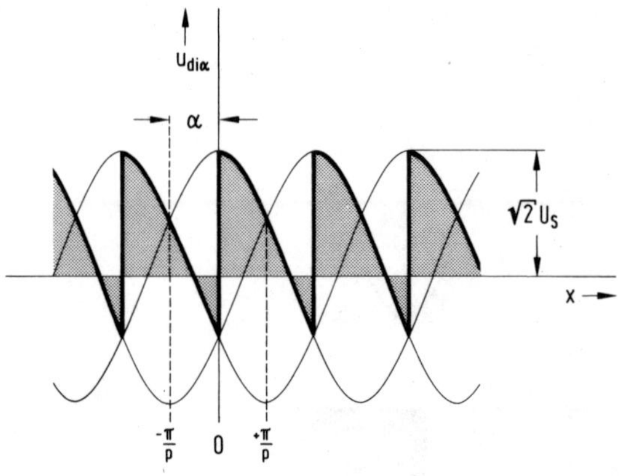


Bild 3.70.
Ungeglättete Gleichspannung eines Stromrichters in Mittelpunktschaltung

gesetzt worden. $f(x)$ ist von der Periode $\frac{2\pi}{p}$. Der Effektivwert der $m$-ten Oberschwingung ist

$$U_{\mathrm{md}\,\alpha}=\frac{\sqrt{A_{\mathrm{m}}^2+B_{\mathrm{m}}^2}}{\sqrt{2}}. \tag{3.94.}$$

Mit den Beziehungen

$$\int \cos ax \cos bx \, \mathrm{d}x=\frac{\sin(a-b)x}{2(a-b)}+\frac{\sin(a+b)x}{2(a+b)}+C$$

$$\int \sin ax \cos bx \, \mathrm{d}x=-\frac{\cos(a+b)x}{2(a+b)}-\frac{\cos(a-b)x}{2(a-b)}+C$$

können die Amplituden $A_{\mathrm{m}}$ und $B_{\mathrm{m}}$ nach Gl. (3.92.) leicht berechnet werden. Beispielsweise ergibt sich für $A_{\mathrm{m}}$ nach der Integration:

$$A_{\mathrm{m}}=\frac{\sqrt{2}\,U_{\mathrm{S}}\,p}{\pi}\left[\frac{\sin(m-1)\frac{\pi}{p}\cos(m-1)\alpha}{m-1}+\frac{\sin(m+1)\frac{\pi}{p}\cos(m+1)\alpha}{m+1}\right]. \tag{3.95.}$$

Es ist zweckmäßig, die Amplituden der Oberschwingungen auf die ideelle Gleichspannung $U_{\mathrm{di}}$ bei Vollaussteuerung zu beziehen.

Nach Bild 3.70. ist für $\alpha=0$

$$\boxed{U_{\mathrm{di}}=\frac{\sqrt{2}\,U_{\mathrm{S}}}{\frac{2\pi}{p}}\int_{-\frac{\pi}{p}}^{+\frac{\pi}{p}}\cos x \, \mathrm{d}x=\frac{p}{\pi}\sqrt{2}\,U_{\mathrm{S}}\sin\frac{\pi}{p}.} \tag{3.96.}$$

Diese Beziehung, die für einen $p$-pulsigen Stromrichter in Mittelpunktschaltung gilt, kann noch allgemeiner formuliert werden

$$\boxed{U_{\mathrm{di}} = s\,\frac{q}{\pi}\sqrt{2}\,U_{\mathrm{S}}\sin\frac{\pi}{q}.} \tag{3.97.}$$

Hierin bedeuten

$U_{\mathrm{S}}$ Effektivwert der ventilseitigen Sternspannung, d.h. der Leerlaufspannung zwischen einem ventilseitigen Leiter und dem vorhandenen oder gedachten Mittelpunkt (Sternpunkt).

$s$ Anzahl der in Reihe geschalteten Kommutierungsgruppen. Bei Einwegschaltungen ist $s=1$, bei Zweiwegschaltungen (Brückenschaltungen) ist $s=2$.

$q$ Kommutierungszahl einer Kommutierungsgruppe. Unter Kommutierungsgruppe versteht man eine Gruppe von Stromrichterzweigen, die untereinander im Zyklus kommutieren. Sind mehrere Kommutierungsgruppen in der Stromrichterschaltung enthalten, so kommutieren diese Gruppen unabhängig voneinander. Parallelgeschaltete Kommutierungsgruppen kommen z.B. bei Saugdrosselschaltungen, in Reihe geschaltete bei Brückenschaltungen vor.

*Beispiele:*

a) Stromrichter in M6-Schaltung:

$$s=1, \qquad q=6$$

$$U_{\mathrm{di}} = \frac{6}{\pi}\sqrt{2}\,U_{\mathrm{S}}\sin\frac{\pi}{6} = 1{,}35\,U_{\mathrm{S}}.$$

b) Zweipulsige Brückenschaltung B2:

$$s=2, \qquad q=2$$

$$U_{\mathrm{di}} = 2\,\frac{2}{\pi}\sqrt{2}\,U_{\mathrm{S}}\sin\frac{\pi}{2} = 1{,}8\,U_{\mathrm{S}}.$$

c) Drehstrom-Brückenschaltung B6:

$$s=2, \qquad q=3$$

$$U_{\mathrm{di}} = 2\,\frac{3}{\pi}\sqrt{2}\,U_{\mathrm{S}}\sin\frac{\pi}{3} = 2{,}34\,U_{\mathrm{S}}.$$

d) Sechspulsiger Stromrichter in Saugdrosselschaltung:

$$s=1, \qquad q=3$$

$$U_{\mathrm{di}} = \frac{3}{\pi}\sqrt{2}\,U_{\mathrm{S}}\sin\frac{\pi}{3} = 1{,}17\,U_{\mathrm{S}}.$$

Bezieht man die Amplitude $A_m$ (Gl. 3.95.) auf die ideelle Gleichspannung nach Gl. (3.96.), dann erhält man nach einigen Zwischenrechnungen

$$\frac{A_m}{U_{di}} = -\frac{2}{m^2-1} \cos \nu\pi \, (m \sin m\alpha \cdot \sin \alpha + \cos m\alpha \cdot \cos \alpha).$$

Da das Vorzeichen für die Effektivwerte nicht interessiert, wird dann endgültig

$$\frac{A_m}{U_{di}} = \frac{2}{m^2-1} (m \sin m\alpha \cdot \sin \alpha + \cos m\alpha \cdot \cos \alpha). \qquad (3.98.)$$

Entsprechend ergibt sich für $B_m$

$$\frac{B_m}{U_{di}} = \frac{2}{m^2-1} (m \cos m\alpha \cdot \sin \alpha - \sin m\alpha \cdot \cos \alpha). \qquad (3.99.)$$

Mit Gl. (3.94.) ergibt sich für den auf $U_{di}$ bezogenen Effektivwert der $m$-ten Oberschwingung

$$\boxed{\begin{array}{l} \dfrac{U_{md\alpha}}{U_{di}} = \dfrac{\sqrt{2}}{m^2-1} \sqrt{m^2 + (1-m^2)\cos^2\alpha} \\ m = \nu p \qquad \nu = 1, 2, 3, \dots . \end{array}} \qquad (3.100.)$$

Die Frequenz der $m$-ten Oberschwingung ist

$$\boxed{f_m = m f.} \qquad (3.101.)$$

Für $\alpha = 0$ geht Gl. (3.100.) in die Beziehung

$$\frac{U_{md}}{U_{di}} = \frac{\sqrt{2}}{m^2-1} \qquad (3.102.)$$

über.

Aus Gl. (3.100.) geht hervor, daß die Oberschwingungsspannung bei Ansteuerung zunimmt. Bei $\alpha = 90°$ wird sie $m$-fach so groß wie bei $\alpha = 0°$:

$$\alpha = 0°: \quad \frac{U_{md}}{U_{di}} = \frac{\sqrt{2}}{m^2-1}$$

$$\alpha = 90°: \quad \frac{U_{md\alpha}}{U_{di}} = \frac{\sqrt{2}\,m}{m^2-1}$$

$$\left(\frac{U_{md\alpha}}{U_{md}}\right)_{\alpha = 90°} = m.$$

In Tabelle 3.1. sind für $f=50$ Hz in Abhängigkeit von $m=\nu p$ die prozentualen Anteile der einzelnen Oberschwingungen bei verschiedener Aussteuerung angegeben.

| Oberschwingungen | | Oberschwingungsspannung $\frac{U_{dm\alpha}}{U_{di}}$ in % bei $\frac{U_{di\alpha}}{U_{di}}$ | | | | | |
|---|---|---|---|---|---|---|---|
| Ordnungszahl $m$ | Frequenz Hz | 100% | 80% | 60% | 40% | 20% | 0% |
| 2 | 100 | 47,1 | 67,8 | 80,6 | 88,5 | 92,8 | 94,2 |
| 3 | 150 | 17,7 | 34,9 | 43,9 | 49,2 | 52,2 | 53,1 |
| 4 | 200 | 9,43 | 23,8 | 30,7 | 34,8 | 37,0 | 37,7 |
| 6 | 300 | 4,04 | 14,9 | 19,5 | 22,3 | 23,8 | 24,2 |
| 8 | 400 | 2,25 | 11,0 | 14,5 | 16,5 | 17,7 | 18,0 |
| 9 | 450 | 1,77 | 9,5 | 12,8 | 14,6 | 15,6 | 15,9 |
| 10 | 500 | 1,43 | 8,67 | 11,5 | 13,1 | 14,0 | 14,3 |
| 12 | 600 | 0,99 | 7,17 | 9,54 | 10,9 | 11,7 | 11,9 |
| 14 | 700 | 0,73 | 6,16 | 8,17 | 9,42 | 10,0 | 10,2 |
| 15 | 750 | 0,63 | 5,71 | 7,58 | 8,70 | 9,27 | 9,46 |
| 16 | 800 | 0,55 | 5,31 | 7,04 | 8,09 | 8,64 | 8,80 |
| 18 | 900 | 0,44 | 4,75 | 6,34 | 7,26 | 7,78 | 7,92 |
| 20 | 1000 | 0,35 | 4,22 | 5,60 | 6,44 | 6,86 | 7,00 |
| 21 | 1050 | 0,32 | 4,03 | 5,38 | 6,18 | 6,59 | 6,72 |
| 22 | 1100 | 0,29 | 3,83 | 5,10 | 5,86 | 6,26 | 6,38 |
| 24 | 1200 | 0,25 | 3,60 | 4,80 | 5,50 | 5,90 | 6,00 |

Tabelle 3.1.

Infolge der endlichen Kommutierungszeit wird bei ungesteuertem Betrieb die Oberschwingungsspannung erhöht, bei gesteuertem Betrieb überwiegend verringert. Mit ausreichender Näherung können jedoch in den meisten Fällen die Werte bei Vernachlässigung der Überlappung zugrunde gelegt werden. Eine exakte Berechnung der Oberschwingungsspannung bei Berücksichtigung des Überlappungswinkels $u$ ergibt folgende Beziehung:

$$\frac{U_{md\alpha}}{U_{di}}=\frac{1}{\sqrt{2}(m^2-1)}\sqrt{f_1(\alpha)+f_2(u)+f_3(\alpha,u)} \qquad (3.103.)$$

mit

$$f_1(\alpha)=1+\cos^2\alpha+m^2\sin^2\alpha$$

$$f_2(u)=\sin mu\cdot\sin u$$

$$f_3(\alpha,u)=(m^2-1)\sin^2(\alpha+u)+2\cos mu[\cos\alpha\cos(\alpha+u)+m^2\sin\alpha\sin(\alpha+u)].$$

Für $u=0$ wird

$$f_1(\alpha)=1+\cos^2\alpha+m^2\sin^2\alpha$$

$$f_2(u)=0$$

$$f_3(\alpha,u)=(m^2-1)\sin^2\alpha+2(\cos^2\alpha+m^2\sin^2\alpha)$$

und damit wieder

$$\left(\frac{U_{\mathrm{md}\alpha}}{U_{\mathrm{di}}}\right)_{u=0} = \frac{\sqrt{2}}{m^2-1}\sqrt{m^2+(1-m^2)\cos^2\alpha}.$$

Der Wechselspannungsgehalt (Welligkeit) $w_{\mathrm{u}}$ ist das Verhältnis des Effektivwertes der überlagerten Wechselspannung zur ideellen Gleichspannung

$$w_{\mathrm{u}} = \frac{\sqrt{\sum U_{\mathrm{md}\alpha}^2}}{U_{\mathrm{di}}}. \tag{3.104.}$$

In Tabelle 3.2. ist die Welligkeit der Gleichspannung bei verschiedener Pulszahl und Aussteuerung angegeben.

| $p$ | 2 | 3 | 6 | 12 | 24 | $\infty$ |
|---|---|---|---|---|---|---|
| $w_{\mathrm{u}\alpha}$ % bei $\frac{U_{\mathrm{di}\alpha}}{U_{\mathrm{di}}}=1$ | 48,2 | 18,3 | 4,2 | 1,04 | 0,25 | 0 |
| $w_{\mathrm{u}\alpha}$ % bei $\frac{U_{\mathrm{di}\alpha}}{U_{\mathrm{di}}}=0$ | 111,1 | 65,5 | 30,8 | 15,2 | 7,6 | 0 |

Tabelle 3.2.

## 3.6. Oberschwingungsströme auf der Wechselstromseite

Der Wechselstrom enthält beim Stromrichterbetrieb neben dem Grundschwingungsstrom der Frequenz $f$ Oberschwingungsströme. In Kapitel 3.1.3. wurde bereits dargelegt, daß die Oberschwingungsströme keinen Beitrag zur Gleichstromleistung erbringen. Sie stellen eine unerwünschte Begleiterscheinung des Stromrichterbetriebes dar und verringern den Leistungsfaktor einer Stromrichteranlage merklich. Infolge der im Netz vorhandenen induktiven, kapazitiven und ohmschen Widerstände können die Oberschwingungsströme Oberschwingungen in der Netzspannung oder gar Resonanzerscheinungen hervorrufen. Die Verzerrung der Netzwechselspannung ist vor allem als Spannungseinbruch während der Kommutierungszeit ausgeprägt. In der Praxis interessieren die Ordnungszahlen der auftretenden Oberschwingungsströme und deren Effektivwerte.

Zunächst sollen die Verhältnisse bei Vernachlässigung des Überlappungswinkels $u$ untersucht werden. Der Effektivwert der Grundschwingung des Leiterstromes ergibt sich einfach aus der Überlegung, daß nur die Grundschwingung zur Gleichstromleistung beiträgt. Bei Drehstromanschluß eines Stromrichters muß daher gelten:

$$P_{\mathrm{di}} = U_{\mathrm{di}} I_{\mathrm{d}} = \sqrt{3}\, U_{\mathrm{L}} I_{1\mathrm{L}}.$$

$U_{\mathrm{L}}$ ist der Effektivwert der Leiterspannung und $I_{1\mathrm{L}}$ der Effektivwert der Grundschwingung des Leiterstromes.

Damit wird

$$\boxed{I_{1L}=\frac{I_d\,U_{di}}{\sqrt{3}\,U_L}} \quad \text{bei Drehstromanschluß} \tag{3.105.}$$

und

$$\boxed{I_{1L}=\frac{I_d\,U_{di}}{U_L}} \quad \text{bei Einphasenanschluß.} \tag{3.106.}$$

Bei einem dreipulsigen Stromrichter in M3-Schaltung nach Bild 3.8. ist dann z.B. mit

$$U_{di}=1{,}17\,U_S=\frac{3\sqrt{6}}{2\pi}\,U_S$$

und

$$U_L=U_S \qquad (\ddot{u}=1 \text{ angenommen})$$

$$I_{1L}=\frac{I_d\,3\sqrt{6}\,U_S}{2\pi\sqrt{3}\,U_S}$$

$$I_{1L}=\frac{3}{\sqrt{2}\,\pi}\,I_d. \tag{3.107.}$$

Entsprechend Gl. (3.4.) gilt für die Amplituden der höheren Harmonischen eines periodischen Vorganges

$$a_m=\frac{1}{\pi}\int_0^{2\pi} f(x)\cos m x\,\mathrm{d}x$$

$$b_m=\frac{1}{\pi}\int_0^{2\pi} f(x)\sin m x\,\mathrm{d}x. \tag{3.108.}$$

Bei einem dreipulsigen Stromrichter nach Bild 3.8. hat der Leiterstrom den in Bild 3.71. dargestellten zeitlichen Verlauf. Mit Gl. (3.108.) ergibt sich für die Amplitudenwerte

$$a_m=\frac{I_d}{\pi}\left[\int_{-\frac{\pi}{6}}^{\frac{\pi}{2}}\cos m x\,\mathrm{d}x-\int_{\frac{\pi}{2}}^{\frac{7\pi}{6}}\cos m x\,\mathrm{d}x\right]$$

$$b_m=\frac{I_d}{\pi}\left[\int_{-\frac{\pi}{6}}^{\frac{\pi}{2}}\sin m x\,\mathrm{d}x-\int_{\frac{\pi}{2}}^{\frac{7\pi}{6}}\sin m x\,\mathrm{d}x\right]$$

Die Auswertung ergibt

$$a_m=\frac{I_d}{\pi m}\left(2\sin m\frac{\pi}{2}+\sin m\frac{\pi}{6}-\sin m\frac{7\pi}{6}\right)$$

$$b_m=\frac{I_d}{\pi m}\left(-2\cos m\frac{\pi}{2}+\cos m\frac{\pi}{6}+\cos m\frac{7\pi}{6}\right). \tag{3.109.}$$

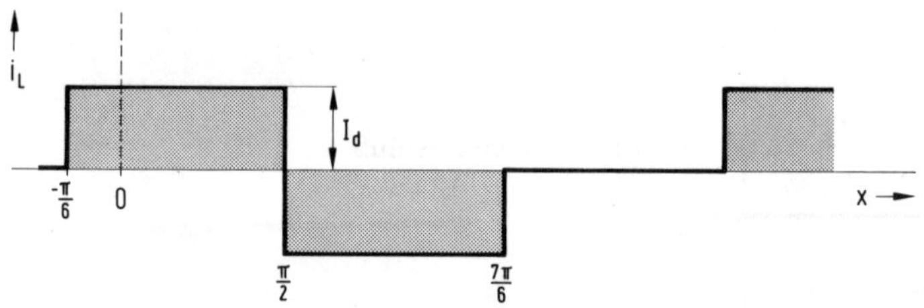


Bild 3.71. Leiterstrom auf der Netzseite eines dreipulsigen Stromrichters nach Bild 3.8

Setzt man in diese Gleichungen für $m$ ganze Zahlen ein, dann ergeben die Klammerausdrükke für $m=3\nu$ mit $\nu=1,2,3\ldots$ immer Null und für alle anderen die Werte $+3$ oder $-3$.

Es treten also nur Oberschwingungsströme mit den Ordnungszahlen

$$m=3\nu\mp 1 \qquad (\nu=1,2,3\ldots) \tag{3.110.}$$

auf.

Die vollständige Reihe lautet daher:

$$i_L(x)=\frac{3I_d}{\pi}\left(\cos x+\frac{\cos 5x}{5}-\frac{\cos 7x}{7}-\frac{\cos 11x}{11}+\frac{\cos 13x}{13}+\cdots\right.$$
$$\left.+\frac{\sin 2x}{2}-\frac{\sin 4x}{4}-\frac{\sin 8x}{8}+\frac{\sin 10x}{10}+\cdots\right). \tag{3.111.}$$

Bezogen auf den Gleichstrom $I_d$ ist der Effektivwert der $m$-ten Oberschwingung:

$$\frac{I_{mL}}{I_d}=\frac{3}{\sqrt{2}\pi m}. \tag{3.112.}$$

Bezieht man die Effektivwerte der Oberschwingungsströme auf den Grundschwingungsstrom $I_{1L}$, dann erhält man

$$\boxed{\frac{I_{mL}}{I_{1L}}=\frac{1}{m}.} \tag{3.13.}$$

Die Effektivwerte der Oberschwingungsströme betragen demnach den $m$-ten Teil des Grundschwingungsstromes.

In Bild 3.72. ist das Oberschwingungsspektrum des Leiterstromes für die M3-Schaltung dargestellt. Bei dreipulsigem Stromrichterbetrieb sind die Effektivwerte der geradzahligen Stromoberschwingungen bei den niedrigen Ordnungszahlen gegenüber dem Effektivwert der Grundschwingung beträchtlich hoch. Daher werden Stromrichter großer Leistung nicht in dreipulsigen Schaltungen ausgeführt.

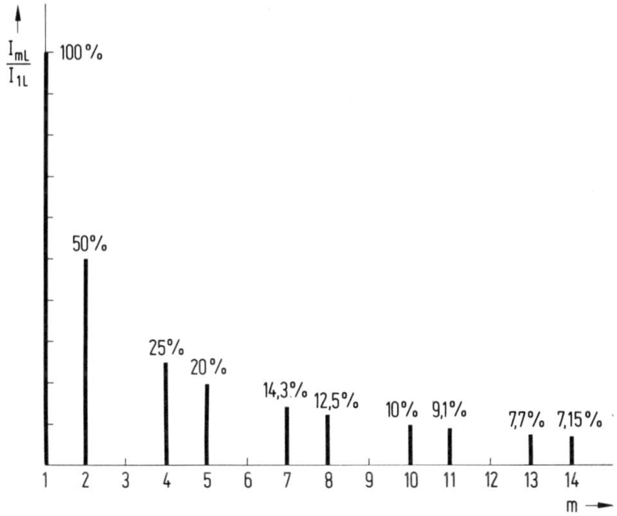


Bild 3.72. Oberschwingungsspektrum des Leiterstroms bei einem dreipulsigen Stromrichter

Der Leiterstrom hat den Effektivwert

$$I_L = \sqrt{I_{1L}^2 + \sum I_{mL}^2}$$

$$\boxed{I_L = I_{1L} \sqrt{1 + \sum \frac{1}{m^2}}.} \tag{3.114}$$

Für einen dreipulsigen Stromrichter mit $m = 3\nu \mp 1$ ergibt sich

$$\frac{I_L}{I_{1L}} = 1{,}209.$$

Bei diesem Wert sind Ordnungszahlen $m > 25$ berücksichtigt.

In Bild 3.73. ist der zeitliche Verlauf eines Leiterstromes der sechspulsigen Drehstrom-Brückenschaltung B6 dargestellt. Die Berechnung der Fourierkoeffizienten nach den Glei-

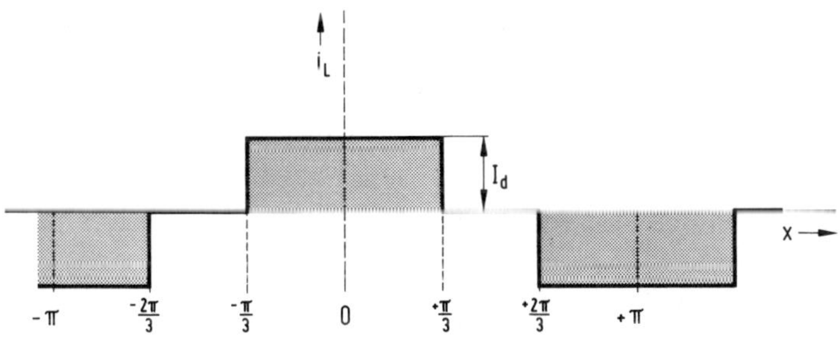


Bild 3.73. Leiterstrom eines Stromrichters in Drehstrom-Brückenschaltung

chungen (3.5.) ergibt

$$a_0 = 0$$

und wegen

$$f(x) = f(-x)$$
$$b_m = 0.$$

Weiterhin ist entsprechend Bild 3.73.

$$a_m = \frac{2}{\pi} \int_0^{\pi} f(x) \cos m x \, \mathrm{d}x$$

$$a_m = \frac{2 I_\mathrm{d}}{\pi} \left[ \int_0^{\frac{\pi}{3}} \cos m x \, \mathrm{d}x - \int_{\frac{2\pi}{3}}^{\pi} \cos m x \, \mathrm{d}x \right]$$

$$a_m = \frac{2 I_\mathrm{d}}{\pi m} \left( \sin m \frac{\pi}{3} + \sin m \frac{2\pi}{3} \right). \qquad (3.115.)$$

Setzt man in diese Gleichung für $m$ ganze Zahlen ein, so ergibt der Klammerausdruck für die Ordnungszahlen, die durch 2 oder 3 teilbar sind, immer Null und für alle anderen entweder die Werte $+2 \sin \frac{\pi}{3}$ oder $-2 \sin \frac{\pi}{3}$.

Es treten nur Oberschwingungsströme mit den Ordnungszahlen

$$m = 6\nu \mp 1 \qquad (\nu = 1, 2, 3 \ldots). \qquad (3.116.)$$

auf.

Schreibt man für den Leiterstrom die vollständige Reihenentwicklung nach Fourier, so erhält man

$$i_\mathrm{L}(x) = \frac{2\sqrt{3} I_\mathrm{d}}{\pi} \left( \cos x - \frac{\cos 5x}{5} + \frac{\cos 7x}{7} - \frac{\cos 11x}{11} + \frac{\cos 13x}{13} - \cdots \right). \qquad (3.117.)$$

In Bild 3.74. ist das Oberschwingungsspektrum des Leiterstromes nach Bild 3.73. dargestellt. Gegenüber der dreipulsigen Schaltung fällt auf, daß die geradzahligen Oberschwingungen mit den bei niedrigen Ordnungszahlen beträchtlichen Effektivwerten entfallen. Die Drehstrom-Brückenschaltung ist daher auch bei größeren Leistungen eine günstige Stromrichterschaltung.

Vergleicht man die Ergebnisse beim dreipulsigen Stromrichter mit denen des sechspulsigen Stromrichters, so lassen sich allgemein für einen $p$-pulsigen Stromrichter folgende Gesetzmäßigkeiten herleiten:

Die Oberschwingungsströme sind von der Pulszahl $p$ abhängig und haben die Frequenzen $mf$ mit

$$\boxed{m = \nu p \mp 1} \qquad \nu = 1, 2, 3 \ldots \qquad (3.118.)$$

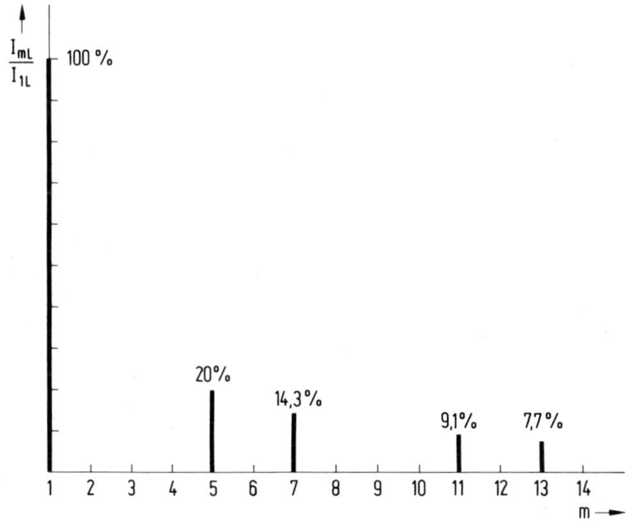


Bild 3.74. Oberschwingungsspektrum bei einem sechspulsigen Stromrichter

Der Oberschwingungsstrom der Ordnungszahl $m$ hat – unabhängig vom Aussteuerungsgrad – den Effektivwert

$$\boxed{I_{mL} = \frac{1}{m} I_{1L}.} \tag{3.119.}$$

Der Effektivwert des Grundschwingungsstromes $I_{1L}$ kann bei Drehstromanschluß nach der Beziehung

$$\boxed{I_{1L} = \frac{I_d U_{di}}{\sqrt{3} U_L}}$$

ermittelt werden.

Bei Einphasenanschluß ist

$$\boxed{I_{1L} = \frac{I_d U_{di}}{U_L}.}$$

Der Leiterstrom hat den Effektivwert

$$I_L = I_{1L} \sqrt{1 + \sum \frac{1}{m^2}}.$$

Der Grundschwingungsgehalt ist

$$g_i = \frac{I_{1L}}{I_L}. \qquad (3.120.)$$

In den Tabellen 3.3. und 3.4. sind die wichtigsten Werte bezüglich der Oberschwingungsströme auf der Wechselstromseite zusammengestellt.

Vergleicht man die Ordnungszahlen der Spannungsoberschwingungen auf der Gleichstromseite mit denen der Stromoberschwingungen auf der Wechselstromseite, dann erkennt man: Jeder Oberschwingung der Gleichspannung der Ordnungszahl $m$ entspricht ein Oberschwingungspaar der Oberschwingungsströme auf der Wechselstromseite mit den Ordnungszahlen $m+1$ und $m-1$.

| $p$ | 2 | 3 | 6 | 12 | 18 | 24 |
|---|---|---|---|---|---|---|
| $m$ | $\frac{I_{mL}}{I_{1L}}\%$ | $\frac{I_{mL}}{I_{1L}}\%$ | $\frac{I_{mL}}{I_{1L}}\%$ | $\frac{I_{mL}}{I_{1L}}\%$ | $\frac{I_{mL}}{I_{1L}}\%$ | $\frac{I_{mL}}{I_{1L}}\%$ |
| 2 | – | 50,00 | – | – | – | – |
| 3 | 33,33 | – | – | – | – | – |
| 4 | – | 25,00 | – | – | – | – |
| 5 | 20,00 | 20,00 | 20,00 | – | – | – |
| 6 | – | – | – | – | – | – |
| 7 | 14,29 | 14,29 | 14,29 | – | – | – |
| 8 | – | 12,50 | – | – | – | – |
| 9 | 11,11 | – | – | – | – | – |
| 10 | – | 10,00 | – | – | – | – |
| 11 | 9,09 | 9,09 | 9,09 | 9,09 | – | – |
| 12 | – | – | – | – | – | – |
| 13 | 7,69 | 7,69 | 7,69 | 7,69 | – | – |
| 14 | – | 7,14 | – | – | – | – |
| 15 | 6,67 | – | – | – | – | – |
| 16 | – | 6,25 | – | – | – | – |
| 17 | 5,88 | 5,88 | 5,88 | – | 5,88 | – |
| 18 | – | – | – | – | – | – |
| 19 | 5,26 | 5,26 | 5,26 | – | 5,26 | – |
| 20 | – | 5,00 | – | – | – | – |
| 21 | 4,76 | – | – | – | – | – |
| 22 | – | 4,55 | – | – | – | – |
| 23 | 4,35 | 4,35 | 4,35 | 4,35 | – | 4,35 |
| 24 | – | – | – | – | – | – |
| 25 | 4,00 | 4,00 | 4,00 | 4,00 | – | 4,00 |

Tabelle 3.3.

| $p$ | 2 | 3 | 6 | 12 | 18 | 24 |
|---|---|---|---|---|---|---|
| $\frac{I_L}{I_{1L}}$ % | 111,07 | 120,92 | 104,72 | 101,15 | 100,51 | 100,29 |
| $g_i$ | 0,9 | 0,827 | 0,955 | 0,989 | 0,995 | 0,997 |

Tabelle 3.4.

Bisher ist bei der Berechnung der Oberschwingungsströme von rechteckigen Verläufen der Leiterströme ausgegangen worden. In Wirklichkeit hat z.B. der Leiterstrom der Drehstrom-Brückenschaltung wegen der Überlappung den in Bild 3.75. dargestellten Verlauf. Infolge der endlichen Stromänderungsgeschwindigkeit bei der Kommutierung werden die Effektivwerte der Oberschwingungsströme vor allem bei höheren Ordnungszahlen geringer als bei vernachlässigter Kommutierung.

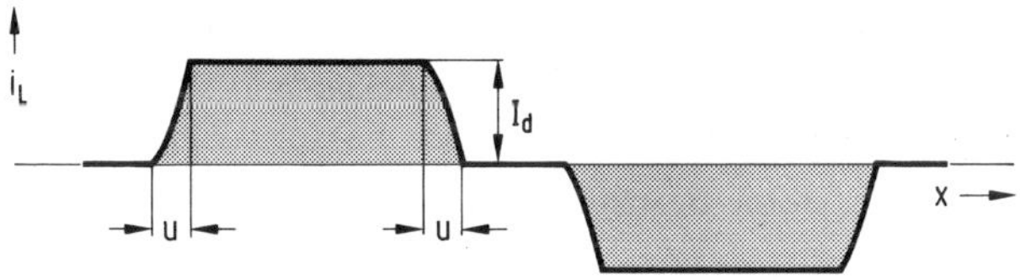


Bild 3.75. Zeitlicher Verlauf des Leiterstroms bei der Drehstrom-Brückenschaltung unter Berücksichtigung der Kommutierung

Zur näherungsweisen Berechnung der Oberschwingungsströme bei Berücksichtigung der Kommutierung kann man die an- und absteigenden Flanken in den Stromverläufen durch Geraden ersetzen. Die Näherung wird um so genauer, je mehr sich der Steuerwinkel dem Wert $\alpha = 90°$ nähert. Nach einer in [Lit. 2.] angegebenen Ableitung ergibt sich dann für den Effektivwert der $m$-ten Oberschwingung

$$\frac{I_m}{I_{1L}} = \frac{1}{m} \frac{\sin m \frac{u}{2}}{m \frac{u}{2}}. \qquad (3.121.)$$

In dieser Gleichung ist $I_m$ der Effektivwert der $m$-ten Oberschwingung des Leiterstromes unter Berücksichtigung der Kommutierung. Zur Unterscheidung von den Oberschwingungsströmen $I_{mL}$ bei vernachlässigter Kommutierung ist der Index $L$ weggelassen worden. $I_{1L}$ ist der Effektivwert des Grundschwingungsstromes bei vernachlässigter Kommutierung.

Wegen

$$\frac{I_{mL}}{I_{1L}} = \frac{1}{m}$$

bei idealisierten Verhältnissen kann man auch schreiben

$$\frac{I_m}{I_{1L}} = \frac{I_{mL}}{I_{1L}} f(m,u). \qquad (3.122.)$$

Aus dieser Gleichung wird deutlich, daß die Effektivwerte $I_m$ jeweils nur um einen von $m$ und $u$ abhängigen Faktor $f(m,u)$ von den Werten $I_{mL}$ der idealisierten Theorie verschieden sind.

*Beispiel:*

$$m=5, \qquad u=30°$$

$$f(m,u) = \frac{\sin 75°}{5\pi \frac{15°}{180°}} = 0{,}74.$$

Damit ist

$$\frac{I_m}{I_{mL}} = f(m,u) = 0{,}74.$$

Der Effektivwert der 5-ten Oberschwingung ist demnach bei einem Überlappungswinkel von $u=30°$ im Vergleich zur idealisierten Berechnung um den Faktor 0,74 geringer.

Für $u=0$ geht Gl. (3.121.) wieder in die Beziehung

$$\frac{I_{mL}}{I_{1L}} = \frac{1}{m}$$

über:

Der für $u=0$ in Gl. (3.121.) unbestimmte Ausdruck des Bruches $\frac{0}{0}$ ergibt nach Anwendung der Regel von Bernoulli-L'Hospital durch getrennte Differentiation von Zähler und Nenner den Grenzwert

$$\lim_{u \to 0} \frac{\sin m \frac{u}{2}}{m \frac{u}{2}} = \lim_{u \to 0} \frac{\frac{m}{2} \cos m \frac{u}{2}}{\frac{m}{2}} = 1.$$

## 3.7. Dimensionierung der Glättungsdrossel, Lückbetrieb

In der Stromrichterschaltung nach Bild 3.76. soll der ohmsche Widerstand im Gleichstromkreis vernachlässigbar gering sein. In der Glättungsinduktivität $L_d$ ist die Ankerinduktivität der Gleichstrommaschine einbegriffen. An der Glättungsdrossel liegt die Oberschwingungsspannung $u_L(x)$, gekennzeichnet durch flächengleiche Halbschwingungsflächen $A$ (Bild 3.77.). Während der positiven Halbschwingung von $u_L$, solange also $u_{di\alpha}(x) > U_{di}$ ist, steigt der Gleichstrom nach der Beziehung $\frac{di_d}{dt} = \frac{u_L}{L_d}$ von seinem Mindestwert $I_{d\,min}$ auf den Höchstwert $I_{d\,max}$ an. Während der negativen Halbschwingung von $u_L$, solange also $u_{di\alpha}(x) < U_{di}$ ist, fällt der Strom von $I_{d\,max}$ auf $I_{d\,min}$.

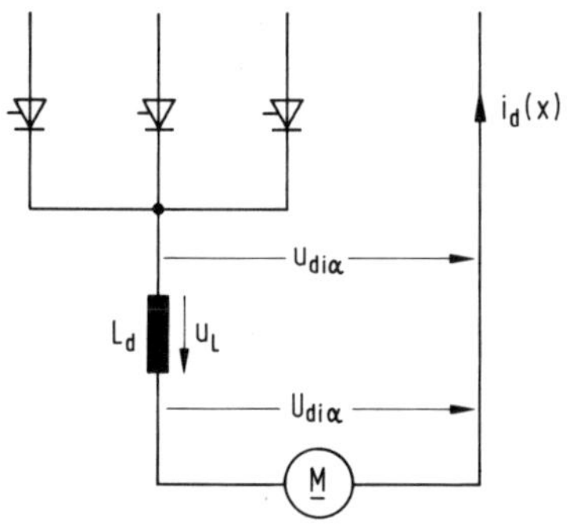


Bild 3.76.
Schaltbild zur Berechnung der Glättungsdrossel

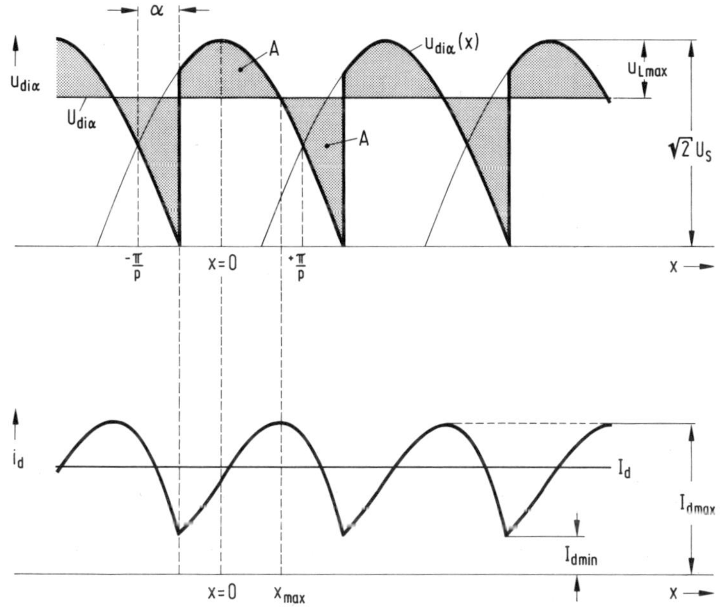


Bild 3.77. Zeitliche Verläufe von Gleichspannung und Gleichstrom bei $p=3$ und $\alpha=30°$

Aus Bild 3.76. kann man ablesen:

$$u_L = u_{di\alpha}(x) - U_{di\alpha} = \omega L_d \frac{d i_d}{d x}. \tag{3.123.}$$

Den zeitlichen Verlauf des Gleichstromes $i_d(x)$ erhält man durch Integration:

$$i_d(x) = \frac{1}{X_d} \int (\sqrt{2}\, U_S \cos x - U_{di\alpha})\, d x + C$$

$$\omega L_d = X_d \qquad -\frac{\pi}{p} + \alpha \leqq x \leqq \frac{\pi}{p} + \alpha$$

$$i_d(x) = \frac{\sqrt{2}\, U_S}{X_d} \left( \sin x - \frac{U_{di\alpha}}{\sqrt{2}\, U_S}\, x \right) + C. \tag{3.124.}$$

Die Integrationskonstante $C$ ergibt sich, wenn entsprechend Bild 3.77. in Gleichung (3.124.)

$$i_\mathrm{d} = I_{\mathrm{d\,min}} \qquad \text{für } x = -\frac{\pi}{p} + \alpha$$

eingesetzt wird:

$$I_{\mathrm{d\,min}} = \frac{\sqrt{2}\,U_\mathrm{S}}{X_\mathrm{d}}\left[\sin\left(\alpha - \frac{\pi}{p}\right) - \frac{U_{\mathrm{di}\,\alpha}}{\sqrt{2}\,U_\mathrm{S}}\left(\alpha - \frac{\pi}{p}\right)\right] + C$$

$$C = I_{\mathrm{d\,min}} - \frac{\sqrt{2}\,U_\mathrm{S}}{X_\mathrm{d}}\left[\sin\left(\alpha - \frac{\pi}{p}\right) - \frac{U_{\mathrm{di}\,\alpha}}{\sqrt{2}\,U_\mathrm{S}}\left(\alpha - \frac{\pi}{p}\right)\right].$$

Dann ist

$$i_\mathrm{d}(x) = \frac{\sqrt{2}\,U_\mathrm{S}}{X_\mathrm{d}}\left[\sin x - \sin\left(\alpha - \frac{\pi}{p}\right) - \frac{U_{\mathrm{di}\,\alpha}}{\sqrt{2}\,U_\mathrm{S}}\left(x - \alpha + \frac{\pi}{p}\right)\right] + I_{\mathrm{d\,min}}.$$

Mit

$$U_{\mathrm{di}\,\alpha} = U_\mathrm{di}\cos\alpha$$

und

$$U_\mathrm{di} = \frac{p}{\pi}\sqrt{2}\,U_\mathrm{S}\sin\frac{\pi}{p}$$

wird

$$\frac{i_\mathrm{d}(x)\,X_\mathrm{d}}{\sqrt{2}\,U_\mathrm{S}} = \sin x - \sin\left(\alpha - \frac{\pi}{p}\right) - \frac{p}{\pi}\sin\frac{\pi}{p}\cos\alpha\left(x - \alpha + \frac{\pi}{p}\right) + \frac{I_{\mathrm{d\,min}}\,X_\mathrm{d}}{\sqrt{2}\,U_\mathrm{S}} \qquad (3.125.)$$

$$-\frac{\pi}{p} + \alpha \leqq x \leqq \frac{\pi}{p} + \alpha.$$

Der in Bild 3.77. dargestellte zeitliche Verlauf des Gleichstromes gelte bei einer bestimmten Belastung der Gleichstrommaschine. Eine Laständerung wirkt sich lediglich in einer Änderung der Niveauhöhe (Parallelverschiebung in Ordinatenrichtung) des welligen Gleichstromverlaufes aus. Es gibt eine Mindestlast, bei der die wellige Gleichstromkurve auf der Abszissenachse aufsitzt und der Gleichstrom gerade noch lückenlos ist ($I_{\mathrm{d\,min}} = 0$). Wird die Maschine weiter entlastet, dann wird der Gleichstrom lückenhaft, da er wegen der Ventilwirkung der Thyristoren seine Richtung nicht umkehren kann (Bild 3.78.).

An der Lückgrenze ($I_{\mathrm{d\,min}} = 0$) gilt für den zeitlichen Verlauf des Gleichstromes:

$$\frac{i_\mathrm{d}(x)\,X_\mathrm{d}}{\sqrt{2}\,U_\mathrm{S}} = \sin x - \sin\left(\alpha - \frac{\pi}{p}\right) - \frac{p}{\pi}\sin\frac{\pi}{p}\cos\alpha\left(x - \alpha + \frac{\pi}{p}\right). \qquad (3.126.)$$

Der Mittelwert des Gleichstromes an der Lückgrenze $I_\text{Lück}$ (Bild 3.78.) ist

$$\frac{I_\text{Lück}\,X_\mathrm{d}}{\sqrt{2}\,U_\mathrm{S}} = \frac{p}{2\pi}\int_{-\frac{\pi}{p}+\alpha}^{\frac{\pi}{p}+\alpha}\left[\sin x - \sin\left(\alpha - \frac{\pi}{p}\right) - \frac{p}{\pi}\sin\frac{\pi}{p}\cos\alpha\left(x - \alpha + \frac{\pi}{p}\right)\right]\mathrm{d}x.$$

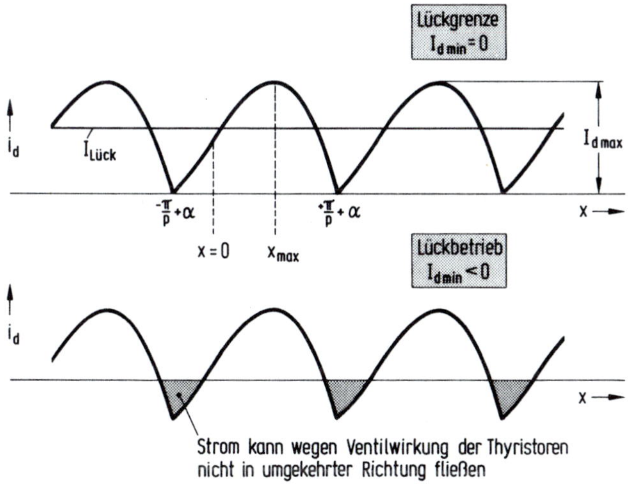


Bild 3.78. Zeitlicher Verlauf des Gleichstroms an der Lückgrenze und im Lückbetrieb

Nach Integration und einigen Zwischenrechnungen ergibt sich:

$$\frac{I_{\text{Lück}} X_{\text{d}}}{\sqrt{2}\, U_{\text{S}}} = \sin\alpha \left( \frac{p}{\pi} \sin\frac{\pi}{p} - \cos\frac{\pi}{p} \right). \tag{3.127.}$$

Mit

$$\sqrt{2}\, U_{\text{S}} = \frac{U_{\text{di}}}{\frac{p}{\pi} \sin\frac{\pi}{p}}$$

ist

$$I_{\text{Lück}} = \frac{U_{\text{di}}}{X_{\text{d}}} \sin\alpha \, \frac{\frac{p}{\pi} \sin\frac{\pi}{p} - \cos\frac{\pi}{p}}{\frac{p}{\pi} \sin\frac{\pi}{p}}$$

bzw.

$$\boxed{I_{\text{Lück}} = \frac{U_{\text{di}}}{X_{\text{d}}} \sin\alpha \left( 1 - \frac{\pi}{p} \cot\frac{\pi}{p} \right).} \tag{3.128.}$$

Aus Gl. (3.128.) kann die erforderliche Induktivität der Glättungsdrossel bestimmt werden, wenn die Lückgrenze für vorgegebene Werte $U_{\text{di}}$ und bei einem vorgeschriebenen Strom $I_{\text{d}}$ liegen soll:

$$\boxed{L_{\text{d}} = \frac{U_{\text{di}}}{\omega I_{\text{d}}} \sin\alpha \left( 1 - \frac{\pi}{p} \cot\frac{\pi}{p} \right).} \tag{3.129.}$$

Mit $\omega = 314\,\mathrm{s}^{-1}$ ergeben sich dann für $p = 2, 3, 6$ beispielsweise folgende Zahlenwertgleichungen:

$$p=2 \qquad L_d = 3{,}18 \sin\alpha \frac{U_{di}}{I_d}$$

$$p=3 \qquad L_d = 1{,}26 \sin\alpha \frac{U_{di}}{I_d}$$

$$p=6 \qquad L_d = 0{,}296 \sin\alpha \frac{U_{di}}{I_d}$$

$L_d$ in mH; $U_{di}$ in V; $I_d$ in A.

Für $\alpha \to 90°$ wird der Drosselaufwand am größten, weil hier die höchsten Wechselspannungswerte auf der Gleichstromseite auftreten. Je höher die Pulszahl ist, um so geringer wird der Glättungsaufwand. Beispielsweise zeigt ein Vergleich, daß für die Lückgrenze bei gleichen Gleichstromwerten des Stromrichters bei der Pulszahl $p = 2$ eine um den Faktor 2,5 größere Glättungsdrossel erforderlich ist als bei $p = 3$.

*Beispiel 3.2.:*

Eine Glättungsdrossel soll für einen sechspulsigen gesteuerten Stromrichter zum Betrieb einer drehzahlgeregelten Gleichstrommaschine mit einer Leistung von 300 kW dimensioniert werden. Der Nennstrom beträgt $I_{dN} = 500$ A, die maximale Gleichspannung ist $U_{di} = 600$ V. Der Gleichstrom soll bei 10% des Nennstromes und $\alpha = 90°$ ($U_{di\alpha} = 0$) eben noch lückenlos sein.

Lösung:

Für $p = 6$ gilt

$$L_d = 0{,}296 \sin\alpha \frac{U_{di}}{I_d} \qquad (L_d \text{ in mH; } U_{di} \text{ in V; } I_d \text{ in A}).$$

Mit

$$\alpha = 90° \quad \text{und} \quad I_d = 0{,}1\, I_{dN} = 50\,\text{A}$$

wird

$$L_d = 0{,}296 \frac{600}{50}\,\text{mH}$$

$$L_d = 3{,}55\,\text{mH}.$$

Die bisher abgeleiteten Gleichungen gelten nur bis zu dem kleinsten Wert $\alpha_{min}$ des Steuerwinkels, bei dem der Gleichspannungswert $u_{di\alpha}(x)$ im Zündaugenblick gerade so groß ist wie der Mittelwert der Gleichspannung $U_{di\alpha}$ im nichtlückenden Betrieb beim gleichen Steuerwinkel (Bild 3.77.):

$$U_{di\alpha min} = \sqrt{2}\, U_S \cos\left(-\frac{\pi}{p} + \alpha_{min}\right)$$

$$\frac{p}{\pi} \sqrt{2}\, U_S \sin\frac{\pi}{p} \cos\alpha_{min} = \sqrt{2}\, U_S \cos\left(\alpha_{min} - \frac{\pi}{p}\right)$$

$$\boxed{\tan \alpha_{min} = \frac{p}{\pi} - \cot \frac{\pi}{p}.} \tag{3.130.}$$

Für die Pulszahlen $p=2, 3, 6$ ist

$$p=2 \qquad \alpha_{min}=32{,}5°$$
$$p=3 \qquad \alpha_{min}=20{,}7°$$
$$p=6 \qquad \alpha_{min}=10{,}1°.$$

Für $\alpha=0$ gilt wieder für den zeitlichen Verlauf des Gleichstromes entsprechend Gl. (3.124.)

$$i_d(x) = \frac{\sqrt{2}\,U_S}{X_d}\left(\sin x - \frac{U_{di}}{\sqrt{2}\,U_S}\,x\right) + C.$$

Die Konstante $C$ an der Lückgrenze läßt sich aus Bild 3.79. bestimmen:

$$i_d = 0 \qquad \text{für } x = -\xi.$$

Der Winkel $\xi$ ergibt sich, wenn der Mittelwert $U_{di}$ mit dem zeitlichen Verlauf der Gleichspannung gleichgesetzt wird:

$$U_{di} = \sqrt{2}\,U_S \cos \xi$$

$$\frac{p}{\pi}\sqrt{2}\,U_S \sin\frac{\pi}{p} = \sqrt{2}\,U_S \cos \xi$$

$$\boxed{\xi = \arccos \frac{p}{\pi} \sin \frac{\pi}{p}.} \tag{3.131.}$$

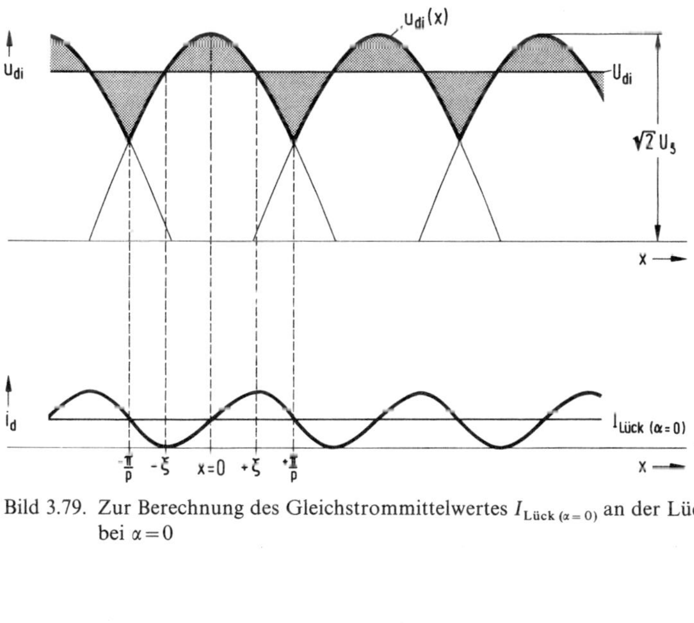


Bild 3.79. Zur Berechnung des Gleichstrommittelwertes $I_{Lück\,(\alpha=0)}$ an der Lückgrenze bei $\alpha=0$

Damit wird

$$C=\frac{\sqrt{2}\,U_S}{X_d}\left(\sin\xi-\frac{U_{di}}{\sqrt{2}\,U_S}\,\xi\right)$$

und mit

$$\frac{U_{di}}{\sqrt{2}\,U_S}=\frac{p}{\pi}\sin\frac{\pi}{p}=\cos\xi$$

$$\frac{i_d(x)\,X_d}{\sqrt{2}\,U_S}=\sin x+\sin\xi-\cos\xi(x+\xi) \qquad (3.132.)$$

$$\alpha=0 \qquad -\frac{\pi}{p}\leqq x\leqq+\frac{\pi}{p}.$$

Der Mittelwert des Gleichstromes an der Lückgrenze $I_{\text{Lück}\,(\alpha=0)}$ ist

$$\frac{I_{\text{Lück}\,(\alpha=0)}X_d}{\sqrt{2}\,U_S}=\frac{p}{2\pi}\int_{-\frac{\pi}{p}}^{+\frac{\pi}{p}}[\sin x+\sin\xi-\cos\xi(x+\xi)]\,dx$$

$$\frac{I_{\text{Lück}\,(\alpha=0)}X_d}{\sqrt{2}\,U_S}=\sin\xi-\xi\cos\xi. \qquad (3.133.)$$

Damit kann die erforderliche Induktivität der Glättungsdrossel wieder bestimmt werden, wenn die Lückgrenze für einen vorgegebenen Wert $U_{di}$ und $\alpha=0$ bei einem vorgeschriebenen Strom $I_d$ liegen soll.

Mit

$$\sqrt{2}\,U_S=\frac{U_{di}}{\cos\xi}$$

erhält man aus Gl. (3.133.):

$$L_d=\frac{U_{di}}{\omega I_d}(\tan\xi-\xi)$$

$$\alpha=0 \qquad \xi=\arccos\frac{p}{\pi}\sin\frac{\pi}{p}. \qquad (3.134.)$$

Mit $\omega=314\,\text{s}^{-1}$ ergeben sich dann für $p=2, 3, 6$ bei Vollaussteuerung folgende Zahlenwertgleichungen:

$$p=2 \qquad L_d=1{,}05\,\frac{U_{di}}{I_d}$$

$$p=3 \qquad L_d=0{,}264\,\frac{U_{di}}{I_d}$$

$$p=6 \qquad L_d=0{,}03\,\frac{U_{di}}{I_d}$$

$\alpha=0$ $\quad$ $L_d$ in mH; $\quad$ $U_{di}$ in V; $\quad$ $I_d$ in A.

*Strom-Spannungskennlinien eines p-pulsigen Stromrichters im Lückbetrieb*

Wenn der Gleichstrom eines Stromrichters nicht lückt, dann gilt für die gesteuerte ideelle Gleichspannung bei Aussteuerung mit dem Steuerwinkel $\alpha$:

$$U_{\mathrm{di}\,\alpha} = U_{\mathrm{di}} \cos \alpha.$$

Enthält der Gleichstromkreis nur ohmsche Widerstände, dann verläuft der Gleichstrom proportional zur ungeglätteten Gleichspannung (Bild 3.80.). Die Gleichspannung kann keine negativen Augenblickswerte annehmen. Daher können Gleichspannung und Gleichstrom zeitweise Null werden.

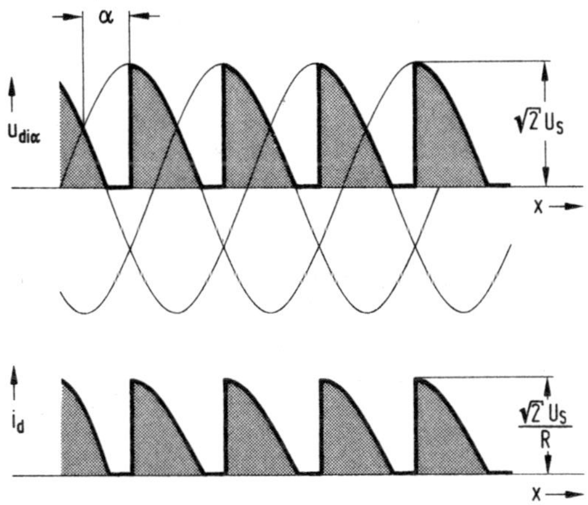


Bild 3.80.
Zeitlicher Verlauf von Gleichspannung und Gleichstrom bei ohmscher Last

Im allgemeinen Fall gilt bei *rein ohmscher Last* für den Mittelwert der gesteuerten ideellen Gleichspannung:

$$U_{\mathrm{di}\,\alpha} = U_{\mathrm{di}} \cos \alpha \qquad \text{für } 0 \leqq \alpha \leqq \left(\frac{\pi}{2} - \frac{\pi}{p}\right)$$

und

$$U_{\mathrm{di}\,\alpha} = U_{\mathrm{di}} \frac{1 - \sin\left(\alpha - \frac{\pi}{p}\right)}{2 \sin \frac{\pi}{p}} \qquad \text{für } \left(\frac{\pi}{2} - \frac{\pi}{p}\right) \leqq \alpha \leqq \left(\frac{\pi}{2} + \frac{\pi}{p}\right) \tag{3.135.}$$

bei lückendem Strom.

Der Mittelwert der Gleichspannung $U_{\mathrm{di}\,\alpha}$ wird Null bei

$$\alpha \geqq \left(\frac{\pi}{2} + \frac{\pi}{p}\right). \tag{3.136.}$$

In Bild 3.81. ist beispielsweise die Steuerkennlinie $\frac{U_{\mathrm{di}\,\alpha}}{U_{\mathrm{di}}} = f(\alpha)$ bei ohmscher Last für M3-Schaltungen dargestellt. Der Gleichstrom verläuft für $\alpha > 30°$ intermittierend.

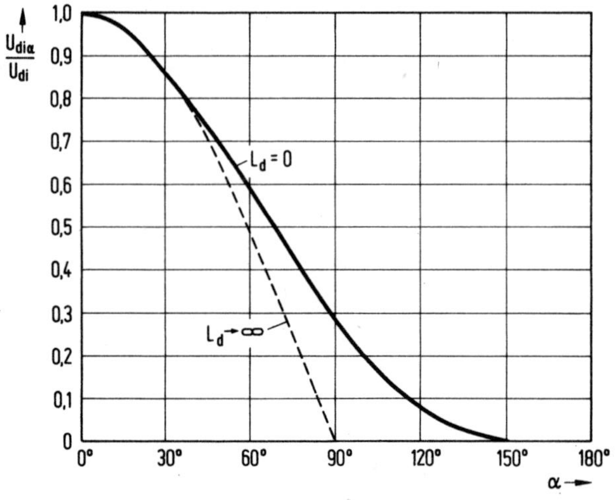


Bild 3.81.
Steuerkennlinie bei ohmscher Last für M3-Schaltungen

Von praktisch großer Bedeutung ist der Lückbetrieb bei der Stromrichterspeisung von fremderregten Gleichstrommaschinen entsprechend Bild 3.82. Wenn z.B. die Gleichstrommaschine mit hohem Lastmoment (hoher Gleichstrom) im nichtlückenden Betrieb bei niedriger Drehzahl (niedriger Aussteuerungsgrad des Stromrichters) arbeitet, dann wird bei Entlastung der Maschine (Leerlaufstrom) der Gleichstrom lücken und damit bei unverändertem Steuer-

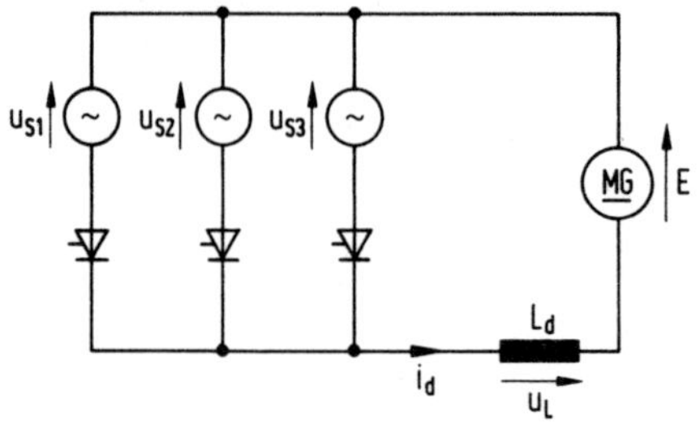


Bild 3.82.
Ersatzschaltplan eines dreipulsigen Stromrichters zur Berechnung der Strom- und Spannungsverhältnisse im Lückbetrieb

winkel die Gleichspannung ansteigen. Dadurch erhöht sich die Drehzahl der Maschine, bis die Gegenspannung der Maschine

$$E = c\Phi n$$

$c$ Konstante, $\Phi$ magnetischer Fluß, $n$ Drehzahl

dem in Lückbetrieb gültigen Wert $U_{di\alpha}$ entspricht. Über eine Drehzahlregelung, die im geschilderten Fall der Entlastung der Maschine eine Vergrößerung des Steuerwinkels $\alpha$ bewirkt, kann die Drehzahl konstant gehalten werden.

Weil die Strom- und Spannungsverhältnisse eines Stromrichters im Lückbetrieb bei Belastung auf Gegenspannung und Induktivität in der Praxis von relativ großer Bedeutung sind, sollen die Probleme auch theoretisch behandelt werden. Aus dem Ersatzschaltplan in Bild 3.82. kann man ablesen:

$$-u_S + u_L + E = 0$$

$$u_L = X_d \frac{d i_d}{d x}.$$

In Bild 3.83. sind die Strom- und Spannungsverhältnisse eines dreipulsigen Stromrichters bei Belastung auf Gegenspannung und Induktivität im Lückbetrieb dargestellt.

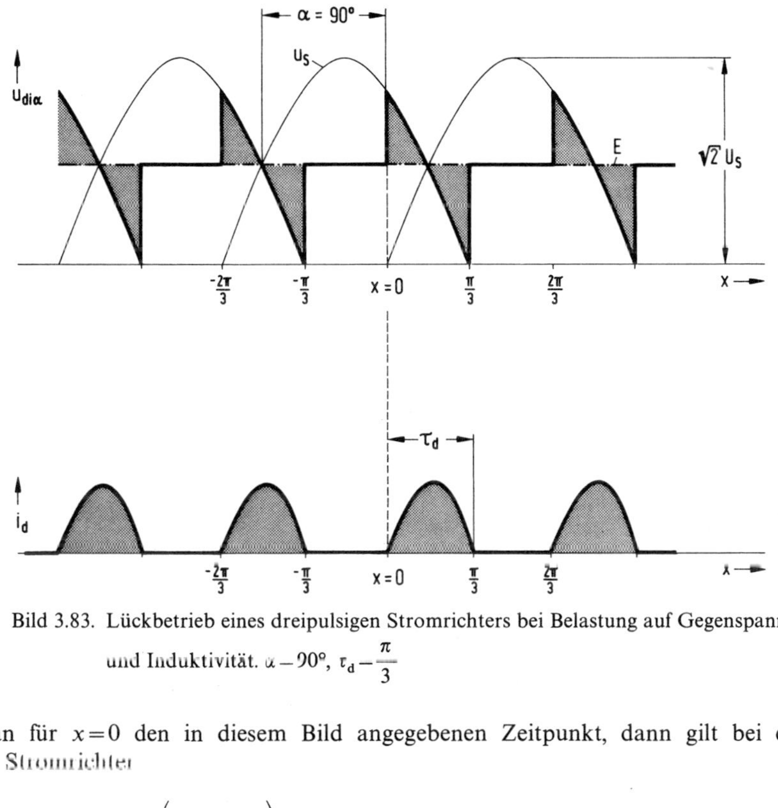


Bild 3.83. Lückbetrieb eines dreipulsigen Stromrichters bei Belastung auf Gegenspannung und Induktivität. $\alpha = 90°$, $\tau_d = \frac{\pi}{3}$

Wählt man für $x = 0$ den in diesem Bild angegebenen Zeitpunkt, dann gilt bei einem $p$-pulsigen Stromrichter

$$u_S = \sqrt{2}\, U_S \cos\left(x - \frac{\pi}{p} + \alpha\right).$$

Damit wird

$$X_d \frac{d i_d}{d x} = u_S - E$$

$$i_d(x) = \frac{1}{X_d} \int (u_S - E)\, d x + C$$

$$\frac{i_d(x)X_d}{\sqrt{2}\,U_S}=\int\left[\cos\left(x-\frac{\pi}{p}+\alpha\right)-\frac{E}{\sqrt{2}\,U_S}\right]\mathrm{d}x+C$$

$$\frac{i_d(x)X_d}{\sqrt{2}\,U_S}=\sin\left(x-\frac{\pi}{p}+\alpha\right)-\frac{E}{\sqrt{2}\,U_S}x+C.$$

Mit

$$i_{d\,(x=0)}=0$$

ergibt sich

$$C=\sin\left(\frac{\pi}{p}-\alpha\right)$$

und

$$i_d(x)=\frac{\sqrt{2}\,U_S}{X_d}\left[\sin\left(x-\frac{\pi}{p}+\alpha\right)+\sin\left(\frac{\pi}{p}-\alpha\right)\right]-\frac{E}{X_d}x. \tag{3.137.}$$

Diese Gleichung gilt im Bereich $0\leqq x\leqq\tau_d$ (Bild 3.83.). An der Stelle $x=\tau_d$ ist der Gleichstrom wieder Null geworden:

$$0=\frac{\sqrt{2}\,U_S}{X_d}\left[\sin\left(\tau_d-\frac{\pi}{p}+\alpha\right)+\sin\left(\frac{\pi}{p}-\alpha\right)\right]-\frac{E}{X_d}\tau_d$$

$$\frac{E}{\sqrt{2}\,U_S}=\frac{1}{\tau_d}\left[\sin\left(\tau_d-\frac{\pi}{p}+\alpha\right)+\sin\left(\frac{\pi}{p}-\alpha\right)\right]. \tag{3.138.}$$

Führt man noch

$$\sqrt{2}\,U_S=\frac{U_{di}}{\frac{p}{\pi}\sin\frac{\pi}{p}}$$

ein, dann ergibt sich die Beziehung

$$\boxed{\frac{E}{U_{di}}=\frac{\pi}{p\sin\frac{\pi}{p}}\,\frac{1}{\tau_d}\left[\sin\left(\tau_d-\frac{\pi}{p}+\alpha\right)+\sin\left(\frac{\pi}{p}-\alpha\right)\right].} \tag{3.139.}$$

Der Mittelwert des Gleichstromes im Lückbetrieb ist dann

$$\frac{I_d X_d}{\sqrt{2}\,U_S}=\frac{p}{2\pi}\int_0^{\tau_d}\left[\sin\left(x-\frac{\pi}{p}+\alpha\right)+\sin\left(\frac{\pi}{p}-\alpha\right)-\frac{E}{\sqrt{2}\,U_S}x\right]\mathrm{d}x.$$

Das ergibt mit Gl. (3.138.)

$$\frac{I_d X_d}{\sqrt{2}\,U_S}=\frac{p}{2\pi}\left\{\left[\cos\left(\alpha-\frac{\pi}{p}\right)-\cos\left(\tau_d-\frac{\pi}{p}+\alpha\right)\right]-\right.$$

$$\left.-\frac{\tau_d}{2}\left[\sin\left(\alpha-\frac{\pi}{p}\right)+\sin\left(\tau_d-\frac{\pi}{p}+\alpha\right)\right]\right\}. \tag{3.140.}$$

Für die spätere Auswertung dieser Gleichung ist es zweckmäßig, den Strom auf seinen Wert an der Lückgrenze bei $\alpha = 90°$ zu beziehen.

Nach Gl. (3.127.) ist

$$\frac{I_{\text{Lück}(90°)} X_d}{\sqrt{2}\, U_S} = \frac{p}{\pi} \sin\frac{\pi}{p} - \cos\frac{\pi}{p}$$

und damit

$$\boxed{\begin{aligned}\frac{I_d}{I_{\text{Lück}(90°)}} = \frac{1}{2\sin\frac{\pi}{p} - \frac{2\pi}{p}\cos\frac{\pi}{p}} \Bigg\{ & \left[\cos\left(\alpha - \frac{\pi}{p}\right) - \cos\left(\tau_d - \frac{\pi}{p} + \alpha\right)\right] - \\ & - \frac{\tau_d}{2}\left[\sin\left(\alpha - \frac{\pi}{p}\right) + \sin\left(\tau_d - \frac{\pi}{p} + \alpha\right)\right]\Bigg\}.\end{aligned}} \tag{3.141.}$$

Mit den Gleichungen (3.139.) und (3.141.) kann man die Strom-Spannungs-Kennlinien eines $p$-pulsigen Stromrichters im Lückbetrieb bei Belastung auf Gegenspannung und Induktivität berechnen. Die Gleichungen gelten zu kleinen $\alpha$-Werten hin bis zu dem in Gl. (3.130.) errechneten Winkel

$$\alpha_{\min} = \arctan\left(\frac{p}{\pi} - \cot\frac{\pi}{p}\right).$$

Die Stromführungsdauer kann

$$0 < \tau_d \leqq \frac{2\pi}{p}$$

betragen. Weiterhin sind die Gleichungen entsprechend Bild 3.84. nur gültig, solange

$$E \leq \sqrt{2}\, U_S \cos\left(-\frac{\pi}{p} + \alpha\right)$$

$$\frac{E}{U_{di}} \leqq \frac{\pi}{p \sin\frac{\pi}{p}} \cos\left(\frac{\pi}{p} - \alpha\right) \tag{3.142.}$$

ist.

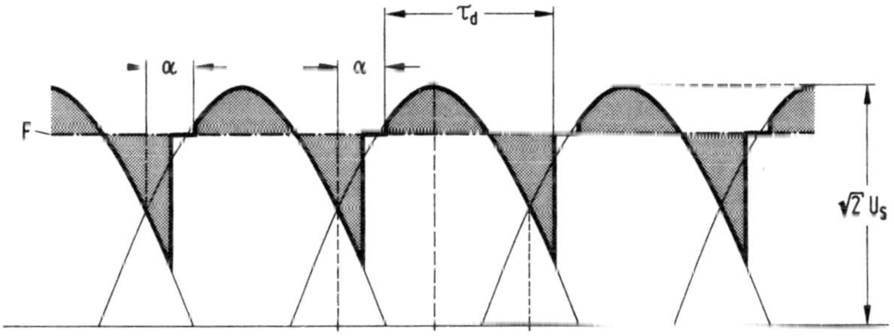


Bild 3.84. Zur Erklärung des Gültigkeitsbereiches der Gleichungen für die Strom-Spannungs-Kennlinien; $p = 3$, $\alpha = 30°$, $\tau_d = 105°$

Für $\alpha \geqq \frac{\pi}{p}$ gelten sie für alle Werte $0 < \tau_d \leqq \frac{2\pi}{p}$. Im Bereich $\alpha_{min} < \alpha < \frac{\pi}{p}$ darf $\tau_d$ nur Werte annehmen, bei denen die Bedingung nach Gl (3.142) erfüllt ist.

Für einen *zweipulsigen Stromrichter* vereinfachen sich die Gleichungen (3.139.) und (3.141.) mit $p=2$ zu

$$\frac{E}{U_{di}} = \frac{\pi}{2}\,\frac{1}{\tau_d}\,[\cos\alpha - \cos(\alpha+\tau_d)]$$

$$\frac{I_d}{I_{\text{Lück}(90°)}} = \frac{1}{2}\left\{[\sin\alpha - \sin(\alpha+\tau_d)] + \frac{\tau_d}{2}\,[\cos\alpha + \cos(\alpha+\tau_d)]\right\}. \tag{3.143.}$$

Die Gleichungen gelten nur bis zu dem kleinsten Steuerwinkel

$$\alpha_{min} = 32{,}5°.$$

Im Bereich $32{,}5° < \alpha < 90°$ darf $\tau_d$ nur Werte annehmen, bei denen die Bedingung

$$\frac{E}{U_{di}} \leqq \frac{\pi}{2}\cos\left(\frac{\pi}{2} - \alpha\right) = \frac{\pi}{2}\sin\alpha$$

erfüllt ist. Beispielsweise muß bei $\alpha = 60°$ das Verhältnis $\frac{E}{U_{di}} \leqq 1{,}36$ sein. Dies ist nur für $\tau_d$-Werte zwischen 180° und etwa 90° erfüllt.

Ab $\alpha = 90°$ gelten die Gleichungen für alle Werte $\tau_d$ im Bereich $0 < \tau_d \leqq \pi$. In Bild 3.85. sind die Strom-Spannungskennlinien eines zweipulsigen Stromrichters im Lückbetrieb bei Belastung auf Gegenspannung und Induktivität dargestellt. Parameter ist der Steuerwinkel $\alpha$. Im Lückbereich ist bei konstantem Steuerwinkel $\alpha$ die Gleichspannung in einem hohen Maße vom Laststrom abhängig. Bei Steuerwinkeln $\alpha > 90°$ ist sogar ein Übergang vom nichtlückenden Wechselrichterbetrieb in den lückenden Gleichrichterbetrieb möglich. Der Lückbetrieb kann zu Schwierigkeiten bei der Optimierung der Drehzahlregelung einer stromrichtergespeisten Gleichstrommaschine führen, da sich die Streckenverstärkung beim Übergang vom nichtlückenden in den lückenden Stromrichterbetrieb stark ändert (Faktor 3 bis 4). Diese Schwierigkeiten können vermieden werden, wenn die Glättungsdrossel entsprechend dimensioniert wird. Andererseits ist eine gute Glättung des Gleichstromes in den meisten Fällen auch mit Rücksicht auf die Gleichstrommaschine und den Antrieb erforderlich. Bei stromrichtergespeisten Antrieben für Werkzeugmaschinen müssen beispielsweise die mit dem welligen Gleichstrom verbundenen Oberwellenmomente sehr gering gehalten werden, da sonst die Qualität der Erzeugnisse stark beeinträchtigt wird.

Bei einem dreipulsigen Stromrichter vereinfachen sich die Gleichungen für die Strom-Spannungskennlinien im Lückbetrieb zu

$$\frac{E}{U_{di}} = \frac{\pi}{3\sin\frac{\pi}{3}}\,\frac{1}{\tau_d}\left[\sin\left(\tau_d - \frac{\pi}{3} + \alpha\right) + \sin\left(\frac{\pi}{3} - \alpha\right)\right]$$

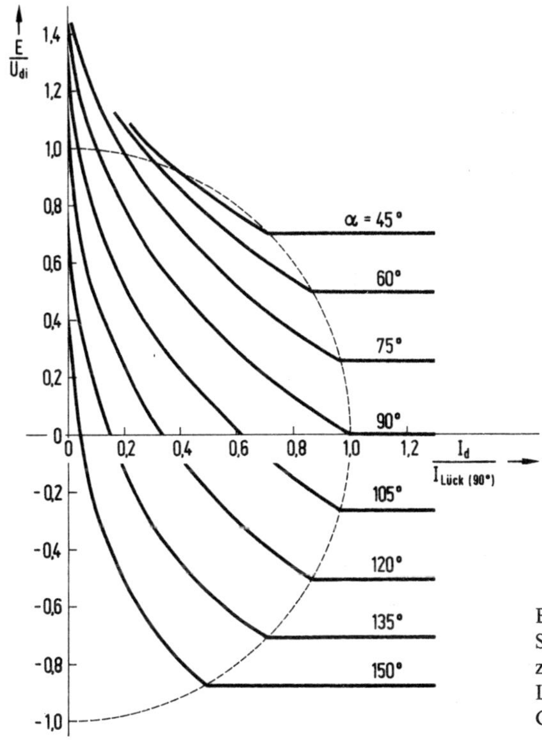


Bild 3.85.
Strom-Spannungskennlinien eines zweipulsigen Stromrichters im Lückbetrieb bei Belastung auf Gegenspannung und Induktivität

und

$$\frac{I_d}{I_{\text{Lück}(90°)}} = \frac{1}{\sqrt{3} - \frac{\pi}{3}} \left\{ \left[ \cos\left(\alpha - \frac{\pi}{3}\right) - \cos\left(\tau_d - \frac{\pi}{3} + \alpha\right) \right] - \frac{\tau_d}{2} \left[ \sin\left(\alpha - \frac{\pi}{3}\right) + \sin\left(\tau_d - \frac{\pi}{3} + \alpha\right) \right] \right\}. \tag{3.144.}$$

Diese Gleichungen ergeben die Kennlinien des Bildes 3.86.

Für einen sechspulsigen Stromrichter gilt:

$$\frac{E}{U_{di}} = \frac{\pi}{3} \frac{1}{\tau_d} \left[ \sin\left(\tau_d - \frac{\pi}{6} + \alpha\right) + \sin\left(\frac{\pi}{6} - \alpha\right) \right]$$

und

$$\frac{I_d}{I_{\text{Lück}(90°)}} = \frac{1}{1 - \frac{\pi\sqrt{3}}{6}} \left\{ \left[ \cos\left(\alpha - \frac{\pi}{6}\right) - \cos\left(\tau_d - \frac{\pi}{6} + \alpha\right) \right] - \frac{\tau_d}{2} \left[ \sin\left(\alpha - \frac{\pi}{6}\right) + \sin\left(\tau_d - \frac{\pi}{6} + \alpha\right) \right] \right\}. \tag{3.145.}$$

Die entsprechenden Kennlinien sind in Bild 3.87. dargestellt.

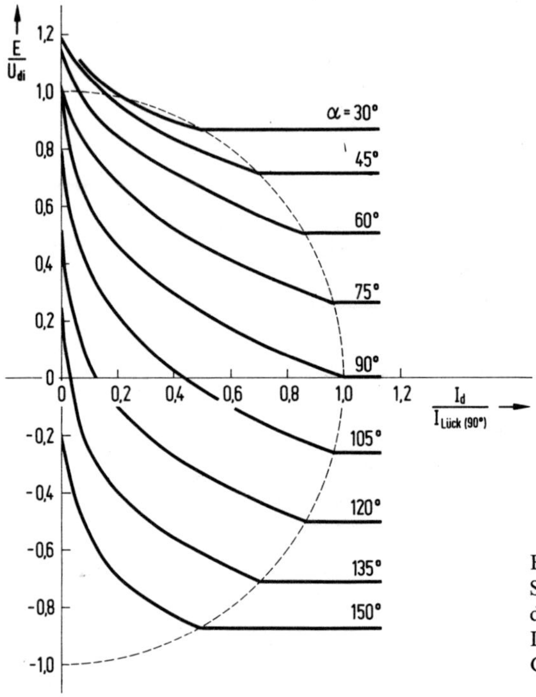


Bild 3.86.
Strom-Spannungskennlinien eines dreipulsigen Stromrichters im Lückbetrieb bei Belastung auf Gegenspannung und Induktivität

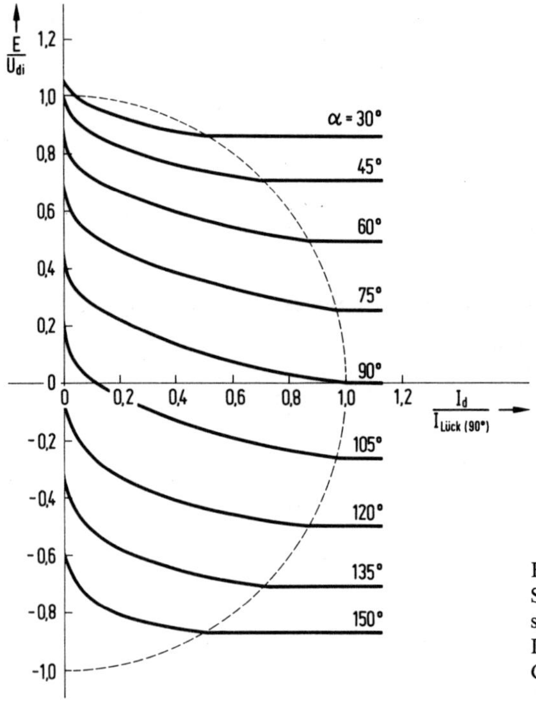


Bild 3.87.
Strom-Spannungskennlinien eines sechspulsigen Stromrichters im Lückbetrieb bei Belastung auf Gegenspannung und Induktivität

Vergleicht man die Strom-Spannungskennlinien für die verschiedenen Pulszahlen miteinander, so fällt auf, daß die Neigungen der Kennlinien mit steigender Pulszahl immer geringer und damit auch die Auswirkungen des Lückbetriebes auf den Stromrichterbetrieb relativ geringer werden.

## 3.8. Stromrichterschaltungen mit verminderter Blindleistungsaufnahme

Bei netzgeführten Stromrichtern in den üblichen Schaltungen und bei normaler Steuerung erhöht sich bei konstantem Gleichstrom die Aufnahme der induktiven Blindleistung mit abnehmender Aussteuerung (s. Kapitel 3.1.5.). Die Blindleistungsaufnahme wird bei Aussteuerung Null ($\alpha=90°$) gleich der vom Stromrichter aufgenommenen Scheinleistung.

Thyristorstromrichter für höhere Spannungen, bei denen eine Reihenschaltung von Ventilen ohnehin erforderlich wäre, kann man ohne großen Mehraufwand so ausführen, daß mehrere Teilstromrichter in Reihe geschaltet werden. Eine wesentliche Einsparung an Steuerblindleistung kann nun dadurch erreicht werden, daß von den in Reihe geschalteten Teilstromrichtern immer nur einer gesteuert wird, während die übrigen auf voller Gleich- oder Wechselrichteraussteuerung stehen. Die Teilstromrichter werden also nicht gleichzeitig, sondern nacheinander auf- bzw. zugesteuert. Dieses Verfahren wird Folgesteuerung genannt.

### 3.8.1. Drehstrom-Brückenschaltung mit Folgesteuerung

Eine Reihenschaltung zweier Teilstromrichter (M3-Schaltungen) liegt beispielsweise bei der Drehstrom-Brückenschaltung B6 (Bild 3.88.) vor. Bei normaler Steuerung und Vernachlässigung der Kommutierungsreaktanzen gilt für die Schaltung die im Kapitel 3.1.5. abgeleitete Blindlastkurve 1 in Bild 3.89. Bei idealer Glättung des Gleichstromes und gleichzeitiger Steuerung aller Thyristoren ist $U_{\mathrm{di}\,\alpha}=0$ bei $\alpha=90°$. Die Steuerblindleistung entspricht dabei der aufgenommenen Scheinleistung des Stromrichters.

Wird dagegen die eine Brückenhälfte (Teilstromrichter II) voll als Gleichrichter und die andere Brückenhälfte (Teilstromrichter I) voll als Wechselrichter angesteuert, dann ist ebenfalls $U_{\mathrm{di}\,\alpha}=0$. Im Gegensatz zur normalen Steuerung beträgt die Steuerblindleistung aber Null, weil die Teilstromrichter bei $\alpha_{\mathrm{II}}=0°$ und $\alpha_{\mathrm{I}}=180°$ keine Steuerblindleistung benötigen. Die Gesamtschaltung arbeitet als Gleichrichter, wenn der Teilstromrichter II voll ausgesteuert ($\alpha_{\mathrm{II}}=0°$) bleibt und der Teilstromrichter I aus dem Wechselrichter- in den Gleichrichterbetrieb gesteuert wird. Die Schaltung nimmt dabei nur die Steuerblindleistung entsprechend der Kurve 2 in Bild 3.89. rechts auf.

Der Stromrichter arbeitet als Wechselrichter, wenn der Teilstromrichter I auf voller Wechselrichteraussteuerung festgehalten und der Steuerwinkel des Teilstromrichters II von $\alpha_{\mathrm{II}}=0°$ aus vergrößert wird. Die Blindleistungsaufnahme entspricht dabei der Kurve 2, linke Seite in Bild 3.89.

Bei der Folgesteuerung kann die gesamte Blindleistung keinen höheren Wert erreichen als der ideellen Leistung *eines* Teilstromrichters entspricht. Im vorliegenden Fall ist die maximale Blindleistungsaufnahme daher gleich der halben ideellen Gleichstromleistung der Brükkenschaltung.

Das Blindleistungsverhalten wird um so günstiger, je größer die Zahl der in Reihe geschalteten Teilstromrichter ist, denn es nimmt das Verhältnis der Blindleistung des gesteuerten

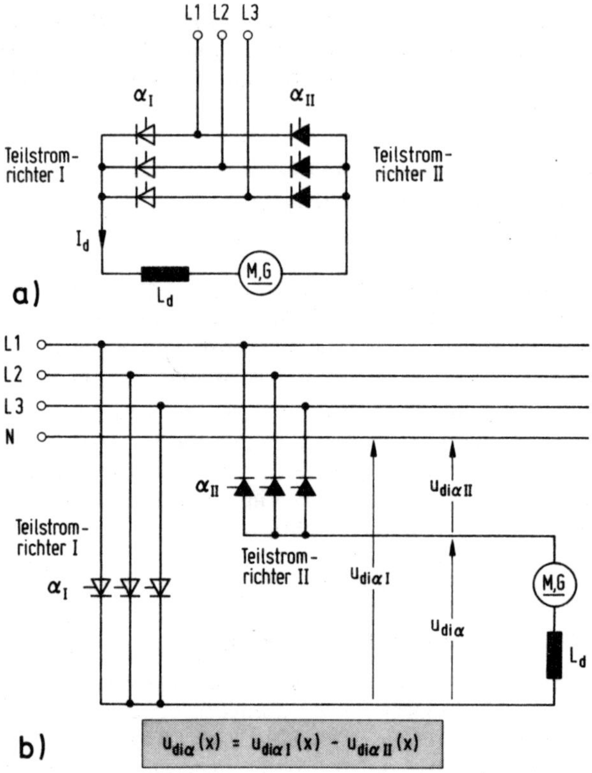


Bild 3.88. Drehstrom-Brückenschaltung mit Folgesteuerung
a) Schaltung
b) gedankliche Aufteilung in zwei Teilstromrichter M3

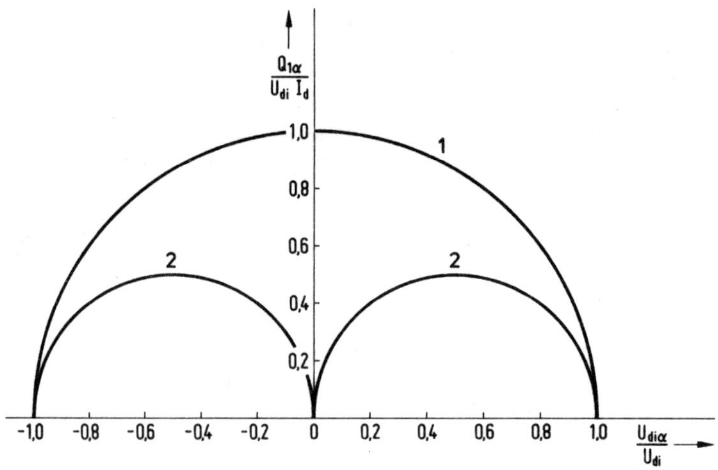


Bild 3.89. Blindleistungsfunktion der Drehstrom-Brückenschaltung ohne (1) und mit Folgesteuerung (2)

Teilstromrichters zur Leistung des gesamten Stromrichters mit der Zahl der Teilstromrichter ab. Es zeigt sich aber, daß eine Ausdehnung auf mehr als zwei in Reihe geschaltete Brücken in der Praxis dem Aufwand nicht gerecht wird. Mit der Folgesteuerung kann zwar die Steuerblindleistung beachtlich vermindert werden, nicht aber die Kommutierungsblindleistung. Außerdem muß die beim jeweiligen Gleichstrom erforderliche Trittgrenze für den Wechselrichterbetrieb eingehalten werden. In Bild 3.90. ist die praktische Blindleistungsfunktion eines Stromrichters in B6-Schaltung für Folgesteuerung der beiden Brückenseiten bei verschiedenen Anfangsüberlappungswinkeln $u_0$ dargestellt. Die Aussteuerbegrenzungen für die verschiedenen $u_0$-Werte wurden so festgelegt, daß nach dem Abkommutieren des zweifachen Nennstromes für den Thyristor noch ein Löschwinkel von $\gamma = 10°$ – das entspricht einer Schonzeit von ca. 500 µs – zur Verfügung steht.

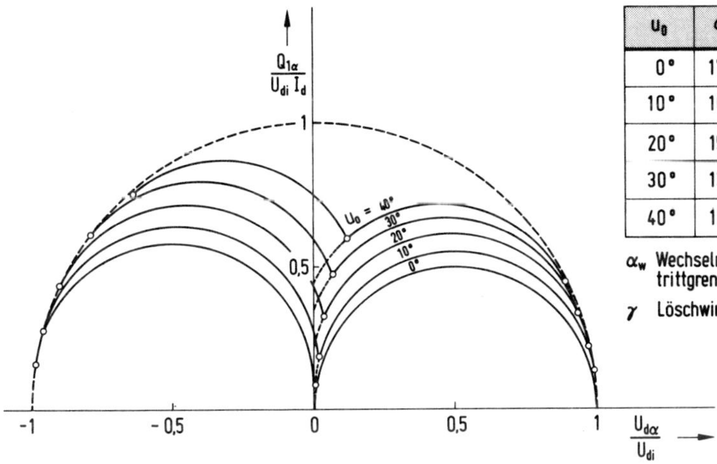


| $u_0$ | $\alpha_w$ | $\gamma$ |
|---|---|---|
| 0° | 170° | 10° |
| 10° | 162° | |
| 20° | 150° | |
| 30° | 136° | |
| 40° | 121° | |

$\alpha_w$ Wechselrichter-trittgrenze

$\gamma$ Löschwinkel

Bild 3.90. Blindleistungsfunktion eines Stromrichters in B6-Schaltung für Folgesteuerung der beiden Brückenseiten bei verschiedenen Anfangsüberlappungswinkeln $u_0$

Für die folgende graphische Darstellung des zeitlichen Verlaufes der Gleichspannung bei Folgesteuerung sollen die Kommutierungseinflüsse unberücksichtigt bleiben. Die Wechselrichter-Trittgrenze sei auf $\alpha_w = 150°$ eingestellt.

Bei festgehaltenem Steuerwinkel $\alpha_{II} = 0°$ und gesteuertem Teilstromrichter I (Bild 3.88.) erhält man für Teilstromrichter I:

$$U_{di\alpha I} = U_{diI} \cos \alpha_I .$$

Teilstromrichter II ist voll ausgesteuert ($U_{diII}$). Die Gesamtspannung ist dann

$$U_{di\alpha} = U_{di\alpha I} + U_{diII} = U_{diI} \cos \alpha_I + U_{diII} .$$

Mit

$$U_{diI} = U_{diII}$$

und

$$U_{diI} + U_{diII} = U_{di}$$

wird hieraus

$$U_{\mathrm{di}\,\alpha} = \frac{U_{\mathrm{di}}}{2}(1+\cos\alpha_{\mathrm{I}})$$

bzw.

$$\frac{U_{\mathrm{di}\,\alpha}}{U_{\mathrm{di}}} = \frac{1}{2}(1+\cos\alpha_{\mathrm{I}}). \tag{3.146.}$$

Wird nun Teilstromrichter I an der Aussteuerungsbegrenzung $\alpha_{\mathrm{Iw}}$ festgehalten und der Teilstromrichter II ausgesteuert, so wird

$$U_{\mathrm{di}\,\alpha\,\mathrm{I}} = \frac{U_{\mathrm{di}}}{2}\cos\alpha_{\mathrm{Iw}}$$

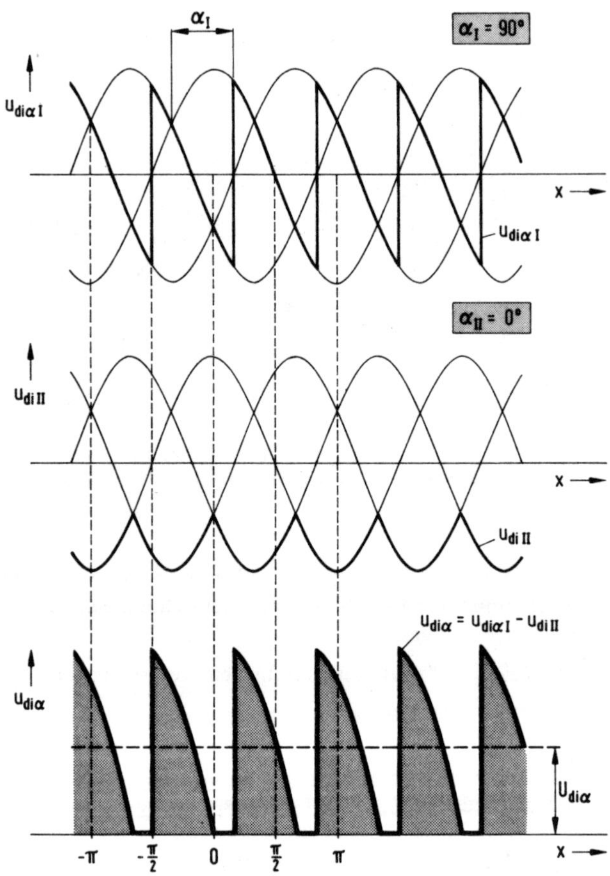


Bild 3.91. Zeitlicher Verlauf der Gleichspannung bei Folgesteuerung einer B6-Schaltung im Gleichrichterbetrieb.

$\alpha_{\mathrm{I}}=90°$; $\alpha_{\mathrm{II}}=0°$; $U_{\mathrm{di}\,\alpha} = +\frac{U_{\mathrm{di}}}{2}$

$$U_{\mathrm{di}\,\alpha\,\mathrm{II}}=\frac{U_{\mathrm{dI}}}{2}\cos\alpha_{\mathrm{II}}$$

$$\frac{U_{\mathrm{di}\,\alpha}}{U_{\mathrm{di}}}=\frac{1}{2}(\cos\alpha_{\mathrm{Iw}}+\cos\alpha_{\mathrm{II}}). \tag{3.147.}$$

In Bild 3.91. ist der zeitliche Verlauf der Gleichspannung bei Folgesteuerung der Drehstrom-Brückenschaltung im Gleichrichterbetrieb dargestellt. Der Aussteuerwinkel des Teilstromrichters I wurde so gewählt, daß

$$U_{\mathrm{di}\,\alpha}=\frac{U_{\mathrm{di}}}{2},$$

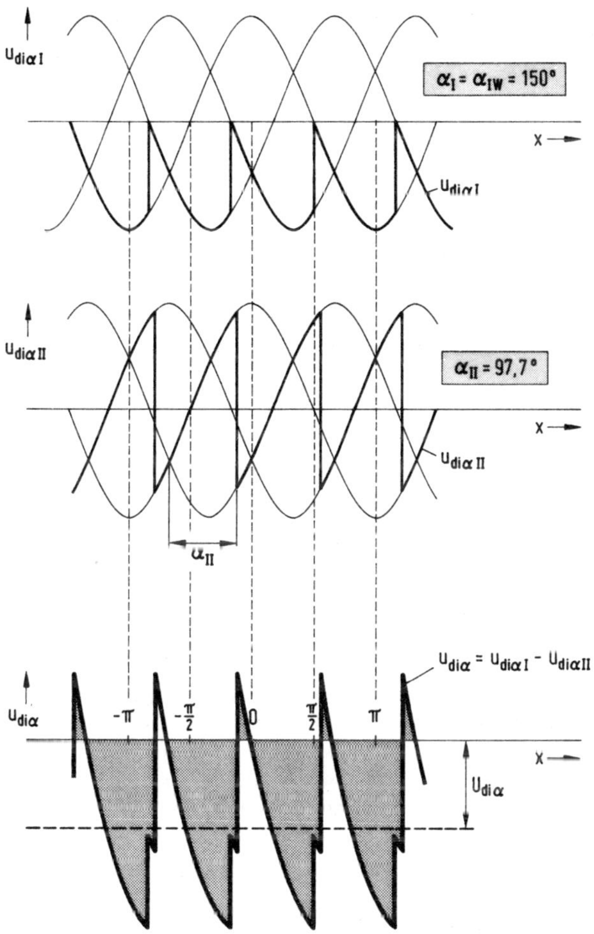


Bild 3.92. Zeitlicher Verlauf der Gleichspannung bei Folgesteuerung einer B6-Schaltung im Wechselrichterbetrieb.

$\alpha_{\mathrm{I}}=\alpha_{\mathrm{Iw}}=150°$; $\alpha_{\mathrm{II}}=97{,}7°$; $U_{\mathrm{di}\,\alpha}=-\frac{U_{\mathrm{di}}}{2}$

also $\alpha_I = 90°$ beträgt. Entsprechend Bild 3.88.b erhält man den zeitlichen Verlauf der Gleichspannung $u_{di\alpha}(x)$ dadurch, daß man die Teilspannung $u_{di\alpha II}(x)$ von $u_{di\alpha I}(x)$ subtrahiert.

Bild 3.92. zeigt den zeitlichen Verlauf der Gleichspannung bei Folgesteuerung im Wechselrichterbetrieb. Bei $U_{di\alpha} = -\frac{U_{di}}{2}$ muß bei Einhaltung der Aussteuerungsbegrenzung von $\alpha_{Iw} = 150°$ der Steuerwinkel nach Gl. (3.147.) $\alpha_{II} = 97{,}7°$ betragen.

### 3.8.2. Halbgesteuerte Drehstrom-Brückenschaltung

Wenn kein Wechselrichterbetrieb erforderlich ist, dann können die Ventile einer Brückenseite durch Dioden ($\alpha_{II} = 0°$) ersetzt werden, während die andere Brückenhälfte unter Berücksichtigung der Trittgrenze gesteuert wird. Die so entstandene halbgesteuerte Drehstrom-Brückenschaltung (Bild 3.93.) ist vom Aufwand her gesehen eine sehr interessante Variante

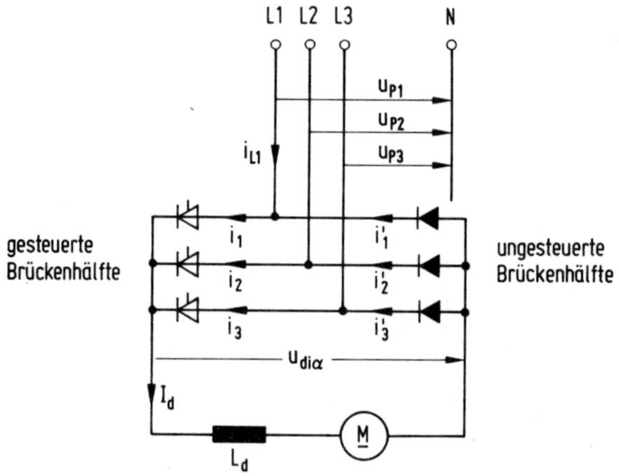


Bild 3.93.
Halbgesteuerte Drehstrom-Brückenschaltung

eines Stromrichters in Brückenschaltung mit Folgesteuerung. Die Anwendung dieser Schaltung in der Praxis ist daher entsprechend häufig. In den Bildern 3.94. und 3.95. ist der zeitliche Verlauf der Gleichspannung sowie der interessierenden Ströme für zwei verschiedene Steuerwinkel dargestellt. Bei voller Aussteuerung fließen in den Zuleitungen Wechselstromblöcke mit einer Breite entsprechend 120° el. Bei Aussteuerung verschiebt sich zunächst die positive Halbschwingung um den Steuerwinkel $\alpha$. Wird der Steuerwinkel größer als 60°, dann verkürzen sich die Stromblöcke um $\alpha - 60°$. Bei $\alpha = 180° - \gamma$ (Wechselrichter-Trittgrenze) fließen im Drehstromnetz nur kurze Stromblöcke mit der Breite $\gamma$. Dieser Sachverhalt ist in Bild 3.96. dargestellt.

Bei direktem Anschluß der halbgesteuerten Brückenschaltung an das Drehstromnetz kann wegen der erforderlichen Trittgrenze der Gleichspannungswert Null nicht ganz erreicht werden. Dieser Nachteil kann ausgeglichen werden, wenn die ungesteuerte Brückenseite an eine niedrigere Spannung angeschlossen wird als die gesteuerte Brückenhälfte. Dazu ist allerdings ein Transformator mit Anzapfungen an der Sekundärseite erforderlich. In dieser Anordnung kann der Stromrichter über den Gleichspannungswert Null hinaus auf negative Spannung (Wechselrichterbetrieb) gesteuert werden.

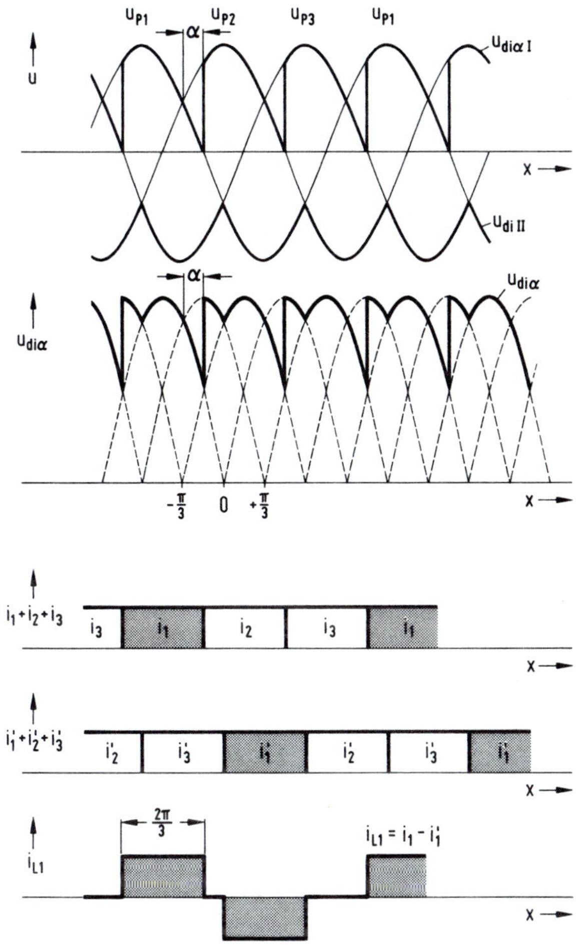


Bild 3.94.
Strom- und Spannungsverläufe bei der halbgesteuerten Drehstrom-Brückenschaltung für $\alpha = 30°$

In der Schaltung nach Bild 3.97. ist die gesteuerte Brückenseite I an die volle Sekundärspannung angeschlossen, während die ungesteuerte Brückenseite II mit niedrigerer Spannung gespeist wird. Das Verhältnis der Leiterspannungen der ungesteuerten zur gesteuerten Brückenseite sei

$$k = \frac{U_{\mathrm{L\,II}}}{U_{\mathrm{L\,I}}}.$$

Demnach ergibt sich mit $k = 1$ die normale halbgesteuerte B6-Schaltung, mit $k = 0$ die M3-Schaltung.

In Bild 3.98. ist der zeitliche Verlauf der Gleichspannung für verschiedene Steuerwinkel bei $k = \frac{1}{\sqrt{3}} = 0{,}577$ dargestellt.

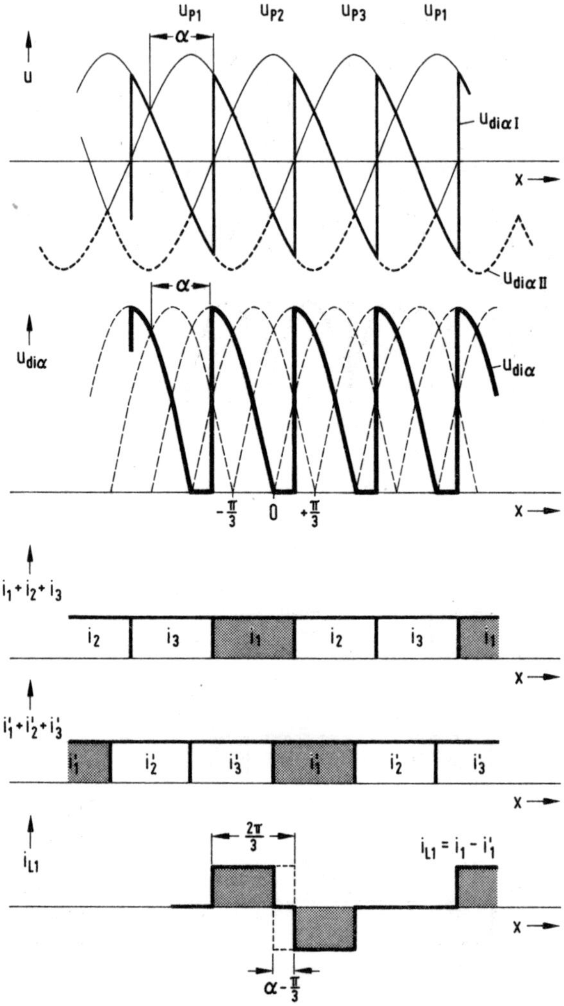


Bild 3.95.
Strom- und Spannungsverläufe bei der halbgesteuerten Brückenschaltung für $\alpha=90°$

Der Mittelwert der Gleichspannung ergibt sich zu

$$\boxed{U_{di\alpha}=\frac{3}{\sqrt{2}\pi}U_{LI}(\cos\alpha+k).} \qquad (3.148.)$$

Bei voller Aussteuerung ist mit $\alpha=0°$

$$U_{di}=\frac{3}{\sqrt{2}\pi}U_{LI}(1+k)$$

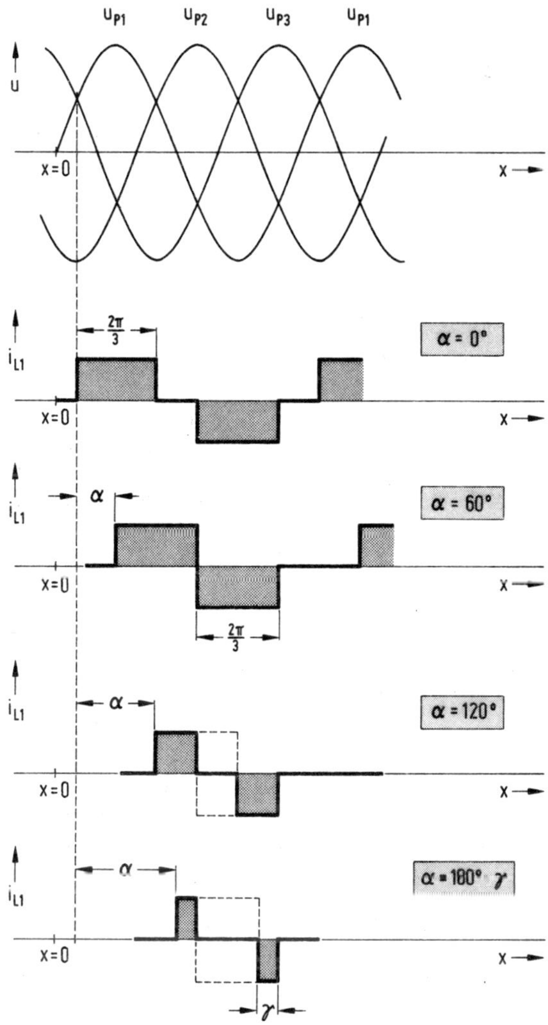


Bild 3.96.
Zeitlicher Verlauf des Leiterstroms bei der halbgesteuerten Drehstrom-Brückenschaltung in Abhängigkeit vom Steuerwinkel $\alpha$

und damit

$$\boxed{\frac{U_{\mathrm{di}\alpha}}{U_{\mathrm{di}}}=\frac{\cos\alpha+k}{1+k}.} \tag{3.149.}$$

Mit der Beziehung (3.149.) sind die Steuerkennlinien in Bild 3.99. errechnet worden. Für $k=0$ (M3-Schaltung) und $k=1$ (normale halbgesteuerte Brückenschaltung) ergeben sich die schon bekannten Beziehungen

$$\frac{U_{\mathrm{di}\alpha}}{U_{\mathrm{di}}}=\cos\alpha \qquad k=0$$

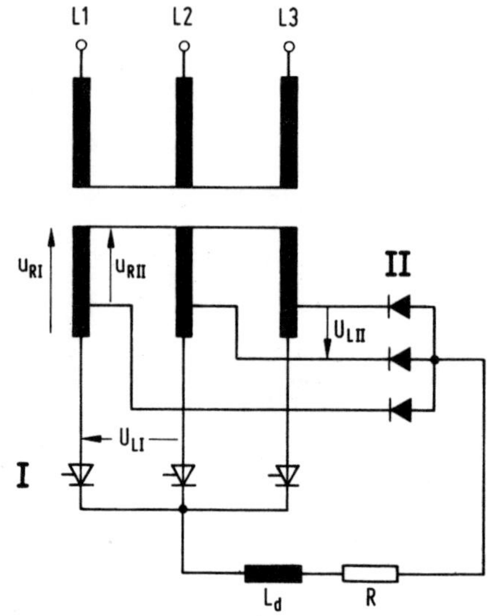


Bild 3.97.
Halbgesteuerte Drehstrom-Brückenschaltung mit verschiedenen Anschlußspannungen der Teilstromrichter

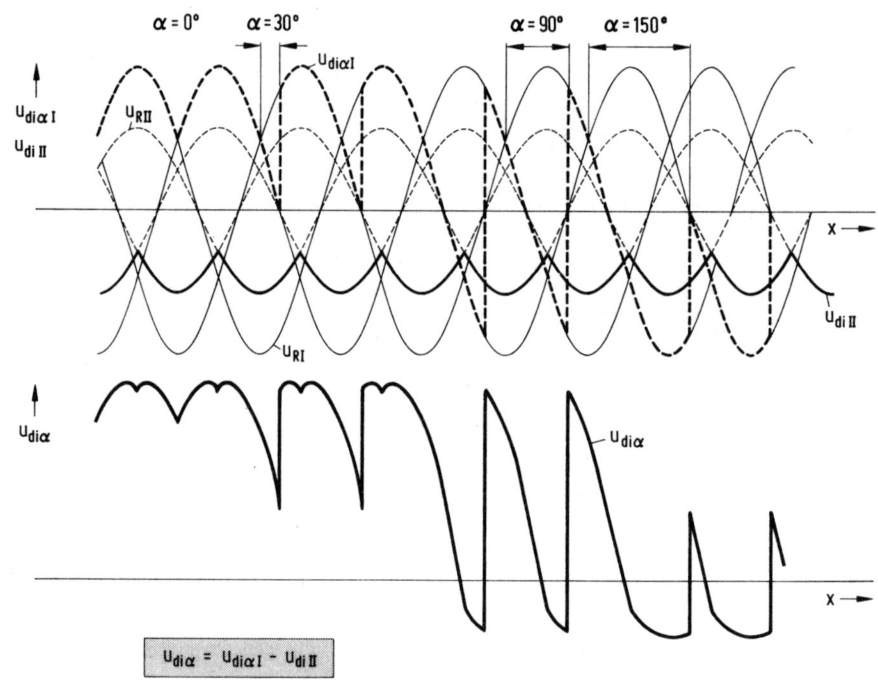


Bild 3.98. Zeitlicher Verlauf der Gleichspannung bei verschiedenen Steuerwinkeln α, $k = \frac{1}{\sqrt{3}}$

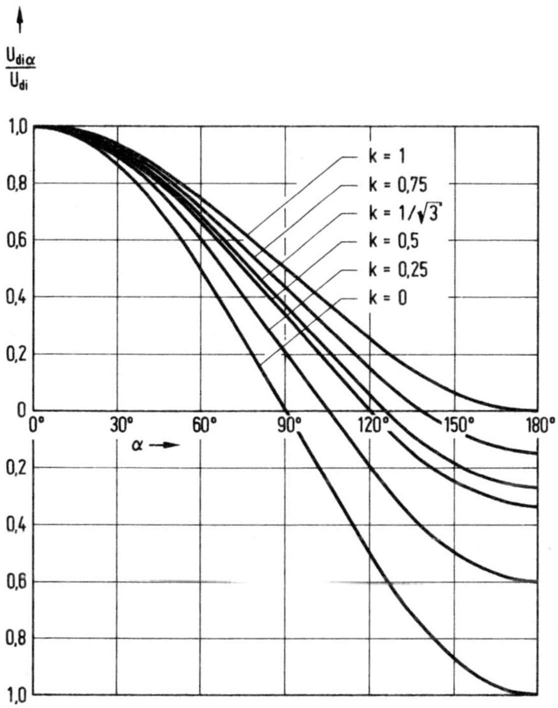


Bild 3.99.
Steuerkennlinien eines Stromrichters in halbgesteuerter B6-Schaltung für verschiedene Verhältnisse $k$ der Anschlußspannungen der ungesteuerten zur gesteuerten Brückenseite

bzw.

$$\frac{U_{\mathrm{di}\alpha}}{U_{\mathrm{di}}}=\frac{1}{2}(1+\cos\alpha) \qquad k=1.$$

Zur Beurteilung der Blindleistungsverhältnisse soll entsprechend Kapitel 3.1.5. die Blindleistungsfunktion

$$\frac{Q_{1\alpha}}{U_{\mathrm{di}}I_{\mathrm{d}}}=f\left(\frac{U_{\mathrm{di}\alpha}}{U_{\mathrm{di}}}\right)$$

berechnet und graphisch dargestellt werden. Da Teilstromrichter II wegen $\alpha=0°$ keinen Beitrag zur Blindleistung liefert, ist mit Gl. (3.29.)

$$Q_{1\alpha}=Q_{1\alpha\mathrm{I}}=U_{\mathrm{diI}}I_{\mathrm{d}}\sin\alpha.$$

Es ist weiterhin

$$U_{\mathrm{di}}=U_{\mathrm{diI}}+U_{\mathrm{diII}}$$

bzw.

$$\frac{U_{\mathrm{di}}}{U_{\mathrm{diI}}}=1+\frac{U_{\mathrm{diII}}}{U_{\mathrm{diI}}}=1+k$$

und damit

$$Q_{1\alpha} = \frac{U_{di}}{1+k} I_d \sin\alpha$$

$$\frac{Q_{1\alpha}}{U_{di} I_d} = \frac{\sin\alpha}{1+k}. \qquad (3.150.)$$

Andererseits ist nach Gl. (3.149.)

$$\frac{U_{di\alpha}}{U_{di}} = \frac{\cos\alpha + k}{1+k}.$$

Löst man die beiden letzten Gleichungen nach $\sin\alpha$ bzw. $\cos\alpha$ auf, dann erhält man

$$\cos\alpha = \frac{U_{di\alpha}}{U_{di}}(1+k) - k$$

$$\sin\alpha = \frac{Q_{1\alpha}}{U_{di} I_d}(1+k).$$

Werden diese Gleichungen quadriert und addiert, dann ergibt sich mit

$$\sin^2\alpha + \cos^2\alpha = 1$$

nach einer kurzen Zwischenrechnung

$$\boxed{\left(\frac{U_{di\alpha}}{U_{di}} - \frac{k}{1+k}\right)^2 + \left(\frac{Q_{1\alpha}}{U_{di} I_d}\right)^2 = \frac{1}{(1+k)^2}.} \qquad (3.151.)$$

Diese Blindleistungsfunktion ist in Bild 3.100. dargestellt. Mit $k$ als Parameter ergeben sich Kreise, deren Mittelpunkte auf der Abszissenachse liegen und vom Koordinatenursprung

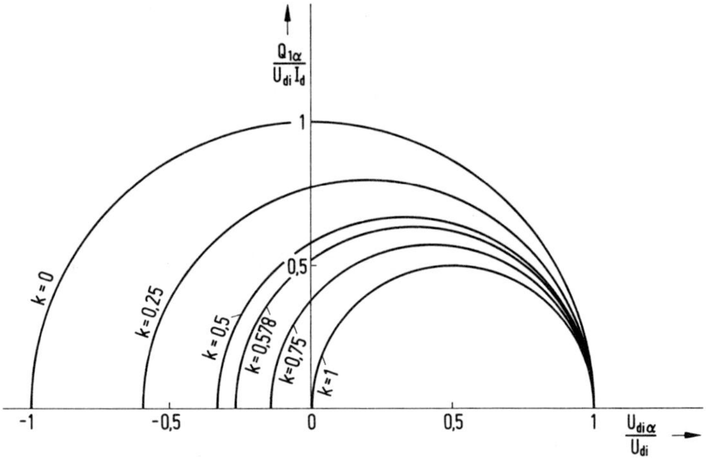


Bild 3.100. Blindleistungsfunktion eines Stromrichters in halbgesteuerter B6-Schaltung für verschiedene Verhältnisse $0 \leqq k \leqq 1$ der drehstromseitigen Spannungen der ungesteuerten zur gesteuerten Brückenseite. Anfangsüberlappungswinkel $u_0 = 0°$

den Abstand $\frac{k}{1+k}$ haben. Der Radius ist $r=\frac{1}{1+k}$. Verglichen mit der M3-Schaltung ($k=0$), läßt sich bei Annäherung an den Wert $k=1$ vor allem im Gebiet niedriger Aussteuerung eine beträchtliche Verringerung der Blindleistungsaufnahme feststellen.

Bei den bisher abgeleiteten Gleichungen ist die Kommutierungsblindleistung vernachlässigt worden. Je nach Größe des Überlappungswinkels kann die Kommutierungsblindleistung jedoch einen erheblichen Teil an der gesamten Blindleistung haben. In Bild 3.101. sind die Verhältnisse für $k=0{,}5$ bei den Überlappungswinkeln $u_0=0°$, 10°, 20°, 30° und 40° dargestellt.

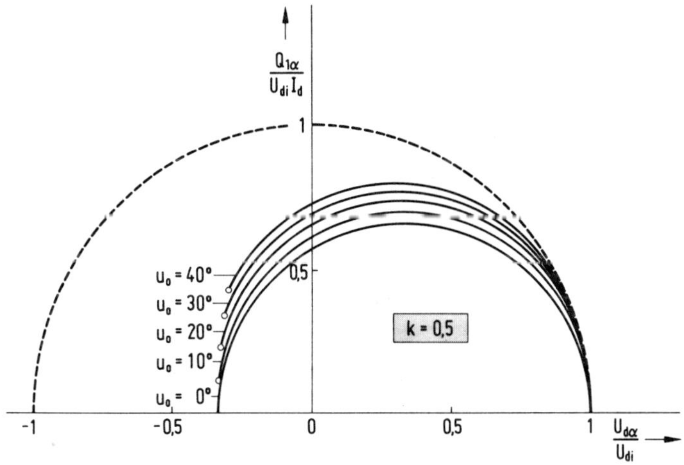


Bild 3.101. Blindleistungsfunktion eines Stromrichters in halbgesteuerter B6-Schaltung für ein Verhältnis der Spannungen der ungesteuerten zur gesteuerten Brückenseite von $k=0{,}5$ bei verschiedenen Anfangsüberlappungswinkeln $u_0$

### 3.8.3. Weitere Schaltungen mit Folgesteuerung

a) *Reihenschaltung zweier Stromrichter in B6-Schaltung bei Folgesteuerung der beiden Brückensysteme*

Bezüglich der Blindleistungsaufnahme verhält sich diese Anordnung wie ein Stromrichter in B6-Schaltung bei Folgesteuerung der beiden Brückenseiten (Bild 3.90.). Die Welligkeit der Gleichspannung ist jedoch wesentlich geringer, weil sie im gesamten Steuerbereich sechspulsig bleibt.

b) *Reihenschaltung zweier Stromrichter in B6 Schaltung bei Folgesteuerung der einzelnen Brückenseiten*

Entsprechend Bild 3.102. werden beide Brücken an die Spannung $U_L$ eines Transformators mit zwei Sekundärwicklungen angeschlossen. In Bild 3.103. ist die Blindleistungsfunktion bei verschiedenen Anfangsüberlappungswinkeln dargestellt. Die Aussteuerungsbegrenzungen $\alpha_w$ für die verschiedenen Winkel $u_0$ wurden so festgelegt, daß jeweils ein Löschwinkel von $\gamma=10°$ erhalten bleibt. Die Auswertung zeigt, daß gegenüber den Verhältnissen in Bild 3.90.

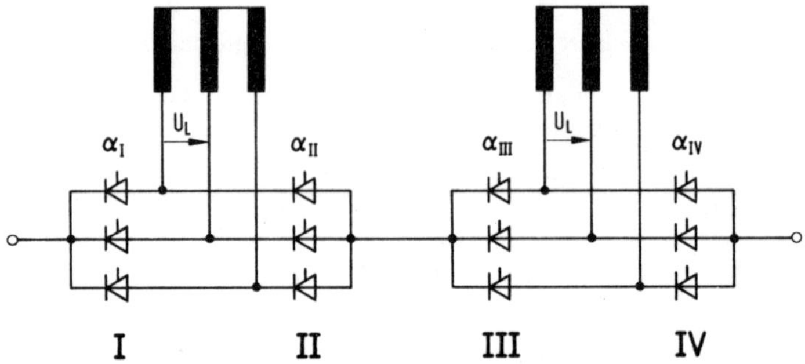


Bild 3.102. Reihenschaltung zweier Stromrichter in B6-Schaltung bei Folgesteuerung der einzelnen Brückenseiten

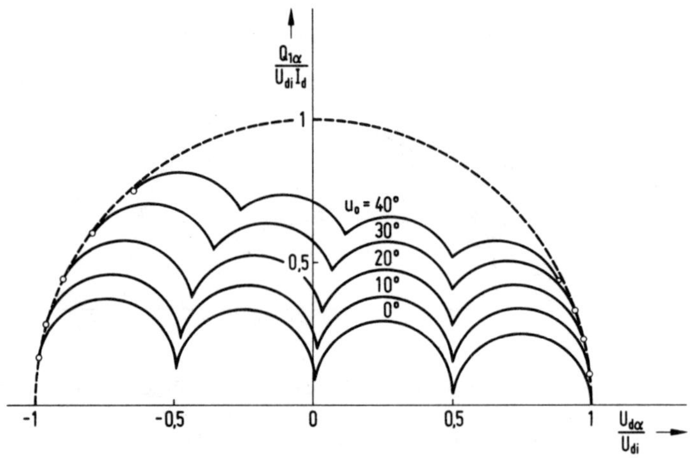


Bild 3.103. Blindlastkurven für die Folgesteuerung des Stromrichters nach Bild 3.102 bei verschiedenen Anfangsüberlappungswinkeln $u_0$

durch die Folgesteuerung der einzelnen Brückenseiten weitere Blindleistung eingespart werden kann. Es ist aber auch erkennbar, daß es sich nicht lohnt, mehr als zwei Brückensysteme in Reihe zu schalten.

c) *Reihenschaltung eines Stromrichters in vollgesteuerter B6-Schaltung mit einem Gleichrichter in B6-Schaltung*

Werden höhere Gleichspannungen gefordert, liegt es nahe, anstelle der Reihenschaltung von Thyristoren einen Teil der Ventile durch Dioden entsprechend der Schaltung in Bild 3.104. zu ersetzen. In dieser Schaltung wird nicht nur der Steuer- und Thyristoraufwand verringert, sondern es wird meistens auch ein günstigeres Blindleistungs- und Welligkeitsverhältnis als bei normalen Schaltungen erreicht. Legt man die Leerlaufgleichspannung der gesteuerten Brückenschaltung etwa bis zu 10 % höher als die der ungesteuerten, dann kann die Schaltung bis auf die Gleichspannung Null heruntergesteuert werden.

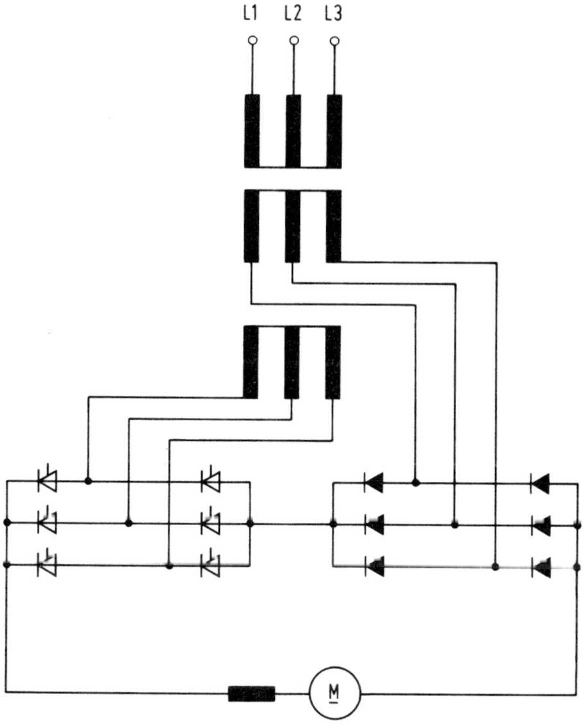


Bild 3.104. Reihenschaltung eines Stromrichters in vollgesteuerter B6-Schaltung mit einem Gleichrichter in B6-Schaltung

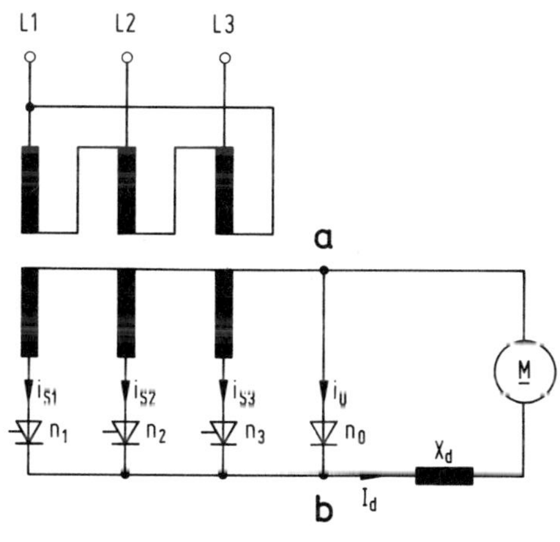


Bild 3.105.
M3-Schaltung mit Freilaufdiode

### 3.8.4. Schaltungen mit Freilaufventilen

Eine Einsparung an Blindleistung kann auch erreicht werden, wenn parallel zu den Ausgangsklemmen eines vollgesteuerten Stromrichters eine Freilaufdiode geschaltet wird. Dies soll am Beispiel der M3-Schaltung (Bild 3.105.) gezeigt werden. Die Freilaufdiode $n_0$ kann immer dann Strom übernehmen, wenn das Potential des Punktes $b$ kleiner ist als das von Punkt $a$; d.h. die Freilaufdiode führt Strom, wenn der Stromrichter bei normaler Schaltung negative Augenblickswerte der Gleichspannung aufweisen würde. Dies ist bei Steuerwinkeln $\alpha > 30°$ der Fall. Im Bereich $0 < \alpha < 30°$ führt die Freilaufdiode keinen Strom, und der Stromrichter verhält sich in diesem Bereich bezüglich der Blindleistung wie die normale M3-Schaltung. In Bild 3.106. sind die Strom- und Spannungsverhältnisse für $\alpha = 60°$ dargestellt. Mit steigendem Steuerwinkel $\alpha$ wird die Stromführungsdauer der Freilaufdiode immer größer bis bei $\alpha \to 150°$ (Gleichspannung Null) der gesamte Gleichstrom über die Freilaufdiode fließt. Voraussetzung hierfür ist wieder eine sehr große Glättungsdrossel, die einen konstanten Gleichstrom erzwingt.

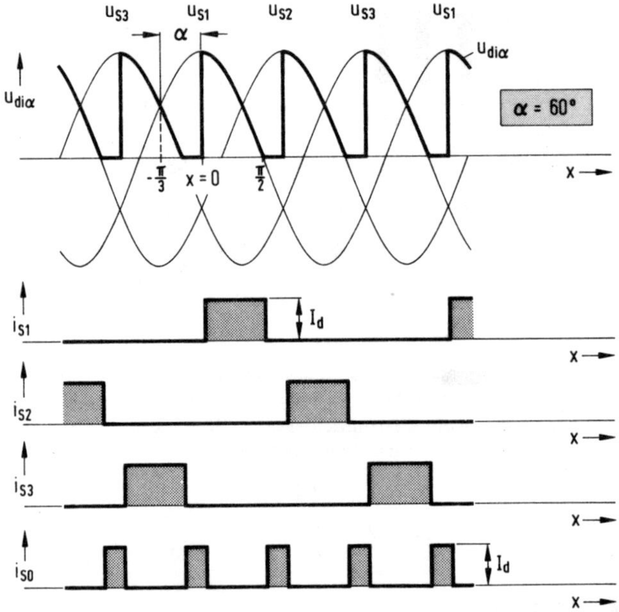


Bild 3.106. Strom- und Spannungsverhältnisse bei der M3-Schaltung mit Freilaufdiode bei einem Steuerwinkel $\alpha = 60°$

Hinsichtlich des zeitlichen Verlaufes der Gleichspannung verhält sich der Stromrichter mit Freilaufventil wie ein normaler Stromrichter bei rein ohmscher Last (ohne Glättungsdrossel). Für den Mittelwert der Gleichspannung gilt daher mit den Gleichungen (3.135.):

$$0° \leqq \alpha \leqq 30° \qquad \frac{U_{di\alpha}}{U_{di}} = \cos\alpha$$

$$30° \leqq \alpha \leqq 150° \qquad \frac{U_{di\alpha}}{U_{di}} = \frac{1 - \sin\left(\alpha - \frac{\pi}{3}\right)}{2\sin\frac{\pi}{3}}. \qquad (3.152.)$$

Geht man nach Bild 3.106. von der Spannung $u_{S1}=\sqrt{2}\,U_S \cos x$ aus, dann stellt in der Fourier-Reihe (Gl. 3.4.) das Glied $b_1 \sin x$ den zeitlichen Verlauf der Grundschwingung des Blindstromes dar. Nach Gl. (3.5.) ist

$$b_1 = \frac{1}{\pi} \int_0^{2\pi} f(x) \sin x \, \mathrm{d}x.$$

Für den zur Spannung $u_{S1}$ zugehörigen Ventilstrom $i_{S1}$ ergibt sich dann für den Effektivwert der Blindkomponente:

$$\frac{b_1}{\sqrt{2}} = \frac{I_d}{\pi\sqrt{2}} \int_{-\frac{\pi}{3}+\alpha}^{\frac{\pi}{2}} \sin x \, \mathrm{d}x$$

$$\frac{b_1}{\sqrt{2}} = \frac{I_d}{\pi\sqrt{2}} \cos\left(\alpha - \frac{\pi}{3}\right).$$

Die Blindleistung ist dann

$$Q_{1\alpha} = 3\,U_S \frac{I_d}{\pi\sqrt{2}} \cos\left(\alpha - \frac{\pi}{3}\right).$$

Mit

$$U_S = \frac{U_{di}\frac{\pi}{3}}{\sqrt{2}\sin\frac{\pi}{3}}$$

ergibt sich daraus die auf $U_{di} I_d$ bezogene Steuerblindleistung zu

$$\frac{Q_{1\alpha}}{U_{di} I_d} = \frac{\cos\left(\alpha - \frac{\pi}{3}\right)}{2\sin\frac{\pi}{3}}. \qquad (3.153.)$$

Diese Gleichung gilt im Bereich $30° \leqq \alpha \leqq 150°$. Im Bereich $0° \leqq \alpha \leqq 30°$ ist die Freilaufdiode nicht in Eingriff, und es gilt entsprechend Gl. (3.29.)

$$\frac{Q_{1\alpha}}{U_{di} I_d} = \sin\alpha.$$

Unter Berücksichtigung der Spannungsbeziehungen (Gl. 3.152.) kann damit die Blindlastkurve unter Vernachlässigung der Kommutierungsblindleistung berechnet werden (Bild 3.107.). Für den Bereich $0 \leq \alpha \leq 30°$ gilt die schon bekannte Kreisbeziehung (vgl. Gl. 3.30.):

$$\left(\frac{Q_{1\alpha}}{U_{di} I_d}\right)^2 + \left(\frac{U_{di\alpha}}{U_{di}}\right)^2 = 1.$$

Auch für den Bereich $30° \leqq \alpha \leqq 150°$ ergibt sich die Gleichung eines Kreises. Werden nämlich die Gleichungen (3.152.) und (3.153.) nach $\sin\left(\alpha - \frac{\pi}{3}\right)$ bzw. $\cos\left(\alpha - \frac{\pi}{3}\right)$ aufgelöst und

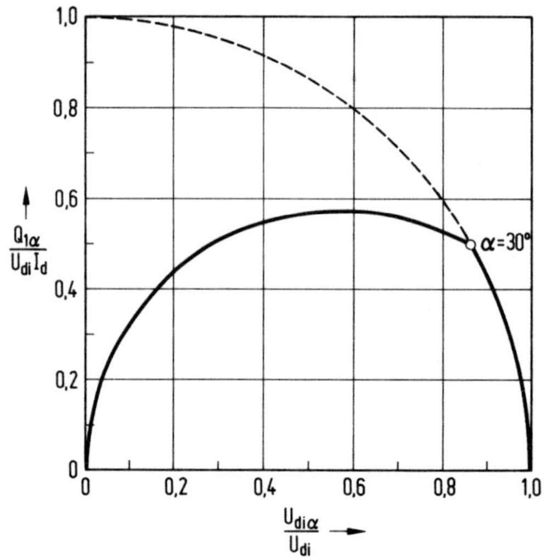


Bild 3.107.
Blindlastkurve eines dreipulsigen Stromrichters mit Freilaufdiode bei Vernachlässigung der Kommutierungsblindleistung

anschließend quadriert und addiert, dann wird schließlich

$$\left(\frac{U_{\mathrm{di}\alpha}}{U_{\mathrm{di}}}-\frac{1}{\sqrt{3}}\right)^2+\left(\frac{Q_{1\alpha}}{U_{\mathrm{di}}I_{\mathrm{d}}}\right)^2=\frac{1}{3}.$$

Die Blindlastkurve in diesem Bereich ist also der Ausschnitt eines Kreises, dessen Mittelpunkt vom Koordinatenursprung den Abstand $\frac{1}{\sqrt{3}}$ hat. Der Radius ist $r=\frac{1}{\sqrt{3}}$.

Bei Berücksichtigung der Kommutierung ergeben sich natürlich nicht mehr so günstige Verhältnisse. Auf jeden Fall ist im Bereich niedrigerer Aussteuerung die Ersparnis an Blindleistung beträchtlich. Soll der Stromrichter mit Freilaufventil auch im Wechselrichterbetrieb arbeiten, dann muß anstelle der Diode ein Thyristor vorgesehen werden, der während des Wechselrichterbetriebes gesperrt bleibt. Für höherpulsige Schaltungen lohnt sich ein Freilaufventil zur Einsparung von Blindleistung nicht. Beispielsweise tritt bei einer vollgesteuerten B6-Schaltung mit Freilaufdiode erst für $\alpha > 60°$ eine Verminderung der Blindleistung ein. Besonders vorteilhaft ist der Einsatz eines Freilaufventils bei zweipulsigen Schaltungen. Hier beteiligt sich die Freilaufdiode an der Stromführung schon bei einem Steuerwinkel von $\alpha > 0°$. Neben einer starken Verminderung des Blindleistungsbedarfs ergeben sich auch besondere Vorteile hinsichtlich des Glättungsaufwandes. Durch die Freilaufdiode werden nämlich die hohen Wechselspannungsanteile in der ungeglätteten Gleichspannung reduziert, so daß ein nichtlückender Verlauf des Gleichstromes schon bei kleineren Glättungsdrosseln erreicht werden kann.

## 3.9. Umkehrstromrichter

In der Einleitung des Kapitels 3 wurde bereits dargelegt, daß bei einer Reihe von Anwendungen netzgeführter Stromrichter, insbesondere bei Umkehrantrieben, Stromrichter benötigt werden, die einen Betrieb in allen vier Quadranten der Strom-Spannungs-Ebene ermöglichen. Abgesehen von einigen Spezialschaltungen in Kapitel 3.8. kann bei den bisher behandelten Stromrichtern mit Hilfe des Steuerwinkels $\alpha$ der Mittelwert der Gleichspannung stufenlos gesteuert werden, wobei sich beim Übergang vom Gleich- in den Wechselrichterbetrieb das Vorzeichen der Spannung umkehrt. Die Richtung des Gleichstromes ist durch die Ventilwirkung jedoch eindeutig vorgegeben. Derartige Stromrichter werden auch Zwei-Quadrant-Stromrichter genannt, da sie in der Strom-Spannungs-Ebene einen Betrieb in zwei benachbarten Quadranten gestatten (Bild 3.3.). Durch die Kombination zweier Zwei-Quadrant-Stromrichter, von denen jeder für eine Stromrichtung bestimmt ist, erhält man einen Vier-Quadrant- bzw. Umkehrstromrichter. Ein Umkehrstromrichter ermöglicht den Betrieb in allen vier Quadranten der Strom-Spannungs-Ebene (Bild 3.5.). In den Bildern 3.108. a und 3.108. b sind die Schaltungen zweier dreipulsiger Umkehrstromrichter in Gegenparallel- bzw. Kreuzschaltung dargestellt. Je nach der Stromrichtung auf der Gleichstromseite wird der Gleichstrom entweder von Stromrichter I oder von Stromrichter II geliefert. Bei der Gegenparallelschaltung ist nur eine ventilseitige Wicklung des Stromrichtertransformators erforderlich. Die zwei Stromrichter arbeiten mit entgegengesetzter Ventilrichtung auf die Gleichstromlast. Demgegenüber sind bei der Kreuzschaltung die beiden gegenparallel arbeitenden Teilstromrichter an getrennte Sekundärwicklungen des Transformators angeschlossen. Bei dreipulsigen Schaltungen wird wegen des geringeren Transformatoraufwandes die Gegenparallelschaltung bevorzugt. Die Kreuzschaltung bietet jedoch z.B. bei der sechspulsigen Brückenschaltung Vorteile. Dem größeren Transformatoraufwand steht nämlich bei dieser Schaltung eine wesentlich geringere Baugröße der Drosselspulen zur Begrenzung des sog. Kreisstromes, auf dessen Entstehung anschließend eingegangen wird, gegenüber. Wegen der Potentialtrennung ergibt sich außerdem eine größere Sicherheit gegen Phasenkurzschlüsse.

In Bild 3.109. ist das Blockschaltbild eines Umkehrstromrichters in Gegenparallelschaltung dargestellt. Man erkennt, daß beide Teilstromrichter parallel auf die gleiche Gleichstrommaschine arbeiten. Die beiden Teilstromrichter müssen daher in jedem Betriebszustand so ausgesteuert werden, daß die Mittelwerte der beiden Gleichspannungen $U_{di\alpha I}$ bzw. $U_{di\alpha II}$ nach Betrag und Vorzeichen gleich sind. Wegen der umgekehrten Ventilrichtung ist dies aber nur möglich, wenn der eine Teilstromrichter im Gleichrichter- und der andere im Wechselrichterbetrieb arbeitet. Die Verhältnisse sind in Bild 3.110. dargestellt. Teilstromrichter I arbeitet im Gleichrichterbetrieb, Teilstromrichter II im Wechselrichterbetrieb. Die Gleichheit der beiden Spannungen ist gegeben, wenn die Bedingung

$$\beta_{II} = \alpha_I$$

bzw.

$$\boxed{\alpha_{II} = 180° - \alpha_I} \qquad (3.154.)$$

erfüllt ist.

Obwohl unter Beachtung der Bedingung (3.154.) die Gleichspannungsmittelwerte der beiden Teilstromrichter übereinstimmen, ist es nicht zu vermeiden, daß die Augenblickswerte der Spannungen $u_{di\alpha I}$ und $u_{di\alpha II}$ nicht übereinstimmen (vgl. Bild 3.110.). Die Differenzspannung – auch Kreisspannung genannt – hat einen Kreisstrom zwischen den beiden Teilstromrichtern zur Folge. Er wird begrenzt durch die beiden Glättungsdrosseln. In Bild 3.111. ist der Weg des Kreisstromes für einen bestimmten Betriebszustand dargestellt. Es sind die Thyristoren 1 und 2′ gezündet. Der Gleichstrom $I_d$ wird vom Teilstromrichter I geliefert. Die Kreisspannung ist $u_{KR} = u_{di\alpha I} - u_{di\alpha II}$. Für $\alpha_{II} = 180° - \alpha_I$ ist sie eine reine Wechselspannung,

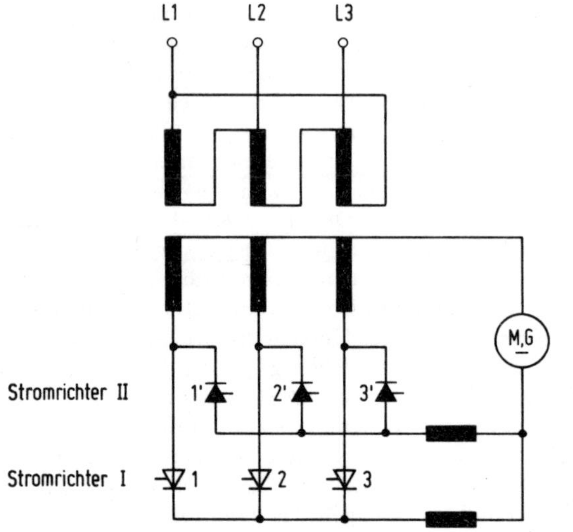


Bild 3.108.a. Dreipulsiger Umkehrstromrichter in Gegenparallelschaltung

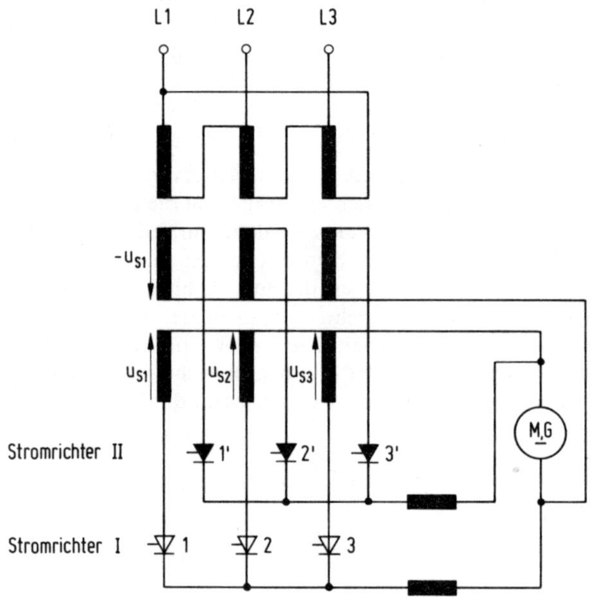


Bild 3.108.b. Dreipulsiger Umkehrstromrichter in Kreuzschaltung

deren zeitlicher Verlauf aussteuerungsabhängig ist. In den Bildern 3.112.a bis 3.112.c sind für drei verschiedene Steuerwinkel die entsprechenden Kreisspannungen und Kreisströme graphisch ermittelt worden. Für den Steuerbereich $\alpha = \alpha_1 > 60°$ ergibt sich für den Kreisstrom ein nichtlückender Verlauf. Bei $\alpha = 60°$ ist die Lückgrenze. Der Kreisstrom hat eine zusätzliche Belastung der Ventile und des Transformators zur Folge. Andererseits wirkt er sich sehr vorteilhaft auf die Strom-Spannungs-Kennlinien des Umkehrstromrichters aus. In Kapi-

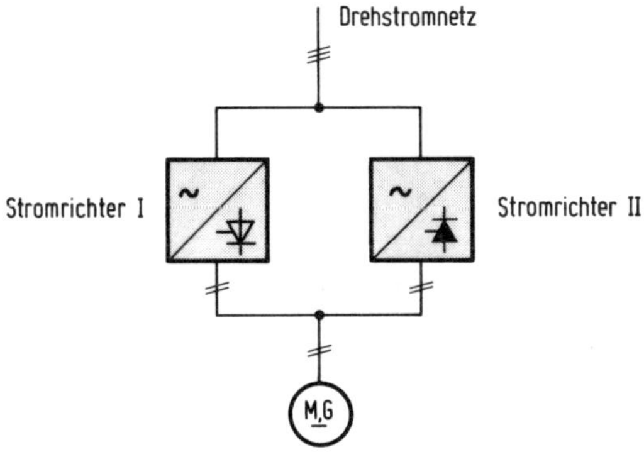


Bild 3.109.
Blockschaltbild eines Umkehrstromrichters in Gegenparallelschaltung

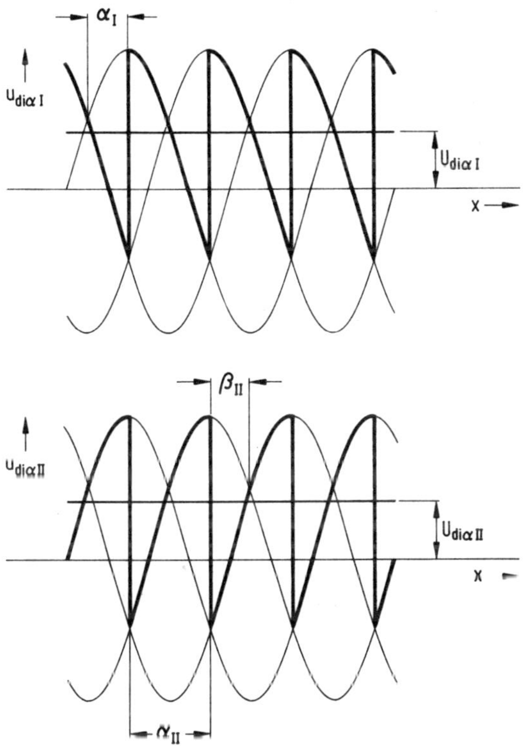


Bild 3.110.
Zur Erklärung der Wirkungsweise eines Umkehrstromrichters

tel 3.7. sind die Strom-Spannungs-Kennlinien eines dreipulsigen Stromrichters im Lückbetrieb bei Belastung auf Gegenspannung und Induktivität berechnet worden (Bild 3.86.). Im Lückbereich ergeben sich Kennlinien mit stark veränderlicher Neigung. Hierdurch können regelungstechnische Schwierigkeiten durch Änderung der Streckenverstärkung entstehen. Der Kreisstrom stellt eine Grundbelastung für den Umkehrstromrichter dar und sorgt dafür, daß die Strom-Spannungs-Kennlinien der Teilstromrichter geradlinig verlaufen. Beim

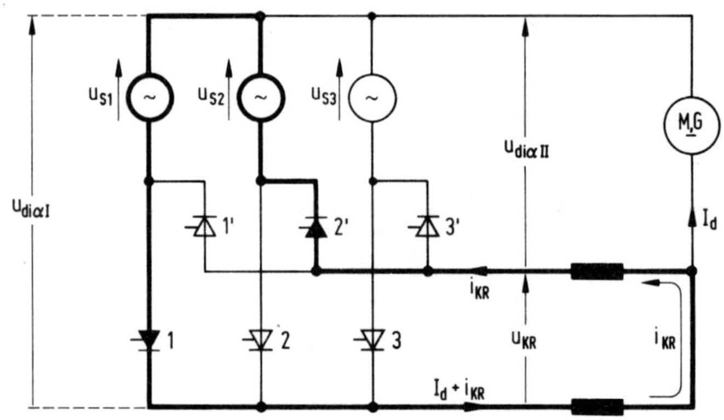


Bild 3.111. Weg des Kreisstromes bei der Gegenparallelschaltung für einen bestimmten Betriebszustand

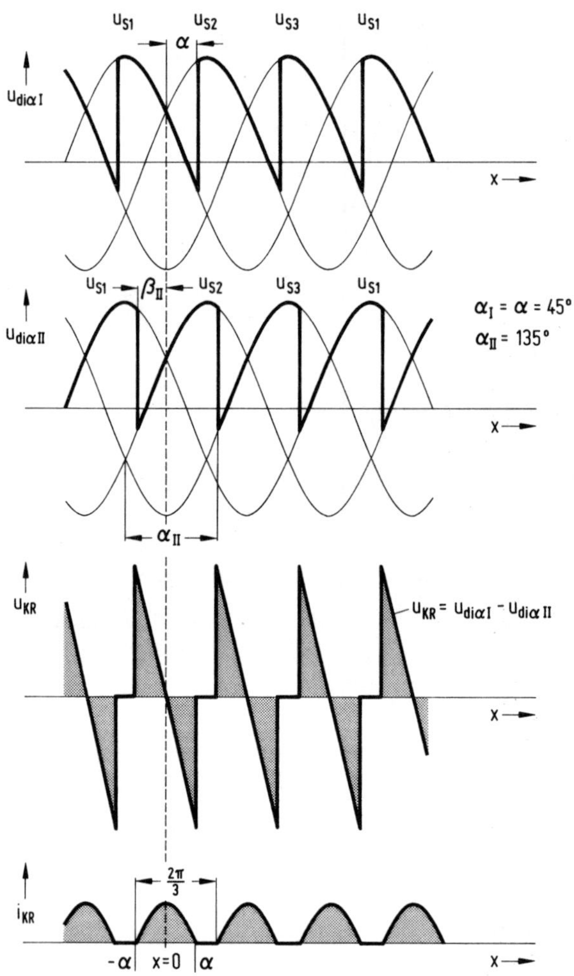


Bild 3.112.a. Kreisspannung und Kreisstrom bei $\alpha = 45°$

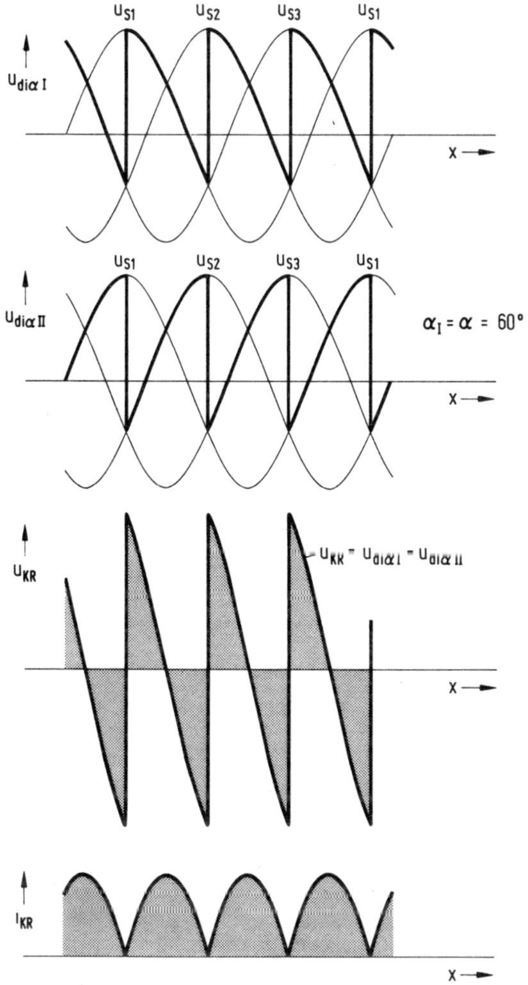


Bild 3.112.b.
Kreisspannung und Kreisstrom bei $\alpha = 60°$

Gleichstrom $I_d = 0$ gehen die Kennlinien stetig und mit gleicher Neigung ineinander über (Bild 3.113.). In der Praxis wird der Kreisstrom über einen Regelkreis kontrolliert. Die Regelung sorgt automatisch dafür, daß die Summe aus $\alpha_I + \alpha_{II}$ nicht wesentlich kleiner als 180° wird. Für $\alpha_{II} < 180° - \alpha_I$, also $\alpha_I + \alpha_{II} < 180°$ enthält die Kreisspannung auch eine Gleichspannungskomponente, die im Kreisstrom eine zusätzliche Gleichstromkomponente zur Folge hat. Wegen des geringen ohmschen Innenwiderstandes der Teilstromrichter nimmt der Kreisstrom bei größerer Abweichung von der 180°-Bedingung leicht unzulässig hohe Werte an.

In der Praxis interessiert der Mittelwert des Kreisstromes in Abhängigkeit vom Aussteuerwinkel $\alpha_I = \alpha$ unter der Bedingung $\alpha_I + \alpha_{II} = 180°$. Aus den Bildern 3.112.a bis 3.112.c erkennt man, daß zwei verschiedene Bereiche zu unterscheiden sind. Im ersten Bereich $0 < \alpha < \frac{\pi}{3}$ lückt der Kreisstrom. Er kann mathematisch durch eine Funktion erfaßt werden. Im zweiten

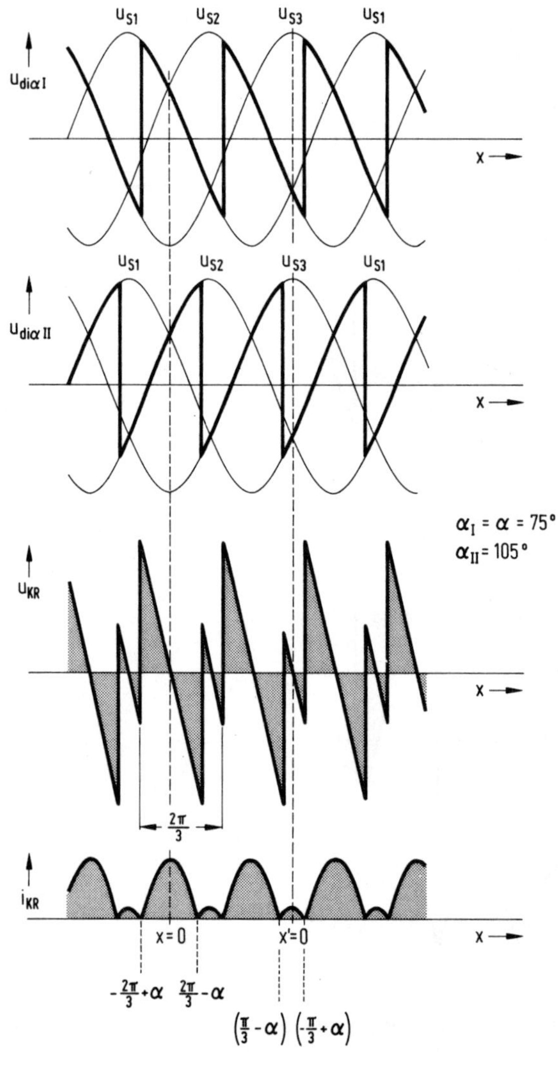


Bild 3.112.c.
Kreisspannung und Kreisstrom bei $\alpha = 75°$

Bereich $\frac{\pi}{3} < \alpha < \frac{\pi}{2}$ tritt kein Lücken des Kreisstromes auf. Der Strom setzt sich während $\frac{T}{3}$ ($T$ Periodendauer der Netzspannung) aus zwei Kuppen zusammen.

*Berechnung für den Bereich I* $\left(0 < \alpha < \frac{\pi}{3}\right)$

In Bild 3.112.a ist der Punkt $x = 0$ so gewählt worden, daß sich für die Kreisspannung eine Sinusfunktion ohne Phasenverschiebung ergibt:

$$u_{KR} = -\sqrt{3}\sqrt{2}\,U_S \sin x.$$

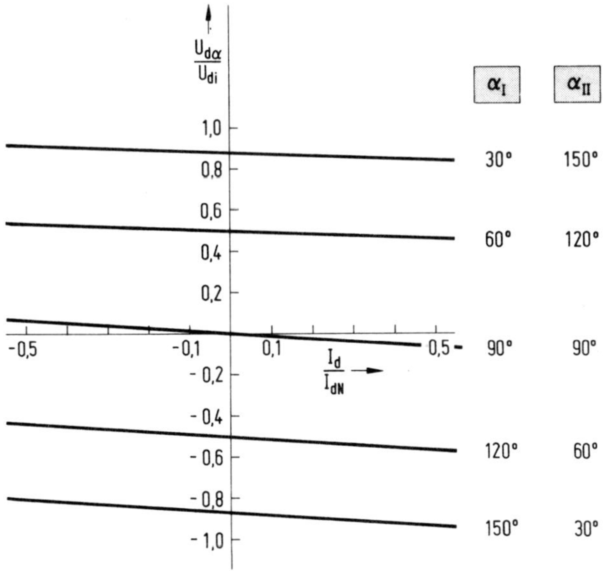


Bild 3.113. Strom-Spannungs-Kennlinien eines dreipulsigen Umkehrstromrichters

Der Kreisstrom wird durch die Reaktanzen $2X$ der Drosselspulen begrenzt. Mit

$$u_{KR} = 2L \frac{d i_{KR}}{dt}$$

wird

$$i_{KR}(t) = \frac{1}{2L} \int u_{KR}(t)\, dt + C$$

bzw.

$$i_{KR}(x) = \frac{1}{2X} \int u_{KR}(x)\, dx + C.$$

$C$ ist die Integrationskonstante.

Die weitere Rechnung ergibt

$$i_{KR}(x) = \frac{1}{2X} \int -\sqrt{3}\sqrt{2}\, U_S \sin x\, dx + C$$

$$i_{KR} = \frac{\sqrt{3}\sqrt{2}\, U_S}{2X} \cos x + C.$$

Mit

$$i_{KR} = 0 \qquad \text{für } x = -\alpha$$

ist

$$C = -\frac{\sqrt{3}\sqrt{2}\, U_S}{2X} \cos\alpha$$

und damit

$$i_{KR}(x) = \frac{\sqrt{3}\sqrt{2}\,U_S}{2X}(\cos x - \cos\alpha). \tag{3.155.}$$

Der Mittelwert des Kreisstromes ist

$$I_{KR} = \frac{3}{2\pi}\int_{-\alpha}^{+\alpha} i_{KR}(x)\,\mathrm{d}x$$

$$I_{KR} = \frac{3}{2\pi}\cdot\frac{\sqrt{3}\sqrt{2}\,U_S}{2X}\left[\int_{-\alpha}^{+\alpha}\cos x\,\mathrm{d}x - \cos\alpha\int_{-\alpha}^{+\alpha}\mathrm{d}x\right]$$

$$I_{KR} = \frac{3}{2\pi}\cdot\frac{\sqrt{3}\sqrt{2}\,U_S}{2X}\cdot 2(\sin\alpha - \alpha\cos\alpha).$$

Bezieht man $I_{KR}$ auf $\frac{\sqrt{2}\,U_S}{2X}$, also $I^*_{KR} = I_{KR}\frac{2X}{\sqrt{2}\,U_S}$, dann ergibt sich

$$\boxed{I^*_{KR} = \frac{3\sqrt{3}}{\pi}(\sin\alpha - \alpha\cos\alpha).} \tag{3.156.}$$

*Berechnung für den Bereich II* $\left(\frac{\pi}{3} < \alpha < \frac{\pi}{2}\right)$

In diesem Bereich handelt es sich um einen aus zwei Kuppen bestehenden Strom mit der Periode $\frac{2\pi}{3}$. Die Rechnung muß für jede Kuppe getrennt vorgenommen werden. In Bild 3.112.c sind die Punkte $x=0$ bzw. $x'=0$ so festgelegt worden, daß sich für die Kreisspannung der gleiche zeitliche Verlauf ergibt wie im Bereich I. Damit gelten auch alle übrigen Gleichungen bis auf die Bestimmung der Integrationskonstanten $C$. Für die größere Kuppe in Bild 3.112.c ist

$$i_{KR} = 0 \quad \text{für } x = -\frac{2\pi}{3} + \alpha$$

$$C = -\frac{\sqrt{3}\sqrt{2}\,U_S}{2X}\cos\left(\alpha - \frac{2\pi}{3}\right).$$

Mit

$$\cos\left(\alpha - \frac{2\pi}{3}\right) = \cos\left(\alpha + \frac{\pi}{3} - \pi\right) = -\cos\left(\alpha + \frac{\pi}{3}\right)$$

ist dann der zeitliche Verlauf des Stromes im Bereich $-\frac{2\pi}{3} + \alpha < x < \frac{2\pi}{3} - \alpha$ durch die Beziehung

$$i_{KR} = \frac{\sqrt{3}\sqrt{2}\,U_S}{2X}\left[\cos x + \cos\left(\alpha + \frac{\pi}{3}\right)\right]$$

festgelegt.

Für die kleinere Stromkuppe $\left(\frac{\pi}{3}-\alpha<x'<-\frac{\pi}{3}+\alpha\right)$ ist entsprechend Bild 3.112.c

$$i_{KR}=0 \qquad \text{für } x'=\frac{\pi}{3}-\alpha.$$

Damit wird

$$C=-\frac{\sqrt{3}\sqrt{2}\,U_S}{2X}\cos\left(\frac{\pi}{3}-\alpha\right)$$

und

$$i_{KR}=\frac{\sqrt{3}\sqrt{2}\,U_S}{2X}\left[\cos x-\cos\left(\frac{\pi}{3}-\alpha\right)\right].$$

Der Mittelwert des Kreisstromes errechnet sich im Bereich II dann folgendermaßen:

$$I_{KR}^{*}=\frac{3\sqrt{3}}{2\pi}\left[\int_{-\frac{2\pi}{3}+\alpha}^{+\frac{2\pi}{3}-\alpha}\cos x\,dx+\cos\left(\alpha+\frac{\pi}{3}\right)\int_{-\frac{2\pi}{3}+\alpha}^{+\frac{2\pi}{3}-\alpha}dx+\right.$$
$$\left.+\int_{+\frac{\pi}{3}-\alpha}^{-\frac{\pi}{3}+\alpha}\cos x\,dx-\cos\left(\frac{\pi}{3}-\alpha\right)\int_{+\frac{\pi}{3}-\alpha}^{-\frac{\pi}{3}+\alpha}dx\right]$$

$$\boxed{I_{KR}^{*}=\frac{3\sqrt{3}}{\pi}\left[\left(1-\frac{\pi}{3}\,\frac{\sqrt{3}}{2}\right)\sin\alpha+\left(\frac{\pi}{2}-\alpha\right)\cos\alpha\right].} \qquad (3.157.)$$

Die graphische Auswertung der Gleichungen (3.156.) und (3.157.) zeigt Bild 3.114.

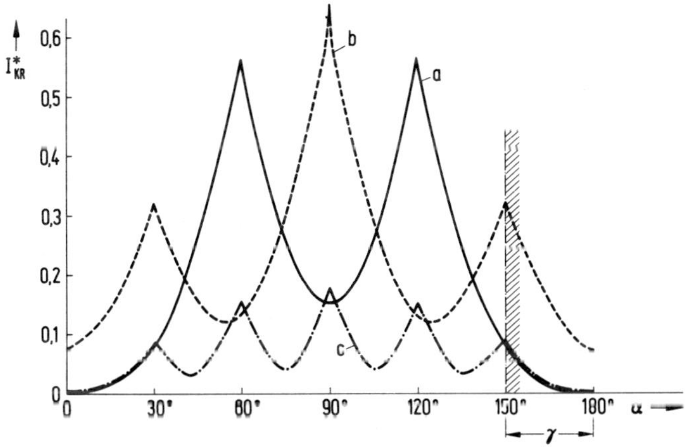


Bild 3.114. Abhängigkeit des Kreisstrommittelwertes vom Steuerwinkel $\alpha$ für
a) dreipulsige Gegenparallelschaltung und Kreuzschaltung nach den Bildern 3.108.a und b
b) dreipulsige Kreuzschaltung nach Bild 3.117.
c) sechspulsige Kreuzschaltung nach Bild 3.121.

$$I_{KR}^{*}=I_{KR}\frac{2X}{\sqrt{2}\,U_S}$$

Die bisherigen Ausführungen bezüglich der Kreisspannung und des Kreisstromes galten für die Gegenparallelschaltung nach Bild 3.108.a.

Bei dem Umkehrstromrichter in Kreuzschaltung nach Bild 3.108.b sind die sekundären Transformatorspannungen der beiden Teilstromrichter um 180° in der Phase verschoben. Der Weg des Kreisstromes ist in dem Ersatzschaltplan der Schaltung in Bild 3.115. dargestellt. Es ergibt sich unmittelbar für die Kreisspannung:

$$-u_{\mathrm{di}\alpha\mathrm{I}}+L\frac{\mathrm{d}i_{\mathrm{KR}}}{\mathrm{d}t}-u_{\mathrm{di}\alpha\mathrm{II}}+L\frac{\mathrm{d}i_{\mathrm{KR}}}{\mathrm{d}t}=0$$

$$u_{\mathrm{KR}}=2L\frac{\mathrm{d}i_{\mathrm{KR}}}{\mathrm{d}t}=u_{\mathrm{di}\alpha\mathrm{I}}+u_{\mathrm{di}\alpha\mathrm{II}}.$$

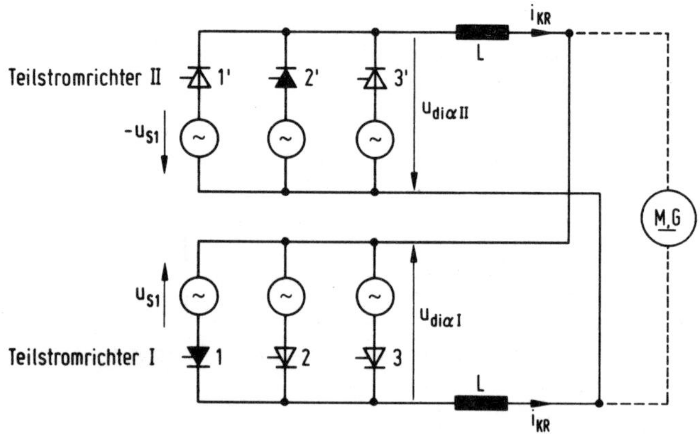


Bild 3.115. Ersatzschaltbild der Kreuzschaltung nach Bild 3.108.b. zur Ermittlung der Kreisspannung

In Bild 3.116. ist der zeitliche Verlauf der Kreisspannung für $\alpha=45°$ ermittelt worden. Der Vergleich mit Bild 3.112.a zeigt, daß sich für diese Schaltung die gleichen Verhältnisse bezüglich der Kreisspannung ergeben wie für die dreipulsige Gegenparallelschaltung. Demnach gelten auch für die Kreuzschaltung nach Bild 3.108.b die gleichen Beziehungen für den Kreisstrommittelwert.

In Bild 3.117. ist eine weitere Schaltung eines dreipulsigen Umkehrstromrichters in Kreuzschaltung angegeben. Der Unterschied zu der Schaltung in Bild 3.108.b besteht darin, daß die beiden sekundären Dreiphasensysteme gleichphasig ausgeführt sind. In Bild 3.118. ist dargestellt, wie die Kreisspannung aus den Gleichspannungsverläufen der beiden Teilstromrichter entsteht. Die aussteuerungsabhängige Kurvenform der Kreisspannung bei verschiedenen Steuerwinkeln ist in Bild 3.119. wiedergegeben. Bei bekanntem zeitlichem Verlauf der Kreisspannung kann der Mittelwert des Kreisstromes in der bereits ausführlich geschilderten Weise berechnet werden. Das Ergebnis $I_{\mathrm{KR}}^{*}=f(\alpha)$ ist in Bild 3.114. (Kurve *b*) eingetragen.

Das Diagramm $I_{\mathrm{KR}}^{*}=f(\alpha)$ kann man zur Dimensionierung der Glättungsdrosseln anwenden. Ein Beispiel soll dies zeigen.

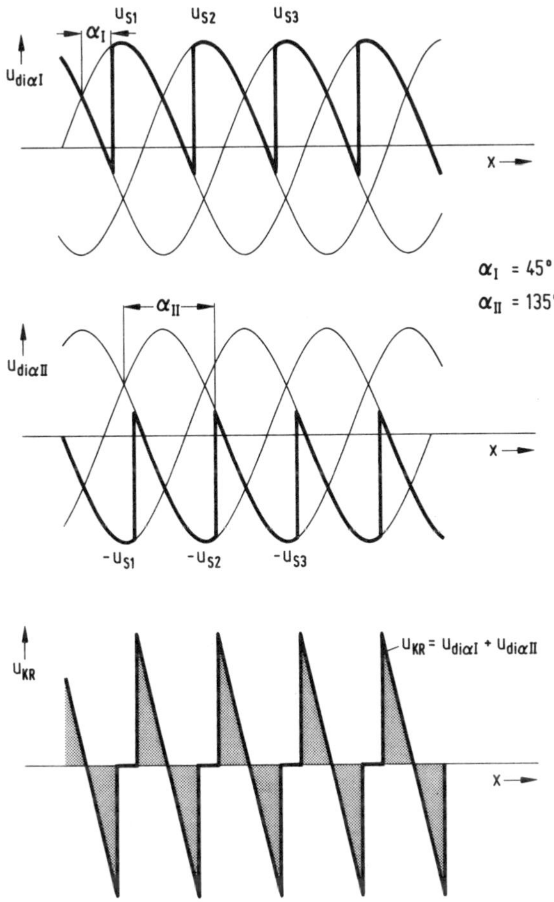


Bild 3.116.
Kreisspannung der dreipulsigen Kreuzschaltung nach Bild 3.108.b. bei $\alpha_I = \alpha = 45°$

*Beispiel 3.3.*

Für einen Reversierantrieb mit $I_{dN} = 50$ A und einer Leerlaufgleichspannung $U_{di} = 250$ V wird eine dreipulsige Gegenparallelschaltung angewendet. Die sekundäre Phasenspannung des Transformators ist

$$U_S = \frac{U_{di}}{1,17} = \frac{250\,\text{V}}{1,17} = 214\,\text{V}.$$

Die Streureaktanz einer Transformatorphase betrage

$$X_k = 0,4\,\Omega.$$

Dieser Wert entspricht einer Kurzschlußspannung des Transformators von $u_k \approx 4,4\,\%$.

Aus Bild 3.114. entnimmt man für den Maximalwert des bezogenen Kreisstromes

$$I_{KR}^* = I_{KR}\,\frac{2X}{\sqrt{2}\,U_S} = 0,565.$$

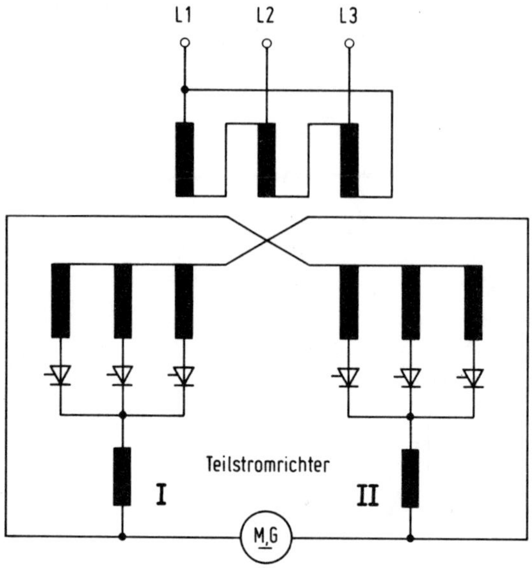


Bild 3.117.
Dreipulsiger Umkehrstromrichter in Kreuzschaltung mit gleichphasigen sekundären Wicklungssystemen

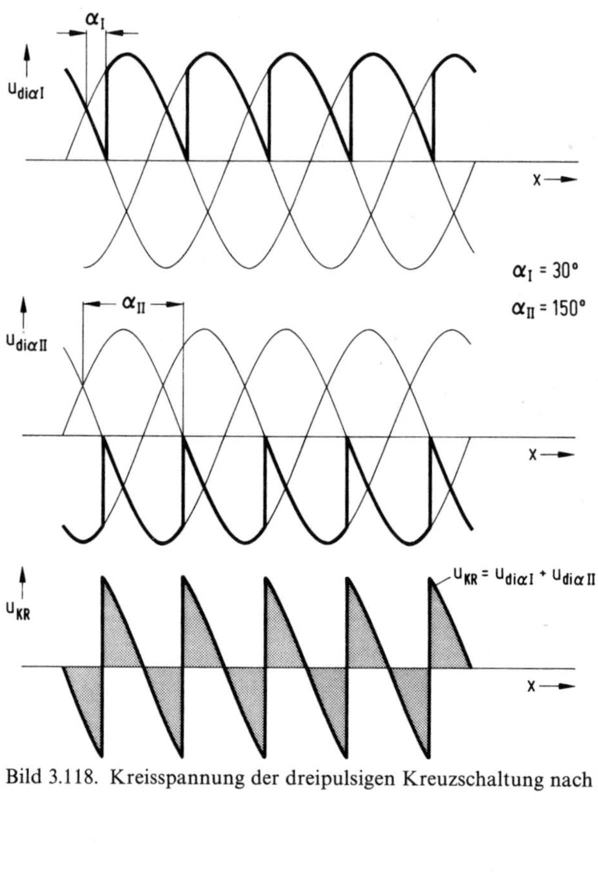


Bild 3.118. Kreisspannung der dreipulsigen Kreuzschaltung nach Bild 3.117 bei $\alpha_I = \alpha = 30°$

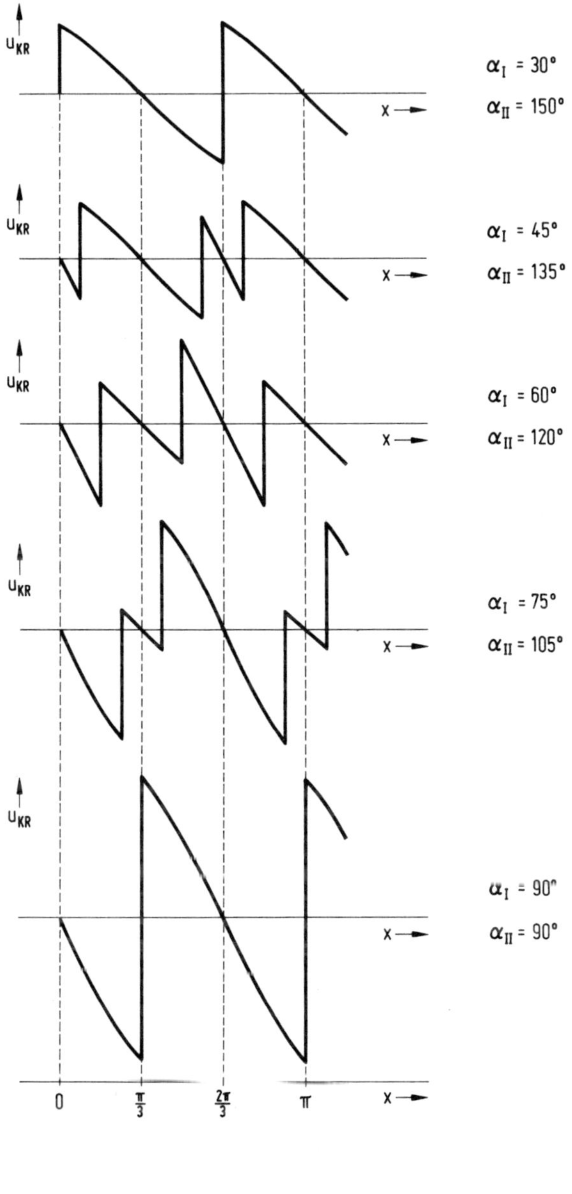


Bild 3.119.
Kreisspannungen der dreipulsigen Kreuzschaltung nach Bild 3.117. bei verschiedenen Steuerwinkeln

Der Gleichstrommittelwert des Kreisstromes soll im ungünstigsten Fall nur 5% des Nennstromes der Anlage betragen, d.h.

$$I_{KR} = \frac{0{,}565\sqrt{2}\,U_S}{2X} = 0{,}05\,I_{dN}.$$

$2X$ ist die Gesamtreaktanz des Kreisstromkreises. Sie setzt sich aus den Streureaktanzen zweier Transformatorphasen und den Reaktanzen der Glättungsdrosseln zusammen:

$$2X = 2(X_d + X_K).$$

Damit wird

$$X_d = \frac{0{,}565\sqrt{2}\,U_S}{2 \cdot 0{,}05\,I_{dN}} - X_K$$

bzw.

$$L_d = \frac{0{,}565\sqrt{2}\,U_S}{2 \cdot 0{,}05\,I_{dN} \cdot 2\pi \cdot f} - \frac{X_K}{2\pi f}.$$

Das ergibt

$$L_d = \frac{0{,}565\sqrt{2} \cdot 214\,\mathrm{Vs}}{2 \cdot 0{,}05 \cdot 50\,\mathrm{A} \cdot 2\pi \cdot 50} - \frac{0{,}4\,\Omega\mathrm{s}}{2\pi \cdot 50}$$

$$L_d = 107{,}6\,\mathrm{mH}.$$

In Bild 3.120. ist ein Umkehrstromrichter in Drehstrom-Brückenschaltung als Gegenparallelschaltung dargestellt. Diese Schaltung erfordert insgesamt vier Kreisstromdrosseln, die

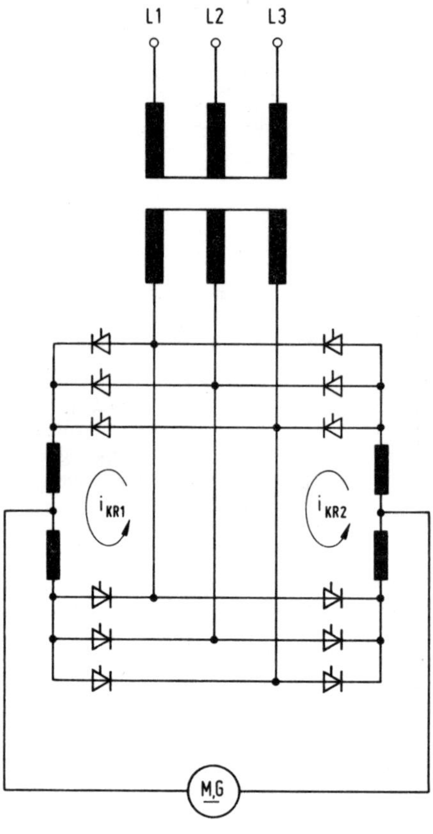


Bild 3.120.
Gegenparallelschaltung zweier Stromrichter in Drehstrom-Brückenschaltung

verhältnismäßig groß sein müssen. Es können sich nämlich entsprechend Bild 3.120. zwei dreipulsige Kreisströme $i_{KR1}$ und $i_{KR2}$ ausbilden. Diese Schaltung hat auch bezüglich des Regleraufwandes so große Nachteile, daß sie in der Praxis kaum angewendet wird.

Wesentlich günstiger verhält sich die in Bild 3.121. dargestellte Kreuzschaltung. In diesem Bild sind auch die zur Drehzahlregelung einer Gleichstrommaschine erforderlichen Regelkreise angegeben. Die Regelstrecke besteht aus der Gleichstrommaschine und dem Stromrichter. Der Ankerstrom darf mit Rücksicht auf die Maschine und den Stromrichter einen Höchstwert nicht überschreiten. Es ist daher zweckmäßig, dem Drehzahlregelkreis eine Ankerstromregelung zu unterlagern. Die Regelstrecke im Stromregelkreis besteht aus dem Stromrichter mit Steuersatz und dem Ankerstromkreis. Der Sollwert und der Maximalwert werden diesem Regelkreis von der Ausgangsspannung des überlagerten Drehzahlreglers bzw. ihrer einstellbaren Begrenzung vorgegeben. Die Regelstrecke des Drehzahlregelkreises bilden der Stromregelkreis mit dem Ankerstrom als Ausgangsgröße und die nachfolgende mechanische Trägheit.

Bei der Kreuzschaltung ist für jeden Teilstromrichter ein Steuersatz und ein Stromregler erforderlich. Der Kreisstrom kann den Stromreglern über eine zusätzliche Einspeisung als Sollwert vorgegeben werden.

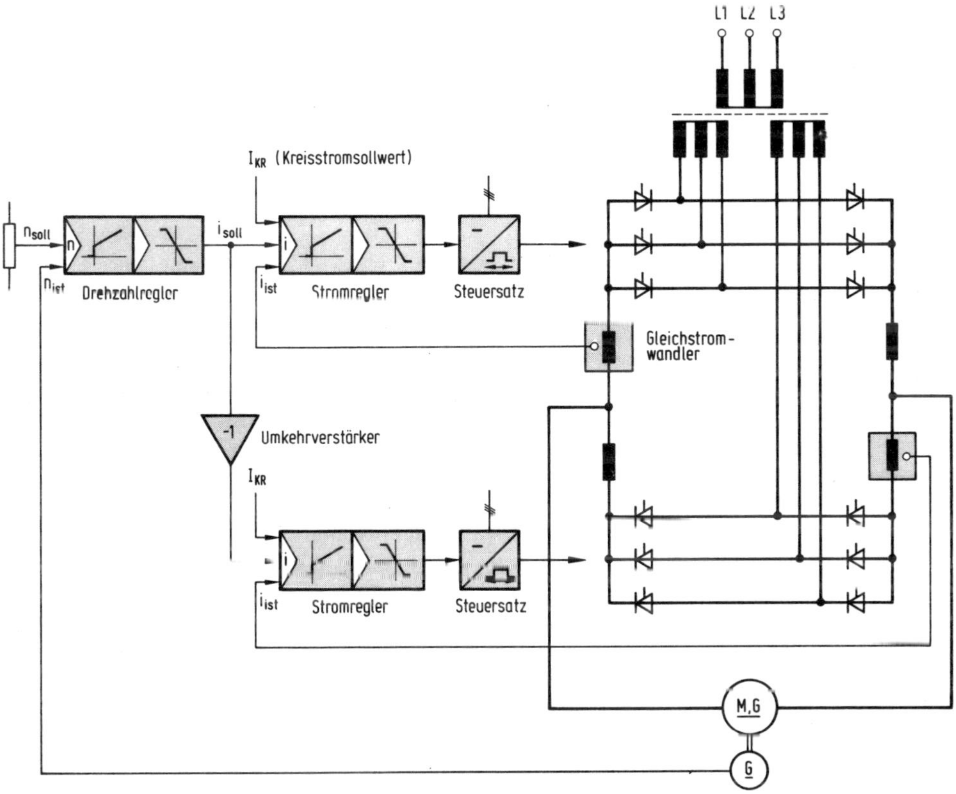


Bild 3.121. Umkehrstromrichter in Drehstrom-Brückenschaltung als Kreuzschaltung

Bei dieser Schaltung ist der Kreisstrom sechspulsig. Verglichen mit den dreipulsigen Schaltungen ist der Kreisstrommittelwert wesentlich geringer (Bild 3.114.). Damit können die beiden Glättungsdrosseln entsprechend kleiner ausgeführt werden.

Ein Umkehrstromrichter kann auch völlig kreisstromfrei betrieben werden. In der in Bild 3.122. dargestellten Drehstrom-Brückenschaltung mit antiparallelen Ventilen sorgt eine

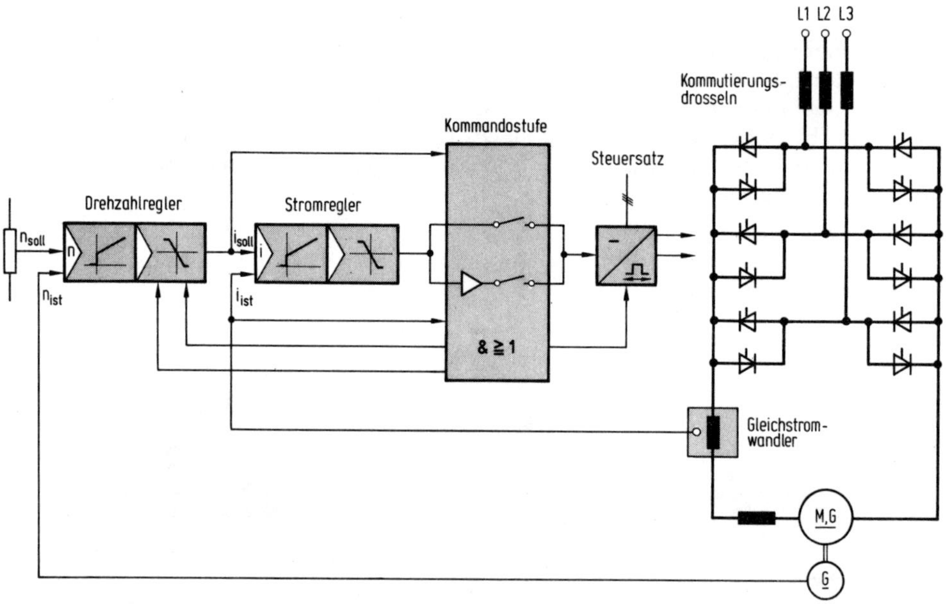


Bild 3.122. Umkehrstromrichter in Drehstrom-Brückenschaltung mit antiparallelen Ventilen für kreisstromfreien Betrieb

Umschaltlogik (Kommandostufe) dafür, daß jeweils nur ein Teilstromrichter eingeschaltet ist; die Zündimpulse des anderen Teilstromrichters werden gesperrt. Die elektronische Umschaltung des Ankerstromes von einem Teilstromrichter auf den anderen läuft folgendermaßen ab:

1. Erfassen des Vorzeichenwechsels am Drehzahlreglerausgang.
2. Sperren des Drehzahlreglers durch Begrenzen der Ausgangsspannung und kontaktloses Abtrennen des Steuersatzes vom Stromregler. Gleichzeitig müssen zum schnellen Stromabbau die Steuerimpulse an die Wechselrichter-Trittgrenze verschoben werden.
3. Nach Strom-Nullmeldung Löschen der Steuerimpulse bei dem bisher stromführenden Teilstromrichter.
4. Wiederankoppeln des Steuersatzes an den Stromregler, Freigabe der Steuerimpulse und der Begrenzung des Drehzahlreglers für die neue Stromrichtung.

Die Umschaltpausenzeit beträgt nur ca. 3 ms. Da beide Teilstromrichter niemals gleichzeitig Steuerimpulse erhalten, ist für beide zusammen nur ein Steuersatz erforderlich. Neben dem relativ geringen Aufwand im Steuer- und Regelkreis ergeben sich auch bedeutsame Einsparungen im Starkstromkreis. Es ist nur eine Glättungsdrossel notwendig. Diese kann auch noch eingespart werden, wenn die Ankerinduktivität der Maschine entsprechend groß ist (s. Formel (3.129.) für $p=6$). Ein Transformator wird nicht benötigt, wenn bei Anschluß der Schaltung an das 380 V-Drehstromnetz die Maschinenspannung bei maximaler Drehzahl ca. 400 V beträgt. Bei Beachtung der Wechselrichter-Trittgrenze ergibt sich für die maximale Gleichspannung im Leerlauf: $|U_{\mathrm{di}\alpha}| = 2{,}34 \cdot 220\,\mathrm{V} \cdot \cos 30° = 446\,\mathrm{V}$. Unter Berücksichtigung der Spannungsänderungen im Drehstromnetz und der Spannungsabfälle im Stromrichter (z.B. an den Kommutierungsdrosseln) ist eine Festlegung der Maschinenspannung auf $U_{\mathrm{aN}} = 400\,\mathrm{V}$ zweckmäßig.

Bei einer Reihe von Anwendungsfällen – z.B. Antriebe für Dreh-, Schleif- und Fräsmaschinen, Pressen und Zentrifugen – ist keine so hohe Dynamik beim Umschalten von der einen auf die andere Momentenrichtung wie bei den bisher behandelten Umkehrstromrichtern erforderlich. In diesen Fällen kann man einen Vierquadrantenantrieb unter Verwendung eines Stromrichters für Zweiquadrantenbetrieb in Verbindung mit einer Polwendeeinrichtung aufbauen. Die Bilder 3.123. und 3.124. zeigen entsprechende Schaltungen für Vierquadrantenantrieb mit Anker- bzw. Feldkreisumschaltung.

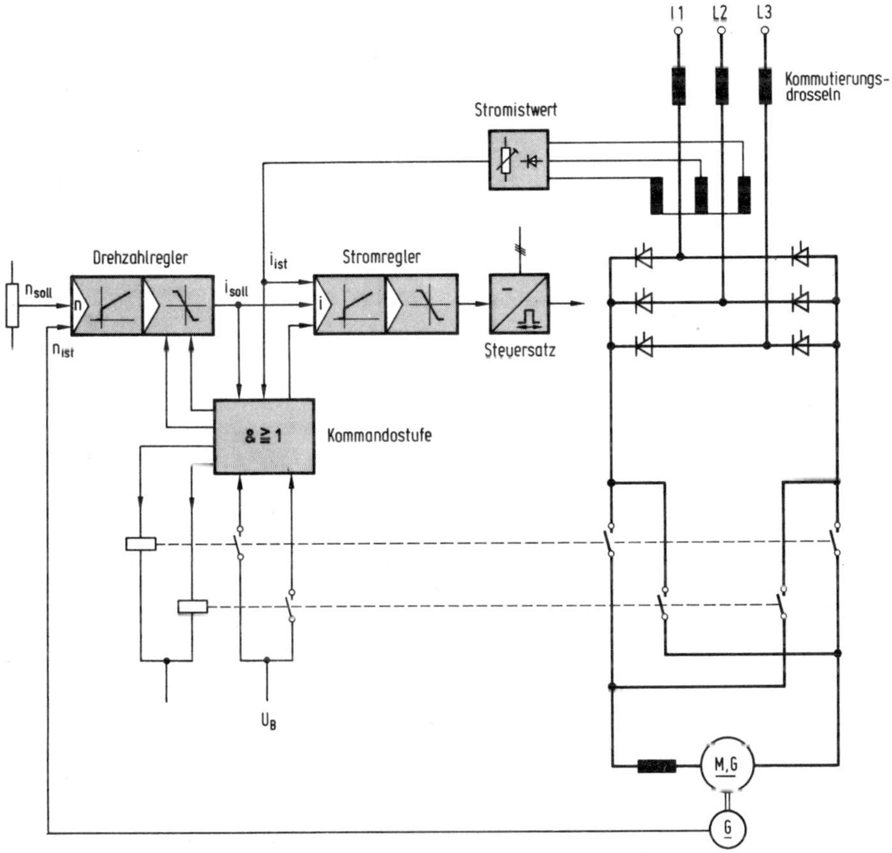


Bild 3.123. Stromrichter für Vierquadrantenbetrieb mit Ankerkreisumschaltung

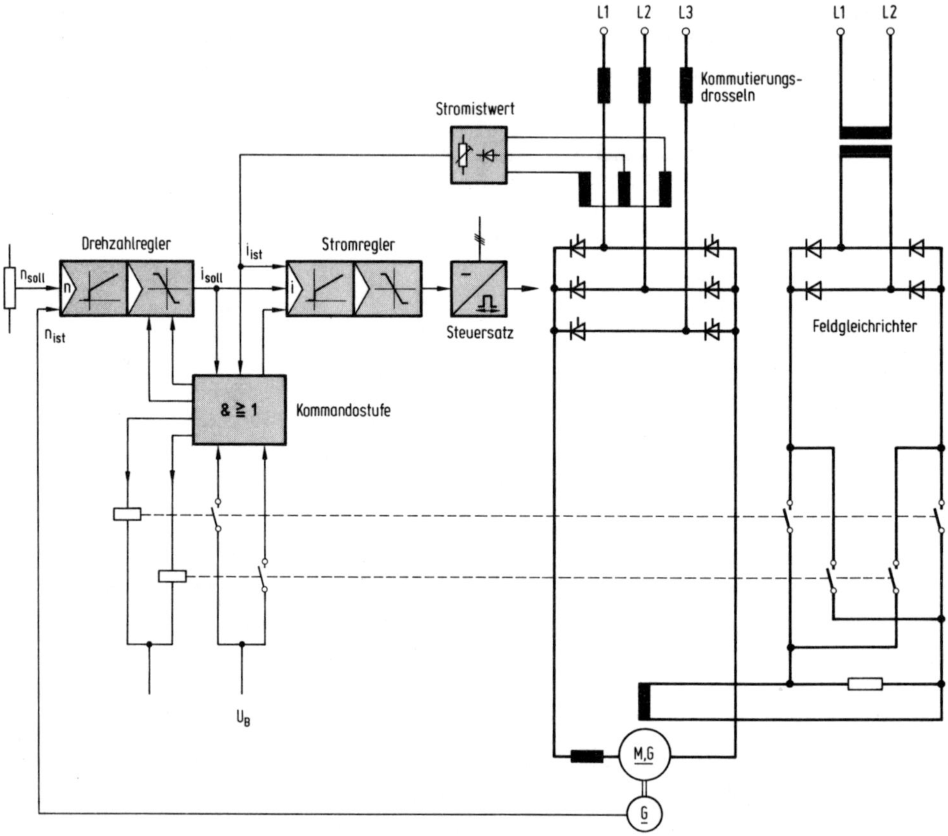


Bild 3.124. Stromrichter für Vierquadrantenbetrieb mit Feldkreisumschaltung

Bei der Ankerkreisumschaltung wird der Stromrichter entsprechend der jeweiligen Momentenanforderung von einer Kommandostufe aus über Schütze an die Maschine geschaltet. Die Schaltzeit der beiden Wendeschütze hat eine stromlose und somit momentfreie Pause von etwa 0,1 bis 0,2 s zur Folge.

Bei der Feldkreisumschaltung erfolgt die Umkehr der Momentenrichtung durch Umschalten der Erregung über Wendeschütze. Die stromlose Pause verlängert sich dabei um die Dauer des Feldabbaues. Sie liegt im allgemeinen zwischen 0,5 s und 2,5 s. Für alle Umkehrantriebe, bei denen die momentfreie (stromlose) Pause nicht stört, ist die Ankerkreis- und Feldkreisumschaltung eine einfache und wirtschaftliche Lösung.

## 3.10. Drehzahlregelung einer stromrichtergespeisten Gleichstrommaschine

### 3.10.1. Arbeitsweise des Steuersatzes

Der Steuersatz für einen netzgeführten Stromrichter hat die Aufgabe, die zur Steuerung der Thyristoren erforderlichen netzsynchronen Impulse zu bilden. Diese Impulse müssen von einem festen Bezugspunkt aus (z.B. Nulldurchgang der speisenden Wechselspannung) in ihrer zeitlichen Lage mit Hilfe einer Steuerspannung verschoben werden können, so daß der Steuerbereich $0 \leqq \alpha < 180°$ eingestellt werden kann. In Bild 3.125. ist das Blockschaltbild eines dreipulsigen Steuersatzes dargestellt.

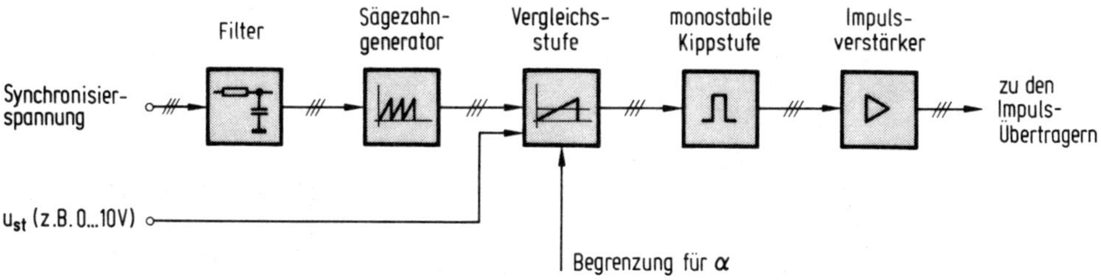


Bild 3.125. Blockschaltplan eines dreipulsigen Steuersatzes

Bild 3.126. zeigt, wie entsprechend dem Blockschaltbild ein mit der Steuerspannung $u_{St}$ verschiebbarer netzsynchroner Impuls in bezug auf die netzseitige Steuerspannung $u_{P1}$ gebildet werden kann. Der Nulldurchgang der Synchronisierspannung $u_{Syn\,1}$ bestimmt den Beginn des Ablaufes der Sägezahnspannung. Im Schnittpunkt von Steuer- und Sägezahnspannung wird der Steuerimpuls gebildet. Dieser kann entsprechend der Höhe der Steuerspannung stufenlos, von $\alpha = 0°$ ausgehend, verschoben werden. Eine Begrenzerschaltung für die Steuerspannung muß in der Praxis dafür sorgen, daß die Wechselrichter-Trittgrenze z.B. bei $\alpha_{max} = \alpha_w = 150°$ eingestellt werden kann und nicht überschritten wird. Wird die Steuerspannung noch über einen Addierverstärker geführt, dann kann bei Steuerspannung $u_{St} = 0\,V$ durch Addition einer konstanten Spannung auch ein minimaler Steuerwinkel $\alpha_{min} = \alpha_G$ eingestellt werden. Bei Steuersätzen für netzgeführte Stromrichter ist die Synchronisierung ein kritischer Punkt. Die Netzspannung ist oft oberschwingungshaltig. Hierdurch können sich die Nulldurchgänge um mehrere Grade verschieben; häufig treten sogar mehrere Nulldurchgänge hintereinander auf, insbesondere dann, wenn Kommutierungseinbrüche in der Netzspannung infolge anderer Stromrichter vorhanden sind. In diesen Fällen müssen Filter dem Synchronisierungstransformator nachgeschaltet werden. In der Praxis haben sich einfache RC Filter (Tiefpässe) bewährt.

In Bild 3.127. wird gezeigt, wie – ausgehend vom Blockschaltbild – in einfacher Weise die konkrete Schaltung des Steuersatzes realisiert werden kann. Der Übersicht wegen wurden Detailschaltungen zur Begrenzung des Steuerwinkels $(\alpha_G, \alpha_w)$ weggelassen. Weiterhin sind nur Schaltungen mit integrierten Operationsverstärkern (Band I) verwendet worden.

Zur Erklärung dieser Schaltung soll auf Bild 3.128. Bezug genommen werden. Der als Komparator geschaltete Operationsverstärker I formt die sinusförmige Synchronisierungsspannung in die invertierte rechteckförmige Spannung $u_2$ um. Bei negativer Komparatorspannung ist der Transistor 1 gesperrt, und der als Integrator geschaltete Operationsverstärker II integriert die konstante negative Spannung $-U_B$. Die Ausgangsspannung $u_3$ des Integrators hat einen exakt geradlinigen Verlauf, da der Kondensator $C_1$ mit dem konstanten Strom $\frac{U_B}{R_0}$ aufgeladen wird. Bei positiver Komparatorspannung wird der Transistor 1 eingeschaltet und der Kondensator $C_1$ kurzgeschlossen. Da der Opera-

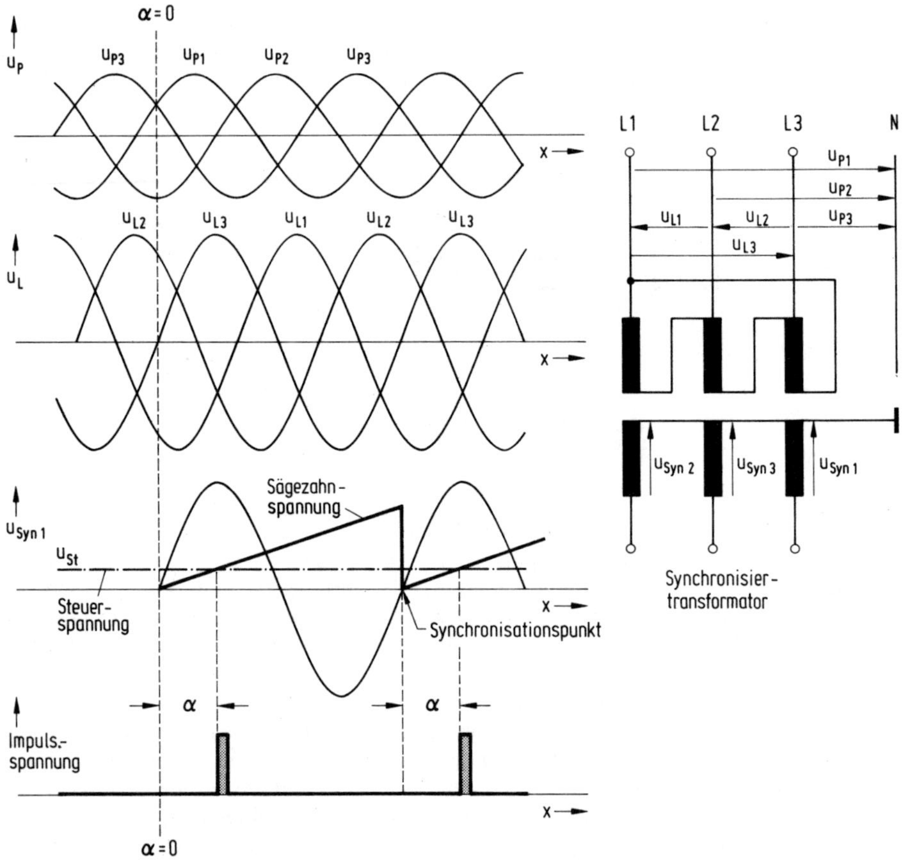


Bild 3.126. Prinzipielle Wirkungsweise eines dreipulsigen Steuersatzes

tionsverstärker II in dieser Phase als invertierender Verstärker mit der Verstärkung Null geschaltet ist, bleibt die Spannung $u_3$ solange Null, bis der Komparator I bei negativer Ausgangsspannung den Transistor wieder abschaltet. Jetzt beginnt die Integration von der Spannung Null ausgehend von neuem. Damit ist die sägezahnförmige Spannung des Integrators auf den Nulldurchgang der Synchronisierspannung synchronisiert. Im Komparator II wird die Spannung $u_3$ mit der Steuerspannung $u_{St}$ verglichen. Sobald die Sägezahnspannung größer als die Steuerspannung wird, schaltet der Komparator II von seinem positiven auf den negativen Sättigungswert (Spannung $u_4$). Dadurch wird der Transistor 3, der bei positiver Spannung des Komparators II eingeschaltet ist, abgeschaltet ($u_5$). Beim Anstieg der Ausgangsspannung von Transistor 2 wird die monostabile Kippstufe getriggert und ein Steuerimpuls gebildet, dessen Breite von der äußeren RC-Beschaltung der integrierten Kippstufe abhängig ist ($u_6$). Dieser Steuerimpuls ist um den Winkel $\alpha$ vom Nulldurchgang der Synchronisierspannung verschoben. Der Zusammenhang zwischen der Steuerspannung $u_{St}$ und dem Steuerwinkel $\alpha$ is exakt linear.

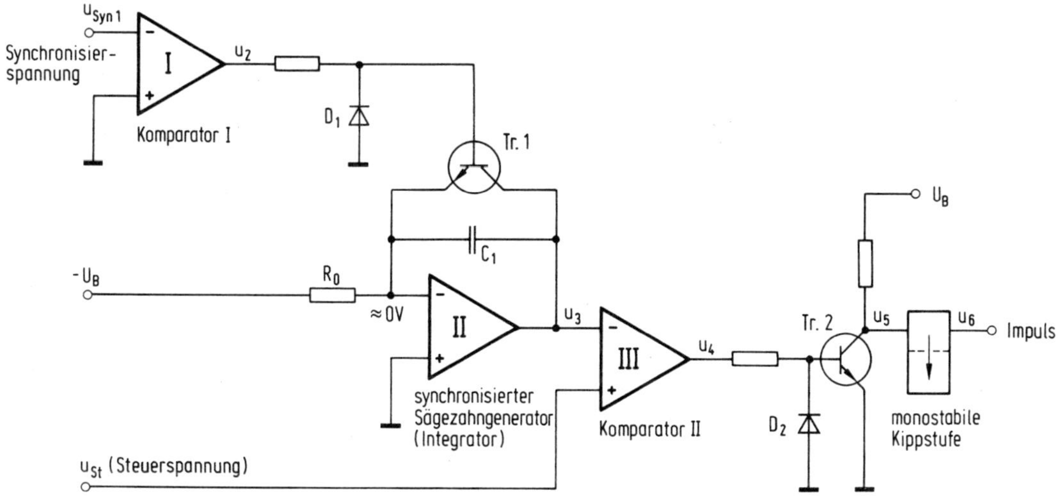


Bild 3.127. Schaltungsprinzip eines Steuersatzes mit Operationsverstärkern

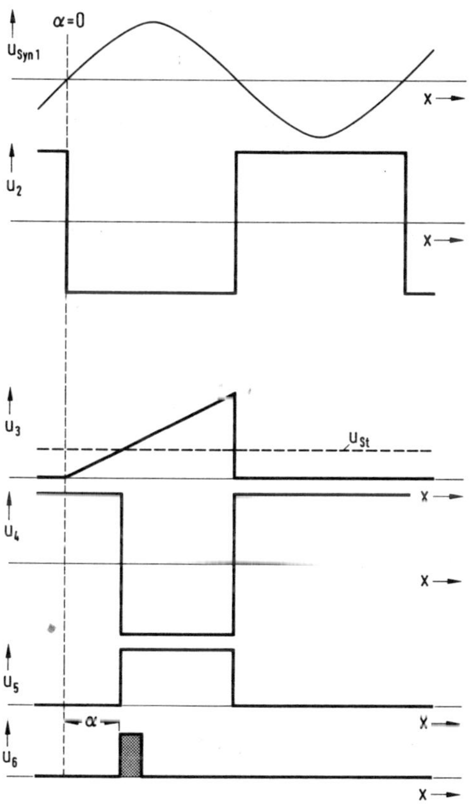


Bild 3.128.
Potentialverläufe beim Steuersatz nach Bild 3.127.

Die Schaltung soll nun so dimensioniert werden, daß bei einer Steuerspannung $0\,\mathrm{V} \leqq u_{\mathrm{St}} \leqq +10\,\mathrm{V}$ der Steuerbereich $0 \leqq \alpha \leqq 180°$ erreicht wird. Beim Anschluß an das 50 Hz-Netz muß dann der Integrator innerhalb von 10 ms (180°) eine Ausgangsspannung von +10 V erreicht haben. Gibt man noch die Höhe der Eingangsspannung vor, z.B. $U_{\mathrm{B}} = 15\,\mathrm{V}$, dann können die Beschaltungselemente des Integrators leicht berechnet werden. Es ist

$$u_3(t) = -\frac{1}{R_0 C_1} \int (-U_{\mathrm{B}})\, \mathrm{d}t + k.$$

Da der Integrator von der Spannung Null beginnt, ist $k=0$. Damit wird

$$u_3(t) = \frac{1}{R_0 C_1} U_{\mathrm{B}} t \qquad 0 \leqq t \leqq 10\,\mathrm{ms}.$$

Für $t = 10$ ms soll $u_3(10\,\mathrm{ms}) = 10\,\mathrm{V}$ betragen:

$$10\,\mathrm{V} = \frac{1}{R_0 C_1} 15\,\mathrm{V} \cdot 10\,\mathrm{ms}.$$

$$R_0 C_1 = \frac{15\,\mathrm{V} \cdot 10\,\mathrm{ms}}{10\,\mathrm{V}} = 15\,\mathrm{ms}.$$

Mit $R_0 = 50\,\mathrm{k\Omega}$ wird $C_1 = 0{,}3\,\mu\mathrm{F}$.

Bei einem Netz mit hohem Oberschwingungsgehalt wird der Operationsverstärker I zweckmäßig als Schmitt-Trigger beschaltet und ein RC-Filter vorgeschaltet.

Bei geregelten Stromrichteranlagen wird der Steuersatz von der Ausgangsspannung eines Reglers, z.B. zwischen −10 V und +10 V, angesteuert. In diesen Fällen ist es erforderlich, eine Potentialumsetzung am Eingang des Steuersatzes vorzunehmen. Eine geeignete Schaltung mit Operationsverstärker zeigt Bild 3.129.a. Die Schaltung soll so dimensioniert werden, daß die gewünschte Kennlinie in Bild 3.129.b entsteht. Nach den in Band I behandelten Methoden zur Berechnung von Schaltungen mit Operationsverstärkern ergibt sich:

Spannung am invertierenden Eingang

$$U_{\mathrm{N}} = \frac{U_{\mathrm{A}}}{1+y},$$

Spannung am nichtinvertierenden Eingang

$$U_{\mathrm{P}} = \frac{(U_{\mathrm{E}} - U_{\mathrm{H}})x}{1+x} + U_{\mathrm{H}};$$

beim idealen Operationsverstärker mit Gegenkopplung ist die Differenzspannung

$$U_{\mathrm{D}} = U_{\mathrm{P}} - U_{\mathrm{N}} = 0,$$

also

$$U_{\mathrm{P}} = U_{\mathrm{N}}.$$

Damit wird

$$\frac{(U_{\mathrm{E}} - U_{\mathrm{H}})x}{1+x} + U_{\mathrm{H}} = \frac{U_{\mathrm{A}}}{1+y}$$

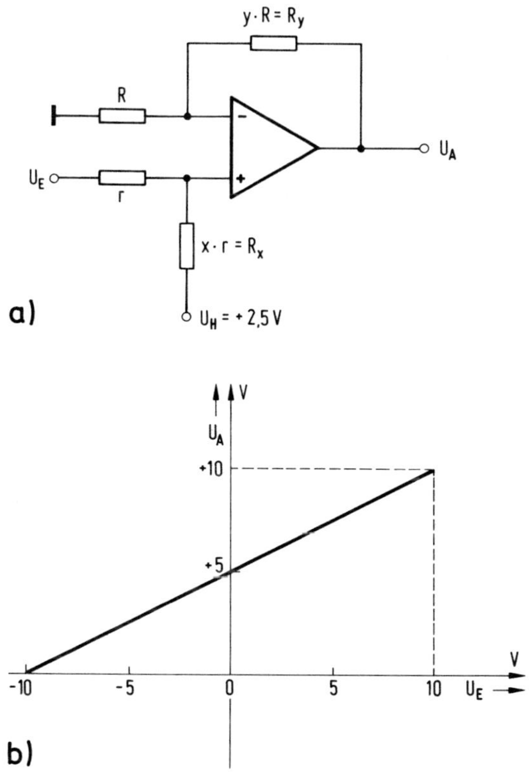


Bild 3.129.
Schaltung zur Potentialumsetzung

bzw.

$$U_A = U_E \frac{x(1+y)}{1+x} + U_H \frac{1+y}{1+x};$$

bei $U_E = -10$ V soll $U_A = 0$ V sein, also

$$0 = -10 \frac{x(1-y)}{1+x} + 2{,}5 \frac{1+y}{1+x}$$

$$x = \frac{1}{4}.$$

Andererseits ist

$$U_A = 5\,\text{V} \quad \text{bei} \quad U_E = 0\,\text{V}$$

$$5 = 0 + 2{,}5 \frac{1+y}{1+x}$$

$$y = 2x + 1$$

$$y = \frac{3}{2}.$$

Wählt man $R = r = 20\,\text{k}\Omega$, dann erhält man

$$R_x = x\,r = \frac{1}{4}\,20\,\text{k}\Omega = 5\,\text{k}\Omega$$

$$R_y = y\,R = \frac{3}{2}\,20\,\text{k}\Omega = 30\,\text{k}\Omega.$$

Für zweipulsige Thyristorschaltungen (z.B. M2- und halbgesteuerte B2-Schaltungen) werden bei einfachen Betriebsbedingungen häufig einfachere Steuersätze angewendet. In Bild 3.130.

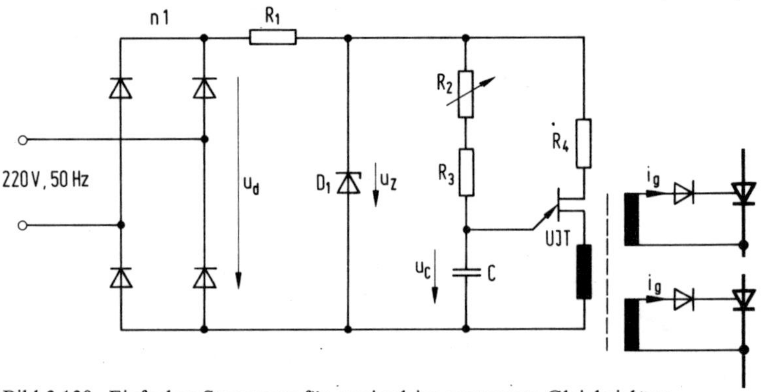


Bild 3.130. Einfacher Steuersatz für zweipulsige gesteuerte Gleichrichter

ist eine Schaltung mit Unijunction-Transistor dargestellt. Es besteht wieder die Aufgabe, netzsynchrone Impulse zu erzeugen, die in diesem Fall mit Hilfe des Potentiometers $R_2$ gegenüber dem Nulldurchgang der Synchronisierspannung stufenlos in einen möglichst großen Steuerbereich verschoben werden können. Zur Erläuterung der Schaltung dient Bild 3.131. Über die zweipulsige Brückenschaltung am Eingang der Schaltung wird die Netzspannung gleichgerichtet $[u_d(x)]$. Die $Z$-Diode $D_1$ liefert die Doppelbasisspannung für den Unijunction-Transistor $[u_z(x)]$. Der Widerstand $R_1$ begrenzt dabei die Verlustleistung der $Z$-Diode. Der Kondensator $C$ lädt sich über die Widerstände $R_2$ und $R_3$ auf. Sobald die Schaltspannung des $UJT$ $u_S(x) = \eta\, u_z(x)$ erreicht ist, schaltet der $UJT$ durch, und der Kondensator entlädt sich über die Primärseite des Impulsübertragers. In der Zeichnung ist das innere Spannungsverhältnis $\eta$ des $UJT$ mit 0,5 angenommen worden. Bei der Entladung des Kondensators wird ein Steuerimpuls gebildet, der gegenüber dem Nulldurchgang der Netzspannung um den Winkel $\alpha$ verschoben ist. Am Ende der Entladung kippt der $UJT$ wieder in den gesperrten Zustand, und die Aufladung des Kondensators kann von neuem beginnen. Auf diese Weise entsteht eine Folge von Impulsen. Durch Verstellen des Potentiometers $R_2$ kann die Ladezeitkonstante des Kondensators und damit der Steuerwinkel $\alpha$ verändert werden. Wegen der endlichen Ladezeit des Kondensators kann $\alpha = 0°$ nicht ganz erreicht werden. Von ganz wesentlicher Bedeutung für die Funktion der Schaltung ist die Tatsache, daß der Kondensator wegen $u_S(x) = \eta\, u_z(x)$ immer vollständig entladen wird und damit ein konstanter Steuerwinkel $\alpha$ in jeder Periode gewährleistet ist. Die Steuerimpulse sind damit ordnungsgemäß auf die Netzspannung synchronisiert. Die Schaltung kann noch

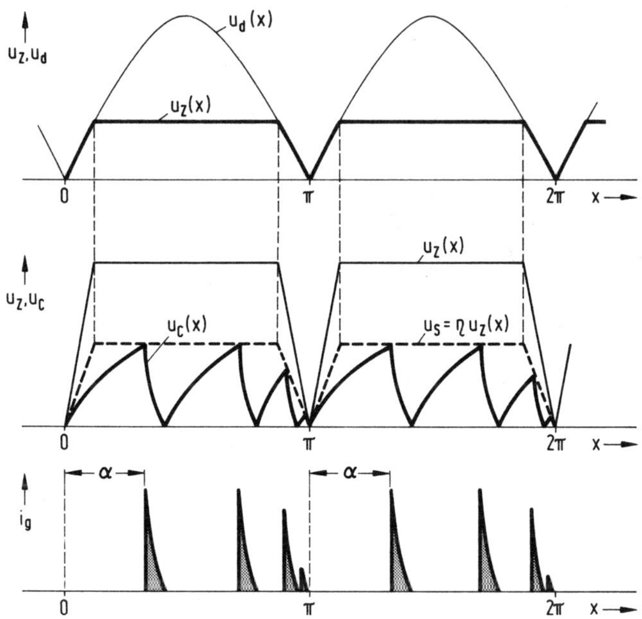


Bild 3.131. Zur Wirkungsweise des Steuersatzes mit Unijunction-Transistor

verbessert werden, wenn anstelle der Widerstände $R_2$ und $R_3$ eine gesteuerte Konstant-Stromquelle eingesetzt wird. In diesem Falle ist auch eine Ansteuerung über eine Steuerspannung möglich.

## 3.10.2. Meßwertumformer

Bei der Drehzahlregelung von stromrichtergespeisten Gleichstrommaschinen ist die potentialfreie Erfassung des Gleichstromes und der Drehzahl notwendig. Durch die Potentialtrennung ist eine optimale Anpassung der Meßwertgeber an die Regeleinrichtung möglich.

### Gleichstrommeßgeber

Für die Erfassung des Stromistwertes gibt es verschiedene Meßgeber, die sich in ihrem Aufwand und ihren Eigenschaften unterscheiden.

Die einfachste Möglichkeit besteht darin, den Gleichstrom über den äquivalenten Drehstrom (Drehstromgeber) zu erfassen. Das Meßprinzip ist in Bild 3.132. angegeben. Über die Stromwandler, die bei Typennennstrom einen Sekundärstrom von 0,1 A oder 0,5 A abgeben, wird der Drehstrom erfaßt und auf der Sekundärseite der Wandler gleichgerichtet. Die Schaltung wird durch den Bürdenwiderstand $R_B$ abgeschlossen. Parallel zur Bürde schaltet man zweckmäßig ein Potentiometer, damit die dem Gleichstrom proportionale Gleichspannung $U_{ist}$ an den Regelkreis angepaßt werden kann. Der Widerstand im Potentiometerkreis sollte etwa $10\,R_B$ betragen.

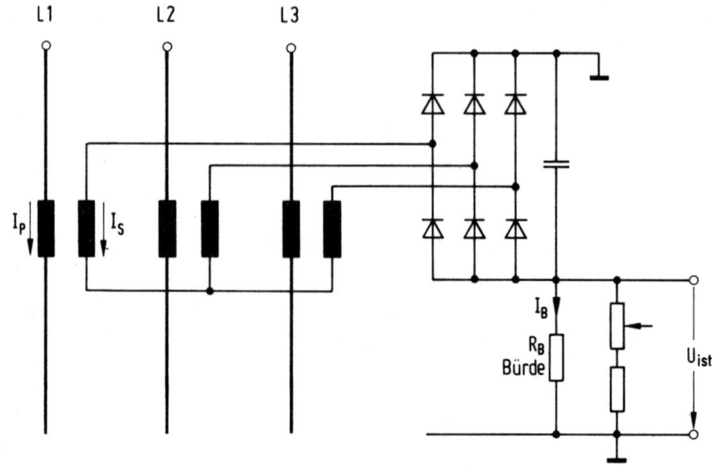


Bild 3.132. Erfassung des Gleichstroms über den äquivalenten Drehstrom

*Beispiel:*

Bei einer Drehstrom-Brückenschaltung ist $I_{d\,max} = 500$ A. Es werden Stromwandler mit $\frac{I_{PN}}{I_{SN}} = \frac{500\text{ A}}{0{,}1\text{ A}}$ eingesetzt. Mit $R_B = 150\,\Omega$ ergibt sich beim Maximalstrom eine Spannung von $U_{ist} = 0{,}1\text{ A} \cdot 150\,\Omega = 15\text{ V}$. Über das Potentiometer kann dann eine systemgerechte Spannung von z.B. 10 V eingestellt werden.

Der Shuntwandler oder Chopperwandler, dessen Prinzipschaltung in Bild 3.133. dargestellt ist, liefert eine vorzeichenrichtige, galvanisch getrennte Meßspannung. Der Vorteil dieses Wandlers ist, daß ein normaler Meßwiderstand verwendet werden kann und daß die Ausführung des Meßgebers unabhängig von der Stromhöhe gleich ist.

Mit der Gleichspannung am Shunt wird eine rechteckförmige Spannung, die von einem Impulsgenerator geliefert wird, moduliert. Die modulierte Spannung wird verstärkt und über einen Übertrager dem Demodulator zugeführt, der vorzeichenrichtig gleichrichtet und an seinem Ausgang die dem Gleichstrom proportionale Spannung $U_{ist}$ abgibt.

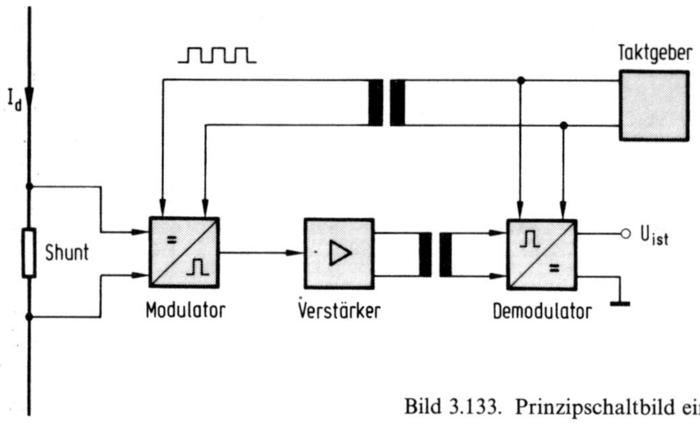


Bild 3.133. Prinzipschaltbild eines Shuntwandlers

Beim Feldplattenwandler werden als Meßwertgeber magnetfeldabhängige Widerstände, die Feldplatten, verwendet. Die galvanische Trennung zwischen dem Eingang und dem Ausgang wird, wie bei Wechselstromwandlern, durch die magnetische Kopplung erreicht. In Bild 3.134. ist das Prinzipschaltbild des Gebers angegeben. Der zu messende Strom fließt über die Primärwicklung mit der Windungszahl $w_1$ und erzeugt ein Magnetfeld mit der Induktion $B$, das auf zwei Feldplatten einwirkt. Die Feldplattenwiderstände $r_1, r_2$ bilden zusammen mit den Vergleichswiderständen $r_3, r_4$ eine Brückenschaltung. Die Ausgangsspannung der Brükkenschaltung steuert einen Gleichspannungsverstärker an, der seinerseits eine Gegenkopplungswicklung mit der Windungszahl $w_2$ speist. Für den Gleichstrommeßgeber gilt die allgemeine Stromwandler-Beziehung $I_1 w_1 \approx I_2 w_2$. Die gesamte Meßanordnung arbeitet nach dem Kompensationsverfahren, das einen geschlossenen Regelkreis nach Bild 3.135. darstellt.

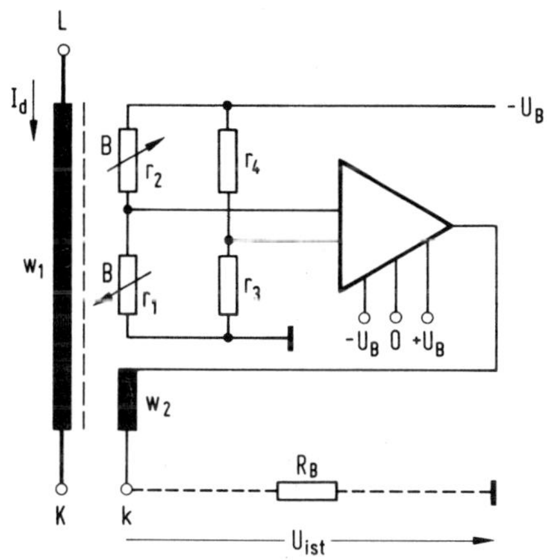


Bild 3.134. Prinzipschaltbild eines Gleichstrommeßgebers mit Feldplatten

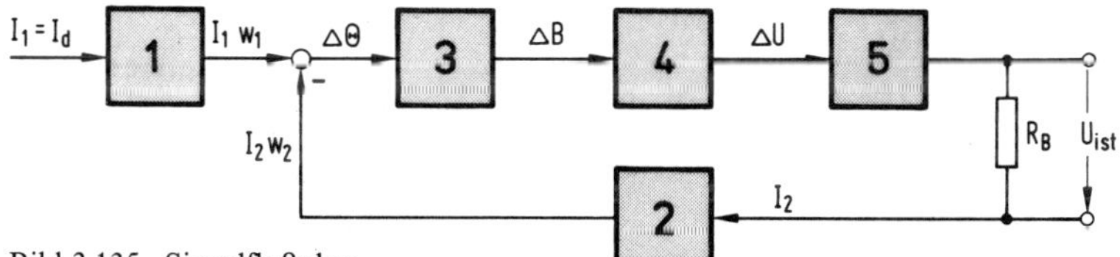


Bild 3.135. Signalflußplan
1 Primärwicklung, 2 Gegenkopplungswicklung, 3 magnetischer Kreis,
4 Brückenschaltung mit Feldplatten, 5 Gleichstromverstärker

In Bild 3.136.a und Bild 3.136.b ist der Aufbau des magnetischen Kreises sowie die Kennlinie $r = f(B)$ dargestellt. Der im magnetischen Kreis angeordnete Dauermagnet erzeugt die Vorinduktion $B_0$, die nach Bild 3.136.b den Arbeitspunkt in den steilen Teil der Kennlinie $r = f(B)$ legt. In Bild 3.136.a erkennt man, daß die von $I_1 w_1$ erzeugte Induktion bei der Feldplatte 1 die Vorinduktion $B_0$ unterstützt, der Feldplattenwiderstand $r_1$ wird demnach größer. Bei der Feldplatte 2 ist es genau umgekehrt, d.h. der Feldplattenwiderstand $r_2$ wird kleiner. Dadurch kann die vorzeichenrichtige Stromistwerterfassung erzielt werden. Eine temperaturbedingte Änderung der Vormagnetisierung des Dauermagneten bewirkt dagegen eine gleichsinnige Widerstandsänderung der Feldplatten, so daß der Nullpunktsfehler der Brückenschaltung klein bleibt.

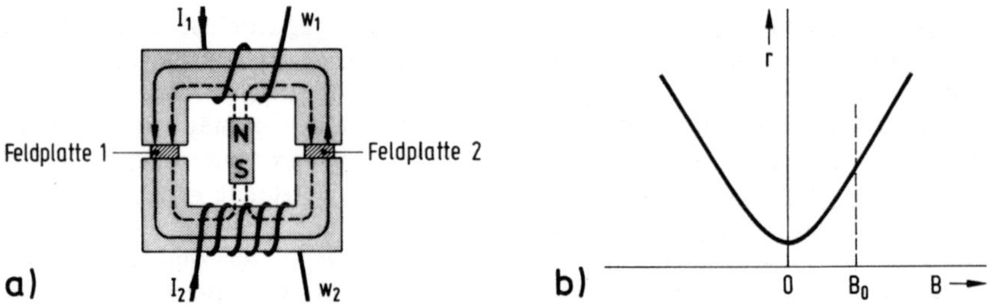


Bild 3.136. a) Aufbau des magnetischen Kreises
b) Kennlinie $r = f(B)$ einer Feldplatte

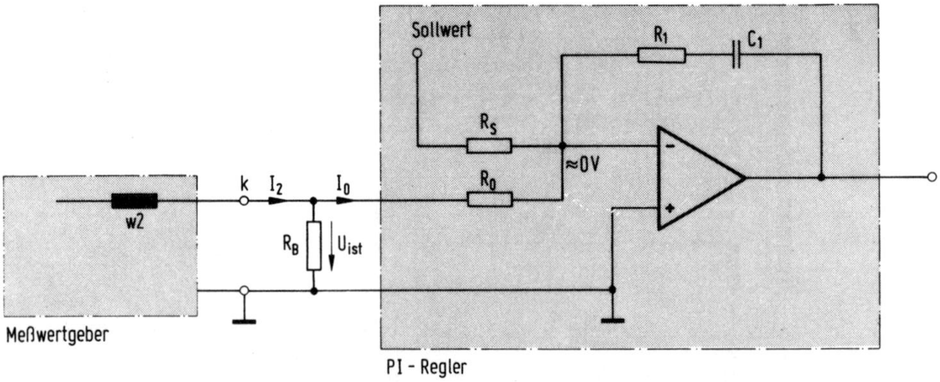


Bild 3.137. Außenbeschaltung des Feldplattenwandlers

Die dem Gleichstrom proportionale Meßspannung $U_{ist}$ kann nach Bild 3.134. am Bürdenwiderstand $R_B$ abgenommen werden. In Bild 3.137. ist die Außenbeschaltung des Meßgebers dargestellt. $I_0$ ist der Reglervergleichsstrom (z.B. $I_0 = 1$ mA).

Mit

$$I_1 w_1 = I_2 w_2$$

und

$$I_2 = I_0 + \frac{U_{ist}}{R_B}$$

kann man den Bürdenwiderstand $R_B$ berechnen:

$$I_1 w_1 = w_2 \left( I_0 + \frac{U_{ist}}{R_B} \right)$$

$$R_B = \frac{U_{ist}}{I_1 \frac{w_1}{w_2} - I_0}.$$

Für einen bestimmten Feldplattenwandler der Firma Siemens sind beispielsweise folgende technische Daten angegeben:

$$\Theta_N = I_{1N} w_1 = 400\,\text{A}; \qquad R_{BN} = 100\,\Omega;$$

$$I_{2N} = 150\,\text{mA}; \qquad w_2 = 4000\,\text{Wdg.}; \qquad U_{\text{ist}\,N} = 10\,\text{V}.$$

Mit diesen technischen Daten soll ein Beispiel durchgerechnet werden.

*Beispiel:*

Gegeben: $I_{1\,max} = I_{d\,max} = 200\,\text{A}$

$I_0 = 1\,\text{mA}$ (Reglervergleichsstrom).

Beim maximalen Gleichstrom soll die Istwertspannung $U_{\text{ist}} = 10\,\text{V}$ betragen. Wenn man $w_1 = 1$ wählt, dann errechnet sich der Bürdenwiderstand zu

$$R_B = \frac{10\,\text{V}}{\dfrac{200\,\text{A}}{4000} - 1\,\text{mA}} = 204\,\Omega.$$

Dieser Wert wird zweckmäßig durch zwei Normwiderstände angenähert. Bei der Auswahl des Bürdenwiderstandes muß auf den Temperaturgang des Widerstandsmaterials geachtet werden, weil der Temperaturfehler des Bürdenwiderstandes zu dem Stromfehler des Meßgebers hinzukommt. Werden hochgenaue Widerstände verwendet, dann ist der Gleichstrommeßgeber mit Feldplatten ein hochgenauer potentialtrennender Stromistwertgeber, der für Ströme bis zu 400 A angewendet wird. Der zu messende Gleichstrom wird vorzeichenrichtig und verzögerungsarm (Eigenzeitkonstante $< 0{,}2\,\text{ms}$) in einen proportionalen eingeprägten Strom ungewandelt. Bei einem entsprechend bemessenen Bürdenwiderstand liegt die Ausgangsspannung des Siemens-Meßgebers zwischen $-10\,\text{V}$ und $+10\,\text{V}$.

Zum Messen sehr großer Stromstärken werden Gleichstromwandler mit Hallsonden bevorzugt eingesetzt. Die stromführende Schiene wird durch ein Magnetsystem gesteckt. Im Luftspalt des magnetischen Kreises ist die von einem konstanten Steuerstrom durchflossene Hallsonde eingebaut. Die Hallspannung $U_H$ ist dann direkt proportional dem zu messenden Gleichstrom.

**Drehzahlgeber**

Für die Drehzahlerfassung werden Gleichstrom- und Drehstromtachomaschinen, die mit der Arbeitsmaschine gekuppelt werden, angewendet. Die Tachomaschinen werden mit Permanentmagneten ($\Phi_E$) erregt und liefern eine Gleich- oder Wechselspannung, die entsprechend der Beziehung $u = c\,\Phi_E\,n$ ($c$ Konstante) der Drehzahl proportional ist.

Die *Gleichstromtachomaschine* kehrt bei Umkehr der Drehrichtung ihre Polarität um. Damit erhält man bei jeder Drehrichtung die richtige Polarität des Drehzahl-Istwertes. Die Gleichstromtachomaschine ist daher bei drehzahlgeregelten Umkehrantrieben der geeignete Drehzahlgeber. Bei sehr genauen Regelungen werden temperaturkompensierte Tachomaschinen verwendet. Die Spannung der Tachomaschine wird entsprechend Bild 3.138. über einen Spannungsteiler an die Reglereinrichtung angepaßt. Dabei ist die Zwischenschaltung eines als Spannungsfolger geschalteten Operationsverstärkers von Vorteil, da dann der Spannungsteiler unbelastet bleibt und der Drehzahlistwert aus einer niederohmigen Spannungs-

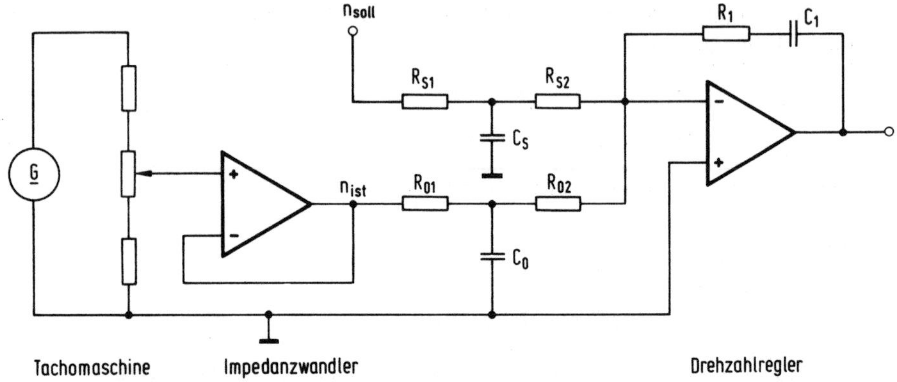


Bild 3.138. Bildung des Drehzahlistwertes

quelle zur Verfügung steht. Die Spannung der Tachomaschine ist oberschwingungshaltig und muß daher im Reglereingang mit einer Glättungszeitkonstante von (5 ... 10) ms geglättet werden.

Die *Wechselstrom- und Drehstromtachomaschinen* erzeugen eine drehzahlproportionale Wechselspannung, die anschließend gleichgerichtet wird. Dadurch ist nur der Betrag der Drehzahl, nicht aber das Vorzeichen erfaßbar. Da bei kleiner werdender Drehzahl auch die Frequenz proportional kleiner wird, ist bei niedrigen Drehzahlen ein erheblicher Glättungsaufwand erforderlich. Wechsel- und Drehstromtachomaschinen werden daher als Mittelfrequenzmaschinen ausgebildet. Wegen der Schwellspannungen der Dioden ergibt sich in der Nähe der Drehzahl Null ein Nullpunktsfehler. Wechselstromtachomaschinen werden vorteilhaft dann eingesetzt, wenn bei Antrieben mit nur einer Drehrichtung die Drehzahl Null nicht erforderlich und aus betriebsmäßigen Gründen ein Kommutator unerwünscht ist. Wegen $f = pn$ ($p$ ist die Polpaarzahl der Tachomaschine) ist der Zusammenhang zwischen Frequenz und Drehzahl für jeden Drehzahlbereich linear. Wechselstromtachomaschinen können daher auch vorteilhaft als digitale Drehzahlgeber eingesetzt werden.

Bei sehr hohen Anforderungen an die Genauigkeit der Drehzahlregelung ist eine digitale Erfassung der Drehzahl erforderlich. Digitale Drehzahlgeber arbeiten nach einem photoelektrischen oder magnetischen Verfahren. In Bild 3.139. ist das Prinzip einer digitalen Drehzahlmessung nach einer photoelektrischen Methode dargestellt. Mit Hilfe einer Lochscheibe wird die Photodiode beim Vorbeilaufen einer Öffnung an der Lichtquelle $L$ impulsförmig belichtet. Es entsteht eine Impulsfolge, deren Frequenz der Drehzahl und der Anzahl der Löcher direkt proportional ist. Nachteilig bei diesem Geber ist die Empfindlichkeit gegen Verschmutzung.

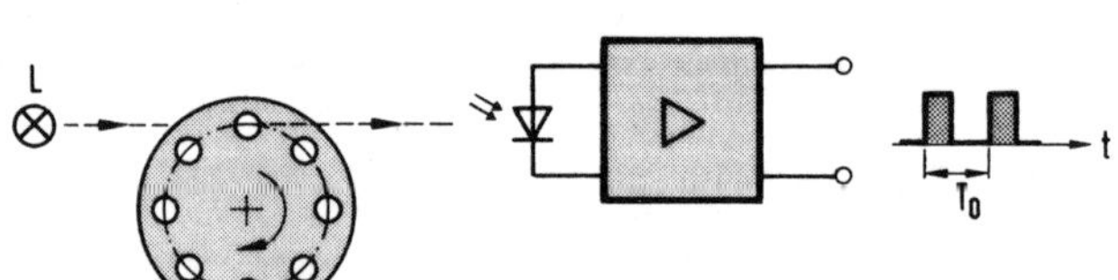


Bild 3.139. Digitaler Drehzahlgeber mit Lochscheibe und Fotodiode

In der industriellen Praxis wird häufig ein digitaler Geber mit Hallgeneratoren angewendet. Eine unmagnetische Scheibe, in die Dauermagnete mit abwechselnder Polarität eingelassen sind, rotiert an zwei räumlich versetzten Hallsystemen vorbei. Dabei werden zwei um 90° versetzte phasenverschobene Wechselspannungen mit der Frequenz $f = n\frac{m}{2}$ ($m$ Anzahl der Magnete) erzeugt, die in entsprechende phasenverschobene Impulsfolgen umgesetzt werden. Auf diese Weise kann nicht nur der Betrag der Drehzahl, sondern auch die Drehrichtung erfaßt werden. Eine Logikschaltung kann nämlich die Drehrichtung durch Auswerten der Phasenverschiebung der Impulsfolgen erkennen.

### 3.10.3. Optimierung von Regelkreisen nach dem Betragsoptimum und dem symmetrischen Optimum

In Bild 3.140. ist das Blockschaltbild einer über einen Stromrichter gespeisten drehzahlgeregelten Gleichstrommaschine dargestellt. Dem eigentlichen Drehzahlregelkreis ist ein Stromregelkreis unterlagert, damit der Ankerstrom kontrolliert werden kann (Strombegrenzung). Unterlagerte Regelschleifen haben außerdem den Vorteil, daß eine relativ einfache Optimierung der einzelnen Regelkreise möglich ist. Dadurch ist ein Aufbau von übersichtlichen Reglern mit unkomplizierten Reglerrückführungen gegeben.

Die Optimierung verfolgt das Ziel, den Regler so an die Regelstrecke anzupassen, daß die Regelgröße z.B. nach einer Störgrößenaufschaltung so schnell und genau wie möglich auf den ursprünglichen Wert zurückgeführt wird. Dabei soll der Regelkreis möglichst gut gedämpft sein. Ebenso soll sich die Regelgröße nach einer Sollwertänderung in der geschilderten optimalen Weise auf den neuen Wert einstellen. Ein wichtiges Kriterium zur Beurteilung des dynamischen Verhaltens eines Regelkreises ist die Reaktion der Regelgröße $x$ auf eine sprungförmige Änderung der Führungsgröße $w$. Ein Regelkreis ist z.B. schlecht optimiert, wenn die Regelgröße bei einem Sollwertsprung nur sehr langsam den neuen Wert

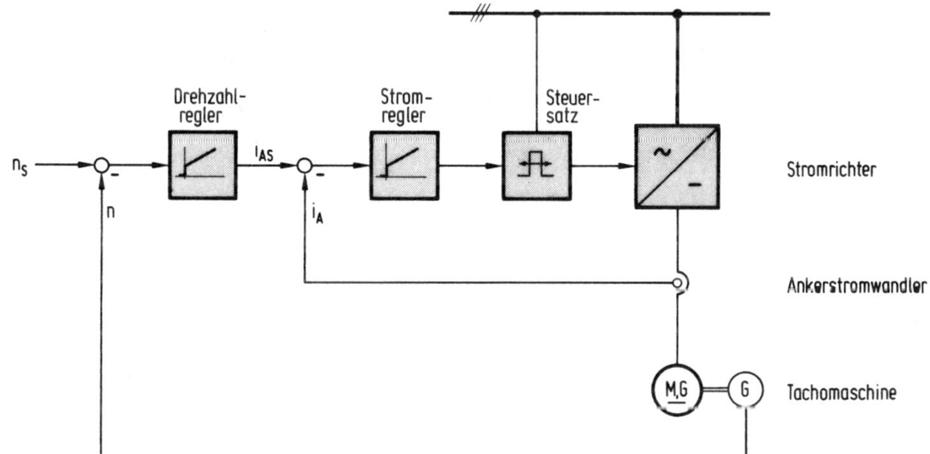


Bild 3.140. Blockschaltbild einer über einen Stromrichter drehzahlgeregelten Gleichstrommaschine

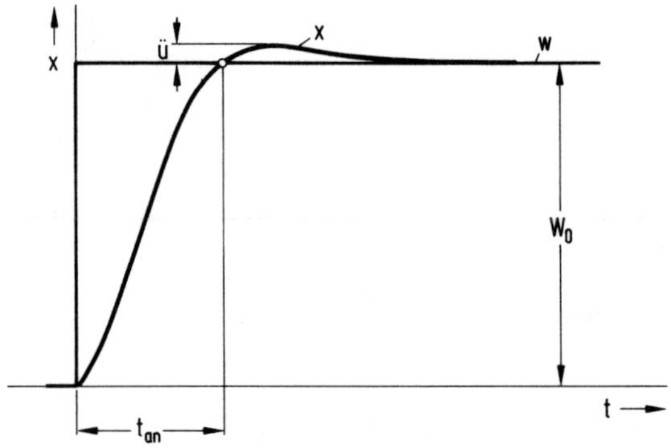


Bild 3.141.
Übergangsverhalten der Regelgröße bei einer sprungförmigen Änderung der Führungsgröße $w$

erreicht oder mit Schwingungen reagiert. Ein optimales Verhalten des Regelkreises liegt dann vor, wenn einerseits der neue Sollwert schnell erreicht wird (kleine Anregelzeit) und andererseits das Überschwingen der Regelgröße minimal ist (Bild 3.141.).

In der Regelungstechnik sind verschiedene Optimierungsverfahren bekannt. Speziell in der Antriebstechnik wird die Optimierung erfolgreich nach dem Betragsoptimum und dem symmetrischen Optimum [Lit. 5] vorgenommen.

**Betragsoptimum**

In Bild 3.142.a ist angenommen worden, daß die Regelstrecke mit der Streckenverstärkung $V_S$ aus mehreren Verzögerungsgliedern 1. Ordnung besteht. Dabei soll die Zeitkonstante $T_1$ groß gegenüber der Summe der Zeitkonstanten $\sigma = t_2 + t_3 + t_4$ sein. In diesem Fall darf man, ohne einen nennenswerten Fehler zu begehen, die Reihenschaltung der drei kleinen Verzöge-

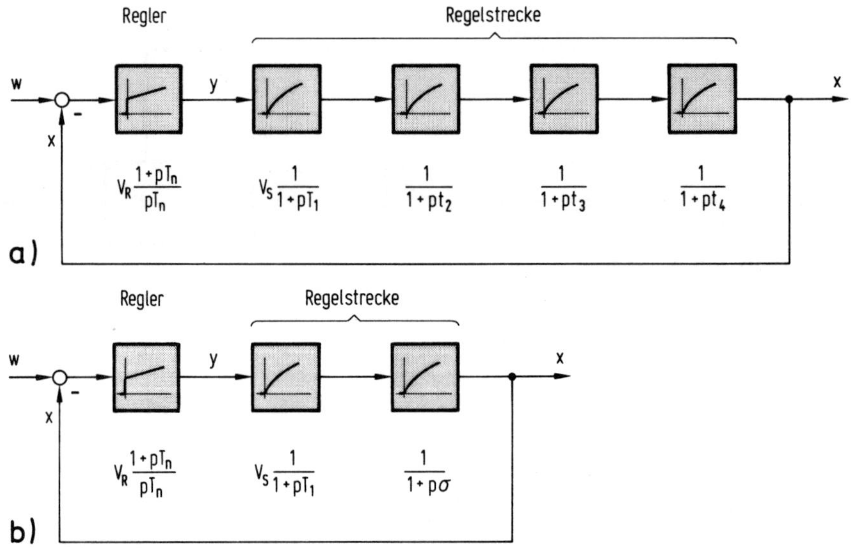


Bild 3.142. Blockschaltbild eines Regelkreises

rungen ersatzweise wie ein einziges Verzögerungsglied mit der Zeitkonstanten $\sigma = t_2 + t_3 + t_4$ behandeln:

$$\frac{1}{1+p\,t_2} \cdot \frac{1}{1+p\,t_3} \cdot \frac{1}{1+p\,t_4} \approx \frac{1}{1+p\,\sigma}$$

$$p = \mathrm{j}\,\omega.$$

Bild 3.142.b zeigt das vereinfachte Blockschaltbild. Als Regler kommt wegen der statischen Genauigkeit nur ein PI-Regler mit dem Frequenzgang

$$F(p) = V_R \frac{1+p\,T_n}{p\,T_n}$$

in Betracht (s. Band I, Kapitel 7.11.).

$V_R$ ist die Verstärkung und $T_n$ die Nachstellzeit des Reglers. Aus Bild 3.142.b ergibt sich für den Frequenzgang des offenen Regelkreises

$$F_0(p) = V_R \frac{1+p\,T_n}{p\,T_n} \cdot \frac{V_S}{1+p\,T_1} \cdot \frac{1}{1+p\,\sigma}. \tag{3.158.}$$

Wird nun die Nachstellzeit des Reglers $T_n$ auf die große Zeitkonstante der Regelstrecke $T_1$ abgestimmt,

$$\boxed{T_n = T_1,} \tag{3.159.}$$

dann heben sich die beiden Faktoren $(1+p\,T_n)$ im Zähler und $(1+p\,T_1)$ im Nenner auf, und der Frequenzgang des offenen Regelkreises geht über in

$$F_0(p) = \frac{V_R\,V_S}{p\,T_n(1+p\,\sigma)}. \tag{3.160.}$$

Mit $T_n - T_1$ ist also die größte Zeitkonstante in der Regelstrecke kompensiert worden, und die Regeldynamik ist nur noch von der Summe der kleinen Zeitkonstanten $\sigma$ abhängig.

Nach einer in Band I, Kapitel 6.3. gegebenen Ableitung erhält man für den Frequenzgang des geschlossenen Regelkreises $F_g(p)$:

$$F_g(p) = \frac{x(p)}{w(p)} = \frac{F_0}{1+F_0} = \frac{V_R\,V_S}{V_R\,V_S + p\,T_n + p^2\,T_n\,\sigma}. \tag{3.161.}$$

Die Regelgröße ist damit

$$x(p) = F_g(p)\,w(p). \tag{3.162.}$$

Eine Regelung wäre ideal, wenn für alle Frequenzen

$$x(p) = w(p)$$

gelten würde. Dazu müßte der Betrag des Frequenzganges

$$|F_g(p)| = 1$$

sein. Der Betrag des Frequenzganges (3.161.) ist

$$|F_g(p)|^2 = \frac{V_R^2 V_S^2}{V_R^2 V_S^2 + \omega^2 (T_n^2 - 2 V_R V_S T_n \sigma) + \omega^4 T_n^2 \sigma^2}. \tag{3.163.}$$

Aus dieser Gleichung ist zu ersehen, daß der Betrag des Frequenzganges nur für die Frequenz Null zu Eins werden kann. Im Bode-Diagramm verläuft dann die Funktion $|F_g(p)| = f(\omega)$, von $\omega = 0$ ausgehend, mit waagerechter Tangente. Für Frequenzen in der Nähe von Null ist dann $|F_g(p)| \approx 1$. In Gleichung (3.163.) wird $|F_g(p)| = 1$ für

$$\omega^2 (T_n^2 - 2 V_R V_S T_n \sigma) + \omega^4 T_n^2 \sigma^2 = 0$$

$$T_n^2 - 2 V_R V_S T_n \sigma + \omega^2 T_n^2 \sigma^2 = 0$$

bzw. mit $\omega = 0$

$$2 V_R V_S \sigma = T_n.$$

Mit $T_n = T_1$ erhält man hieraus die Abgleichbedingung

$$\boxed{V_R = \frac{T_1}{2 V_S \sigma}.} \tag{3.164.}$$

Setzt man die Abgleichbedingungen

$$T_n = T_1$$

$$V_R = \frac{T_1}{2 V_S \sigma}$$

in den Frequenzgang (3.161.) ein, dann erhält man für den betragsoptimierten Regelkreis

$$\boxed{F_{g\,BO}(p) = \frac{1}{1 + p\,2\sigma + p^2\,2\sigma^2}.} \tag{3.165.}$$

Der Betrag ist

$$\boxed{|F_{g\,BO}(p)| = \frac{1}{\sqrt{1 + 4(\omega\sigma)^4}}.}$$

Bild 3.143. zeigt die graphische Auswertung.

In Band I, Kapitel 6.1. ist gezeigt worden, daß der Faktor $p$ im Frequenzgang der Ableitung $\frac{d}{dt}$ im Zeitbereich entspricht. Mit Gleichung (3.165.) erhält man daher für die Differentialgleichung des betragsoptimierten Regelkreises:

$$x(p)\,[1 + p\,2\sigma + p^2\,2\sigma^2] = w(p)$$

$$x(t) + 2\sigma \frac{dx}{dt} + 2\sigma^2 \frac{d^2 x}{dt^2} = w(t).$$

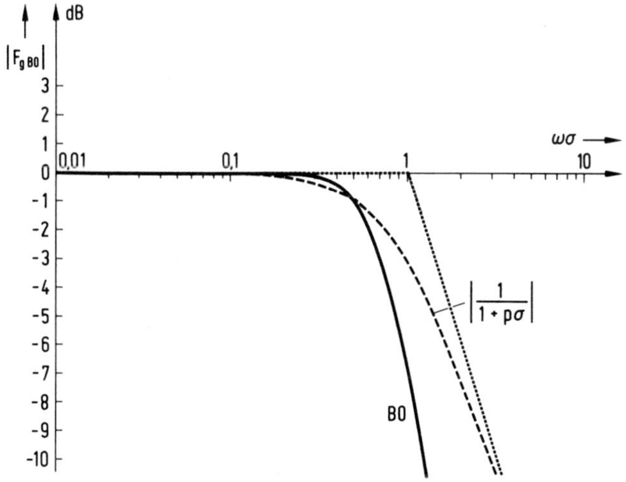


Bild 3.143. Frequenzgang des betragsoptimierten Regelkreises

Mit $w = W_0$ und den Anfangsbedingungen $x = 0$ für $t = 0$ und $\frac{\mathrm{d}x}{\mathrm{d}t} = 0$ für $t = 0$ ergibt sich der zeitliche Verlauf der Regelgröße $x$ bei einer sprungförmigen Änderung der Führungsgröße $w$ (Übergangsfunktion):

$$\frac{x}{W_0} = 1 - \mathrm{e}^{-\frac{t}{2\sigma}} \left( \cos \frac{t}{2\sigma} + \sin \frac{t}{2\sigma} \right). \tag{3.166.}$$

In Bild 3.144. ist die Übergangsfunktion des betragsoptimierten Regelkreises dargestellt.

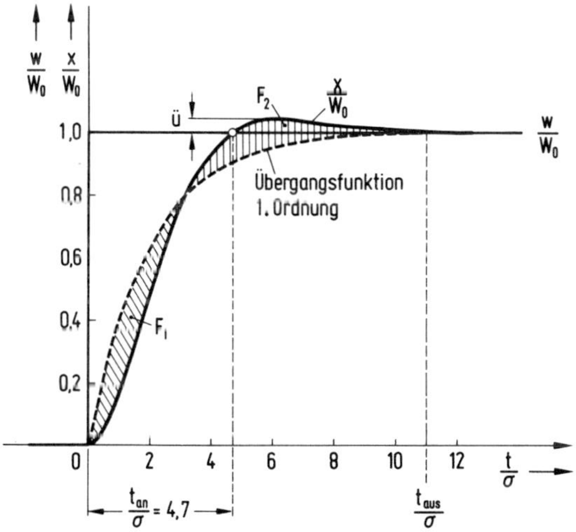


Bild 3.144.
Übergangsfunktion eines betragsoptimierten Regelkreises

Die Anregelzeit $t_{an}$ ist die Zeit, nach der die Regelgröße $x$ den Sollwert erstmalig erreicht. Für $x = W_0$ muß nach Gleichung (3.166.)

$$\cos\frac{t}{2\sigma} + \sin\frac{t}{2\sigma} = 0$$

bzw.

$$\cos\frac{t}{2\sigma} = -\sin\frac{t}{2\sigma}$$

sein. Dies ist nach Bild 3.145. bei

$$\frac{t_{an}}{2\sigma} = \frac{3}{4}\pi$$

bzw.

$$\boxed{t_{an} = 4{,}7\,\sigma} \qquad (3.167.)$$

erstmalig der Fall.

Nach der Ausregelzeit $t_{aus}$ hat die Regelgröße $x$ den Sollwert nach dem Überschwingen wieder erreicht. In Bild 3.145. ist

$$\frac{t_{aus}}{2\sigma} = \frac{7\pi}{4}$$

bzw.

$$t_{aus} = 11\,\sigma. \qquad (3.168.)$$

Zur Bestimmung der Überschwingweite $ü$ setzt man die erste Ableitung der Funktion $x(t)$

$$\frac{\mathrm{d}x}{\mathrm{d}t} = 0.$$

Mit dieser Bedingung ist

$$\frac{t_{ü}}{2\sigma} = \pi$$

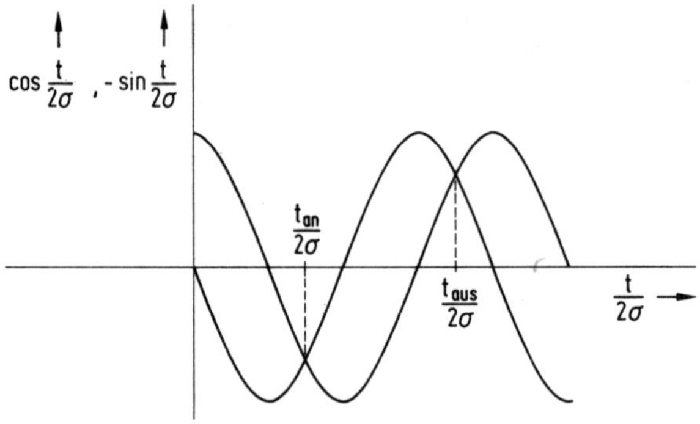


Bild 3.145.
Zur Bestimmung der An- und Ausregelzeit

und damit

$$\frac{x_{ü}}{W_0} = 1 - e^{-\pi}(\cos\pi + \sin\pi)$$

$$\frac{x_{ü}}{W_0} = 1 + e^{-\pi} = 1{,}043.$$

Die Überschwingweite ist dann

$$ü = \frac{x_{ü} - W_0}{W_0} = \frac{x_{ü}}{W_0} - 1$$

$$ü = 0{,}043 = 4{,}3\,\%.$$

Bei den bisherigen Überlegungen ist eine Regelstrecke mit einer großen Zeitkonstanten $T_1$ und einer Summe von kleinen Zeitkonstanten $\sigma$ zugrunde gelegt worden. Führt man die Berechnungen für verschiedene Fälle durch, dann ergeben sich die in der Tabelle 3.4. angegebenen Optimierungsvorschriften nach dem Betragsoptimum.

| Größen der Strecke | Regler | Optimierungs-vorschriften | $t_{an}$ | $t_e$ | $ü$ |
|---|---|---|---|---|---|
| $T(\sigma)$ | I | $T_I = 2V_S T$ | $4{,}7T$ | $2T$ | 4,3 % |
| $T_1$, $\sigma$<br>$V_S$ | PI | $T_n = T_1$<br>$V_R = \frac{T_1}{2V_S\sigma}$ | $4{,}7\sigma$ | $2\sigma$ | 4,3 % |
| $T_1$, $T_2$<br>$\sigma$<br>$V_S$ | PID | $T_n = T_1$<br>$T_V = T_2$<br>$V_R = \frac{T_1}{2V_S\sigma}$ | $4{,}7\sigma$ | $2\sigma$ | 4,3 % |
| $T_1 \gg \sigma$<br>$V_S$ | P | $V_R = \frac{T_1}{2V_S\sigma}$ | $4{,}7\sigma$ | $2\sigma$ | 4,3 % |

Tabelle 3.4. Optimierungsvorschriften nach dem Betragsoptimum

In der Tabelle 3.4. bedeuten:

- $T$, $T_1$, $T_2$ große Zeitkonstanten
- $\sigma$ Summe der kleinen Zeitkonstanten
- $V_S$ Streckenverstärkung
- $V_R$ Reglerverstärkung
- $T_I$ Integrierzeit des I-Reglers
- $T_n$ Nachstellzeit
- $T_V$ Vorhaltzeit
- $t_e$ Ersatzzeitkonstante für einen überlagerten Regelkreis.

In Tabelle 3.5. sind die schon von Band I her bekannten wichtigsten Reglerschaltungen und deren Kennwerte zusammengestellt.

| Reglertyp | Schaltung | Verstärkung Zeitkonstanten | Übergangsfunktion Frequenzgang $F(p) = -\frac{U_a(p)}{U_e(p)}$ |
|---|---|---|---|
| P | 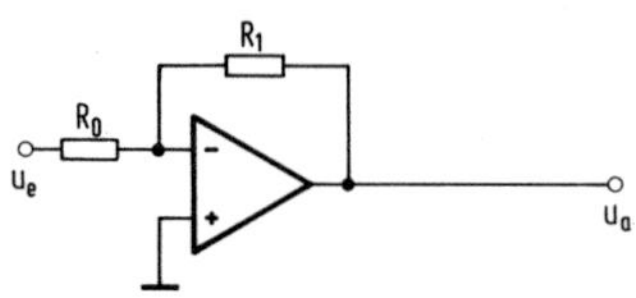  | $V_R = \frac{R_1}{R_0}$ | 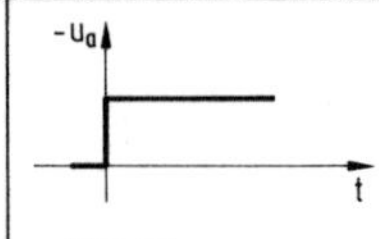  $F(p) = V_R$ |
| I | 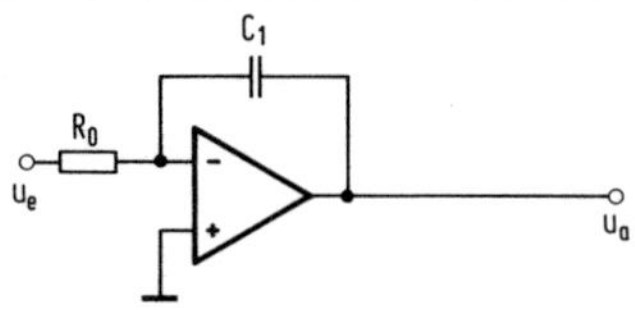  | $T_I = R_0 C_1$ | 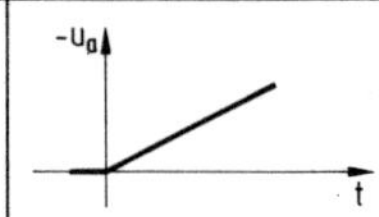  $F(p) = \frac{1}{pT_I}$ |
| PI | 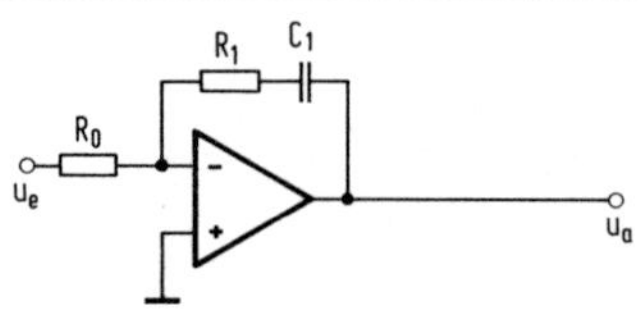  | $V_R = \frac{R_1}{R_0}$ $T_n = R_1 C_1$ $T_I = R_0 C_1$ | 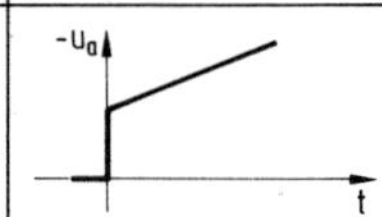  $F(p) = V_R \frac{1 + pT_n}{pT_n}$ |
| PD | 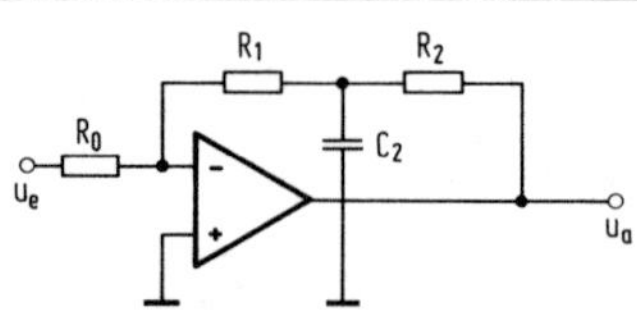  | $V_R = \frac{R_1 + R_2}{R_0}$ $T_V = \frac{R_1 R_2}{R_1 + R_2} C_2$ | 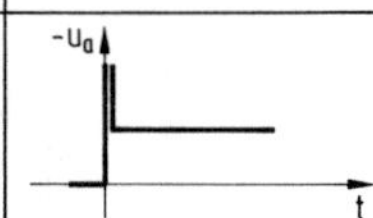  $F(p) = V_R (1 + pT_V)$ |
| PID | 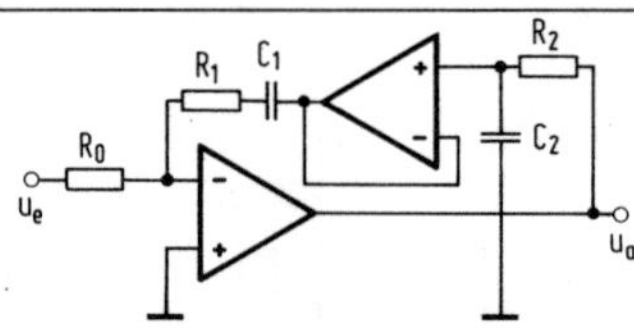  | $V_R = \frac{R_1}{R_0}$ $T_n = R_1 C_1$ $T_V = R_2 C_2$ $T_I = R_0 C_1$ | 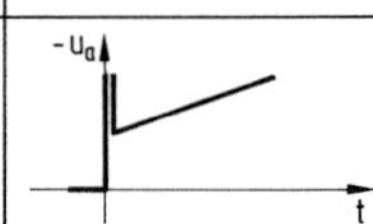  $F(p) = V_R \frac{(1 + pT_n)(1 + pT_V)}{pT_n}$ |

Tabelle 3.5. Reglerschaltungen und deren Kennwerte

In vielen praktischen Anwendungsfällen ist es zweckmäßig, dem Hauptregelkreis ein oder mehrere Regelkreise von Zwischengrößen zu unterlagern. Dies wurde bereits am Beispiel des unterlagerten Stromregelkreises bei der drehzahlgeregelten Gleichstrommaschine (Bild 3.140.) deutlich. Nicht nur technologische Gesichtspunkte (z.B. Strombegrenzung zum Schutz des Stromrichters und der Gleichstrommaschine, Kontrolle des Drehmomentes usw.), sondern auch regeldynamische Gründe sind für diese Lösung von ausschlaggebender Bedeutung. Aus Tabelle 3.4. geht hervor, daß mit einem einzigen Regler höchstens zwei große Zeitkonstanten der Regelstrecke kompensiert werden können. Die Anregelzeit ist dann nur noch von der Summe der kleinen Zeitkonstanten abhängig. Enthält eine Regelstrecke mehr

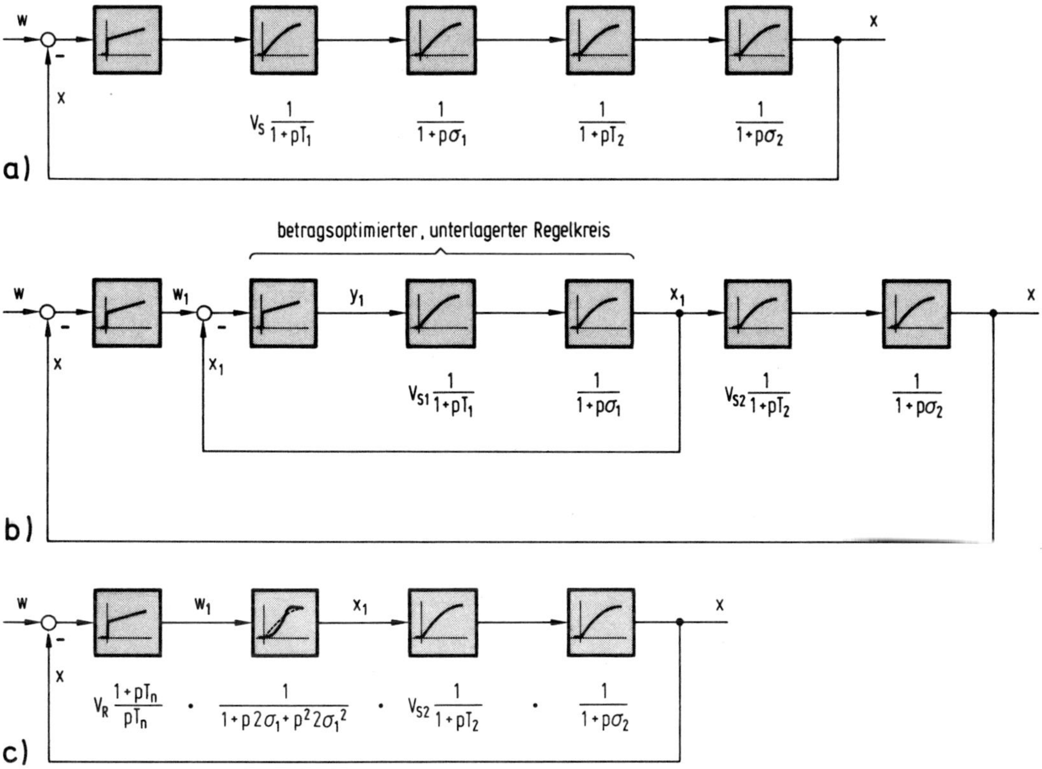


$$\frac{1}{1+p2\sigma_1+p^2 2\sigma_1^2} \approx \frac{1}{1+p2\sigma_1}$$

Bild 3.146. Wirkung des optimierten unterlagerten Regelkreises im überlagerten Kreis

als zwei große Zeitkonstanten, dann ergibt sich eine vergleichsweise langsame Regeldynamik. Mit Hilfe der unterlagerten Regelkreise ist es möglich, einen Teil der großen Zeitkonstanten der Regelstrecke auszuschalten. Dies kann man aus der Darstellung in Bild 3.146. erkennen. Die Regelstrecke besteht aus zwei großen und zwei kleinen Zeitkonstanten. Durch die Einführung eines unterlagerten Regelkreises kann die große Zeitkonstante kompensiert werden. Für den überlagerten Regelkreis wird der betragsoptimierte Frequenzgang

$$F_{\mathrm{gBO}}(p) = \frac{1}{1+p\,2\sigma_1+p^2\,2\sigma_1^2} \approx \frac{1}{1+p\,2\sigma_1}$$

wirksam. Die hier durchgeführte Näherung ergibt sich, wenn man in Bild 3.144. die Übergangsfunktion des betragsoptimierten Regelkreises mit der Übergangsfunktion eines Verzögerungsgliedes 1. Ordnung vergleicht. Die Abweichungen sind nicht besonders groß; außerdem sind die in diesem Bild gekennzeichneten Flächen $F_1$ und $F_2$ gleich groß. Mit Hilfe des unterlagerten Regelkreises ist es demnach möglich geworden, den Teilfrequenzgang

$\frac{1}{1+pT_1} \cdot \frac{1}{1+p\sigma_1}$ der ursprünglichen Regelstrecke umzuformen in eine Verzögerung 1. Ordnung mit der kleinen Ersatzzeitkonstanten

$$t_{\mathrm{e\,B0}} = 2\sigma_1.$$

**Symmetrisches Optimum**

Wenn in einer Regelstrecke neben Verzögerungsgliedern auch noch ein Integralglied auftritt, dann ist eine einfache Kompensation der größten bzw. der beiden großen Verzögerungen 1. Ordnung wie beim Betragsoptimum nicht mehr möglich. Dies wird deutlich, wenn man den Frequenzgang des in Bild 3.147. dargestellten Regelkreises berechnet. $T_0$ ist die Inte-

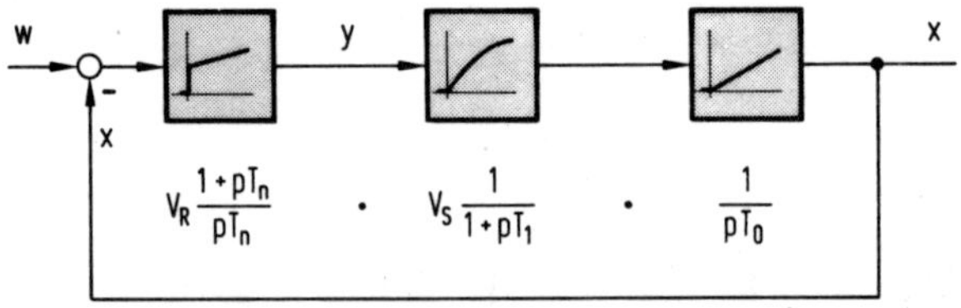


Bild 3.147.
Blockschaltbild eines Regelkreises mit einem Integralglied in der Regelstrecke

grierzeit eines Integralgliedes. Im Interesse einer möglichst fehlerfreien Regelung wird ein PI-Regler verwendet. Der Frequenzgang des offenen Regelkreises ist

$$F_0(p) = V_R \frac{1+pT_n}{pT_n} \cdot V_S \cdot \frac{1}{pT_0(1+pT_1)}. \tag{3.169.}$$

Probeweise soll entsprechend dem Betragsoptimum die Nachstellzeit $T_n$ auf die Zeitkonstante $T_1$ abgestimmt werden. Dann erhält man

$$F_0'(p) = \frac{V_R V_S}{p^2 T_n T_0}.$$

Mit $V_R V_S = 1$ und der Abkürzung $T_x^2 = T_n T_0$ wird hieraus

$$F_0'(p) = \frac{1}{p^2 T_x^2}.$$

Der Frequenzgang $F_g'(p)$ des geschlossenen Regelkreises ist dann

$$F_g'(p) = \frac{F_0'(p)}{1+F_0'(p)} = \frac{x(p)}{w(p)} = \frac{1}{1+p^2 T_x^2}.$$

Überführt man diesen Frequenzgang mit $p \mathrel{\hat{=}} \frac{\mathrm{d}}{\mathrm{d}t}$ und $p^2 \mathrel{\hat{=}} \frac{\mathrm{d}^2}{\mathrm{d}t^2}$ in den Zeitbereich, dann wird

$$T_x^2 \frac{\mathrm{d}^2 x}{\mathrm{d}t^2} + x(t) = w(t).$$

Der Lösungsansatz für die homogene Differentialgleichung lautet

$$x = e^{\lambda t}.$$

Das ergibt mit

$$\lambda_{1,2} = \pm j \frac{1}{T_x}$$

$$x(t) = e^{j\frac{t}{T_x}} + e^{-j\frac{t}{T_x}}.$$

Führt man die Beziehung

$$e^{ja} = \cos a \pm j \sin a$$

ein, dann erhält man

$$x(t) = 2 \cos \frac{t}{T_x}.$$

Mit dem Abgleich $T_n = T_1$ würde demnach die Regelgröße $x$ eine Dauerschwingung ausführen. Damit ist eine Kompensation wie beim Betragsoptimum nicht möglich.

Eine optimale Einstellung des Reglers läßt sich finden, wenn man – wie beim Betragsoptimum – wieder fordert, daß der Betrag des Frequenzganges für einen möglichst breiten Frequenzbereich gegen Eins gehen soll.

Entsprechend vielen praktischen Fällen soll bei den folgenden Berechnungen von einer Regelstrecke mit einem Integralglied ($T_0$) und mehreren kleinen Verzögerungen ($t_1 + t_2 + \cdots = \sigma$) ausgegangen werden. Der Frequenzgang des offenen Regelkreises ist dann

$$F_0(p) = V_R \frac{1 + p T_n}{p T_n} V_S \frac{1}{p T_0 (1 + p\sigma)}. \tag{3.170.}$$

Für den geschlossenen Regelkreis gilt

$$F_g(p) = \frac{V_R V_S (1 + p T_n)}{V_R V_S + p V_R V_S T_n + p^2 T_n T_0 + p^3 T_n T_0 \sigma}. \tag{3.171.}$$

Führt man die Abkürzungen

$$a_0 = V_R V_S \qquad a_1 = V_R V_S T_n$$

$$a_2 = T_n T_0 \qquad a_3 = T_n T_0 \sigma$$

ein, dann wird

$$F_g(p) = \frac{a_0 + p a_1}{a_0 + p a_1 + p^2 a_2 + p^3 a_3}.$$

Der Betrag des Frequenzganges ist mit $p = j\omega$

$$|F_g(j\omega)| = \sqrt{\frac{a_0^2 + \omega^2 a_1^2}{a_0^2 - \omega^2 (2 a_0 a_2 - a_1^2) - \omega^4 (2 a_1 a_3 - a_2^2) + \omega^6 a_3^2}}.$$

$|F_g(\mathrm{j}\,\omega)|=1$ ist nur für die Frequenz Null erfüllt. Für die Betragsanschmiegung an den Wert Eins müssen die Klammerausdrücke im Nenner Null werden:

1. $2\,a_0\,a_2-a_1^2=0$
2. $2\,a_1\,a_3-a_2^2=0.$

Damit erhält man die optimale Einstellung des PI-Reglers:

1. $2\,V_R\,V_S\,T_n\,T_0-(V_R\,V_S\,T_n)^2=0$

$$V_R=\frac{2\,T_0}{V_S\,T_n}$$

2. $2\,V_R\,V_S\,T_n^2\,T_0\,\sigma-T_n^2\,T_0^2=0$

$$V_R=\frac{T_0}{2\,V_S\,\sigma}.$$

Aus diesen beiden Bedingungen folgt:

$$T_n=4\,\sigma$$
$$V_R=\frac{T_0}{2\,V_S\,\sigma}. \qquad (3.172.)$$

Für den Frequenzgang ergibt sich mit dieser Optimierung

$$F_{gso}(p)=\frac{1+p\,4\,\sigma}{1+p\,4\,\sigma+p^2\,8\,\sigma^2+p^3\,8\,\sigma^3}. \qquad (3.173.)$$

Für den Betrag erhält man

$$|F_{gso}(p)|=\sqrt{\frac{1+16(\omega\,\sigma)^2}{1+64(\omega\,\sigma)^6}}. \qquad (3.174.)$$

Dem Frequenzgang (3.173.) entspricht die Differentialgleichung

$$4\,\sigma\,\frac{\mathrm{d}\,w(t)}{\mathrm{d}\,t}+w(t)=x(t)+4\,\sigma\,\frac{\mathrm{d}\,x(t)}{\mathrm{d}\,t}+8\,\sigma^2\,\frac{\mathrm{d}^2\,x(t)}{\mathrm{d}\,t^2}+8\,\sigma^3\,\frac{\mathrm{d}^3\,x(t)}{\mathrm{d}\,t^3}.$$

Hieraus ergibt sich die Übergangsfunktion zu

$$\frac{x(t)}{W_0}=1+\mathrm{e}^{-\frac{t}{2\sigma}}-2\,\mathrm{e}^{-\frac{t}{4\sigma}}\cos\frac{\sqrt{3}}{4\,\sigma}\,t. \qquad (3.175.)$$

Die graphische Darstellung zeigt Bild 3.148. Auffällig ist die hohe Überschwingweite von $\ddot{u}=43{,}4\,\%$. Die Anregelzeit beträgt $t_{an}=3{,}1\,\sigma$. In der Praxis ist die große Überschwingweite meistens nicht zulässig. Im Frequenzgang (3.173.) ist das PD-Glied im Zähler $1+4\,\sigma\,p$ für das

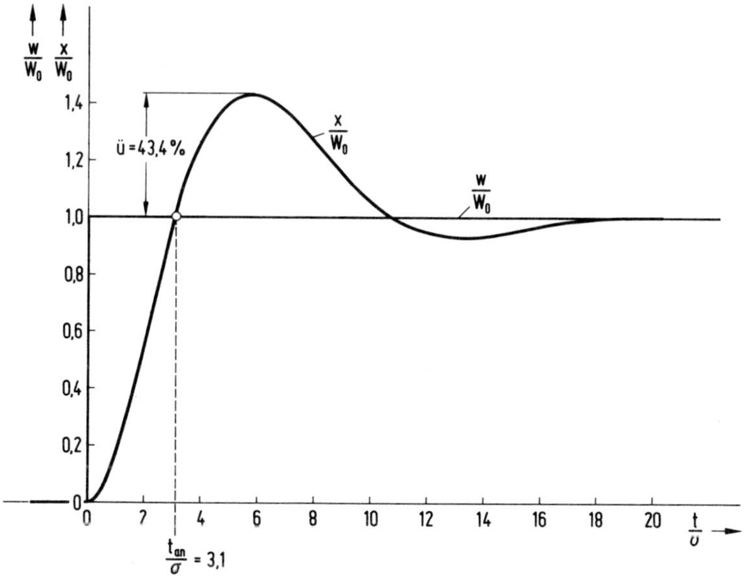


Bild 3.148. Übergangsfunktion eines symmetrisch optimierten Regelkreises

Überschwingen verantwortlich. Wenn man in den Sollwertkanal ein Glättungsglied mit dem Frequenzgang $\frac{1}{1+p4\sigma}$ einschaltet, dann kann das PD-Glied im Frequenzgang kompensiert und die Überschwingweite auf ca. 8% begrenzt werden. Dabei erhöht sich die Anregelzeit auf $t_{an}=7{,}6\,\sigma$.

In Bild 3.149. ist ein PI-Regler mit einem Glättungsglied im Sollwertkanal dargestellt. Die Glättungszeitkonstante im Sollwertkanal muß

$$t_{gS}=4\sigma=\frac{R_{S1}R_{S2}}{R_{S1}+R_{S2}}C_S \tag{3.176.}$$

betragen.

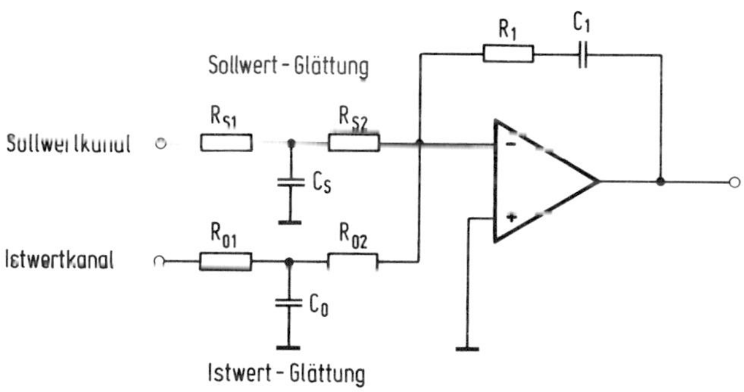


Bild 3.149. Regler mit Glättungsglied im Soll- und Istwertkanal

Die Optimierung nach dem symmetrischen Optimum wird auch dann vorgenommen, wenn die Regelstrecke anstelle eines Integralgliedes eine Verzögerung erster Ordnung $\frac{1}{1+pT_1}$ aufweist, deren Zeitkonstante größer als die vierfache Summe der kleinen Zeitkonstanten ist ($T_1 > 4\sigma$). In diesem Falle wirkt nämlich die große Verzögerung gegenüber der Summe der kleinen Zeitkonstanten näherungsweise wie ein Integralglied. Enthält die Regelstrecke außer dem Integralglied und den kleinen Zeitkonstanten noch eine weitere große Zeitkonstante $T_2$, dann muß ein PID-Regler mit folgenden Einstellvorschriften verwendet werden:

$$V_R = \frac{T_0}{2V_S\sigma}$$

$$T_n = 4\sigma$$

$$T_V = T_2.$$

Die Ersatzzeitkonstante beträgt beim symmetrischen Optimum

$$\boxed{t_{eS0} = 4\sigma.}$$

Es soll noch gezeigt werden, wie sich die Bezeichnung „Symmetrisches Optimum" erklärt. Entsprechend Gl. (3.170.) ist der Frequenzgang des offenen Regelkreises

$$F_0(p) = V_R \frac{1+pT_n}{pT_n} V_S \frac{1}{pT_0} \frac{1}{1+p\sigma}.$$

Werden in diese Gleichung die Bedingungen

$$T_n = 4\sigma$$

$$V_R = \frac{T_0}{2V_S\sigma}$$

eingesetzt, dann erhält man für den optimalen Frequenzgang des offenen Regelkreises nach der Vorschrift des symmetrischen Optimums:

$$F_0(p)_{S0} = (1+p\sigma) \cdot \frac{1}{p4\sigma} \cdot \frac{1}{p2\sigma} \cdot \frac{1}{1+p\sigma}.$$

In Bild 3.150. ist dieser Frequenzgang mit $\sigma = 0{,}1\,\text{s}$ im Bode-Diagramm dargestellt. Man erkennt, daß sich – bezogen auf den Durchtrittspunkt bei $|F_0(p)| = 0\,\text{dB}$ – eine Punktsymmetrie der Knickstellen ergibt.

### 3.10.4. Dynamisches Verhalten fremderregter Gleichstrommaschinen

In Bild 3.151. ist das Ersatzschaltbild einer fremderregten Gleichstrommaschine für dynamische Vorgänge dargestellt. Der Anker- und der Erregerkreis bilden zwei entkoppelte Wicklungssysteme, deren Achsen senkrecht aufeinander stehen. Der Ankerkreiswiderstand $R_A$ enthält den gesamten im Ankerkreis liegenden ohmschen Widerstand (Anker-, Wendepol- und Kompensationswicklungs- sowie Innenwiderstand der speisenden Quelle). In der

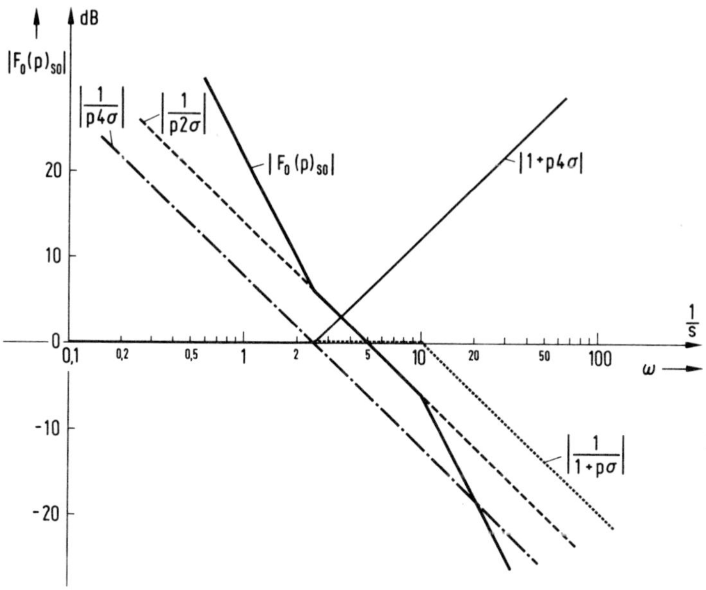


Bild 3.150. Optimaler Frequenzgang des offenen Regelkreises nach der Vorschrift des symmetrischen Optimums

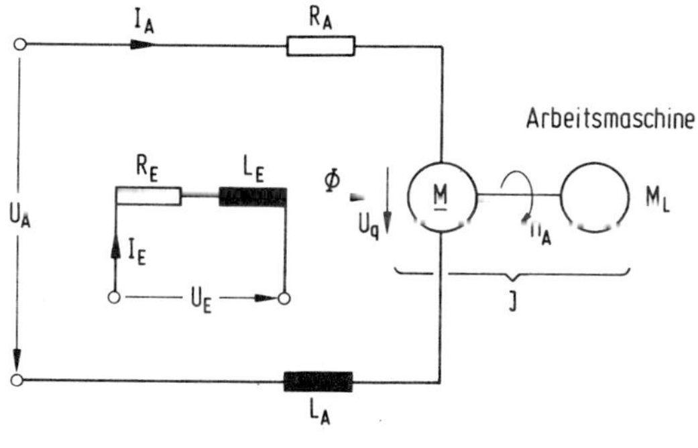


Bild 3.151. Ersatzschaltbild der Gleichstrommaschine für dynamische Vorgänge

Ankerkreisinduktivität sind alle im Ankerkreis wirksamen Induktivitäten zusammengefaßt. Der Erregerkreis ist durch den ohmschen Widerstand $R_E$ und die Erregerinduktivität $L_E$ gekennzeichnet.

Mit den Formelzeichen

| | | | |
|---|---|---|---|
| $U_q$ | induzierte Spannung | $M_b$ | Beschleunigungsmoment |
| $\Phi$ | magnetischer Fluß | $J$ | gesamtes Massenträgheitsmoment |
| $M$ | Motormoment | $n_A$ | Drehzahl |
| $M_L$ | Lastmoment | | |

erhält man aus Bild 3.151. folgende Gleichungen:

$$U_A = U_q + I_A R_A + L_A \frac{dI_A}{dt}$$

$$U_E = I_E R_E + L_E \frac{dI_E}{dt}$$

$$M = M_L + M_b$$

mit

$$M_b = 2\pi J \frac{dn_A}{dt}.$$

Das vom Motor entwickelte Drehmoment ist

$$M = c_1 \Phi I_A.$$

Bei laufender Maschine wird die Spannung

$$U_q = c_2 \Phi n_A$$

induziert.

Aufgrund dieser Beziehungen kann ein Blockschaltbild, das die dynamischen Eigenschaften der Gleichstrommaschine erfaßt, entwickelt werden. Dazu ist es zweckmäßig, die Gleichungen zu normieren. Bezieht man Spannung und Ströme auf ihre Nenngrößen (Index $N$), dann erhält man für den Ankerkreis:

$$\frac{U_A}{U_{AN}} - \frac{U_q}{U_{AN}} = \frac{I_A}{I_{AN}} \left(\frac{R_A I_{AN}}{U_{AN}}\right) + \frac{L_A}{R_A} \left(\frac{I_{AN} R_A}{U_{AN}}\right) \frac{d\left(\frac{I_A}{I_{AN}}\right)}{dt}.$$

Mit den Abkürzungen

$$u_a = \frac{U_A}{U_{AN}}, \quad u_q = \frac{U_q}{U_{AN}}, \quad i_a = \frac{I_A}{I_{AN}}, \quad V = \frac{U_{AN}}{I_{AN} R_A}$$

$$T_A = \frac{L_A}{R_A}$$

wird

$$u_a - u_q = \frac{1}{V} \left(i_a + T_A \frac{di_A}{dt}\right)$$

bzw. in der Schreibweise des Frequenzganges

$$i_a(p) = \frac{V}{1 + pT_A} [u_a(p) - u_q(p)].$$

Für den Erregerkreis gilt entsprechend:

$$\frac{U_E}{U_{EN}} = \frac{I_E}{I_{EN}} \left(\frac{I_{EN} R_E}{U_{EN}}\right) + \frac{L_E}{R_E} \left(\frac{I_{EN} R_E}{U_{EN}}\right) \frac{d\left(\frac{I_E}{I_{EN}}\right)}{dt}$$

$$T_E = \frac{L_E}{R_E} \qquad I_{EN} R_E = U_{EN}$$

$$u_{\mathrm{E}}=\frac{U_{\mathrm{E}}}{U_{\mathrm{EN}}}, \qquad i_{\mathrm{E}}=\frac{I_{\mathrm{E}}}{I_{\mathrm{EN}}}$$

$$u_{\mathrm{E}}=T_{\mathrm{E}}\frac{\mathrm{d}\,i_{\mathrm{E}}}{\mathrm{d}t}+i_{\mathrm{E}}$$

$$i_{\mathrm{E}}(p)=\frac{u_{\mathrm{E}}(p)}{1+p\,T_{\mathrm{E}}}.$$

Die induzierte Spannung wird folgendermaßen umgerechnet:

$$U_{\mathrm{q}}=c_2\,\Phi\,n_{\mathrm{A}}$$

$$\frac{U_{\mathrm{q}}}{U_{\mathrm{AN}}}=\frac{c_2\,\Phi\,n_{\mathrm{A}}}{U_{\mathrm{AN}}}\cdot\frac{\Phi_{\mathrm{N}}}{\Phi_{\mathrm{N}}}\cdot\frac{n_0}{n_0}$$

$$\frac{U_{\mathrm{q}}}{U_{\mathrm{AN}}}=u_{\mathrm{q}}, \qquad \frac{\Phi}{\Phi_{\mathrm{N}}}=\varphi, \qquad \frac{n_{\mathrm{A}}}{n_0}=n$$

$n_0$ ist die Leerlaufdrehzahl

$$u_{\mathrm{q}}=n\,\varphi\left(\frac{c_2\,\Phi_{\mathrm{N}}\,n_0}{U_{\mathrm{AN}}}\right)$$

$$U_{\mathrm{AN}}=c_2\,\Phi_{\mathrm{N}}\,n_0 \qquad (I_{\mathrm{A}}=0,\ U_{\mathrm{q}}=U_{\mathrm{AN}})$$

$$u_{\mathrm{q}}=n\,\varphi.$$

Für das Beschleunigungsmoment gilt

$$\frac{M_{\mathrm{b}}}{M_{\mathrm{N}}}=\frac{2\pi J\,n_0}{M_{\mathrm{N}}}\,\frac{\mathrm{d}\,\dfrac{n_{\mathrm{A}}}{n_0}}{\mathrm{d}t}$$

$$\frac{M_{\mathrm{b}}}{M_{\mathrm{N}}}=m_{\mathrm{b}}, \qquad \frac{n_{\mathrm{A}}}{n_0}=n$$

$$T_{\mathrm{H}}=\frac{2\pi J\,n_0}{M_{\mathrm{N}}} \qquad \text{(Hochlaufzeit)}$$

$$m_{\mathrm{b}}=T_{\mathrm{H}}\frac{\mathrm{d}n}{\mathrm{d}t}$$

bzw.

$$n(p)=\frac{1}{p\,T_{\mathrm{H}}}\,m_{\mathrm{b}}(p).$$

Das normierte Motormoment ist:

$$M=c_1\,\Phi\,I_{\mathrm{A}}$$

$$\frac{M}{M_{\mathrm{N}}}=\frac{c_1\,\Phi\,I_{\mathrm{A}}}{M_{\mathrm{N}}}\cdot\frac{I_{\mathrm{AN}}}{I_{\mathrm{AN}}}\cdot\frac{\Phi_{\mathrm{N}}}{\Phi_{\mathrm{N}}}$$

$$m=\frac{M}{M_N}, \qquad \varphi=\frac{\Phi}{\Phi_N}, \qquad \frac{I_A}{I_{AN}}=i_a$$

$$m=i_a\,\varphi\left(\frac{c_1 I_{AN}\Phi_N}{M_N}\right)$$

$$M_N=c_1\,\Phi_N I_{AN}$$

$$m=i_A\,\varphi.$$

Damit stehen zur Erstellung des Blockschaltbildes endgültig folgende Beziehungen zur Verfügung:

a) $i_a(p)=\dfrac{V}{1+p\,T_A}\,[u_a(p)-u_q(p)]$

b) $i_E(p)=\dfrac{u_e(p)}{1+p\,T_E}$

c) $u_q=n\,\varphi$

d) $m=m_L+m_b$

e) $m=i_A\,\varphi$

f) $n(p)=\dfrac{1}{p\,T_H}\,m_b(p).$ (3.177.)

Das entsprechende Blockschaltbild bei konstantem Fluß $\varphi=$const. ist in Bild 3.152. dargestellt. Die eingetragenen Buchstaben a bis f beziehen sich auf Gleichung (3.177.).

### 3.10.5. Drehzahlregelkreis mit unterlagerter Stromregelung und Strombegrenzung

Nachdem nun das dynamische Verhalten der Maschine bekannt ist, kann der gesamte Drehzahlregelkreis mit unterlagerter Stromregelung nach Bild 3.153. angegeben werden.

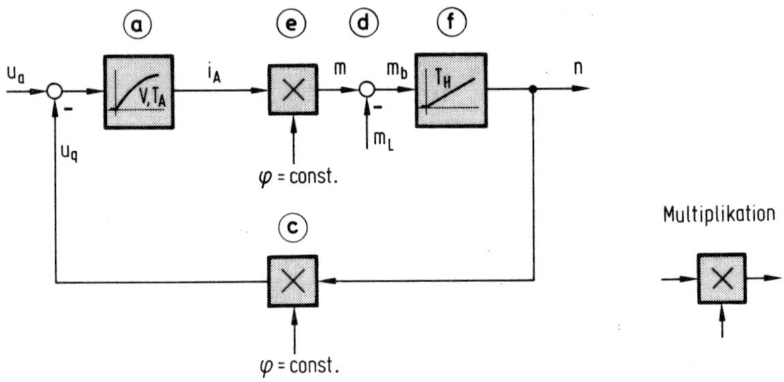


Bild 3.152. Blockschaltbild der Gleichstrommaschine für dynamische Vorgänge

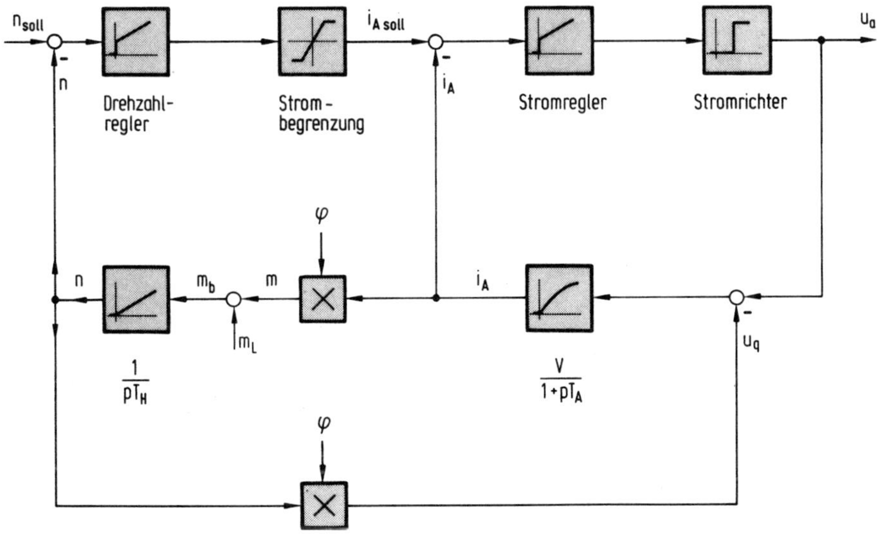


Bild 3.153. Drehzahlregelkreis mit unterlagerter Stromregelung bei konstantem Fluß

Bei schneller Stromregelung und relativ hoher Trägheit der mechanischen Massen ($T_A \ll T_H$) kann die in der Maschine induzierte Spannung den Ankerstrom während der Stromregelung kaum beeinflussen. Die $u_q$-Schleife im Blockschaltbild kann daher vernachlässigt und die Optimierung der Stromregelung bei stillstehender Maschine vorgenommen werden. Man erhält dann für den Stromregelkreis das in Bild 3.154. dargestellte vereinfachte Blockschaltbild.

Die im Blockschaltbild gekennzeichnete Totzeit des Stromrichters kann durch die Beziehung

$$t_{st} = \frac{1}{2}\,\frac{T}{p} \tag{3.178.}$$

errechnet werden.

$T$ ist die Periodendauer der speisenden Spannung, $p$ die Pulszahl des Stromrichters.

Der Stromrichter reagiert auf eine Änderung der Steuerspannung im günstigsten Fall sofort, im ungünstigsten Fall jedoch erst nach Ablauf der Zeit $\frac{T}{p}$. Die sog. statistische Totzeit ist dann das Mittel.

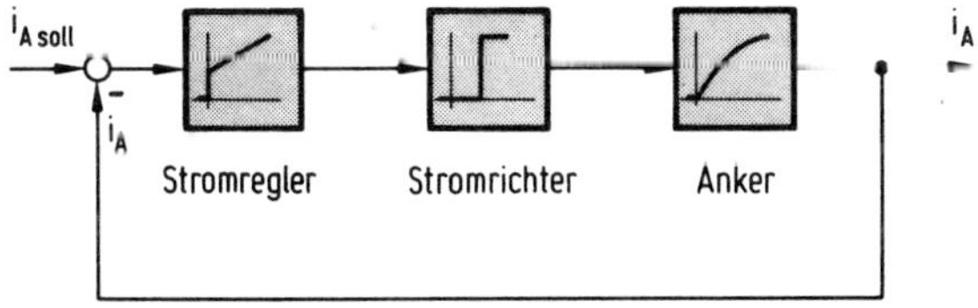


Bild 3.154.
Stromregelkreis

Für $f = 50\,\mathrm{Hz}$ ist bei

$$p = 3 \qquad t_{st} = 3{,}3\,\mathrm{ms}$$

$$p = 6 \qquad t_{st} = 1{,}7\,\mathrm{ms}.$$

Der optimierte Stromregelkreis stellt für den überlagerten Drehzahlregelkreis näherungsweise ein Verzögerungsglied 1. Ordnung mit der Ersatzzeitkonstanten $t_{ei}$ (s. Kapitel 3.10.3.) dar. Für den Drehzahlregelkreis ergibt sich damit das in Bild 3.155. dargestellte Blockschaltbild.

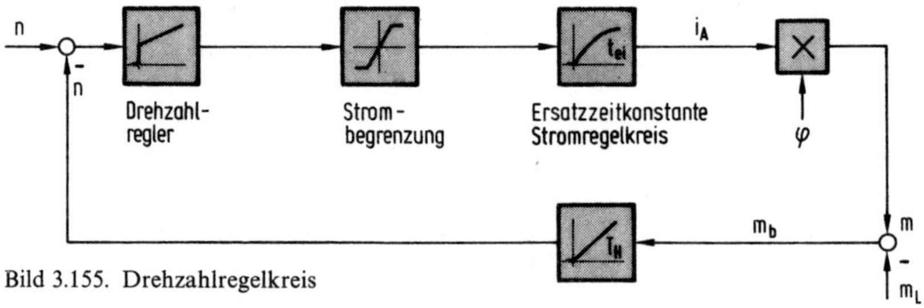


Bild 3.155. Drehzahlregelkreis

Die Optimierung wird meistens bei Leerlauf der Maschine (geringste Dämpfung) vorgenommen. Infolge der Strombegrenzung ist die Regelgeschwindigkeit nicht so sehr von der Optimierung, sondern vielmehr von den Größen $T_H$ und $m_L$ abhängig. Der zeitliche Verlauf der Regelgröße, in diesem Fall der Drehzahl, ist nur solange durch das jeweilige Optimierungsverfahren vorgegeben, wie die Regelung ungehindert arbeiten kann. Beim Einsetzen der Strombegrenzung (Begrenzung der Ausgangsspannung des Drehzahlreglers) erhält der Stromregler nicht mehr den der Regelabweichung $(n_{soll} - n_{ist})$ entsprechenden Sollwert $i_{A\,Soll}$. Das Motormoment ist auf die Größe

$$M_{max} = c_1\,\Phi_N \cdot I_{A\,max} = K I_{A\,max}$$

begrenzt. Für die Änderung der Drehzahl gilt bei $M_L = 0$ (kleinstmögliche Anregelzeit):

$$M_{max} = M_b = 2\pi J \frac{dn}{dt}$$

$$\frac{dn}{dt} = \frac{M_{max}}{2\pi J}.$$

*Beispiel*

Für einen Gleichstromantrieb seien folgende Daten gegeben:

$$I_{AN} = 83\,\mathrm{A}; \qquad U_{AN} = 400\,\mathrm{V}; \qquad \eta = 0{,}85,$$

$$n_N = 2800\,\mathrm{U/min}; \qquad J = 0{,}375\,\mathrm{kg\,m^2}.$$

Die Nennleistung an der Welle beträgt dann

$$P_N = I_{AN}\,U_{AN}\,\eta = 83\,\mathrm{A} \cdot 400\,\mathrm{V} \cdot 0{,}85$$

$$P_N = 28{,}2\,\mathrm{kW}.$$

Damit errechnet sich das Nennmoment zu

$$M_N = \frac{P_N}{2\pi n_N} = \frac{28{,}2 \cdot 10^3 \cdot 60}{2\pi \cdot 2800}\,\text{Nm}$$

$$M_N = 96{,}18\ \text{Nm}.$$

Die Strombegrenzung sei auf den doppelten Nennstrom eingestellt. Dann ist mit $M_{max} = 2M_N$:

$$\frac{dn}{dt} = \frac{M_N}{\pi J}.$$

Wird die Maschine aus dem Stillstand bis zur Nenndrehzahl $n_N$ hochgefahren (Sollwertsprung von 0 auf $n_N$), dann errechnet sich für die Anregelzeit:

$$t_{an} = \frac{n_N \pi J}{M_N}$$

$$t_{an} = \frac{2800 \cdot \pi \cdot 0{,}375}{60 \cdot 96{,}18}\,\text{s}$$

$$t_{an} = 572\ \text{ms}.$$

In Bild 3.156. ist der zeitliche Verlauf von Strom und Drehzahl dargestellt.

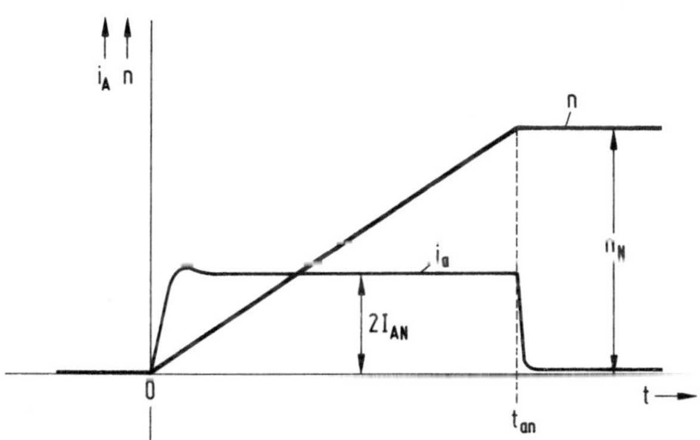


Bild 3.156. Zeitlicher Verlauf von Strom und Drehzahl bei Strombegrenzung

### 3.10.6. Optimierung und Dimensionierung der Regler eines drehzahlgeregelten Gleichstrom-Umkehrantriebes

Die in den Kapiteln 3.10.3. bis 3.10.5. behandelte Theorie soll an einem Beispiel in die Praxis umgesetzt werden.

Eine Gleichstrommaschine mit $I_{AN} = 80\,\text{A}$, $U_{AN} = 400\,\text{V}$, $n_N = 2800\,\text{U/min}$ werde von einem Umkehrstromrichter in Drehstrom-Brückenschaltung nach Bild 3.122. gespeist. Die Anschlußspannung beträgt 380 V, 50 Hz.

Das Blockschaltbild der Gesamtanlage ist in Bild 3.140. bereits dargestellt worden. Für den Strom- und Drehzahlregelkreis gelten die Bilder 3.154. und 3.155.

*Stromregelkreis*

Der Stromregelkreis wird bei stillstehender Maschine optimiert. Zur Bemessung des Stromreglers benötigt man die Größe der Streckenverstärkung $V_S$. Außerdem muß die Ankerkreiszeitkonstante $T_A$ sowie die Summe der kleinen Zeitkonstanten $\sigma$ bekannt sein.

Nach Bild 3.157. ist die Streckenverstärkung

$$V_S = \frac{\Delta u_{iA}}{\Delta u_{st}}.$$

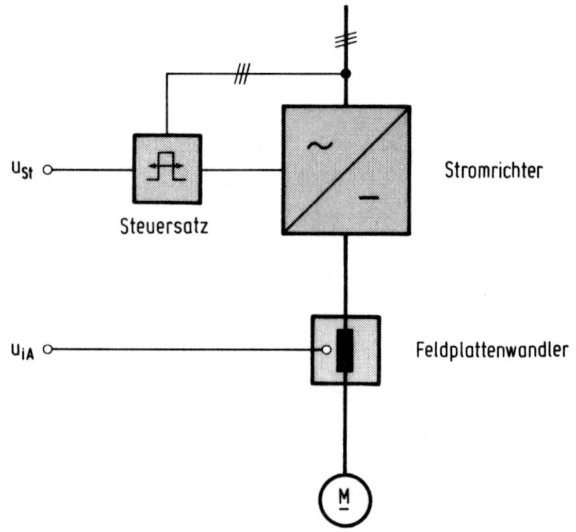


Bild 3.157.
Messung der Streckenverstärkung $V_S$ sowie der Ankerkreiszeitkonstanten $T_A$

$V_S$ kann entweder gemessen oder bei bekanntem Ankerkreiswiderstand $R_A$ berechnet werden. Zur Berechnung werde von einem Widerstand $R_A = 0{,}5\,\Omega$ ausgegangen.

Die Sollwertspannungen (Drehzahl, Strom) sollen maximal 10 V betragen. Wenn der Bürdenwiderstand des in Kapitel 3.10.2. behandelten Feldplattenwandlers so dimensioniert wird, daß bei $2I_{AN} = 160\,\text{A}$ die Ausgangsspannung $u_{iA} = 10\,\text{V}$ beträgt, dann ist die Strombegrenzung der Anlage auf den doppelten Nennstrom festgelegt worden. Der Steuersatz möge die Kennlinie nach Bild 3.158. haben. Der Zusammenhang zwischen Steuerwinkel $\alpha$ und Steuerspannung $u_{st}$ ist dann

$$\alpha = \frac{\pi}{20} u_{st} + \frac{\pi}{2} \qquad (u_{st} \text{ in V}).$$

Mit

$$U_{di\alpha} = U_{di} \cos\alpha$$

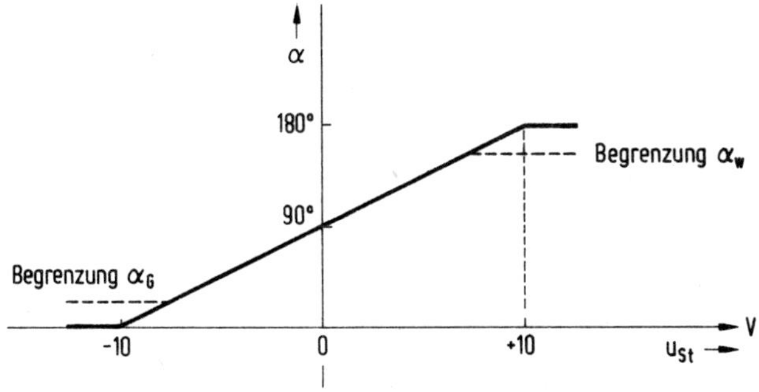


Bild 3.158. Kennlinie $\alpha = f(u_{St})$ des Steuersatzes

ist dann die Abhängigkeit der Stromrichterspannung von der Steuerspannung:

$$U_{\mathrm{di}\alpha} = U_{\mathrm{di}} \cos\left(\frac{\pi}{20} u_{\mathrm{st}} + \frac{\pi}{2}\right),$$

$$U_{\mathrm{di}\alpha} = -U_{\mathrm{di}} \sin\left(\frac{\pi}{20} u_{\mathrm{st}}\right).$$

Die Änderung der Stromrichterspannung bei einer Änderung der Steuerspannung beträgt

$$\left|\frac{\mathrm{d}U_{\mathrm{di}\alpha}}{\mathrm{d}u_{\mathrm{st}}}\right| = \frac{\pi}{20} U_{\mathrm{di}} \cos\left(\frac{\pi}{20} u_{\mathrm{st}}\right) \qquad (U_{\mathrm{di}} \text{ in V}).$$

Andererseits ist bei stillstehender Maschine

$$U_{\mathrm{A}} = U_{\mathrm{di}\alpha} = R_{\mathrm{A}} I_{\mathrm{A}}$$

und

$$u_{\mathrm{iA}} = K I_{\mathrm{A}} \qquad \text{(Ausgangsspannung des Feldplattenwandlers)}$$

mit

$$K = \frac{10\,\mathrm{V}}{160\,\mathrm{A}}.$$

Hieraus erhält man

$$U_{\mathrm{di}\alpha} = \frac{R_{\mathrm{A}}}{K} u_{\mathrm{iA}}$$

bzw.

$$\frac{\mathrm{d}U_{\mathrm{di}\alpha}}{\mathrm{d}u_{\mathrm{iA}}} = \frac{R_{\mathrm{A}}}{K}.$$

Die Streckenverstärkung ist dann

$$V_S = \frac{d u_{iA}}{d u_{st}} = \frac{\left| \dfrac{d U_{di\alpha}}{d u_{st}} \right|}{\dfrac{d U_{di\alpha}}{d u_{iA}}}$$

$$V_S = \frac{\dfrac{\pi}{20} U_{di} \cos\left(\dfrac{\pi}{20} u_{st}\right)}{\dfrac{R_A}{K}} \qquad (U_{di},\ u_{st} \text{ in V}).$$

Mit

$$U_{di} = 2{,}34 \cdot 220\,\text{V} = 515\,\text{V}$$

und

$$\frac{R_A}{K} = 8$$

wird

$$V_S = 10{,}11 \cos\left(\frac{\pi}{20} u_{st}\right).$$

Die Streckenverstärkung ist demnach nicht konstant, sondern von der Steuerspannung abhängig. Für die Dimensionierung wird von der maximalen Streckenverstärkung

$$V_{S\,max} = 10$$

ausgegangen.

Für das bessere Verständnis ist es vielleicht günstig, die Streckenverstärkung auch noch auf eine andere Art zu berechnen.

Angenommen, die Maschine wird bei einer Steuerspannung $u_{st} = 0\,\text{V}$, d.h. $\alpha = 90°$ eingeschaltet, dann ist die Ankerspannung Null. Bei einer Änderung des Aussteuerwinkels um $\Delta\alpha = 5°$ auf $\alpha = 85°$ muß die Steuerspannung um den Betrag

$$\Delta u_{st} = \Delta\alpha \frac{20}{\pi} \text{V} = \frac{5° \cdot \pi}{180°} \cdot \frac{20}{\pi} \text{V} = 0{,}555\,\text{V}$$

geändert werden. Die Stromrichterspannung ist dann

$$\Delta U_{di\alpha} = 515\,\text{V} \cos 85° = 44{,}88\,\text{V}.$$

Diese Spannung hat bei Stillstand der Maschine im Ankerkreis einen Strom von

$$\Delta I_A = \frac{\Delta U_{di\alpha}}{R_A} = \frac{44{,}88\,\text{V}}{0{,}5\,\Omega} = 89{,}77\,\text{A}$$

zur Folge. Die Ausgangsspannung des Feldplattenwandlers ergibt sich zu

$$\Delta u_{iA} = \frac{10\,\text{V}}{160\,\text{A}}\, 89{,}77\,\text{A} = 5{,}61\,\text{V}.$$

Damit errechnet sich die Streckenverstärkung zu

$$V_{\text{S max}} = \frac{\Delta u_{\text{iA}}}{\Delta u_{\text{st}}} = \frac{5{,}61\,\text{V}}{0{,}555\,\text{V}} = 10{,}1.$$

Zur Messung der Ankerkreiszeitkonstanten wird bei stillstehender Maschine (Erregung ausgeschaltet) die Steuerspannung sprungartig geändert. Der Ankerstrom steigt nach einer $e$-Funktion an. Durch Auswerten eines Oszillogramms kann die Ankerkreiszeitkonstante $T_A$ ermittelt werden. Für die weitere Rechnung wird eine Zeitkonstante von

$$T_A = 50\,\text{ms}$$

zugrunde gelegt.

Summe der kleinen Zeitkonstanten $\sigma_i$:

a) Stromistwertglättung $t_{gi} = 2{,}5$ ms
b) Totzeit des Stromrichters $t_{st} = 1{,}7$ ms ($p = 6$).

Die Totzeit des Stromrichters kann näherungsweise wie eine kleine Zeitkonstante behandelt werden. Damit stehen zur Optimierung folgende Werte zur Verfügung:

$$V_{\text{S max}} = 10$$
$$T_A = 50\,\text{ms}$$
$$\sigma_i = t_{gi} + t_{st} = 2{,}5\,\text{ms} + 1{,}7\,\text{ms} = 4{,}2\,\text{ms}.$$

Die Optimierung erfolgt nach dem Betragsoptimum. Es ist nach Kapitel 3.10.3.

$$T_n = T_1 = T_A = 50\,\text{ms}$$
$$V_R = \frac{T_A}{2\,V_{\text{S max}}\,\sigma_i} = \frac{50\,\text{ms}}{2 \cdot 10 \cdot 4{,}2\,\text{ms}} = 0{,}6.$$

Nach Tabelle 3.5. gilt bei einem PI-Regler

$$V_R = \frac{R_1}{R_0}$$

und

$$T_n = R_1\,C_1.$$

Als Reglervergleichsstrom wird $I_0 = 0{,}5$ mA gewählt. Das ergibt bei $u_{\text{iA max}} = 10$ V einen Eingangswiderstand von

$$R_0 = \frac{10\,\text{V}}{0{,}5\,\text{mA}} = 20\,\text{k}\Omega.$$

Für die Istwertglättung wird dieser Widerstand entsprechend Bild 3.149. in zwei Widerstände $R_{01} = R_{02} = 10\,\text{k}\Omega$ aufgeteilt. Der erforderliche Kondensator im Istwertkanal $C_0$ kann nach Gl. (3.176.) berechnet werden:

$$t_{gi} = \frac{R_{01} R_{02}}{R_{01} + R_{02}} C_0$$

$$C_0 = t_{gi} \frac{R_{01} + R_{02}}{R_{01} R_{02}} = 2{,}5\ \text{ms}\ \frac{20\ \text{k}\Omega}{10\ \text{k}\Omega \cdot 10\ \text{k}\Omega}$$

$$C_0 = 0{,}5\ \mu\text{F}.$$

Weiterhin ist

$$R_1 = V_R R_0 = 0{,}6 \cdot 20\ \text{k}\Omega = 12\ \text{k}\Omega$$

und

$$C_1 = \frac{T_A}{R_1} = \frac{50\ \text{ms}}{12\ \text{k}\Omega} = 4{,}2\ \mu\text{F}.$$

In Bild 3.159. ist die Schaltung des Reglers dargestellt. Eine Glättung im Sollwertkanal ist beim Betragsoptimum nicht erforderlich.

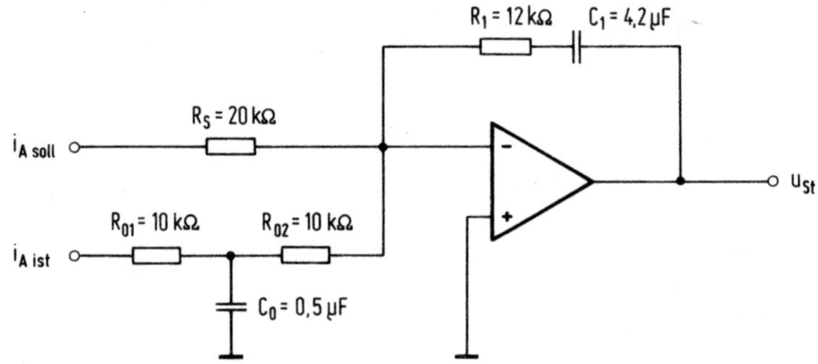


Bild 3.159. Dimensionierung des Stromreglers

*Drehzahlregelkreis*

Der Drehzahlregelkreis (Bild 3.155.) enthält die Integrierzeit (Hochlaufzeit) zwischen Strom und Drehzahl und als kleine Zeitkonstanten die Ersatzzeitkonstante $t_{ei} = 2\sigma_i = 8{,}4$ ms des optimierten Stromregelkreises sowie die Glättungszeitkonstante $t_{gn} = 2$ ms des Glättungsgliedes im Istwertkanal. Die Zeitkonstante $t_{gn}$ muß in der Praxis je nach der Welligkeit der Spannung des Tachogenerators bestimmt werden. Somit ist

$$\sigma_n = t_{ei} + t_{gn} = 8{,}4\ \text{ms} + 2\ \text{ms} = 10{,}4\ \text{ms}.$$

Weil die Regelstrecke ein Integralglied enthält, kommt nur eine Optimierung nach dem symmetrischen Optimum in Frage. Wegen der Drehzahlgenauigkeit wird wieder ein PI Regler verwendet. Die Dimensionierungsvorschriften für das symmetrische Optimum lauten:

$$V_R = \frac{T_0}{2 V_S \sigma_n}; \qquad T_n = 4\sigma_n.$$

Damit das Überschwingen der Regelgröße von 43% auf 8,1% begrenzt wird, ist eine Sollwertglättung von $t_{gS} = 4\sigma_n = 41{,}6$ ms erforderlich.

Zur Optimierung des Reglers muß zunächst die sog. Strecken-Integrierzeit

$$T_i = \frac{T_0}{V_S}$$

ermittelt werden. Gibt man dem Stromregler sprungartig einen Sollwert vor, dann bewirkt der nach der Anregelzeit konstante Ankerstrom einen linearen Hochlauf der erregten Maschine. Die Drehzahl steigt um so schneller an, je größer der aufgeschaltete Ankerstrom und je geringer die Schwungmassen sind. Die Anstiegsgeschwindigkeit der Drehzahl wird durch die Integrierzeit $T_i$ beschrieben. Die Definition der Integrierzeit geht aus Bild 3.160. hervor.

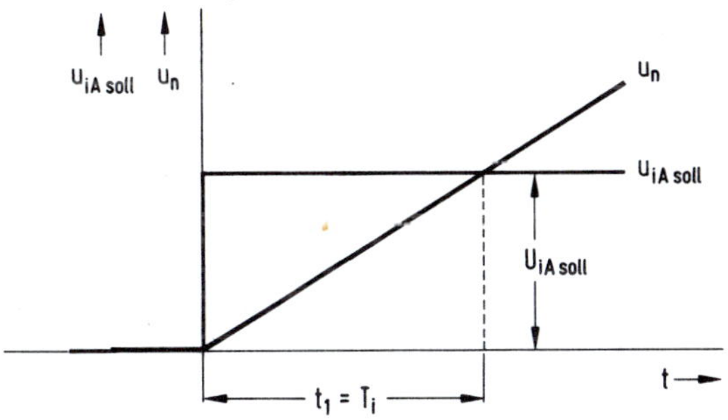


Bild 3.160.
Zur Definition der Integrierzeit

Bei einer sprungförmigen Änderung des Stromsollwertes (z.B. entsprechend 2V) ändert sich der normierte Drehzahlistwert (z.B. 10V bei Nenndrehzahl) linear. Die Integrierzeit ist die Zeit, die vergeht, bis der normierte Drehzahlistwert den Stromsollwert erreicht hat. Das soll noch näher erläutert werden.

Bei einem Integrator nach Bild 3.161. ist

$$-u_a = \frac{1}{R_0 C_1} \int u_e \, dt + C.$$

Wenn die Integration bei $u_a = 0$V beginnt, dann ist die Integrationskonstante $C = 0$. Mit $u_e = U_{e0}$ für $t > 0$ ist

$$-u_a = \frac{1}{T_I} U_{e0} t$$

$$T_I = R_0 C_1 .$$

Für $t = t_1$ ist $-u_a = U_{e0}$:

$$U_{e0} = \frac{1}{T_I} U_{e0} t_1$$

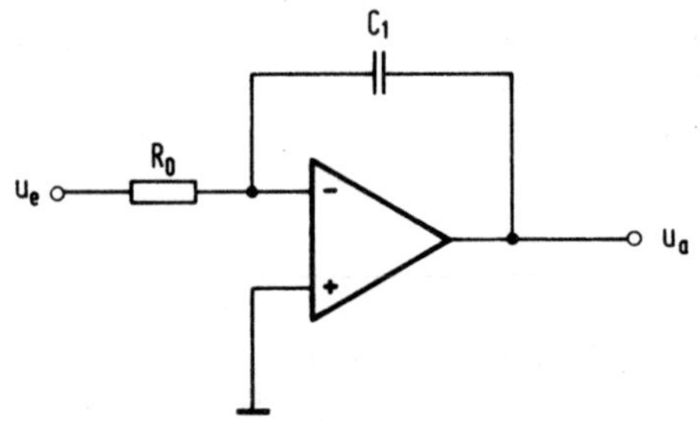


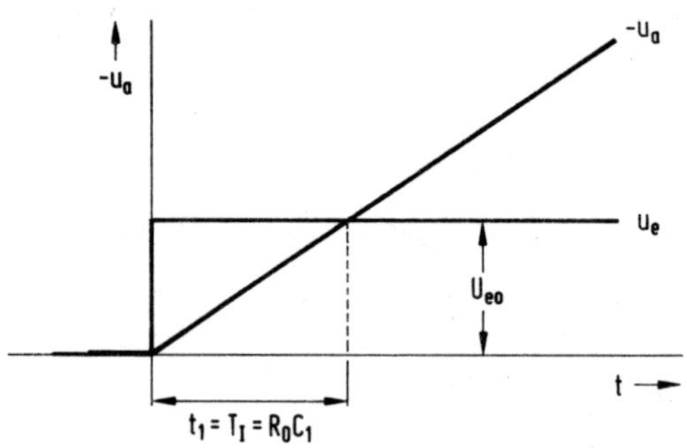


Bild 3.161.
Integrator mit Operationsverstärker

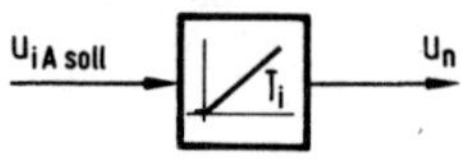


Bild 3.162.
Integralglied mit Strecken-Integrierzeit $T_i$

und damit

$$T_I = t_1.$$

Entsprechend gilt bei dem Integralglied in Bild 3.162.:

$$u_n = \frac{1}{T_i} U_{iA\,soll}\, t.$$

Für $t = t_1$ ist $u_n(t_1) = U_{iA\,soll}$:

$$U_{iA\,soll} = \frac{1}{T_i} U_{iA\,soll}\, t_1$$

$$T_i = \frac{T_0}{V_S} = t_1.$$

In der Strecken-Integrierzeit ist die Verstärkung der Strecke bereits enthalten.

Die Bestimmung der Strecken-Integrierzeit nach Bild 3.160. ist aber nur unter der Voraussetzung einer geeigneten Normierung des Drehzahlistwertes richtig. Das liegt daran, daß im

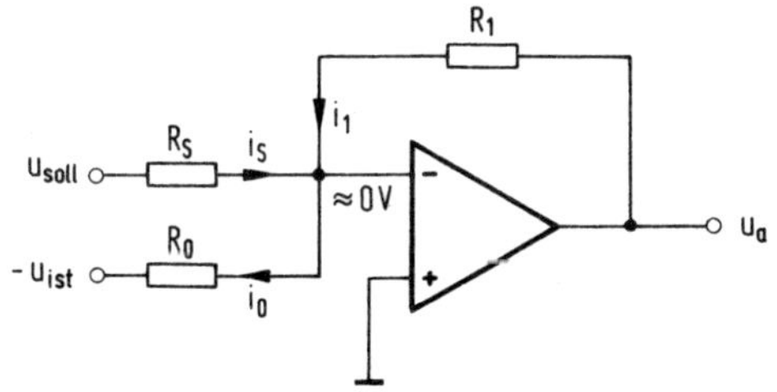


Bild 3.163.
*P*-Regler

Regler nicht Spannungen, sondern Ströme verglichen werden. Für den P-Regler in Bild 3.163. z.B. gilt:

$$i_S + i_1 = i_0$$

$$i_S - i_0 = -i_1$$

$$\boxed{i_s - i_0 = -\frac{u_a}{R_1}.}$$

$$\frac{u_{soll}}{R_S} - \frac{u_{ist}}{R_0} = -\frac{u_a}{R_1}$$

$$R_S = R_0$$

$$-u_a = \frac{R_1}{R_0}(u_{soll} - u_{ist}).$$

Ein Soll-Istwertvergleich ist demnach nur möglich, wenn die Eingangsströme bei den Maximalwerten von Soll- und Istwert gleich sind.

Wenn z.B. die Sollwertspannung maximal 10 V beträgt, dann muß bei einem Vergleichsstrom von 1 mA der Eingangswiderstand im Sollwertkanal $R_S = \frac{10\,\text{V}}{1\,\text{mA}} = 10\,\text{k}\Omega$ betragen. Beträgt die maximale Istwertspannung 50 V, dann muß wegen $I_{0\,max} = I_{S\,max}$ der Widerstand im Istwertkanal $R_0 = 50\,\text{k}\Omega$ sein. Auf die Messung der Strecken-Integrierzeit bezogen bedeutet das: Die Integrierzeit ist die Zeit, die vergeht, bis der Eingangsstrom im Istwertkanal des Drehzahlreglers den Eingangsstrom im Sollwertkanal des Stromreglers erreicht hat. Wenn beide Eingangswiderstände gleich sind, hat jeweils die gleiche Spannung den gleichen Strom zur Folge, und die Meßmethode nach Bild 3.160. ist richtig.

Beträgt jedoch der Maximalwert des Drehzahlistwertes z.B. 40 V anstelle der bisher für alle Soll- und Istwertgrößen festgelegten Spannung von 10 V, dann würde bei einem Stromsoll wert von $U_{IA\,soll} = 2\,\text{V}$ die Strecken-Integrierzeit die Zeit sein, die vergeht, bis der Drehzahlistwert die Spannung von $u_n = 4 \cdot 2\,\text{V} = 8\,\text{V}$ erreicht hat.

Für die Dimensionierung des Drehzahlreglers soll von einer Strecken-Integrierzeit

$$T_i = \frac{T_0}{V_S} = 500\,\text{ms}$$

ausgegangen werden.

Dann ergibt sich für die Reglerverstärkung

$$V_R = \frac{T_i}{2\sigma_n} = \frac{500\text{ ms}}{20{,}8\text{ ms}} = 24$$

und

$$T_n = 4\sigma_n = 41{,}6\text{ ms}.$$

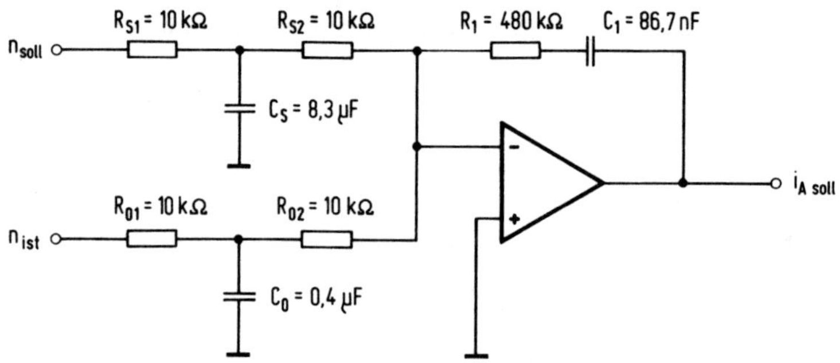


Bild 3.164. Dimensionierung des Drehzahlreglers

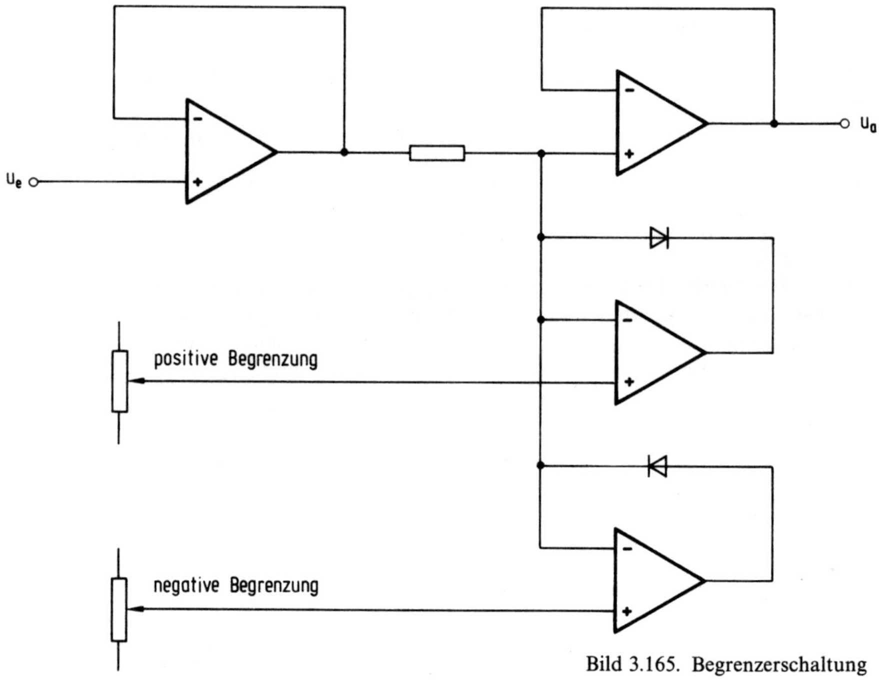


Bild 3.165. Begrenzerschaltung

Für die Sollwertglättung war schon

$$t_{gS} = 4\,\sigma_n = 41{,}6\ \text{ms}$$

errechnet worden.

Damit kann der Drehzahlregler dimensioniert werden:

$$R_0 = 20\ \text{k}\Omega \qquad R_1 = V_R R_0 = 480\ \text{k}\Omega$$

$$R_S = 20\ \text{k}\Omega \qquad C_1 = \frac{4\,\sigma_n}{R_1} = 86{,}7\ \text{nF}$$

$$C_S = t_{gS}\,\frac{R_{S1} + R_{S2}}{R_{S1} \cdot R_{S2}} = 8{,}3\ \mu\text{F}$$

$$C_0 = t_{gn}\,\frac{R_{01} + R_{02}}{R_{01} \cdot R_{02}} = 0{,}4\ \mu\text{F}.$$

Das Schaltbild des Reglers ist in Bild 3.164. dargestellt.

In der Praxis ist es oft erforderlich, daß ein Regler in seiner positiven und negativen Aussteuerung stufenlos begrenzt werden kann. In Bild 3.165. ist eine Begrenzerschaltung mit Operationsverstärkern angegeben. In dieser Schaltung kann die positive und negative Begrenzung getrennt und stufenlos eingestellt werden.

# 4. Selbstgeführte Stromrichter

Selbstgeführte Stromrichter sind Stromrichter, die keine fremde Wechselspannungsquelle zur Kommutierung benötigen. Bei ihnen treten in jeder Periode Kommutierungen auf, bei denen die Kommutierungsspannung von einem *zum Stromrichter gehörenden Energiespeicher* (Kondensator) zur Verfügung gestellt wird (DIN 41750, Bl. 5). Bei Verwendung von Transistoren oder von Thyristoren, die durch einen Steuerimpuls abgeschaltet werden können, wird die Kommutierungsspannung durch Widerstandserhöhung des zu löschenden Stromrichterventils gebildet. Selbstgeführte Stromrichter können für alle Arten der Umwandlung elektrischer Energie (s. Kapitel 1) und für den Energiefluß in beiden Richtungen ausgeführt werden.

Die Entwicklung auf dem Gebiet der selbstgeführten Stromrichter ist noch nicht abgeschlossen. Für die verschiedensten Anwendungsfälle sind Schaltungen entwickelt worden, die sich besonders in der Steuerung und in der Kommutierungseinrichtung voneinander unterscheiden.

Es kann nun nicht der Sinn eines Lehrbuches sein, die bisher bekannten Schaltungen katalogartig aufzuzählen und im einzelnen zu behandeln. Der Verfasser hält es für sinnvoller, die für die Mehrzahl der bekannten Schaltungen gültigen Entwicklungsprinzipien und Berechnungsmethoden anhand von Schaltungen, die in der industriellen Praxis in einem hohen Maße angewendet werden, herauszuarbeiten.

## 4.1. Gleichstromsteller

Das Prinzip und die Grundschaltung eines Gleichstromstellers sind schon in Kapitel 1 und Kapitel 2.3.2. behandelt worden. Zwei Aufgaben, die jeweils das Prinzip des Stellers bzw. die Vorgänge bei der Kommutierung betreffen, sollen in die Problematik einführen.

*Beispiel 4.1.*

Ein Gleichstromsteller speist nach Bild 4.1. einen gemischt ohmisch-induktiven Verbraucher. In Bild 4.2. ist das Oszillogramm des Laststromes $i_d$ für einen bestimmten Betriebsfall dargestellt. Das Drehspulinstrument in Bild 4.1. zeigt eine Spannung von $U_{dAV} = U_d = 100\,V$ an. Gesucht ist die Größe des Widerstandes $R$ und der Induktivität $L$. Die Kommutierungseinflüsse sind zu vernachlässigen.

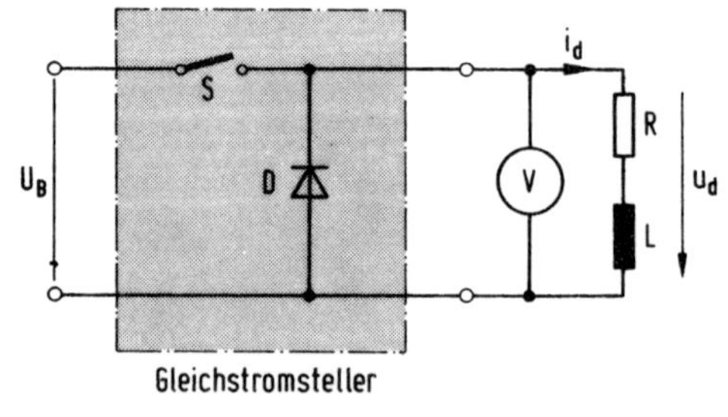


Bild 4.1.
Schaltung zu Beispiel 4.1

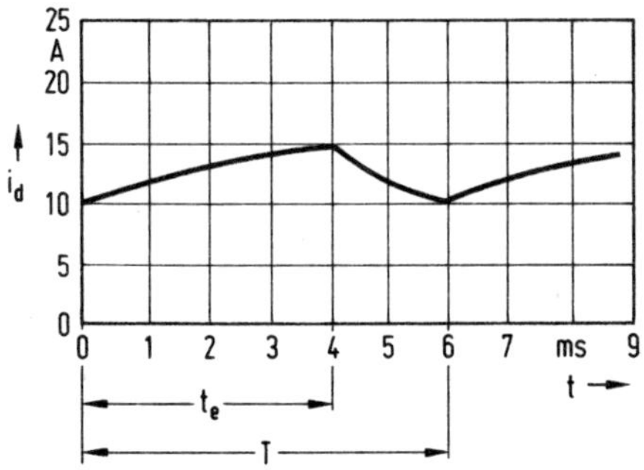


Bild 4.2.
Zeitlicher Verlauf
des Ausgangsstromes $i_d$

Lösung:

In Kapitel 1 ist die prinzipielle Wirkungsweise des Gleichstromstellers erklärt worden. Der Schalter $S$ wird mit konstanter Frequenz ein- und ausgeschaltet.

Im Intervall

$$0 \leqq t \leqq t_e$$

ist der Schalter eingeschaltet.

In diesem Bereich gilt die Differentialgleichung

$$i_d R + L \frac{d i_d}{d t} = U_B .$$

Mit der Anfangsbedingung

$$t = 0: \qquad i_d = i_{d\,min}$$

lautet die Lösung

$$i_d = \left(i_{d\,min} - \frac{U_B}{R}\right) e^{-\frac{t}{\tau}} + \frac{U_B}{R}$$

$$\tau = \frac{L}{R} .$$

Zur Zeit $t = t_e$ hat der Strom $i_d$ den Maximalwert $i_d = i_{d\,max}$ erreicht:

$$i_{d\,max} = \left(i_{d\,min} - \frac{U_B}{R}\right) e^{-\frac{t_e}{\tau}} + \frac{U_B}{R} . \tag{4.1.}$$

Im Intervall

$$t_e \leqq t \leqq T$$

ist der Schalter $S$ geöffnet, und die Diode $D$ führt den Laststrom.

Es gilt

$$i_d R + L\frac{\mathrm{d}i_d}{\mathrm{d}t} = 0$$

mit der Anfangsbedingung

$$t = t_e: \qquad i_d = i_{d\,max}.$$

Die Lösung dieser Gleichung lautet:

$$i_d = i_{d\,max}\,e^{-\frac{(t-t_e)}{\tau}}.$$

Zur Zeit $t = T$ ist $i_d = i_{d\,min}$:

$$i_{d\,min} = i_{d\,max}\,e^{-\frac{(T-t_e)}{\tau}}. \tag{4.2.}$$

Aus Gleichung (4.2.) erhält man

$$\frac{i_{d\,min}}{i_{d\,max}} = e^{-\frac{(T-t_e)}{\tau}}$$

$$\tau = \frac{t_e - T}{\ln\dfrac{i_{d\,min}}{i_{d\,max}}}$$

$$\tau = \frac{4\,\text{ms} - 6\,\text{ms}}{\ln\dfrac{10\,\text{A}}{15\,\text{A}}} = 4{,}93\,\text{ms}.$$

Das Instrument in Bild 4.1. zeigt den Mittelwert $U_{dAV}$ der Ausgangsspannung $u_d$ an:

$$U_{dAV} = U_d = \frac{1}{T}\int_0^{t_e} U_B\,\mathrm{d}t = U_B\frac{t_e}{T}.$$

Mit

$$U_d = 100\,\text{V}$$

ist

$$U_B = U_d\frac{T}{t_e} = 100\,\text{V}\,\frac{6\,\text{ms}}{4\,\text{ms}} = 150\,\text{V}.$$

Damit läßt sich aus Gl. (4.1.) der Widerstand $R$ berechnen:

$$R = U_B\frac{1 - e^{-\frac{t_e}{\tau}}}{i_{d\,max} - i_{d\,min}\cdot e^{-\frac{t_e}{\tau}}}$$

$$R = 150\,\text{V}\,\frac{1 - e^{-\frac{4\,\text{ms}}{4{,}93\,\text{ms}}}}{15\,\text{A} - 10\,\text{A}\cdot e^{-\frac{4\,\text{ms}}{4{,}93\,\text{ms}}}}$$

$$\underline{\underline{R = 7{,}896\,\Omega.}}$$

Damit wird

$$L = \tau R = 4{,}93\ \mathrm{ms} \cdot 7{,}896\ \Omega$$

$$\underline{L = 38{,}93\ \mathrm{mH.}}$$

*Beispiel 4.2.*

In Bild 4.3. ist die Grundschaltung eines Gleichstromstellers angegeben. Vereinfachend soll angenommen werden, daß die Drosselspule $L_L$ im Lastkreis sehr groß ist ($T_L \gg T$), so daß sich der Laststrom während des Kommutierungsvorganges nur vernachlässigbar gering ändert.

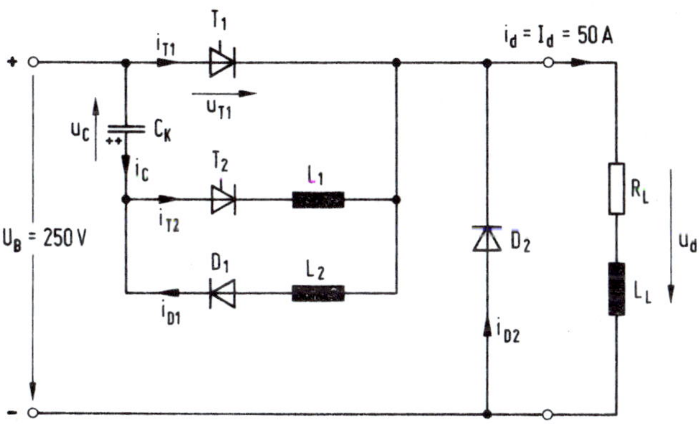


Bild 4.3.
Grundschaltung eines Gleichstromstellers

a) Berechnung der Mindestgröße des Kommutierungskondensators $C_k$, wenn der Hauptthyristor $T_1$ eine Freiwerdezeit von $t_q = 25\ \mu\mathrm{s}$ hat. Die Induktivität $L_1$ soll bei dieser Rechnung unberücksichtigt bleiben.

b) Wie groß muß die Größe der Induktivität $L_1$ sein, wenn für den Löschthyristor $T_2$ eine Anfangsstromsteilheit von $\left(\frac{\mathrm{d}i_{T2}}{\mathrm{d}t}\right)_{t=0} = 50\ \mathrm{A}/\mu\mathrm{s}$ zulässig ist?

c) Wie groß muß die Induktivität der Umschwingdrossel $L_2$ sein, wenn der Umladevorgang des Kondensators in $100\ \mu\mathrm{s}$ beendet sein soll?

d) Wie groß ist beim Umladevorgang der Maximalwert der Ströme $i_{T1}$ bzw. $i_{D1}$?

Zur Lösung dieser Aufgabe wird das Studium von Kapitel 2.3.2. empfohlen. Zusammenfassend soll nochmals kurz der Ablauf der einzelnen Phasen bei der Kommutierung erläutert werden: Vor dem erstmaligen Zünden des Hauptthyristors $T_1$ muß zunächst der Kondensator $C_k$ geladen werden, da sonst eine Löschung des Hauptthyristors nicht möglich ist. Eine einfache Möglichkeit der Ladung besteht darin, daß der Kondensator durch Ansteuern des Löschthyristors $T_2$ über die Last aufgeladen wird. Wird nun der Hauptthyristor $T_1$ gezündet, dann sind zwei verschiedene Vorgänge zu unterscheiden. Einerseits kann sich der Laststrom $i_d$ aufbauen, andererseits wird der Kondensator über die Umschwingdrossel $L_2$ und die Umschwingdiode $D_1$ auf die zum Löschen des Hauptthyristors $T_1$ geeignete Polarität (Bild 4.3.) umgeladen. Soll nach der Einschaltdauer $t_e$ der Hauptthyristor wieder abgeschaltet werden, dann muß Löschthyristor $T_2$ gezündet werden. Der Zündzeitpunkt des Löschthyristors wird zur Zeit $t=0$ festgelegt. Zur weiteren Erklärung dient Bild 4.4. Unter dem Einfluß der Kondensatorspannung (Anfangsspannung $(u_C)_{t=0} = +U_B$) fließt ein sinusförmiger Strom (Schwingkreis $C_k$, $T_2$, $L_1$, $T_1$), der sich dem Strom im Hauptthyristor so überlagert, daß der Summenstrom Null wird:

$$i_{T1} = I_d - i_{T2}.$$

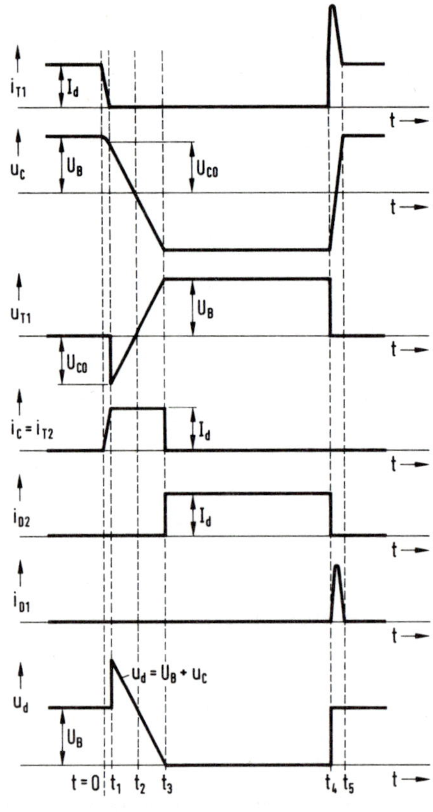


Bild 4.4.
Zeitlicher Verlauf der Spannungen und Ströme bei einem Gleichstromsteller nach Bild 4.3

Wenn der Strom im Hauptthyristor zum Zeitpunkt $t=t_1$ Null geworden ist, hat der Strom im Löschthyristor $T_2$ die Höhe des als konstant angenommenen Laststromes erreicht. Der Strom ist von Thyristor $T_1$ auf Thyristor $T_2$ kommutiert worden. Am gelöschten Hauptthyristor liegt die Kondensatorspannung als negative Sperrspannung an. Infolge des konstanten Laststromes $I_d$ lädt sich im weiteren Verlauf der Kommutierungskondensator linear um. Zum Zeitpunkt $t=t_2$ ist die Kondensatorspannung und damit auch die Spannung am Hauptthyristor Null geworden. Bis zu dieser Zeit muß der Hauptthyristor seine Sperrfähigkeit für positive Spannungen wiedererlangt haben. Zur Zeit $t=t_3$ hat die Kondensatorspannung den Wert $u_C = -U_B$ erreicht. Aus Bild 4.3. kann man erkennen, daß jetzt die Freilaufdiode $D_2$ in Durchlaßrichtung gepolt wird. Die Diode $D_2$ kann daher den Strom vom Löschthyristor übernehmen: Der Strom wird auf die Freilaufdiode kommutiert.

Beim erneuten Einschalten des Hauptthyristors zum Zeitpunkt $t_4$ übernimmt dieser wieder den konstanten Laststrom von der Freilaufdiode. Gleichzeitig wird der Kommutierungskondensator über den Umschwingkreis $(D_1, L_2)$ auf die zum erneuten Löschen geeignete Polarität umgeladen.

Nachdem nun die zeitlichen Verläufe der interessierenden Ströme und Spannungen bekannt sind, kann die Aufgabe gelöst werden:

a) Entsprechend der Aufgabenstellung soll die Induktivität der Begrenzungsdrossel $L_1$ hier vernachlässigt werden. Damit übernimmt der Löschthyristor zur Zeit $t=0$ schlagartig den als konstant angenommenen Laststrom $I_d$.

Der zeitliche Verlauf der Kondensatorspannung (eingetragene Zählpfeile beachten) ist

$$u_C(t) = -\frac{1}{C_k} \int i_C \, dt + k.$$

Zur Zeit $t=0$ ist $u_C = +U_B$
und damit

$$u_C(t) = -\frac{1}{C_k} I_d \, t + U_B.$$

Die Kondensatorspannung liegt als negative Sperrspannung am gelöschten Hauptthyristor an. Bei Nullwerden der Kondensatorspannung $(t_2)$ muß der Hauptthyristor seine Sperrfähigkeit für positive Spannungen wiedererlangt haben. Dazu muß $t_2$ mindestens gleich der Freiwerdezeit $t_q$ sein:

$$0 = -\frac{1}{C_{k\,min}} I_d \, t_q + U_B$$

$$C_{k\,min} = \frac{I_d \, t_q}{U_B}$$

$$C_{k\,min} = \frac{50\,A \cdot 25\,\mu s}{250\,V}$$

$$\underline{C_{k\,min} = 5\,\mu F.}$$

In der Praxis muß der Kondensator so berechnet werden, daß die Schonzeit $t_c = t_2$ größer (z.B. 2,5) als die Freiwerdezeit $t_q$ wird:

$$\boxed{C_k = \frac{I_d \cdot t_c}{U_B}}, \qquad (4.3.)$$

$t_c > t_q$.

b) Im Zündzeitpunkt des Löschthyristors $(t=0)$ ist der Kondensator auf die Spannung $u_C = +U_B$ aufgeladen. Über $T_2$, $L_1$ und $T_1$ fließt ein sinusförmiger Strom, der sich dem Strom im Hauptthyristor überlagert. Es gilt die Differentialgleichung

$$-u_C + L_1 \frac{d i_C}{d t} = 0$$

bzw.

$$L_1 \frac{\mathrm{d}i_C}{\mathrm{d}t} = u_C.$$

Der Stromanstieg $\frac{\mathrm{d}i_C}{\mathrm{d}t}$ soll beim Einschalten des Löschthyristors begrenzt werden:

$$L_1 \left(\frac{\mathrm{d}i_C}{\mathrm{d}t}\right)_{t=0} = (u_C)_{t=0} = +U_B$$

bzw. mit

$$\left(\frac{\mathrm{d}i_C}{\mathrm{d}t}\right)_{t=0} = \left(\frac{\mathrm{d}i_{T2}}{\mathrm{d}t}\right)_{zul}$$

$$\boxed{L_1 = \frac{U_B}{\left(\frac{\mathrm{d}i_{T2}}{\mathrm{d}t}\right)_{zul}}} \tag{4.4.}$$

$$L_1 = \frac{250\,\mathrm{V}}{\frac{50\,\mathrm{A}}{\mu\mathrm{s}}}$$

$$\underline{L_1 = 5\,\mu\mathrm{H}.}$$

c) Zum Zeitpunkt $t = t_4$ wird der Hauptthyristor wieder gezündet, und der Kondensator kann sich auf die zum Löschen geeignete Polarität umladen. In Bild 4.5. ist das im Zeitbereich $t_4 \leqq t \leqq t_5$ gültige Teilschaltbild des Gleichstromstellers dargestellt. Wenn man alle ohmschen Widerstände und die Spannungsabfälle an den Ventilen vernachlässigt, liegt ein idealer Schwingkreis vor. Es ist

$$\omega_0 = \frac{1}{\sqrt{C_k L_2}}.$$

Die Periodendauer der Schwingung ist

$$T = 2\pi\sqrt{L_2 C_k}.$$

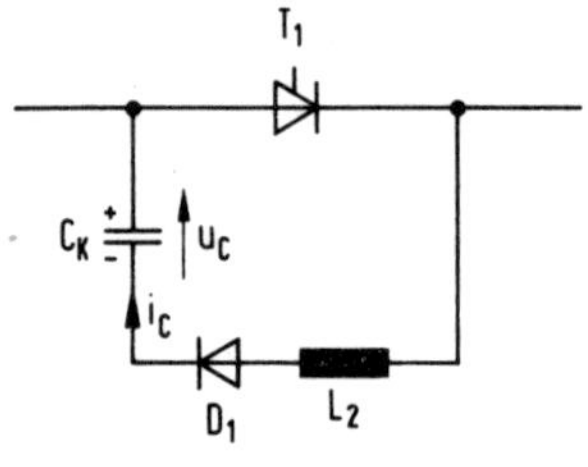


Bild 4.5.
Teilschaltplan zur Berechnung der Umladezeit des Kondensators

Der Umladevorgang ist in der halben Periodendauer $t_5 - t_4 = t_u = \frac{T}{2}$ beendet:

$$t_u = \pi \sqrt{L_2 C_k}. \tag{4.5.}$$

Damit kann die Induktivität der Umschwingdrossel berechnet werden;

$$L_2 = \frac{t_u^2}{\pi^2 C_k}$$

$$L_2 = \frac{(100 \cdot 10^{-6})^2}{\pi^2 \cdot 5 \cdot 10^{-6}} \mathrm{H}$$

$$\underline{L_2 = 202{,}6\ \mu\mathrm{H}.}$$

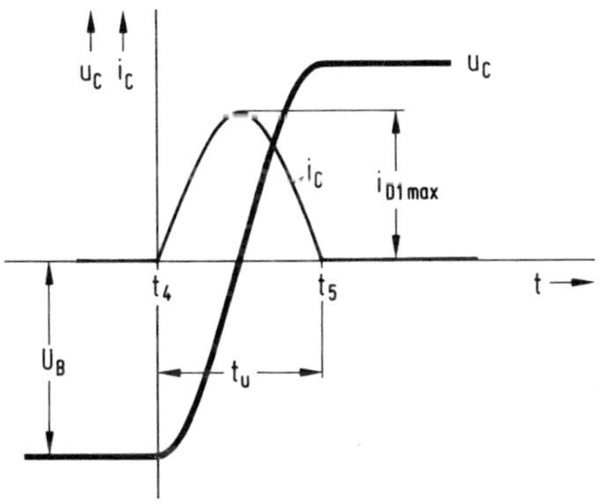


Bild 4.6.
Zeitlicher Verlauf der Kondensatorspannung und des Kondensatorstroms bei der Umladung des Kommutierungskondensators

d) In Bild 4.6. ist der zeitliche Verlauf der Kondensatorspannung und des Kondensatorstromes während des Umladevorganges dargestellt. Zum Zeitpunkt $t = t_4$ hat der Kondensator die Energie $W_{el} = \frac{C_k U_B^2}{2}$. Wenn die Kondensatorspannung Null geworden ist, hat der Strom sein Maximum $i_{c\,max} = i_{D1\,max}$ erreicht, und die elektrische Energie des Kondensators ist vollständig in magnetische Energie umgewandelt worden:

$$\frac{C_k U_B^2}{2} = \frac{L_2 i_{D1\,max}^2}{2}.$$

Damit wird

$$i_{D1\,max} = i_{C\,max} = U_B \sqrt{\frac{C_k}{L_2}}$$

$$i_{D1\,max} = 250\,\mathrm{V} \sqrt{\frac{5 \cdot 10^{-6}\,\mathrm{F}}{202{,}6 \cdot 10^{-6}\,\mathrm{H}}}$$

$$\underline{i_{D1\,max} = 39{,}3\ \mathrm{A}}$$

und

$$i_{T1\,max} = I_d + i_{D1\,max}$$

$$i_{T1\,max} = 50\,A + 39{,}3\,A$$

$$\underline{i_{T1\,max} = 89{,}3\,A.}$$

### 4.1.1. Gleichstromsteller mit Umschwingthyristor

Beim praktischen Betrieb eines Gleichstromstellers nach der Schaltung in Bild 4.3. treten gegenüber den in Bild 4.4. dargestellten idealen Strom- und Spannungsverhältnissen Unterschiede auf, die insbesondere auf die Zuleitungsinduktivitäten und innere Induktivitäten der speisenden Spannungsquelle zurückzuführen sind. Im Eingangskreis des Gleichstromstellers muß daher eine Eingangsinduktivität $L_e$ berücksichtigt werden (Bild 4.7.).

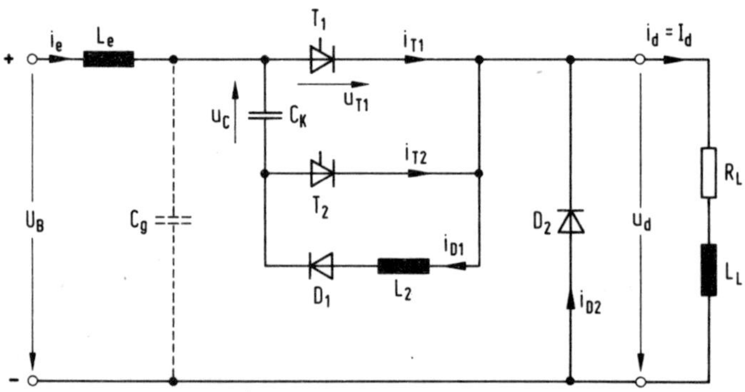


Bild 4.7. Gleichstromsteller mit einer Induktivität im Eingangskreis

In Bild 4.8. sind die bei Berücksichtigung einer Eingangsinduktivität gültigen Strom- und Spannungsverhältnisse dargestellt. Der Übersicht wegen ist die Induktivität der Strombegrenzungsdrossel im Löschkreis vernachlässigt worden. Zur Zeit $t = t_0$ wird der Löschthyristor $T_2$ gezündet. Dieser übernimmt schlagartig den Strom vom Hauptthyristor, weil die Strombegrenzungsdrossel im Löschkreis vernachlässigt wurde. Gegenüber den Verhältnissen in Bild 4.4. ist die Kondensatorspannung und damit die Sperrspannung am gelöschten Hauptthyristor niedriger. Dies hat zur Folge, daß bei einem gleich großen Laststrom $I_d$, der wieder als konstant angenommen werden soll, die Schonzeit $t_c$ am Hauptthyristor kleiner wird. Wenn die Kondensatorspannung zum Zeitpunkt $t = t_1$ den Wert $u_C = -U_B$ erreicht hat, wird die Freilaufdiode $D_2$ durchlässig. Wegen der Eingangsinduktivität $L_e$ kann die Freilaufdiode jedoch den Strom vom Löschthyristor nicht sofort übernehmen. Zunächst muß die magnetische Energie $\frac{1}{2} L_e i_e^2$ in den Kondensator überführt werden. Hierdurch erhöht sich die Kondensatorspannung über den Wert der Eingangsspannung $U_B$ hinaus. Im Zeitpunkt $t = t_2$ ist die magnetische Energie der Eingangsinduktivität abgebaut worden. Der Strom im Löschthyristor ist Null geworden, und die Freilaufdiode hat den Laststrom $I_d$ übernommen. Die Spannungsdifferenz zwischen der Kondensator- und der Eingangsspannung hat jetzt

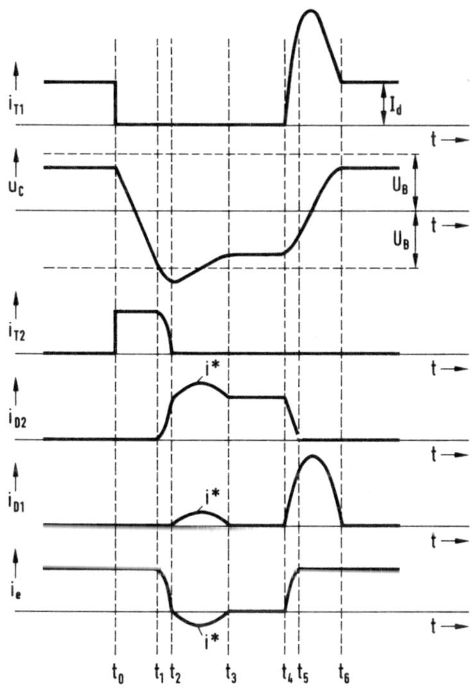


Bild 4.8.
Strom- und Spannungsverhältnisse bei einem Gleichstromsteller nach Bild 4.7

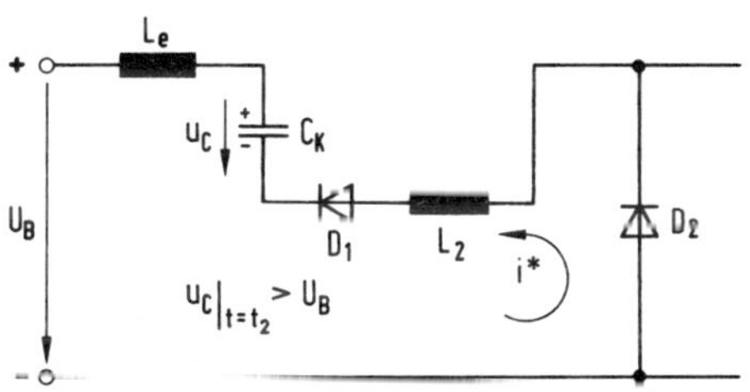


Bild 4.9.
Ersatzschaltplan zur Erklärung der Strom- und Spannungsverhältnisse im Zeitintervall $t_2 \leqq t \leqq t_3$

einen sinusförmigen Strom $i^*$ zur Folge, der in dem in Bild 4.9. dargestellten Stromkreis während der Zeit $t^* = \pi\sqrt{C_k(L_2 + L_e)}$ fließt. Das Maximum des Stromes $i^*$ ist erreicht, wenn die Kondensatorspannung wieder auf den Wert der Eingangsspannung $U_B$ abgesunken ist. Zum Zeitpunkt $t = t_3$ ist der Strom $i^*$ Null geworden und die Kondensatorspannung auf einen Wert, der unterhalb der Eingangsspannung $U_B$ liegt, abgesunken. Wenn zur Zeit $t = t_4$ der Hauptthyristor gezündet wird, kann dieser wegen der Induktivität $L_e$ auch nicht sofort den Strom von der Freilaufdiode übernehmen. Es vergeht eine endliche Kommutierungszeit, während der die Eingangsinduktivität wieder die Energie aufnimmt, die sie beim Abschalten an den Kondensator abgegeben hat. Gleichzeitig lädt sich der Kondensator in der Zeit $t_4 \leqq t \leqq t_5$ über den Hauptthyristor $T_1$ und die Umschwingdiode $D_1$ auf die zum neuen Löschen geeignete Polarität um.

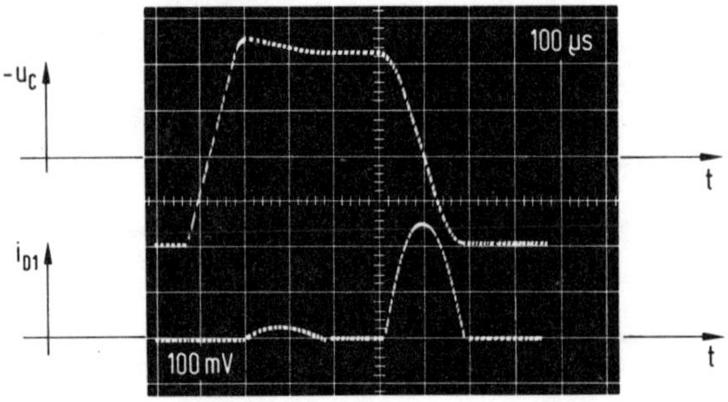


Bild 4.10.
Zeitlicher Verlauf der Kondensatorspannung und des Stroms im Umschwingkreis mit Umschwingdiode

Das Oszillogramm in Bild 4.10. zeigt den zeitlichen Verlauf der Kondensatorspannung und des Stromes in der Umschwingdiode $D_1$. Bei dieser Messung wurde der Gleichstromsteller aus einer praktisch induktivitätsfreien Spannungsquelle gespeist. Maßgebend für die Größe der Eingangsinduktivität waren lediglich die Zuleitungsinduktivitäten.

Eine Induktivität im Eingangskreis eines Gleichstromstellers hat sowohl nachteilhafte als auch vorteilhafte Auswirkungen auf das Betriebsverhalten des Gleichstromstellers in der bisher vorausgesetzten Schaltung. Als vorteilhaft hinsichtlich der Ein- und Ausschaltverluste der Ventile ist der endliche Stromanstieg vom Haupt- auf den Freilaufkreis zu werten. Nachteilig ist die höhere Sperrbeanspruchung des Hauptthyristors infolge der erhöhten Kondensatorspannung. Bei größeren Induktivitäten im Eingangskreis (z.B. Gleichstromgenerator, Stromrichter mit Netz und Streureaktanzen des Stromrichtertransformators) kann die Spannungserhöhung leicht unzulässig hohe Werte erreichen, so daß der Einbau eines Glättungskondensators (Bild 4.7.) erforderlich ist. Die Dimensionierung dieses Kondensators ist in [Lit. 25] angegeben. Besonders negative Auswirkungen ergeben sich auch hinsichtlich der Schonzeit des Hauptthyristors infolge der gegenüber der Sperrspannung $U_B$ verringerten Kondensatorspannung im Löschaugenblick des Hauptthyristors ($t = t_6$ in Bild 4.8.).

Der letztgenannte Nachteil kann behoben werden, wenn man nach Bild 4.11. anstelle der Umschwingdiode einen Umschwingthyristor, der gleichzeitig mit dem Hauptthyristor gezündet wird, einsetzt. In diesem Fall kann der in Bild 4.8. und 4.9. dargestellte Rückschwingvorgang ($t_2 \leqq t \leqq t_3$) nicht stattfinden, da der Umschwingthyristor in diesem Zeitintervall nicht

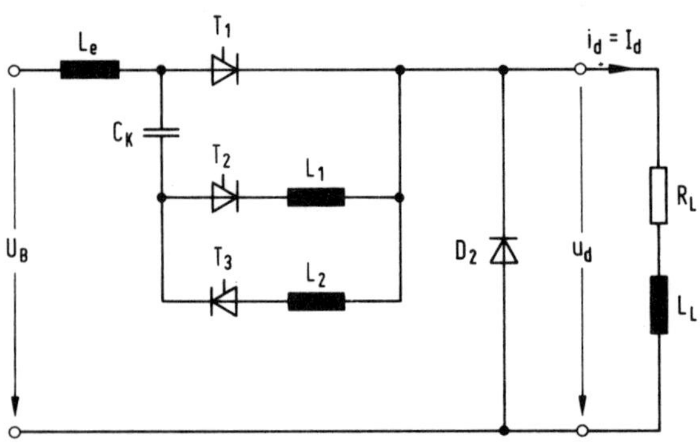


Bild 4.11.
Gleichstromsteller mit Umschwingthyristor

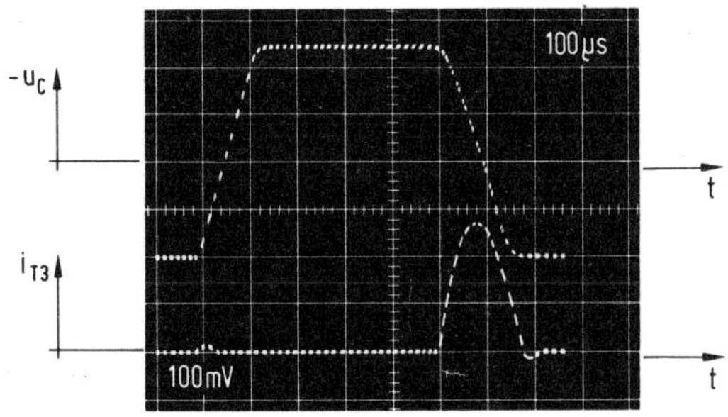


Bild 4.12.
Zeitlicher Verlauf der Kondensatorspannung und des Stroms im Umschwingkreis mit Umschwingthyristor

gezündet ist, und der nach dem Umladen des Kondensators zur Zeit $t = t_2$ erreichte Höchstwert der Kondensatorspannung bleibt erhalten. Dies zeigt deutlich das Oszillogramm in Bild 4.12. im Vergleich mit dem Oszillogramm in Bild 4.10. Auffällig in beiden Oszillogrammen ist noch, daß die Kondensatorspannung nach dem Umschwingen einen kleineren Wert hat als nach der Umladung über den Lastkreis. Dies liegt an den in der Praxis nicht zu vernachlässigenden Verlusten im Umschwingkreis.

### 4.1.2. Gleichstromsteller mit Rückladekreis

Der störungsfreie Betrieb eines Gleichstromstellers ist nur gewährleistet, wenn im Löschaugenblick des Hauptthyristors eine genügend hohe Kommutierungsspannung am Kondensator zur Verfügung steht. Die Umladung des Kommutierungskondensators über die Last ist vom Laststrom abhängig. Bei Vernachlässigung der Eingangsinduktivität und idealen Verhältnissen ist nach Gl. (4.3.) und Bild 4.4. der Umladevorgang in der Zeit

$$2\,t_c = \frac{2\,C_k\,U_B}{I_d}$$

beendet. Bei einer Gegenspannung im Lastkreis (z.B. Gleichstrommaschine) kann der Strom bei jeder Aussteuerung beliebig klein werden (Leerlauf einer Gleichstromnebenschlußmaschine). Mit $I_d \rightarrow 0$ ergeben sich damit sehr große Umladezeiten, die einen hohen Aussteuerungsgrad des Stellers nicht erlauben. Diese Schwierigkeit kann behoben werden, wenn man nach Bild 4.13. für einen lastunabhängigen Rückladekreis ($D_3, L_3$) sorgt.

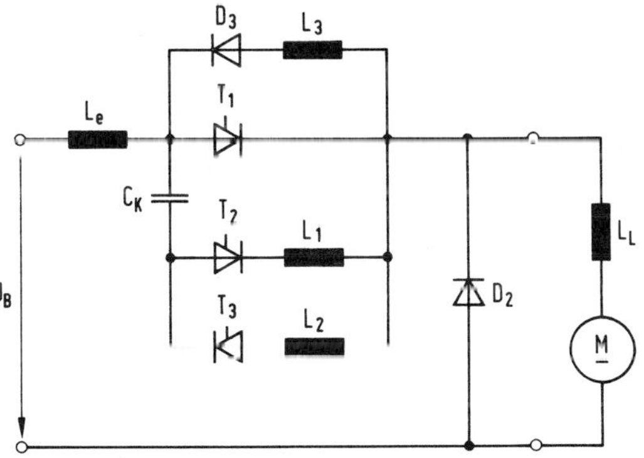


Bild 4.13.
Gleichstromsteller mit Rückladekreis

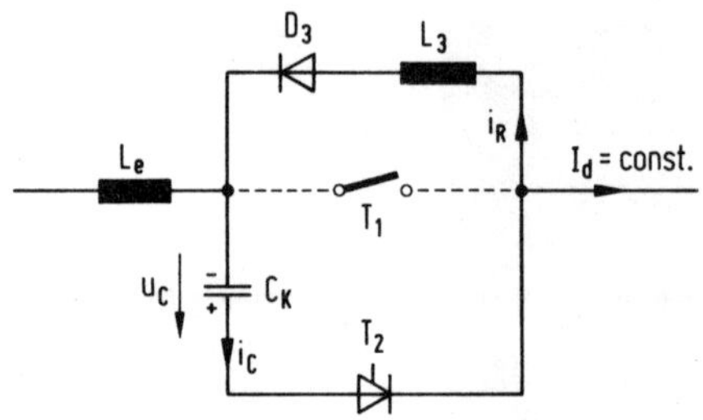


Bild 4.14.
Ersatzschaltplan zur Berechnung der Verhältnisse beim Umladen des Kommutierungskondensators nach der Löschung des Hauptthyristors

In Bild 4.14. ist der für die Zeit der Umladung des Kondensators gültige Teilschaltplan des Gleichstromstellers dargestellt. Die Induktivität der Begrenzungsdrossel $L_1$, die ohmschen Widerstände sowie die Spannungsabfälle an den Ventilen werden bei der folgenden Rechnung vernachlässigt. Es gilt die Differentialgleichung

$$u_C + L_3 \frac{d i_R}{d t} = 0$$

und

$$i_C = I_d + i_R.$$

Hieraus erhält man

$$u_C + L_3 \frac{d}{d t}(i_C - I_d) = 0$$

$$I_d = \text{const.}$$

$$u_C + L_3 \frac{d i_C}{d t} = 0$$

und mit

$$i_C = C \frac{d u_C}{d t}$$

$$\omega_0 = \frac{1}{\sqrt{L_3 C_k}}$$

$$\frac{d^2 u_C}{d t^2} + \omega_0^2 u_C = 0.$$

Die charakteristische Gleichung

$$\lambda^2 + \omega_0^2 = 0$$

ergibt

$$\lambda = \pm j \omega_0.$$

Damit ist die Lösung der Differentialgleichung

$$u_C = k_1 e^{j\omega_0 t} + k_2 e^{-j\omega_0 t}$$

und mit

$$e^{\pm j\omega_0 t} = \cos\omega_0 t \pm j\sin\omega_0 t$$

$$u_C = \cos\omega_0 t(k_1 + k_2) + j\sin\omega_0 t(k_1 - k_2).$$

Mit den Anfangsbedingungen

$$t = 0: \quad u_C = -U_{C0}$$

$$t = 0: \quad i_C = I_d$$

$$\frac{du_C}{dt} = \frac{I_d}{C_k}$$

erhält man

$$k_1 + k_2 = -U_{C0}$$

$$k_1 - k_2 = \frac{I_d}{j\omega_0 C_k}$$

und damit

$$u_C = -U_{C0}\cos\omega_0 t + \frac{I_d}{\omega_0 C_k}\sin\omega_0 t.$$

Diese Beziehung kann man umformen in

$$u_C = -\sqrt{\left(\frac{I_d}{\omega_0 C_k}\right)^2 + U_{C0}^2}\,\cos(\omega_0 t + \varphi)$$

$$u_C = -\frac{U_{C0}}{\cos\varphi}\cos(\omega_0 t + \varphi) \qquad (4.6.)$$

mit

$$\varphi = \arctan\frac{I_d}{\omega_0 C_k U_{C0}}. \qquad (4.7.)$$

Der Kondensatorstrom ist

$$i_C = C_k\frac{du_C}{dt} = \frac{\omega_0 C_k U_{C0}}{\cos\varphi}\sin(\omega_0 t + \varphi)$$

$$i_C = \frac{I_d}{\sin\varphi}\sin(\omega_0 t + \varphi). \qquad (4.8.)$$

Der Maximalwert des Kondensatorstromes ist

$$i_{C\max} = \frac{I_d}{\sin\varphi}. \qquad (4.9.)$$

Aus dieser Gleichung kann man für die Dimensionierung des Rückladekreises den Winkel $\varphi$ bestimmen:

$$\varphi = \arcsin\frac{I_d}{i_{C\max}}. \qquad (4.10.)$$

Wichtig für die Dimensionierung ist weiterhin die Kenntnis der Schonzeit $t_c$. Dazu muß Gleichung (4.6.) Null gesetzt werden:

$$0 = -\frac{U_{C0}}{\cos\varphi}\cos(\omega_0 t_c + \varphi)$$

$$\omega_0 t_c + \varphi = \frac{\pi}{2}$$

$$t_c = \frac{\frac{\pi}{2} - \varphi}{\omega_0}. \qquad (4.11.)$$

Ein Beispiel soll die Dimensionierung des Gleichstromstellers verdeutlichen:

Gegeben: $I_d = 50\,\text{A}$ $\quad U_{C0} = 300\,\text{V}$

$t_q = 25\,\mu\text{s}$ $\quad t_c = 2{,}5\,t_q$

$$\frac{i_{C\max}}{I_d} = 2.$$

Mit diesen Daten erhält man:

$$\varphi = \arcsin\frac{I_d}{i_{C\max}} = \arcsin 0{,}5 = \frac{\pi}{6}$$

$$\omega_0 = \frac{\frac{\pi}{2} - \varphi}{t_c} = \frac{\frac{\pi}{2} - \frac{\pi}{6}}{2{,}5 \cdot 25\,\mu\text{s}} = 1{,}676 \cdot 10^4\,\text{s}^{-1}.$$

$$\tan\varphi = \frac{I_d}{\omega_0 C_k U_{C0}}$$

$$C_k = \frac{I_d}{\tan\varphi\,\omega_0 U_{C0}} = \frac{50\,\text{A}\cdot\text{s}}{0{,}577 \cdot 1{,}676 \cdot 10^4 \cdot 300\,\text{V}}$$

$$C_k = 17\,\mu\text{F}$$

$$L_3 = \frac{1}{\omega_0^2 C_k} = \frac{1}{(1{,}676 \cdot 10^4)^2 \cdot 17 \cdot 10^{-6}}\,\text{H}$$

$$\underline{L_3 = 209{,}4\,\mu\text{H}.}$$

### 4.1.3. Steuerung und Regelung des Gleichstromstellers

Der Mittelwert der Ausgangsspannung des Gleichstromstellers kann durch Änderung des Einschaltverhältnisses

$$a = \frac{t_e}{T} \qquad (4.12.)$$

stetig verändert werden.

Bei konstanter Frequenz und damit auch konstanter Periodendauer $T$ kann das Einschaltverhältnis $a$ nur durch Änderung der Einschaltdauer $t_e$ verändert werden (Bild 4.15.). Dieses Verfahren wird *Pulsbreitensteuerung* genannt. In der Praxis ist eine Aussteuerung des Gleichstromstellers von $U_d = a\,U_B = 0$ bis zu $U_d = U_B$ nicht ganz möglich, weil die notwendigen Umladungen des Löschkondensators in jedem Betriebszustand gewährleistet sein müssen (vgl. Bild 4.4.).

In Bild 4.16. ist die Schaltung eines einfachen Steuersatzes mit Operationsverstärkern dargestellt. Die Wirkungsweise entspricht weitgehend der in Kapitel 3.10.1. behandelten Schaltung für netzgeführte Stromrichter. Der Hauptthyristor und der Umschwingthyristor werden mit der vom astabilen Multivibrator hergeleiteten konstanten Frequenz eingeschaltet. Über die Steuerspannung $u_{St}$ kann die Einschaltdauer $t_e$ gesteuert werden. In Bild 4.17. ist das

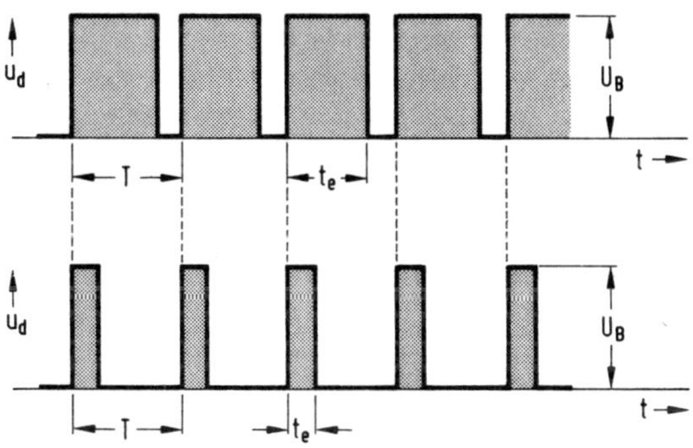


Bild 4.15. Pulsbreitensteuerung; $T = \text{const.}$

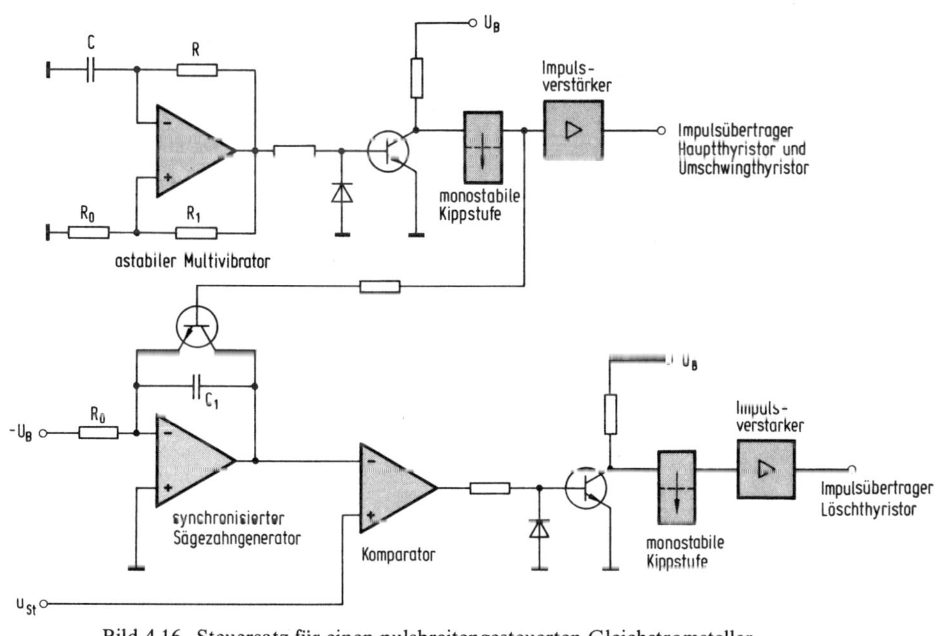


Bild 4.16. Steuersatz für einen pulsbreitengesteuerten Gleichstromsteller

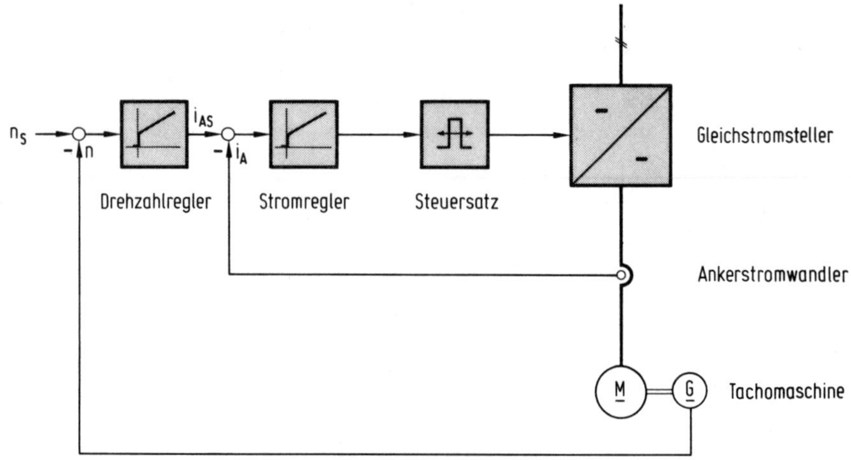


Bild 4.17. Blockschaltbild einer über einen Gleichstromsteller drehzahlgeregelten Gleichstrommaschine bei Pulsbreitensteuerung

Blockschaltbild einer über einen Gleichstromsteller drehzahlgeregelten Gleichstrommaschine dargestellt. Bezüglich der Optimierung der Regelkreise sei auf Kapitel 3.10.3. hingewiesen.

Eine Änderung des Einschaltverhältnisses $a$ kann auch dadurch erreicht werden, daß bei veränderlicher Frequenz des Gleichstromstellers die Einschaltzeit $t_e$ oder die Ausschaltzeit $t_a$ konstant gehalten wird (Bild 4.18.). Dieses Steuerverfahren wird *Pulsfolgesteuerung* genannt.

Neben den beschriebenen Steuerverfahren ist in manchen Anwendungsfällen eine *Zweipunktregelung* des Laststromes $i_d$ günstig. In Bild 4.19. ist die Prinzipschaltung dargestellt. Über den Umkehraddierer wird die Differenz zwischen Stromsollwert $i_{dS}$ und Stromistwert $i_d$ erfaßt. Der Stromistwert kann z.B. potentialfrei über einen der in Kapitel 3.10.2. behandelten Gleichstrommeßgeber erfaßt werden. Der dem Umkehraddierer nachgeschaltete Schmitt-Trigger gibt die Signale für das Ein- und Ausschalten des Gleichstromstellers. In Bild 4.20. ist der zeitliche Verlauf des Laststromes $i_d$ bei gemischt ohmisch-induktiver Last für drei unterschiedliche Sollwerte dargestellt. Der Strom schwankt um den eingestellten Sollwert hin und her, wobei die positiven und negativen Abweichungen von der Schalthysterese des

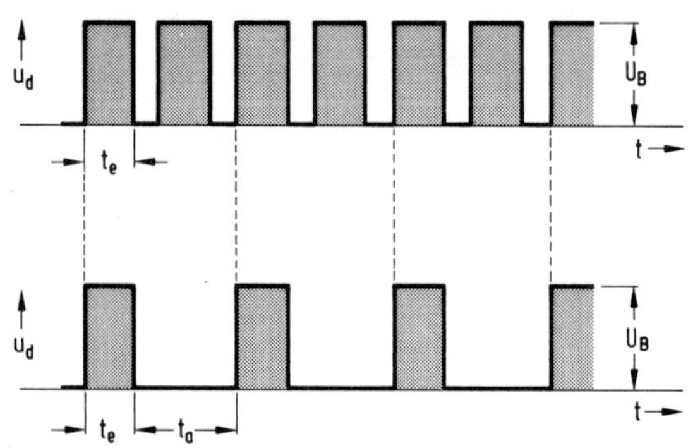


Bild 4.18.
Pulsfolgesteuerung mit $t_e = \text{const.}$

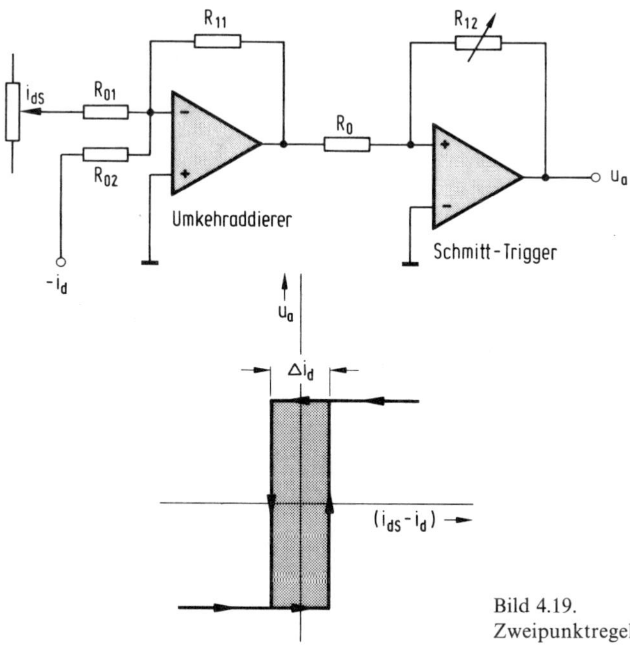


Bild 4.19.
Zweipunktregelung

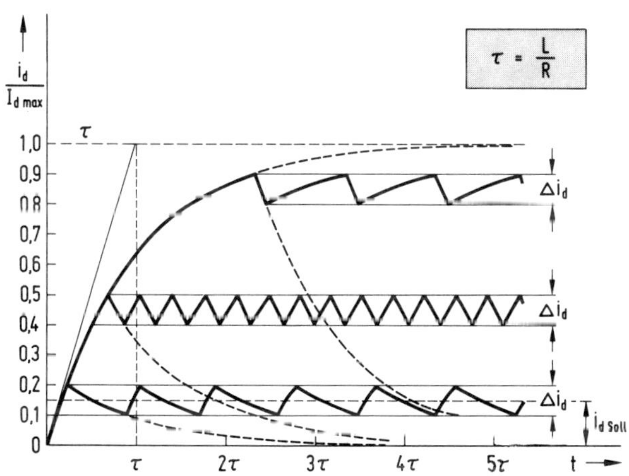


Bild 4.20. Zeitlicher Verlauf des Laststroms $i_d$ bei Zweipunktregelung

Schmitt-Triggers in Bild 4.19. abhängig sind. Über den Widerstand $R_{12}$ in der Rückkopplung des Schmitt Triggers kann die Breite der Hystereseschleife stufenlos eingestellt werden. Wenn der Sollwert $i_{dS}$ größer als der Istwert $i_d$ ist, dann wird der Hauptthyristor des Gleichstromstellers eingeschaltet. Sobald der Strom die obere Stromgrenze erreicht hat, wird der Löschthyristor gezündet und der Strom auf die Freilaufdiode kommutiert. Der Strom klingt entsprechend der Zeitkonstanten $\tau = \frac{L}{R}$ der Last ab. Bei Erreichen der unteren Stromgrenze wird der Hauptthyristor wieder eingeschaltet. Die Frequenz des Gleichstromstellers ist von der Zeitkonstanten des Lastkreises, von der Höhe des Stromsollwertes und von der Schalthysterese des Schmitt-Triggers abhängig. Aus Bild 4.20. wird deutlich, daß sich die höchste Frequenz etwa in der Mitte des Steuerbereiches einstellt. Bei einem großen Stromsollwert wird die Frequenz niedriger, weil die *e*-Funktion im oberen Bereich nur noch langsam ansteigt. Bei einem niedrigen Stromsollwert ist zwar der Anstieg der *e*-Funktion groß, aber das Abklingen des Stromes über die Freilaufdiode dauert entsprechend länger. Bei der Anwendung der Zweipunktregelung muß im Einzelfall geprüft werden, ob der Gleichstromsteller wegen des weiten Frequenzbereiches in jedem Betriebszustand ordnungsgemäß arbeiten kann.

## 4.1.4. Umkehr der Energierichtung

Bei den bisher behandelten Schaltungen des Gleichstromstellers wurde die Energie von der Gleichstromquelle an den Verbraucher geliefert. Mit der in Bild 4.21. dargestellten Schaltung kann die Energierichtung umgekehrt werden. Der elektronische Schalter *S*, dessen Schaltung unverändert bleibt, ist parallel zu der als Generator arbeitenden Gleichstrommaschine angeordnet. Wird der Hauptthyristor gezündet, also der Schalter *S* geschlossen, dann ist der

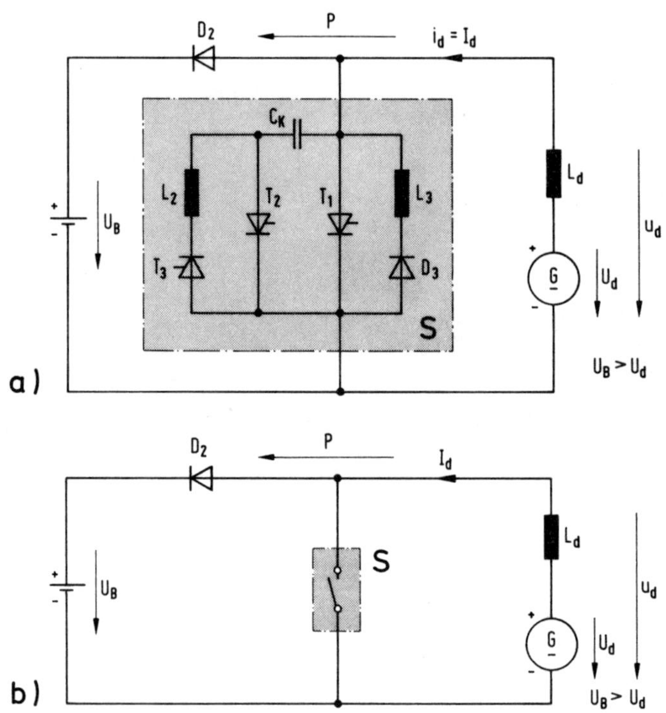


Bild 4.21. Schaltung eines Gleichstromstellers bei Energierücklieferung

Gleichstromgenerator mit der Glättungsdrossel $L_d$ kurzgeschlossen, und der Strom steigt an. Nach dem Öffnen des Schalters $S$ (Löschen des Hauptthyristors $T_1$) fließt der Strom, der seine Richtung wegen der großen Glättungsdrossel beibehalten will, über die Diode $D_2$ gegen die höhere Versorgungsspannung $U_B$. Die während der Einschaltphase des Hauptthyristors in der Glättungsdrossel gespeicherte magnetische Energie wird an die Spannungsquelle abgegeben; dabei bringt die Drossel die notwendige Differenzspannung auf. Wenn der Hauptthyristor wieder gezündet wird, übernimmt dieser erneut den Strom. Die Diode $D_2$ verhindert einen Kurzschluß der Spannungsquelle. Mit Hilfe des beschriebenen Verfahrens ist eine Nutzbremsung von Gleichstrommotoren bis zu sehr kleinen Drehzahlen möglich.

### 4.1.5. Mehrquadrantenbetrieb

Wie bei den netzgeführten Stromrichtern, ist auch bei den Gleichstromstellern durch eine Schaltungserweiterung ein Betrieb in zwei oder vier Quadranten der Strom-Spannungsebene möglich. Bei der in Bild 4.22. dargestellten Prinzipschaltung eines Gleichstromstellers für den

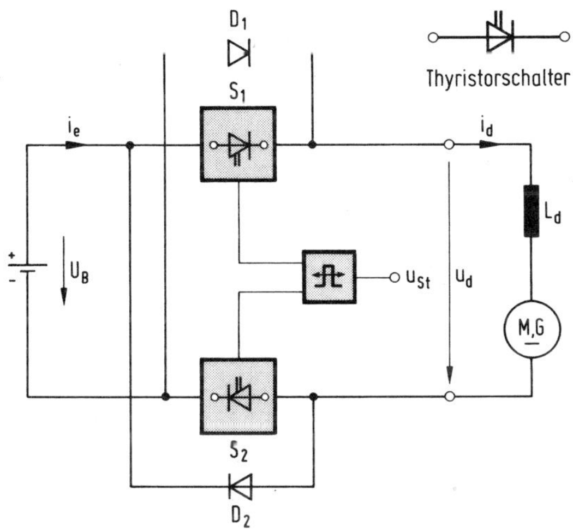


Bild 4.22.
Gleichstromsteller für den Zweiquadrant-Betrieb

Zweiquadrant-Betrieb kann die Polarität der Spannung bei gleichbleibender Stromrichtung umgekehrt werden. Die elektronischen Schalter $S_1$ und $S_2$ werden gemeinsam ein- bzw. ausgeschaltet. In Bild 4.23. sind die Strom- und Spannungsverhältnisse dargestellt. Es wird ein nichtlückender Laststrom vorausgesetzt. Während der Einschaltdauer der Schalter $S_1$ und $S_2$ im Zeitintervall $0 \leqq t \leqq t_e$ steigt der Strom $i_d$ an. Die Anstiegsgeschwindigkeit des Stromes ist dabei von der Gegenspannung und Belastung der Maschine sowie von der Größe der Glättungsdrossel $L_d$ abhängig. Beim Ausschalten der elektronischen Schalter kommutiert der eingeprägte Laststrom auf die Dioden $D_1$ und $D_2$. Diese Dioden werden auch als Rücklaufdioden bezeichnet, weil während ihrer Stromführungszeit im Intervall $t_e \leqq t \leqq T$ Energie aus dem Lastkreis in die Spannungsquelle rückgespeist wird (s. Strom $i_e$ in Bild 4.23.). Der Strom $i_d$ nimmt während dieser Phase ab. Aus Bild 4.22. ist deutlich zu erkennen, daß die leitenden Dioden eine Umkehr der Spannung $u_d$ bewirken.

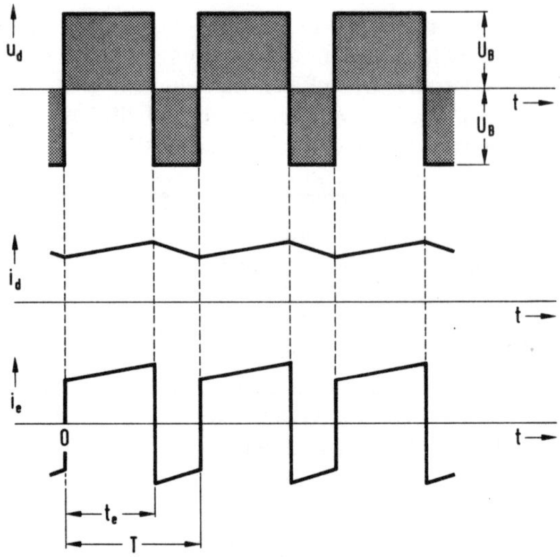


Bild 4.23.
Strom- und Spannungsverhältnisse bei einem Gleichstromsteller für Zweiquadrant-Betrieb

Der Mittelwert der Ausgangsspannung des Gleichstromstellers $U_d$ ergibt sich nach Bild 4.23. zu

$$U_d = \frac{1}{T}\left(\int_0^{t_e} U_B\,dt - \int_{t_e}^{T} U_B\,dt\right)$$

$$U_d = \frac{1}{T}\left[U_B t_e - U_B(T - t_e)\right]$$

$$\frac{t_e}{T} = a$$

$$\boxed{U_d = U_B(2a - 1).} \qquad (4.13.)$$

Für $a = 0{,}5$ ist $U_d = 0$. Der zeitliche Verlauf der Ausgangsspannung ist in diesem Fall eine reine Wechselspannung. Im Falle $a < 0{,}5$ und nichtlückendem Strom wird der Mittelwert der Ausgangsspannung negativ (Bild 4.24.). In diesem Betriebsbereich arbeitet die Gleichstrommaschine als Generator mit umgekehrter Polarität der Spannung.

Der Gleichstromsteller für Zweiquadrant-Betrieb hat ein ganz ähnliches Betriebsverhalten wie ein vollgesteuerter netzgeführter Stromrichter. Die Aussteuerung $a < 0{,}5$ beim Zweiquadrantensteller entspricht dem Wechselrichterbetrieb eines netzgeführten Stromrichters bei Steuerwinkeln $\alpha > 90°$ (s. Kapitel 3.1.4.). Mit der in Kapitel 3.9. behandelten Feldkreisumschaltung kann damit z.B. ein Gleichstromumkehrantrieb aufgebaut werden.

Durch Gegenparallelschaltung zweier Gleichstromsteller, von denen jeder für den Zweiquadrant-Betrieb geeignet sein muß, erhält man einen Gleichstromsteller für den Vierquadrant-Betrieb. Die Prinzipschaltung ist in Bild 4.25. dargestellt. Der Übersicht wegen sind die elektronischen Schalter als mechanische Schalter, denen je eine Diode in Reihe geschaltet ist

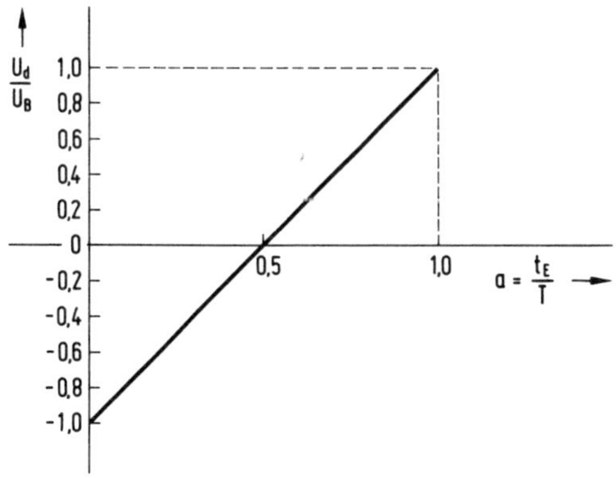


Bild 4.24.
Steuerkennlinie eines Zweiquadrantenstellers für nichtlückenden Betrieb

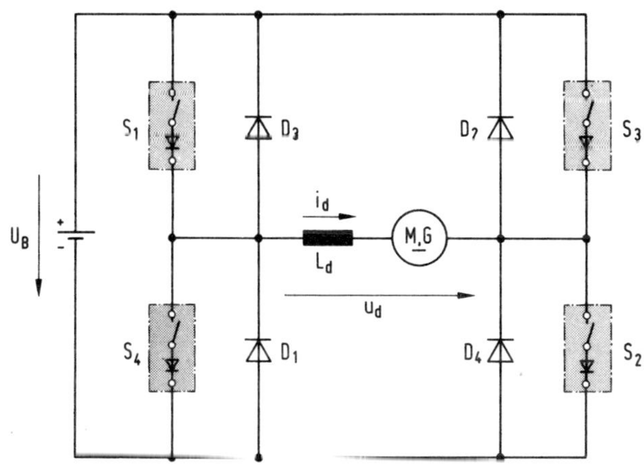


Bild 4.25.
Gleichstromsteller für den Vierquadranten-Betrieb

(Ventilwirkung der Schalter), dargestellt. Diese Schaltung hat sehr ähnliche Eigenschaften wie ein netzgeführter Umkehrstromrichter in Gegenparallel- oder Kreuzschaltung. Auf der Verbraucherseite können sowohl die Spannung als auch der Strom beide möglichen Richtungen annehmen. Damit kann z.B. eine Gleichstrommaschine in beiden Drehrichtungen hochgefahren und abgebremst werden. Der Umkehrgleichstromsteller kann auch als selbstgeführter Stromrichter mit Wechselspannungsausgang arbeiten, wenn die elektronischen Schalter im Takt der Frequenz auf der Ausgangsseite des Stellers umgeschaltet werden.

*Beispiel 4.3.*

Der in Bild 4.25. dargestellte Umkehrgleichstromsteller speist eine ideale Induktivität von $L = 5$ mH. Die Thyristoren werden paarweise so umgeschaltet, daß am Ausgang des Stellers eine Wechselspannung mit einer Frequenz von $f = 500$ Hz entsteht. Die Versorgungsspannung beträgt $U_B = 100$ V. Gesucht ist der zeitliche Verlauf des Ausgangsstromes $i_a$. Die Kommutierungseinflüsse sollen unberücksichtigt bleiben.

Lösung:

Während der positiven Halbschwingung der Wechselspannung gilt entsprechend der Skizze in Bild 4.26.:

$$U_B = L \frac{d i_a}{d t}$$

$$i_a(t) = \frac{1}{L} \int U_B \, d t + C$$

$$i_a(x) = \frac{1}{\omega L} U_B x + C \qquad 0 \leqq x \leqq \pi.$$

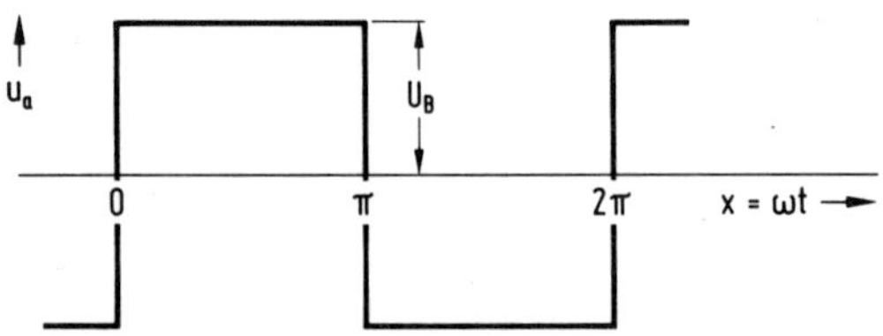


Bild 4.26.
Ausgangsspannung $u_a$ des Umkehrgleichstromstellers bei Betrieb als selbstgeführter Wechselrichter

Im Bereich $0 \leqq x \leqq \pi$ steigt der Strom linear an. Die Integrationskonstante $C$ muß nun so bestimmt werden, daß der Ausgangsstrom $i_a$ ein reiner Wechselstrom wird:

$$i_a(x=0) = -i_a(x=\pi)$$

$$i_a(x=0) = C$$

$$i_a(x=\pi) = \frac{1}{\omega L} U_B \pi + C$$

$$C = -\frac{1}{\omega L} U_B \pi - C$$

$$C = -\frac{U_B \pi}{2 \omega L}.$$

Damit wird

$$i_a(x) = \frac{U_B}{\omega L} \left( x - \frac{\pi}{2} \right) \qquad 0 \leqq x \leqq \pi.$$

Die graphische Auswertung zeigt Bild 4.27. In diesem Bild sind auch die jeweils stromführenden Ventile angegeben. Ein ordnungsgemäßer Betrieb des Stellers bei induktiver Last ist nur möglich, wenn die Zündimpulse für die Thyristoren eine Länge von $\omega t_{\text{zünd}} > \frac{\pi}{2}$ haben. Beim Einschalten der Schalter $S_1$ und $S_2$ an der Stelle $x=0$ führen nämlich die Rücklaufdioden $D_3$ und $D_4$ den Laststrom. Eine Übernahme des Stromes ist erst ab $x=\frac{\pi}{2}$ möglich. Bis dahin

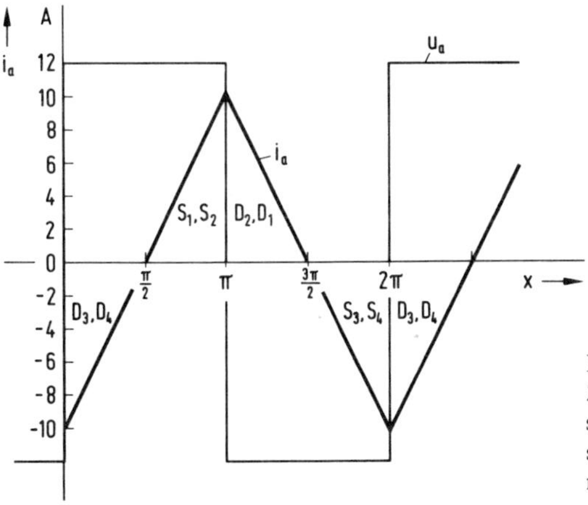


Bild 4.27.
Zeitlicher Verlauf des Ausgangsstroms bei Betrieb des Gleichstromstellers als selbstgeführter Wechselrichter und rein induktiver Last

müssen die Thyristoren durch einen entsprechend langen Zündimpuls für die Stromführung bereitgehalten werden.

## 4.2. Selbstgeführte Wechselrichter

Gleichstromsteller sind Gleichstromumrichter ohne Wechselstromzwischenkreis. Sie ermöglichen die Umwandlung einer konstanten Gleichspannung in eine Gleichspannung, die von der Spannung Null bis zur Höhe der speisenden Spannung stetig verändert werden kann. Dabei sind bei entsprechender Schaltung beide Richtungen des Energieflusses möglich (Zweiquadrant- oder Vierquadrant-Betrieb). Ein Gleichstromsteller für den Vierquadrantbetrieb kann bei entsprechender Steuerung als selbstgeführter Stromrichter mit Wechselspannungsausgang arbeiten. Damit ist ein Übergang zu den selbstgeführten Wechselrichtern gegeben. Selbstgeführte Wechselrichter ermöglichen die Umwandlung von Gleich- in Wechselspannung. Je nach Anwendungsfall werden dabei an den Wechselrichter unterschiedliche Anforderungen gestellt. Im einfachsten Fall kann der Wechselrichter bei konstanter Eingangsgleichspannung eine Wechselspannung konstanter Frequenz und Amplitude abgeben. Sowohl die Steuerung als auch die Schaltung des Wechselrichters werden komplizierter, wenn z.B. bei konstanter Eingangs-Gleichspannung eine in großen Grenzen einstellbare Amplitude und Frequenz der Wechselspannung gefordert wird. In einer Reihe von Anwendungsfällen muß ein sicherer Betrieb des Wechselrichters gewährleistet sein, wenn sich die Eingangs-Gleichspannung in einem sehr weiten Bereich ändert. In diesen Fällen muß für eine von der speisenden Gleichspannung unabhängige Ladung der Kommutierungskondensatoren gesorgt werden. Wie bei den netzgeführten Stromrichtern, gibt es auch bei den selbstgeführten Stromrichtern Mittelpunkt- und Brückenschaltungen bei unterschiedlichen Pulszahlen, wobei die Brückenschaltungen die weitaus größere Bedeutung haben.

Die Schaltungen der selbstgeführten Wechselrichter ermöglichen in den meisten Fällen auch eine Umkehr des Energieflusses, also die Funktion eines selbstgeführten Gleichrichters. Im Rahmen dieses Lehrbuches können nicht alle bekannten Schaltungen und Steuerverfahren behandelt werden. Anhand von Beispielen sollen vielmehr die Entwicklungsprinzipien und Berechnungsmethoden, die bei selbstgeführten Stromrichtern maßgebend sind, erläutert werden.

### 4.2.1. Zweipulsige Schaltungen

In Bild 4.28. ist das Prinzip eines zweipulsigen Wechselrichters in Brückenschaltung mit mechanischen Schaltern, denen je eine Diode in Reihe geschaltet ist (Ventilwirkung des Schalters), angegeben. Diese Schaltung ist identisch mit der in Bild 4.25. angegebenen Prinzipschaltung eines Gleichstromstellers für den Vierquadranten-Betrieb. Die konkrete

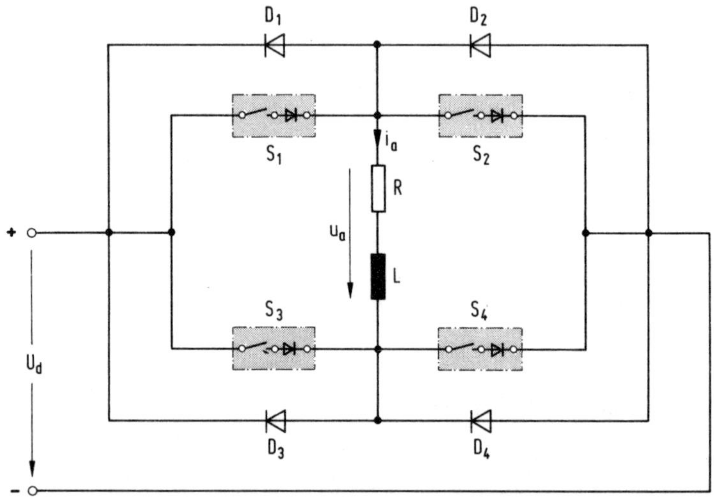


Bild 4.28. Prinzip eines zweipulsigen selbstgeführten Wechselrichters in Brückenschaltung für ohmisch-induktive Last

Schaltung mit Thyristoren und Kommutierungseinrichtung wird selbstverständlich sehr unterschiedlich sein, weil die Anforderungen an beide Schaltungen (Speisung eines Gleichstrom-Umkehrantriebes, Speisung eines Wechselstromverbrauchers) sehr verschieden sind. Das gleiche gilt für die Steuerung (z.B. Impulsbreitensteuerung beim Gleichstromsteller).

Die Wirkungsweise des Wechselrichters soll anhand von Bild 4.29. erläutert werden. Zum Zeitpunkt $t = t_1$ sind die Schalter $S_1$ und $S_4$ eingeschaltet. Infolge der hierdurch an der Last anliegenden Spannung $+U_d$ steigt der Strom $i_a$ entsprechend der Zeitkonstanten $\tau = \frac{L}{R}$ an. Zur Zeit $t = t_2$ werden die Schalter $S_1$ und $S_4$ wieder abgeschaltet und anschließend die Schalter $S_2$ und $S_3$ eingeschaltet. Zunächst können die neu eingeschalteten Schalter keinen Strom führen, weil der Laststrom $i_a$ erst über die Rücklaufdioden $D_3$, $D_2$ und die Spannungsquelle abgebaut werden muß (Energierücklieferung an die Gleichspannungsquelle). Während der Stromführungsdauer der Rücklaufdioden wird die Spannung an der Last umgepolt. Zum Zeitpunkt $t = t_3$ ist der Laststrom $i_a$ Null geworden. Er steigt anschließend über die Schalter $S_3$ und $S_2$ in umgekehrter Richtung wieder an. Der Stromübergang ist stetig. Zur Zeit $t = t_4$ werden $S_2$, $S_3$ aus- und die Schalter $S_1$, $S_4$ wieder eingeschaltet. Nach Abklingen des Stromes über die Rücklaufdioden $D_1$ und $D_4$ im Zeitpunkt $t = t_5$ können die Schalter $S_1$, $S_4$ den Laststrom in der neuen Richtung übernehmen, und eine Periode ist beendet.

Zum besseren Verständnis soll an dieser Stelle eine Aufgabe eingefügt werden.

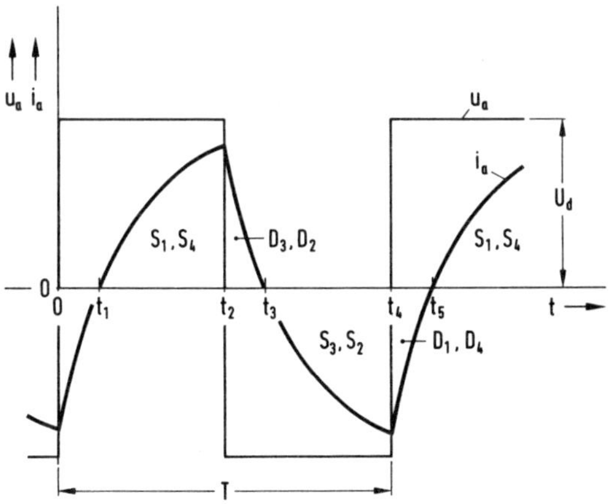


Bild 4.29.
Strom- und Spannungsverhältnisse bei dem Wechselrichter nach Bild 4.28

*Beispiel 4.4.*

Der in Bild 4.28. dargestellte Wechselrichter speist bei einer Frequenz von $f = 200\,\text{Hz}$ eine gemischt ohmisch-induktive Last mit

$$L = 10\,\text{mH}; \qquad R = 10\,\Omega.$$

Die Gleichspannung beträgt $U_d = 100\,\text{V}$.

Gesucht sind die Stromführungsdauer $t_R$ einer Rücklaufdiode sowie der Maximalwert des Ausgangsstromes $i_{a\,max}$.

Lösung:

Während der Stromführungsdauer der Schalter $S_1$ und $S_4$ im Zeitintervall $t_1 \leqq t \leqq \frac{T}{2}$ (Zeitbereich I) gilt das in Bild 4.30.a dargestellte Ersatzschaltbild mit der Differentialgleichung

$$i_{aI} R + L \frac{d i_{aI}}{d t} = U_d.$$

Mit

$$\tau = \frac{L}{R}$$

und der Anfangsbedingung $i_a = 0$ für $t = t_1$ ist die Lösung im Zeitbereich I:

$$i_{aI} = \frac{U_d}{R} \left[1 - e^{-\frac{(t-t_1)}{\tau}}\right]$$

$$t_1 \leqq t \leqq \frac{T}{2}.$$

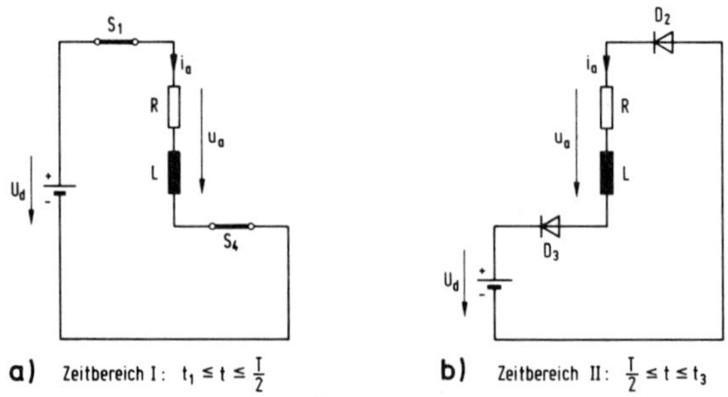


Bild 4.30. Ersatzschaltpläne zur Berechnung der Stromführungsdauer einer Rücklaufdiode

Zum Zeitpunkt $t_2=\frac{T}{2}$ (s. Bild 4.29.) werden die Schalter $S_1$ und $S_4$ wieder aus- und die Schalter $S_3$ und $S_2$ eingeschaltet. Der Strom $i_a$ fließt zunächst in der alten Richtung über die Rücklaufdioden $D_3$ und $D_2$ weiter, bis er nach Nullwerden in der neuen Richtung wieder ansteigen kann,

Während der Stromführungszeit der Rücklaufdioden im Zeitintervall $\frac{T}{2}\leqq t\leqq t_3$ (Zeitbereich II) gilt das in Bild 4.30.b dargestellte Ersatzschaltbild mit der Differentialgleichung

$$i_{a\,II}R+L\,\frac{\mathrm{d}i_{a\,II}}{\mathrm{d}t}=-U_d.$$

Mit der Anfangsbedingung

$$t=\frac{T}{2}:\qquad i_{a\,II}=i_{a\,I}=\frac{U_d}{R}\left[1-e^{-\frac{\left(\frac{T}{2}-t_1\right)}{\tau}}\right]$$

ist die Lösung im Bereich II

$$i_{a\,II}=\frac{U_d}{R}\left(2\,e^{\frac{T}{2\tau}}-e^{\frac{t_1}{\tau}}\right)e^{-\frac{t}{\tau}}-\frac{U_d}{R}$$

$$\frac{T}{2}\leqq t\leqq t_3.$$

Zum Zeitpunkt $t_3=\frac{T}{2}+t_1$ (Bild 4.29.) ist der Strom in den Rücklaufdioden Null geworden:

$$0=\frac{U_d}{R}\left(2\,e^{\frac{T}{2\tau}}-e^{\frac{t_1}{\tau}}\right)e^{-\frac{\left(\frac{T}{2}+t_1\right)}{\tau}}-\frac{U_d}{R}.$$

Aus dieser Gleichung kann die gesuchte Stromführungsdauer der Rücklaufdioden $t_3-\frac{T}{2}=$ $=t_1=t_R$ berechnet werden:

$$\boxed{t_1=t_R=\tau\ln\frac{2}{1+e^{-\frac{T}{2\tau}}}.}$$

Setzt man die gegebenen Zahlenwerte ein, dann erhält man

$$t_R = 0{,}614 \text{ ms}$$

bzw.

$$\omega t_R = 44{,}2°.$$

Der Maximalwert des Stromes ist

$$i_{a\,max} = (i_a)_{t=\frac{T}{2}} = \frac{U_d}{R}\left[1 - e^{-\frac{\left(\frac{T}{2}-t_1\right)}{\tau}}\right]$$

$$\underline{i_{a\,max} = 8{,}48 \text{ A}.}$$

In den folgenden Ausführungen soll die Prinzipschaltung des Wechselrichters in Bild 4.28. in eine funktionsgerechte Thyristorschaltung umgewandelt werden. Dazu werden die Schalter $S_1$ bis $S_4$ zunächst durch Thyristoren ersetzt. Ein Abschalten dieser Thyristoren ist – wie beim Gleichstromsteller – nur mit Hilfe von Kommutierungskondensatoren möglich, die mit ihrer Ladung die notwendigen Kommutierungsspannungen bereithalten. Weiterhin muß dafür gesorgt werden, daß die Spannung am gelöschten Thyristor genügend lange negativ bleibt (Schonzeit). Die eben genannten Forderungen werden durch die Schaltung in Bild 4.31. erfüllt. Beim Einschalten z.B. der Thyristoren $T_1$ und $T_4$ laden sich die Kommutierungskondensatoren $C_1$ und $C_2$ mit der im Bild angegebenen Polarität über die Kommutierungsdrosseln $L_1$ und $L_2$ auf. Beim Zünden der Thyristoren $T_2$ und $T_3$ nach der halben Periodendauer der Ausgangsspannung werden die Kommutierungskondensatoren durch die neu eingeschalteten Thyristoren automatisch parallel zu den zu löschenden Thyristoren $T_1$ und $T_4$ geschaltet. Unter dem Einfluß der jeweiligen Kondensatorspannung, die einen dem Laststrom entgegengesetzten Strom durch die zu löschenden Thyristoren treibt, werden die Ventilströme Null, und die negative Kondensatorspannung liegt als Sperrspannung an den

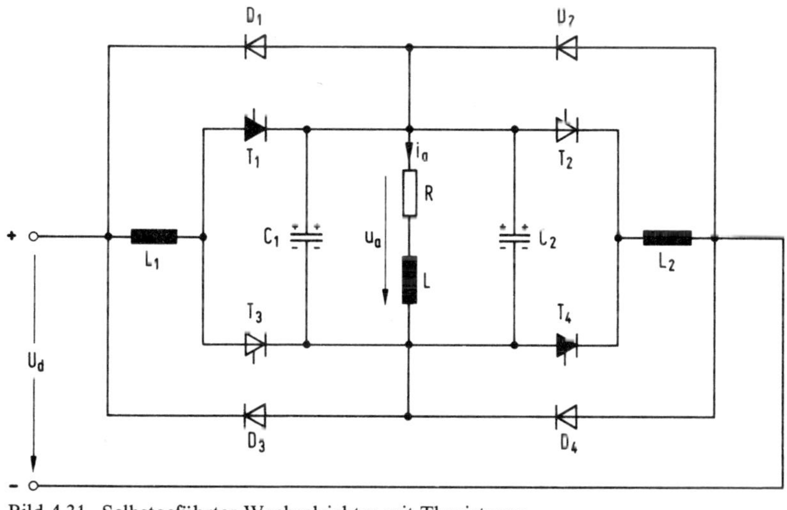

Bild 4.31. Selbstgeführter Wechselrichter mit Thyristoren

gelöschten Thyristoren $T_1$ und $T_4$ an. Anschließend laden sich die Kondensatoren um. Hierbei sind einerseits der Laststrom sowie die beiden Umschwingkreise mit den Bauelementen $C_1$, $D_1$, $L_1$, $T_3$ bzw. $C_2$, $T_2$, $L_2$, $D_4$ beteiligt. Die Kommutierungsdrosseln und die Kondensatoren müssen so dimensioniert sein, daß an den gelöschten Thyristoren während der Schonzeit $t_c$ negative Spannung anliegt. Nach der Umladung sind die Spannungen an den Kondensatoren so gepolt, daß beim erneuten Zünden der Thyristoren $T_1$ und $T_4$ nach der Periodendauer $T$ die zu diesem Zeitpunkt stromführenden Thyristoren $T_2$ und $T_3$ automatisch gelöscht werden.

Die bisher beschriebene Schaltung läßt sich durch Einfügen weiterer Bauelemente verbessern. Schaltet man in Reihe mit den Thyristoren je eine Diode – sog. Sperrdioden –, dann kann die Entladung der Kondensatoren über die Last verhindert und damit eine höhere Kommutierungssicherheit erreicht werden. Zur Erklärung weiterer Schaltungsmaßnahmen soll die Schaltung in Bild 4.31. bei Leerlauf ohne die Rücklaufdioden $D_1$ bis $D_4$ betrachtet werden. Wie die folgende Rechnung zeigen wird, können sich in diesem Fall die Kondensatoren bei Vernachlässigung der Dämpfung auf beliebig hohe Spannungen „hochschaukeln". In den Bildern 4.32.a und b sind die entsprechenden Ersatzschaltpläne des Wechselrichters bei Zündung der Thyristoren $T_1$, $T_4$, bzw. $T_2$ und $T_3$ dargestellt.

Zu Beginn der Betrachtung sei die Schaltung (4.32.a) vollständig energielos. Alle ohmschen Widerstände und die Ventilspannungen werden vernachlässigt. Es gilt die Differentialgleichung

$$U_d = L\frac{di_C}{dt} + u_C$$

$$L = L_1 + L_2$$

$$C = C_1 + C_2.$$

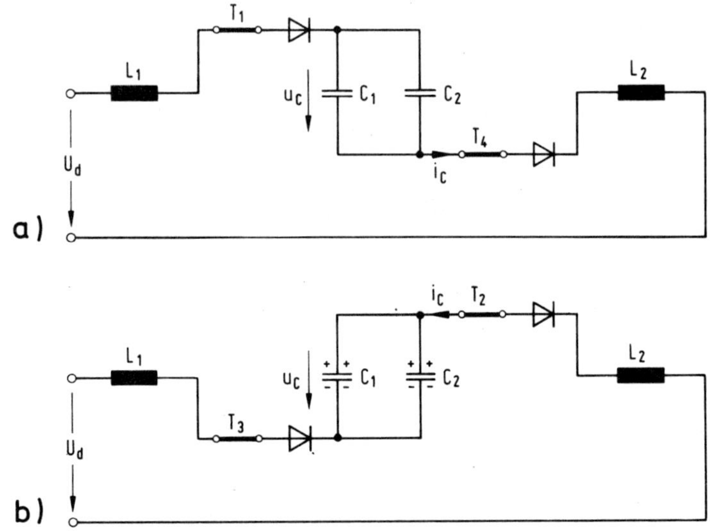


Bild 4.32. Ersatzschaltpläne des Wechselrichters bei Leerlauf zur Berechnung der Kondensatorspannung

Mit

$$i_C = C\frac{du_C}{dt}$$

wird

$$U_d = LC\frac{d^2u_C}{dt^2} + u_C$$

bzw.

$$U_d\omega_0^2 = \frac{d^2u_C}{dt^2} + \omega_0^2 u_C$$

$$\omega_0 = \frac{1}{\sqrt{LC}}.$$

Die Lösung dieser Gleichung lautet

$$u_C = k_1 e^{j\omega_0 t} + k_2 e^{-j\omega_0 t} + U_d$$

bzw. mit

$$e^{\pm j\omega_0 t} = \cos\omega_0 t \pm j\sin\omega_0 t$$

$$u_C = \cos\omega_0 t(k_1 + k_2) + j\sin\omega_0 t(k_1 - k_2) + U_d.$$

Die Konstanten $k_1$ und $k_2$ ergeben mit den Anfangsbedingungen

$$t=0: \quad u_C = 0$$

$$t=0: \quad i_C = C\frac{du_C}{dt} = 0$$

$$k_1 + k_2 = -U_d$$

$$k_1 - k_2 = 0.$$

Damit lautet die endgültige Lösung

$$u_C = U_d(1 - \cos\omega_0 t)$$

und

$$i_C = C\frac{du_C}{dt} = U_d\omega_0 C\sin\omega_0 t.$$

Wegen der Ventilwirkung der Thyristoren ist nur eine Halbschwingung des Kondensatorstromes $i_C$ möglich. Bei Nullwerden des Stromes zur Zeit $\omega_0 t_1 = \pi$ haben sich damit die Kondensatoren auf die Spannung

$$u_C = U_d(1 - \cos\pi) = +2\,U_d$$

aufgeladen (Bild 4.33.).

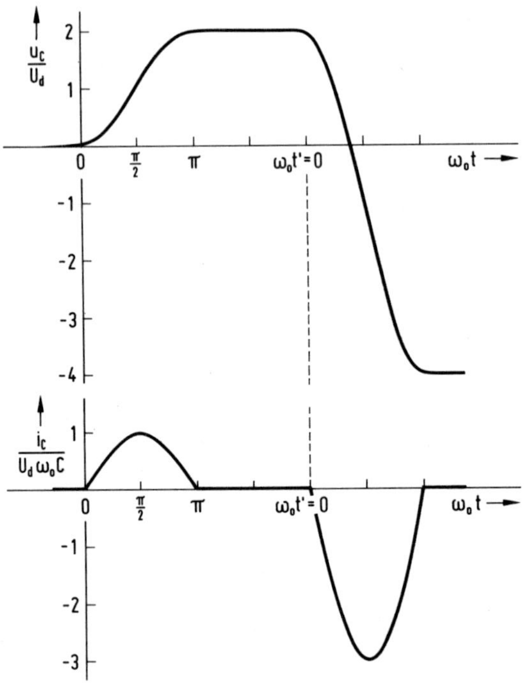


Bild 4.33.
Kondensatorspannung und Kondensatorstrom bei Leerlauf des Wechselrichters

Diese Spannung geht als Anfangsbedingung in die nächste Rechnung, die sich auf Bild 4.32.b bezieht, ein. Die Thyristoren $T_3$ und $T_2$ werden gezündet. Es gilt die Differentialgleichung

$$-U_\mathrm{d}=L\frac{\mathrm{d}i_\mathrm{C}}{\mathrm{d}t}+u_\mathrm{C}$$

mit der Lösung

$$u_\mathrm{C}=\cos\omega_0 t(k_1+k_2)+\mathrm{j}\sin\omega_0 t(k_1-k_2)-U_\mathrm{d}.$$

Die Anfangsbedingungen sind

$$t'=0: \qquad u_\mathrm{C}=2\,U_\mathrm{d}$$

$$t'=0: \qquad i_\mathrm{C}=C\frac{\mathrm{d}u_\mathrm{C}}{\mathrm{d}t}=0.$$

Damit errechnen sich die neuen Konstanten zu

$$k_1+k_2=3\,U_\mathrm{d}$$

$$k_1-k_2=0.$$

Die Kondensatorspannung ist dann

$$u_\mathrm{C}=U_\mathrm{d}(3\cos\omega_0 t'-1)$$

und der Kondensatorstrom

$$i_C = -3\,U_d\,\omega_0\,C \sin \omega_0 t'.$$

Zur Zeit $\omega_0 t'_1 = \pi$ ist der Kondensatorstrom wieder Null geworden, und die Kondensatoren haben sich auf die Spannung

$$u_C = U_d(-3-1) = -4\,U_d$$

umgeladen (Bild 4.33.). Bei jedem weiteren Zünden wird der Betrag der Kondensatorspannung um $2\,U_d$ höher.

Eine Begrenzung der Kondensatorspannung auf die Höhe der Eingangsgleichspannung läßt sich erreichen, wenn man nach Bild 4.34. je eine Diode mit der angegebenen Polarität über die Kommutierungsdrosseln schaltet. Der Betrag der Kondensatorspannung kann nicht höher als die Eingangsgleichspannung werden, weil die Dioden bei Erreichen von $|u_C| = U_d$ leitend werden und die Kommutierungsdrosseln kurzschließen. Auf diese Weise kann die noch in den Induktivitäten gespeicherte magnetische Energie nicht mehr in elektrische Energie der Kondensatoren umgesetzt werden. Bei Fortfall der Dioden $D_9$ und $D_{10}$ müßten die jeweils zuständigen Thyristoren, Sperr- und Rücklaufdioden den entsprechenden Kreisstrom zusätzlich übernehmen.

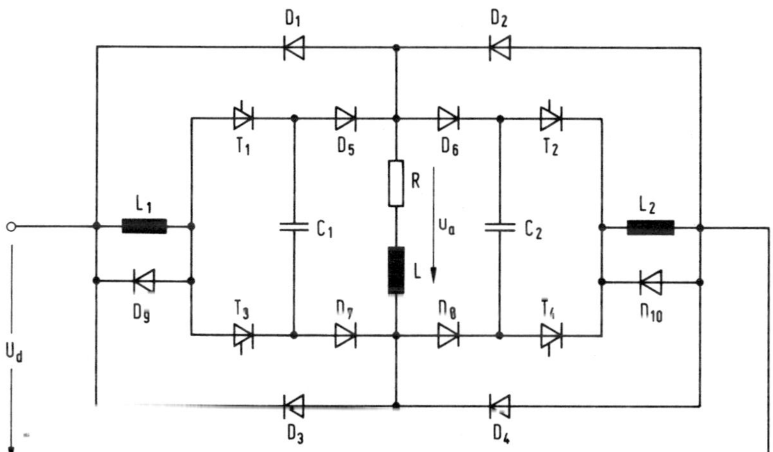


Bild 4.34. Vollständiges Schaltbild eines selbstgeführten Wechselrichters in Brückenschaltung

Bei vielen Anwendungsfällen selbstgeführter Wechselrichter muß sowohl die Frequenz als auch die Amplitude der Ausgangsspannung in sehr weiten Grenzen einstellbar sein (z.B. Drehzahlsteuerung einer Asynchronmaschine über selbstgeführte Stromrichter). Eine einfache Möglichkeit, die Amplitude der Ausgangswechselspannung stetig zu verändern, besteht in einer Änderung der Eingangsgleichspannung z.B. über einen netzgeführten Stromrichter. Der bisher behandelte Wechselrichter ist für einen derartigen Betrieb ungeeignet, da bei kleinen Eingangsspannungen die Kommutierungsspannung und die Schonzeit nicht mehr ausreichend groß sind (Kurzschluß des Wechselrichters als Folge).

Bei variabler Eingangsspannung muß der Kommutierungskreis des selbstgeführten Stromrichters so konzipiert sein, daß die Kommutierungskondensatoren unabhängig von der Höhe der Eingangsgleichspannung genügend hoch aufgeladen werden. Etwa seit 1963 sind eine Anzahl von Schaltungen entwickelt worden, die die eben gestellten Anforderungen erfüllen (Lit. [27] und [28]). Als Standardschaltung kann die in Bild 4.35. angegebene Schaltung angesehen werden. Diese Schaltung wird seit mehreren Jahren in dreiphasiger Ausführung (sechspulsig) sowohl für kleinere als auch größere Leistungen bis zu einigen hundert Kilowatt bei einem Frequenzbereich von angenähert Null bis zu einigen hundert Hertz zur Speisung von Drehstrommaschinen, vor allem in der Textilindustrie, sehr häufig eingesetzt.

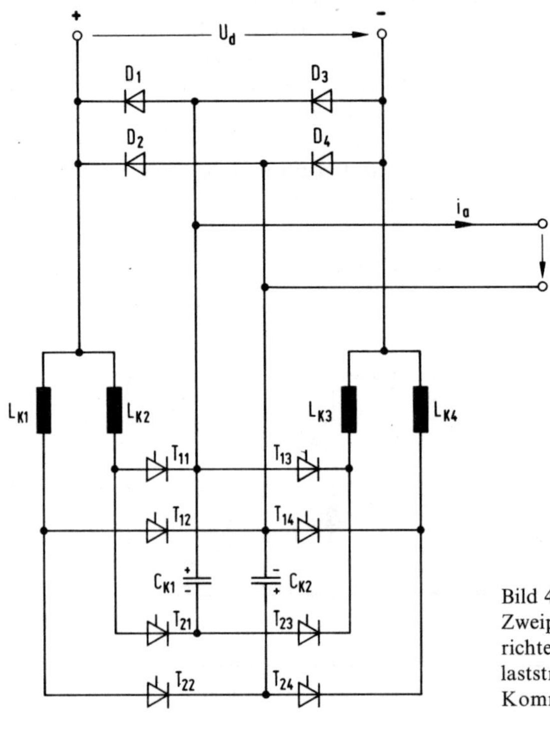


Bild 4.35.
Zweipulsiger selbstgeführter Wechselrichter mit Einzellöschung und laststromabhängiger Aufladung der Kommutierungskondensatoren

Jedem Hauptthyristor $T_{11}$ bis $T_{14}$ ist ein Löschthyristor $T_{21}$ bis $T_{24}$ und eine dem jeweiligen Hauptthyristor in Reihe geschaltete Kommutierungsdrossel $L_{K1}$ bis $L_{K4}$ zugeordnet. Die Aufteilung der Kommutierungsdrosseln bewirkt eine Entkopplung der Kommutierungskreise. Die Spannung an einer der Teildrosseln während der Kommutierung des Stromes vom zugeordneten Hauptthyristor auf die entsprechende Diode kann sich nicht zur Spannung des Thyristors auf der gleichen Brückenseite addieren. Dies macht eine hohe Spannungsausnutzung des Wechselrichters möglich. Weiterhin sind zwei Kommutierungskondensatoren, die die notwendige Kommutierungsspannung bereithalten, erforderlich.

In Bild 4.36. sind die zeitlichen Verläufe der Steuerströme für die Haupt- und Löschthyristoren dargestellt. Die zeitliche Lage der Steuerimpulse ist so festgelegt worden, daß die

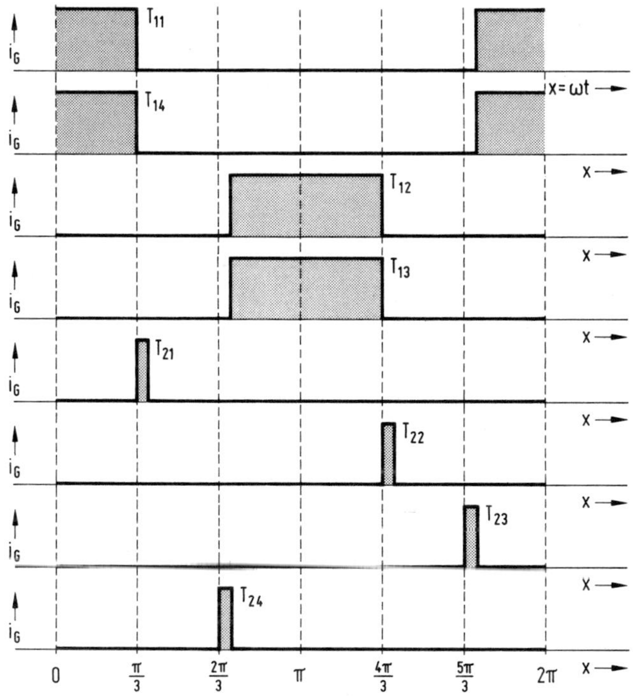


Bild 4.36. Zeitlicher Verlauf der Steuerströme der Haupt- und Löschthyristoren

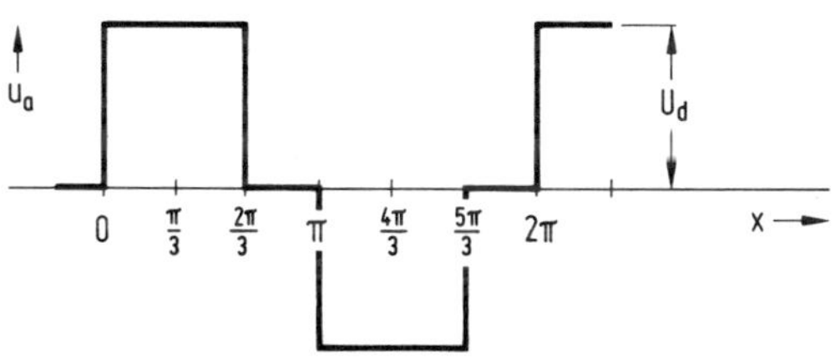


Bild 4.37.
Ausgangsspannung des selbstgeführten Wechselrichters mit maximalem Grundschwingungsgehalt

Ausgangsspannung den zeitlichen Verlauf nach Bild 4.37. annimmt. Gegenüber möglichen anderen Verläufen ergibt sich der Vorteil eines maximalen Grundschwingungsgehaltes. In der Ausgangsspannung sind nur Oberschwingungen der Ordnungszahlen

$$\nu = 6k \mp 1; \qquad k = 1, 2, 3, \ldots$$

enthalten. Es treten also keine durch 2 oder 3 teilbaren Ordnungszahlen auf. Der Effektivwert der $\nu$. Oberschwingung ist

$$\frac{U_{a\nu}}{U_d} = \frac{\sqrt{6}}{\pi\nu}.$$

Demgegenüber enthält die rechteckförmige Spannung nach Bild 4.29. Oberschwingungen mit durch 3 teilbaren Ordnungszahlen ($\nu = 1, 3, 5, 7, \ldots$). Der Effektivwert der $\nu$. Oberschwingung ist

$$\frac{U_{a\nu}}{U_d} = \frac{2\sqrt{2}}{\pi\nu}.$$

Für die 3. Oberschwingung ist z.B.

$$\frac{U_{a3}}{U_d} = 0{,}3.$$

Wie in den folgenden Ausführungen gezeigt wird, müssen die Impulse für die Hauptthyristoren bei induktiver Last mindestens eine Länge entsprechend 60° aufweisen. Bei Betrieb als selbstgeführter Gleichrichter sind Impulse mit einer Länge entsprechend 120° erforderlich.

Zunächst sollen die Strom- und Spannungsverhältnisse bei rein induktiver Last und Vernachlässigung der Kommutierungseinflüsse untersucht werden. Hierzu dienen die Bilder 4.38. und 4.39. Die Thyristoren werden entsprechend dem Impulsplan in Bild 4.36. ein- bzw. ausgeschaltet.

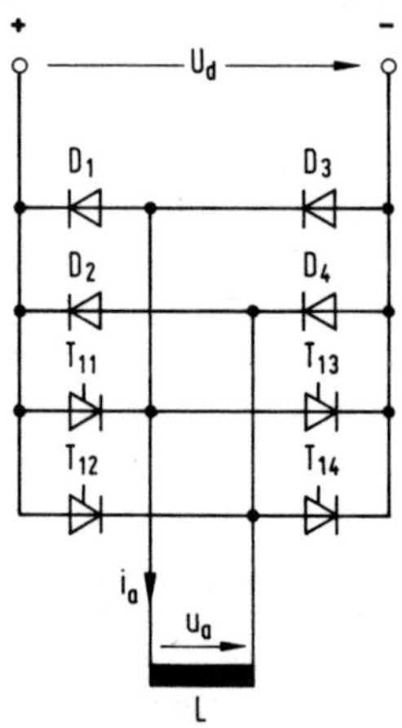


Bild 4.38.
Ersatzschaltbild des Wechselrichters zur Bestimmung der Strom- und Spannungsverhältnisse bei Vernachlässigung der Kommutierungseinflüsse

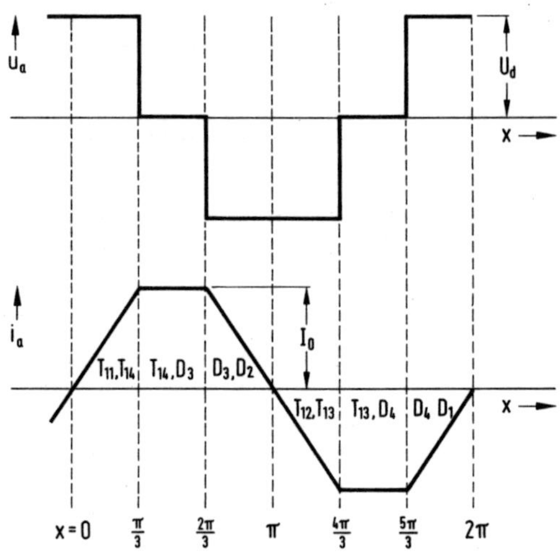


Bild 4.39.
Zeitlicher Verlauf der Ausgangsspannung und des Ausgangsstroms bei rein induktiver Last

Zur Zeit $x = 0$ sind die Thyristoren $T_{11}$ und $T_{14}$ gezündet. Der Strom $i_a$ steigt mit der Steigung $\frac{di_a}{dt} = \frac{U_d}{L}$ linear an. Die Ausgangsspannung ist positiv. An der Stelle $x = \frac{\pi}{3}$ wird der Löschthyristor $T_{21}$ ein- und damit der zugehörige Hauptthyristor $T_{11}$ ausgeschaltet. Der eingeprägte Laststrom kommutiert von $T_{11}$ auf die Diode $D_3$ (Freilaufkreis $D_3$, $L$, $T_{14}$).

Wegen der verlustlos angenommenen Schaltung bleibt der Strom während dieser Phase konstant. Die Ausgangsspannung ist Null (Kurzschluß der Last über Freilaufkreis). Zur Zeit $x=\frac{2\pi}{3}$ wird durch den Löschthyristor $T_{24}$ der Hauptthyristor $T_{14}$ im Freilaufkreis gelöscht. Gleichzeitig werden die Thyristoren $T_{12}$ und $T_{13}$ freigegeben. Die neugezündeten Hauptthyristoren können den Laststrom jedoch in der umgekehrten Richtung noch nicht übernehmen, weil erst der Laststrom $i_a$ mit der Höhe $I_0$ abgebaut werden muß. Beim Löschen des Hauptthyristors $T_{14}$ wird der Strom auf die Diode $D_2$ kommutiert und damit der Rückspeisekreis $D_2$, $U_d$, $D_3$, $L$ eingeschaltet. Während der Stromführungszeit der beiden Dioden wird die magnetische Energie der Lastinduktivität $W_m=\frac{1}{2}LI_0^2$ in die Spannungsquelle zurückgespeist.

Die Dioden des Wechselrichters arbeiten in dieser Schaltung demnach zeitweise als Freilaufdioden und zeitweise als Rücklaufdioden. Der Rückspeisekreis tritt dabei nur in Funktion, wenn bei gemischt ohmisch-induktiver Last die magnetische Energie der Lastinduktivität innerhalb der Zeitdauer entsprechend 60° (maximale Einschaltzeit des Freilaufkreises) nicht voll an den ohmschen Widerstand des Lastkreises abgegeben werden konnte. Aus Bild 4.38. wird deutlich, daß die Ausgangsspannung während der Rückspeisephase negativ ist. An der Stelle $x=\pi$ ist der Strom $i_a$ Null geworden, und die Hauptthyristoren $T_{12}$ und $T_{13}$, die mindestens bis zu diesem Zeitpunkt durch einen entsprechend langen Zündimpuls zur Stromführung bereitgehalten werden müssen, können den Laststrom in umgekehrter Richtung übernehmen. In der zweiten Halbperiode wiederholen sich die eben geschilderten Vorgänge.

Nachdem nun die Funktion des Hauptkreises bekannt ist, soll der Kommutierungsvorgang anhand der Bilder 4.40. und 4.41. näher erläutert werden.

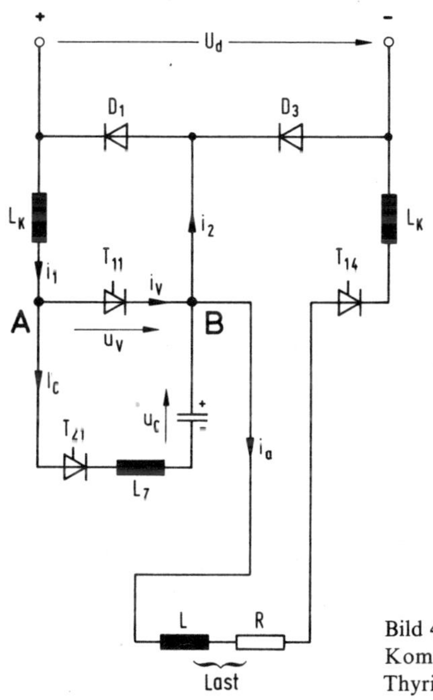


Bild 4.40.
Kommutierung des Stroms von Thyristor $T_{11}$ auf die Diode $D_3$

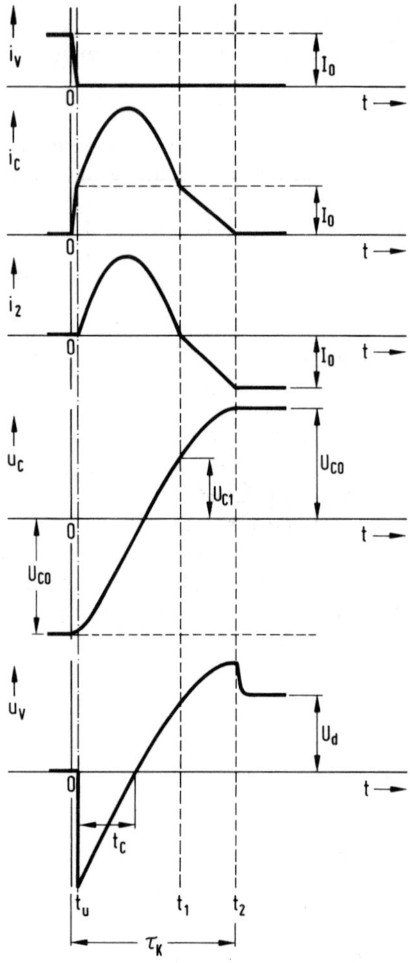


Bild 4.41.
Zeitlicher Verlauf der für den Kommutierungsvorgang charakteristischen Größen

Im betrachteten Zeitpunkt führen die Hauptthyristoren $T_{11}$ und $T_{14}$ den Laststrom $i_a$. Es besteht nun die Aufgabe, den Laststrom vom Thyristor $T_{11}$ auf die Diode $D_3$ zu kommutieren. Vereinfachend soll noch angenommen werden, daß sich der Laststrom während der im Vergleich zur Periodendauer kleinen Kommutierungszeit nicht ändert:

$$i_a = I_0 = \text{const.}$$

Zur Einleitung des Kommutierungsvorganges wird der Löschthyristor $T_{21}$ gezündet. Hierdurch wird der auf die Spannung $u_C = -U_{C0}$ aufgeladene Kommutierungskondensator $C_k$ dem Hauptthyristor $T_{11}$ parallel geschaltet. Der Hauptthyristorstrom kommutiert daher nach Maßgabe der Induktivität $L_z$ der Stromanstiegs-Begrenzungsdrossel in der Zeit $t_u$ auf den Löschthyristor $T_{21}$. Die Kondensatorspannung liegt nun nach erfolgter Kommutierung als negative Sperrspannung am Hauptthyristor an. Jetzt setzt die Umladung des Kommutierungskondensators über die Diode $D_1$ und die Kommutierungsdrossel $L_k$ ein. Nach der Schonzeit $t_c$, in der der Thyristor seine positive Sperrfähigkeit wiedergewonnen haben muß, geht die Spannung am Thyristor $T_{11}$ und damit auch am Kondensator $C_k$ durch Null. Der Kondensatorstrom hat zu diesem Zeitpunkt etwa sein Maximum erreicht und klingt dann wieder ab. Wird der Kondensatorstrom $i_C$ zur Zeit $t=t_1$ kleiner als der Laststrom $i_a=I_0$, so kehrt der Strom $i_2$ seine Richtung um; dabei erlischt die Diode $D_1$, und der Strom fließt über die Diode $D_3$ weiter. Zum Zeitpunkt $t_2$ ist die gesamte Energie der Kommutierungsdrossel auf den Kondensator $C_k$ übergegangen, der damit umgeladen ist und zur Kommutierung des nächsten Hauptthyristors auf der anderen Brückenhälfte zur Verfügung steht. Die Diode $D_3$ hat den gesamten Laststrom übernommen. Der Kommutierungsvorgang ist beendet und damit die oben gestellte Aufgabe gelöst.

Bei Vernachlässigung der Dämpfung müßte der Betrag der Kondensatorspannung am Ende des Kommutierungsvorganges höher sein als am Beginn (zur Zeit $t=0$ ist in der Kommutierungsdrossel die Energie $\frac{1}{2}L_k I_0^2$ enthalten). Unter Berücksichtigung der unvermeidlichen Verluste des Kreises stellt sich zu jedem Laststrom eine bestimmte Kondensatorspannung ein; der Kondensator wird stromabhängig geladen. Die stromabhängige Aufladung des Kommutierungskondensators ist ein wesentlicher Vorzug dieser Schaltung. Unabhängig von der Wechselrichterfrequenz und der Höhe der Gleichspannung kann der jeweilige Laststrom kommutiert werden. Die Grenzfrequenz des Wechselrichters ist abhängig von der Freiwerdezeit der Thyristoren. Bei der hier beschriebenen Schaltung ist die Ausgangsfrequenz des Wechselrichters die höchste im Wechselrichter auftretende Frequenz (im Gegensatz zu anderen Verfahren, z.B. Wechselrichter mit Pulssteuerung). Der Wechselrichter eignet sich daher für verhältnismäßig hohe Frequenzen. Die Vorgänge sollen nachstehend auch rechnerisch erfaßt werden. Die Kommutierung findet in drei Schritten statt.

### *I. Kommutierung des Stromes vom Hauptthyristor $T_{11}$ auf den Löschthyristor $T_{21}$*

Nach Bild 4.40. gilt in diesem Zeitintervall bei Vernachlässigung der Dämpfung die Differentialgleichung:

$$\frac{d^2 u_C}{dt^2} + \omega_{0z}^2 u_C = 0$$

$$\omega_{0z} = \frac{1}{\sqrt{L_z C_k}}.$$

Mit den Anfangsbedingungen

$$t=0: \qquad u_C = -U_{C0}; \qquad i_C = 0$$

ergibt sich für die Kondensatorspannung

$$u_C = -U_{C0} \cos \omega_{0z} t$$

und für den Kondensatorstrom

$$i_C = U_{C0}\, \omega_{0z}\, C_k \sin \omega_{0z} t.$$

Die Knotenpunkte A und B in Bild 4.40. liefern für die Ströme

$$i_1 = i_C + i_V \qquad \text{(A)}$$

$$i_C + i_V = i_2 + i_a \qquad \text{(B)}.$$

Wegen

$$L_k \frac{di_1}{dt} = 0$$

bleibt der Strom $i_1 = \text{const.} = I_0$.

Der Strom im Hauptthyristor $i_V$ wird Null, wenn nach der Stromgleichung (A)

$$i_1 = I_0 = i_C$$

geworden ist, also zur Zeit

$$t_u = \frac{1}{\omega_{0z}} \arcsin \frac{I_0}{\omega_{0z} C_k U_{C0}}. \tag{4.14.}$$

Die Kondensatorspannung hat zu dieser Zeit den Wert

$$(u_C)_{t_u} = -U'_{C0} = -U_{C0} \cos u \tag{4.15.}$$

mit

$$u = \omega_{0z} t_u,$$

Für die zur Begrenzung der Stromsteilheit notwendige Induktivität ergibt sich

$$\boxed{L_z = \frac{U_{C0}}{\left(\frac{di_C}{dt}\right)_{zul}}.} \tag{4.16.}$$

*II. Umladen des Kommutierungskondensators*

Nach der Löschung des Hauptthyristors $T_{11}$ lädt sich der Kommutierungskondensator über den Löschthyristor $T_{21}$, Diode $D_1$ und die Kommutierungsdrossel $L_k$ um. Bedeuten $U_B$ die Summe aller im Umschwingkreis befindlichen mittleren Durchlaßspannungen der Ventile und $R_k$ die Summe aller Widerstände im Kreis und läßt man unberücksichtigt, daß durch die Diode $D_1$ nur der um den Laststrom verminderte Kondensatorstrom fließt, dann gilt für die weitere Rechnung das in Bild 4.42. dargestellte Ersatzschaltbild des Umschwingkreises mit den Anfangsbedingungen

$$t = 0: \quad u_C = -U'_{C0}$$

$$i_C = I_0.$$

Mit den Abkürzungen

$$\omega_{0k} = \frac{1}{\sqrt{(L_k + L_z)\, C_k}}$$

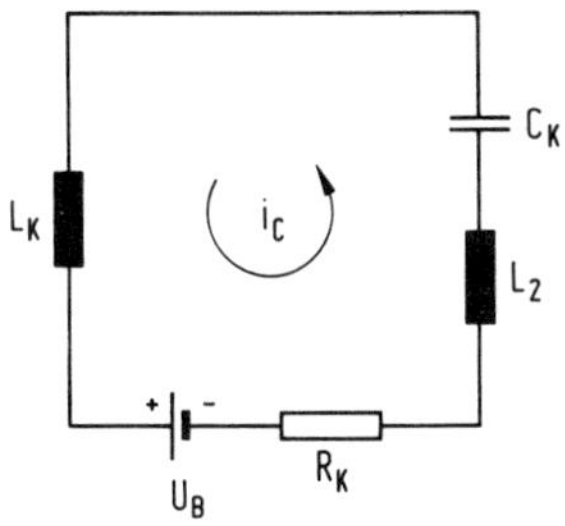


Bild 4.42.
Ersatzschaltplan des Umschwingkreises

und

$$\delta = \frac{R_k}{2(L_k + L_z)}$$

erhält man die Differentialgleichung

$$\frac{d^2 u_C}{dt^2} + 2\delta \frac{du_C}{dt} + \omega_{0k}^2 u_C = -U_B \omega_{0k}^2. \qquad (4.17.)$$

Unter der Voraussetzung, daß die Diskriminante $D=\omega_{0k}^2-\delta^2$ der charakteristischen Gleichung von (4.17.) positiv ist, ergibt sich für den zeitlichen Verlauf der Kondensatorspannung

$$u_C(t) = (U_B - U'_{C0})\, e^{-\delta t} \cdot \frac{\sin(\omega_k t + \psi)}{\sin\psi} - U_B$$

mit

$$\omega_k = \sqrt{\omega_{0k}^2 - \delta^2} \qquad (4.18.)$$

und

$$\tan\psi = \frac{(U_B - U'_{C0})\, \omega_k C_k}{I_0 + (U_B - U'_{C0})\, \delta C_k}.$$

Wichtig für die Bemessung des Kommutierungskreises ist die Schonzeit $t_c$, die vergeht, bis die Spannung am gelöschten Hauptthyristor

$$u_V = u_C + L_z \frac{di_C}{dt}$$

Null geworden ist.

Unter der Voraussetzung $L_z \ll L_k$ und Vernachlässigung der im Kreis befindlichen Ventilspannungen ergibt sich die einfache Beziehung

$$\boxed{t_c = \frac{\pi - \psi}{\omega_k} > t_q.} \qquad (4.19.)$$

$t_q$ ist die Freiwerdezeit des betreffenden Thyristors. Von weiterem Interesse für die Bemessung des Kommutierungskreises ist die Amplitude des Kondensatorstromes.

Mit

$$\tan\xi = \frac{\delta}{\omega_k}$$

ist

$$i_C = \frac{(U_B - U'_{C0})\,\delta\, C_k}{\sin\psi\,\sin\xi}\,e^{-\delta t}\cos(\omega_k t + \psi + \xi).$$

Mit der Vereinfachung

$$\tan\xi \approx \sin\xi \approx \frac{\delta}{\omega_k}$$

erhält man

$$i_C = \frac{(U_B - U'_{C0})\,\omega_k\, C_k}{\sin\psi}\,e^{-\delta t}\cos(\omega_k t + \psi + \xi). \tag{4.20.}$$

Der Maximalwert für $i_C$ ergibt sich zur Zeit $t = t_{max}$. Dieser Zeitpunkt läßt sich bestimmen, indem man die erste Ableitung des Stromes $\frac{d i_C}{d t} = 0$ setzt:

$$\delta\cos(\omega_k t_{max} + \psi + \xi) + \omega_k \sin(\omega_k t_{max} + \psi + \xi) = 0$$

$$t_{max} = \frac{\pi - (\psi + 2\,\xi)}{\omega_k}.$$

Der Maximalwert des Stromes wird demnach

$$i_{C\,max} = (U'_{C0} - U_B)\,\omega_k\, C_k \frac{\cos\xi}{\sin\psi}\,e^{-\delta t_{max}} \leqq (i_{C\,max})_{zul}. \tag{4.21.}$$

### *III. Kommutierung des Laststromes auf den Freilaufkreis (Diode $D_3$)*

Nach Bild 4.40. ist

$$i_C = i_a + i_2.$$

Der Strom $i_2$ wird demnach Null, wenn der Kondensatorstrom wieder gleich dem Laststrom $i_a$ geworden ist ($t = t_1$ in Bild 4.41.). Vereinfachend wird angenommen, daß sich der Laststrom in der im Vergleich zur Periodendauer kurzen Kommutierungszeit $\tau_k$ nicht geändert hat: $i_a = I_0 = \text{const}$. Zur Zeit $t_1$ ist der Strom in der Diode $D_1$ Null geworden. Der Strom $i_2$ kehrt seine Richtung um, und die Diode $D_3$ im Freilaufkreis kommt in Eingriff.

Mit Gl. (4.20.) erhält man

$$I_0 = \frac{(U_B - U'_{C0})\,\omega_k\, C_k}{\sin\psi}\,e^{-\delta t_1}\cos(\omega_k t_1 + \psi + \xi). \tag{4.22.}$$

Aus dieser Gleichung läßt sich die Zeit $t_1$ mittels Näherungsverfahren bestimmen.

Die Kondensatorspannung hat zur Zeit $t_1$ folgende Größe:

$$(u_C)_{t_1} = U_{C1} = (U_B - U'_{C0})\,e^{-\delta t_1}\frac{\sin(\omega_k t_1 + \psi)}{\sin\psi} - U_B. \tag{4.23.}$$

Für den dritten Teilabschnitt innerhalb des gesamten Kommutierungsvorganges ergibt sich unter Vernachlässigung der Ventilspannungen ($U_B \ll U_d$) und Annahme gleicher Dämpfungsverhältnisse nach Bild 4.40. folgende Differentialgleichung:

$$\frac{d^2 u_C}{dt^2} + 2\delta \frac{du_C}{dt} + \omega_{0k}^2 u_C = U_d \omega_{0k}^2 . \qquad (4.24.)$$

$U_d$ ist die Eingangsgleichspannung des Wechselrichters.

Mit den Anfangsbedingungen

$$t=0: \quad u_C = U_{C1}$$
$$i_C = I_0$$

und der Abkürzung

$$\tan \Phi = \frac{(U_{C1} - U_d)\,\omega_k C_k}{I_0 + (U_{C1} - U_d)\,\delta C_k} \qquad (4.25.)$$

ist die Lösung

$$u_C(t) = \frac{(U_{C1} - U_d)}{\sin \Phi} e^{-\delta t} \sin(\omega_k t + \Phi) + U_d . \qquad (4.26.)$$

Zum Zeitpunkt $t = t_2$ ist die Änderung der Kondensatorspannung $\frac{du_C}{dt}$ Null geworden. Der gesamte Kommutierungsvorgang ist beendet, der Strom vom Hauptthyristor also auf den Freilaufkreis (Diode $D_3$) kommutiert worden.

Mit

$$\left(\frac{du_C}{dt}\right)_{t=t_2} = 0$$

ergibt sich

$$\boxed{t_2 = \frac{\frac{\pi}{2} - (\Phi + \xi)}{\omega_k}.} \qquad (4.27.)$$

Zu dieser Zeit hat der Kondensator die Anfangsspannung $U_{C0}$ wieder erreicht:

$$\frac{(U_{C1} - U_d)}{\sin \Phi} e^{-\delta t_2} \cos \xi + U_d = U_{C0} . \qquad (4.28.)$$

Gleichung (4.28.) stellt eine weitere Bedingungsgleichung für die Auslegung des Kommutierungskreises von der energetischen Seite her dar. Der Betrag der Kondensatorspannung $U_{C0}$ stellt sich demnach entsprechend dem Gleichgewicht von zugeführter und in Verlustwärme umgesetzter Energie ein.

Das Oszillogramm in Bild 4.43. zeigt den zeitlichen Verlauf der Kondensatorspannung für den Fall, daß dem Schwingkreis keine Energie zugeführt wird ($i_a = 0$, $U_d = 0$). Aus dem

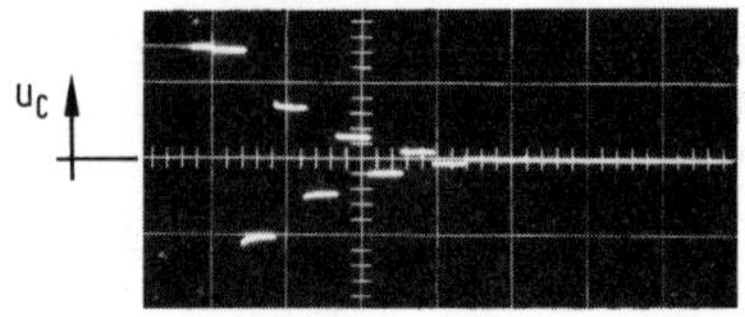


Bild 4.43.
Kondensatorspannung bei $i_a=0$, $U_d=0$

Verhältnis der Amplituden nach dem ersten Umschwingvorgang $q$ kann man die Dämpfung bestimmen.

Bei Leerlauf des Wechselrichters ist $I_0=0$ und $U'_{C0}=U_{C0}$. Aus Gleichung (4.20.) kann man mit $i_C=0$ die Zeit $t_k$ für das einmalige Umschwingen der Kondensatorspannung ermitteln:

$$0=\cos(\omega_k t_k+\psi+\xi)$$

$$t_k=\frac{\frac{3\pi}{2}-(\psi+\xi)}{\omega_k}. \qquad (4.29.)$$

Die Kondensatorspannung hat für $t=t_k$ nach Gleichung (4.18.) den Wert

$$(u_C)_{t=t_k}=(U_B-U_{C0})\,e^{-\delta t_k}\,\frac{\sin(\omega_k t_k+\psi)}{\sin\psi}-U_B.$$

Mit Gleichung (4.29.) erhält man für

$$\sin(\omega_k t_k+\psi)=-\cos\xi.$$

Führt man noch die Abkürzung $m=\frac{U_B}{U_{C0}}$ ein, dann wird

$$\left(\frac{u_C}{U_{C0}}\right)_{t=t_k}=q=(1-m)\,e^{-\delta t_k}\,\frac{\cos\xi}{\sin\psi}-m.$$

Für $I_0=0$ ist weiterhin

$$\tan\psi=\frac{\omega_k}{\delta}$$

$$\tan\xi=\frac{\delta}{\omega_k}$$

und damit

$$\frac{\cos\xi}{\sin\psi}=1.$$

Es ist dann

$$q=(1-m)\,e^{-\delta t_k}-m.$$

In Gleichung (4.29.) ist

$$\psi+\xi=\arctan\frac{\omega_k}{\delta}+\arctan\frac{\delta}{\omega_k}.$$

Mit dem Additionstheorem

$$\arctan u + \arctan v = \arctan \frac{u+v}{1-uv}$$

wird hieraus

$$\psi + \xi = \frac{\pi}{2}.$$

Damit ist

$$t_k = \frac{\frac{3\pi}{2} - \frac{\pi}{2}}{\omega_k} = \frac{\pi}{\omega_k}.$$

Für das Amplitudenverhältnis $q$ ergibt sich dann

$$q = (1-m)\,e^{-\pi \frac{\delta}{\omega_k}} - m.$$

Mit $\omega_k \approx \omega_{0k}$ wird schließlich

$$\boxed{\delta \approx \frac{\omega_{0k}}{\pi} \ln \frac{1-m}{q+m}.} \qquad (4.30.)$$

Bei einer ausgeführten Anlage war z.B.:

$$\omega_{0k} = 31{,}3 \cdot 10^3\,s^{-1} \qquad m = 0{,}023 \qquad q = 0{,}86$$

$$\delta = \frac{31{,}3 \cdot 10^3}{\pi} \ln \frac{0{,}977}{0{,}883}\,s^{-1}$$

$$\delta \approx 1 \cdot 10^3\,s^{-1}.$$

In Bild 4.44. sind die für den Kommutierungsvorgang charakteristischen Strom- und Spannungsverläufe an einem dreiphasigen 120 kVA/200 Hz Wechselrichter oszillographiert worden.

Bei den Messungen wurde der Wechselrichter bei $f = 80$ Hz mit einer 66 kW/130 Hz-Asynchronmaschine bei Nennmoment belastet.

Aufgrund der abgeleiteten Gleichungen für den Kommutierungsvorgang wurde ein Rechenprogramm entwickelt und der Einfluß der verschiedenen Parameter auf den Kommutierungskreis untersucht. Das Programm ist so aufgebaut, daß dem Rechner entweder eine Reihe von diskreten Parametersätzen oder eine beliebige Anzahl von Parameterkombinationen vorgegeben werden kann.

Mit den Eingabedaten

$$\omega_{0k} = \frac{1}{\sqrt{L_k C_k}}, \qquad I_0 \sqrt{\frac{L_k}{C_k}},\ \delta,\ U_d,\ U_B \text{ und } f \text{ werden errechnet:}$$

| | |
|---|---|
| Kommutierungsinduktivität · Strom im Löschaugenblick | $L_k I_0$ [H A] |
| Kapazität des Kommutierungskondensators, bezogen auf den Strom im Löschaugenblick | $\frac{C_k}{I_0}$ $\left[\frac{F}{A}\right]$ |

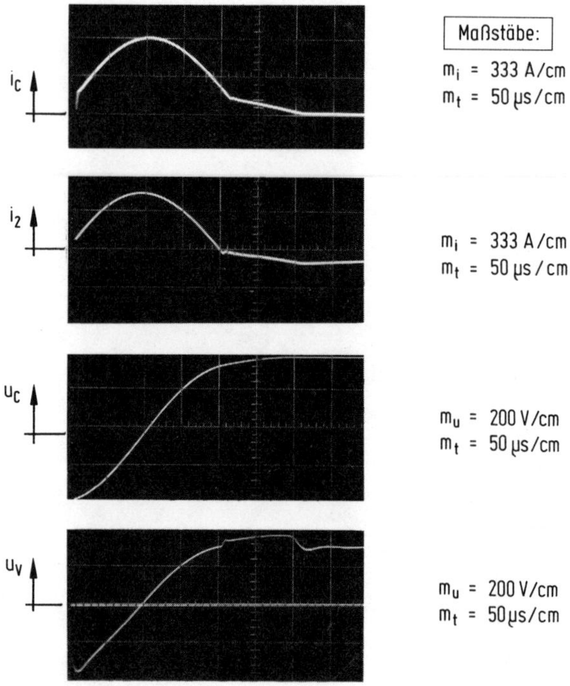


Bild 4.44. Oszillogramme der für den Kommutierungsvorgang charakteristischen Ströme und Spannungen

| | |
|---|---|
| Überschwingfaktor | $\dfrac{i_{\mathrm{c\,max}}}{I_0}$ |
| Kondensatorspannung | $U_{\mathrm{C}0}$ [V] |
| Kondensatorspannung zur Zeit $t_1$ | $U_{\mathrm{C}1}$ [V] |
| Schonzeit | $t_{\mathrm{c}}$ [s] |
| die Zeiten $t_1$ und $t_2$ (s. Bild 4.41.) | $t_1$, $t_2$ [s] |
| Effektivwert des Stromes im Löschthyristor, bezogen auf den Strom im Löschaugenblick | $\dfrac{I_{\mathrm{L\,eff}}}{I_0}$ |

Für die praktische Handhabung des Programmes ist es notwendig, die Eingabedaten $\omega_{0\mathrm{k}}$ und $I_0\sqrt{\dfrac{L_{\mathrm{k}}}{C_{\mathrm{k}}}}$ abzuschätzen.

In grober Näherung gilt für die Schonzeit:

$$t_{\mathrm{c}} \approx \frac{T_{0\mathrm{k}}}{4} = \frac{\pi}{2\omega_{0\mathrm{k}}}.$$

$T_{0\mathrm{k}}$ ist die Periodendauer der ungedämpften Schwingung. Damit wird

$$\omega_{0\mathrm{k}} \approx \frac{\pi}{2t_{\mathrm{c}}}.$$

Der Parameter $I_0\sqrt{\dfrac{L_k}{C_k}}$ kennzeichnet im wesentlichen den stromabhängigen Anteil der Kondensatorspannung. Bei normaler Auslegung des Kommutierungskreises wird man mit Rücksicht auf die zulässige Spannungsbeanspruchung der Thyristoren die Höhe der Kondensatorspannung so wählen, daß bei Nennstrom der Anlage etwa $U_{C1} \approx U_d$ ist.

Unter der Voraussetzung $U_{C1} \to U_d$, erhält man mit den Gleichungen (4.25.) und (4.28.):

$$U_{C0} \approx I_0\sqrt{\frac{L_k}{C_k}}\,e^{-\delta t_2}\cos\xi + U_d$$

bzw.

$$U_{C0} < I_0\sqrt{\frac{L_k}{C_k}} + U_d. \tag{4.31.}$$

Aus dieser Gleichung ist die physikalische Bedeutung des Parameters $I_0\sqrt{\dfrac{L_k}{C_k}}$ – nämlich der stromabhängige Anteil der Kondensatorspannung – leicht zu erkennen.

Um ein Gefühl für die Größenordnungen der Ströme und Spannungen sowie der Bauelemente des Kommutierungskreises zu vermitteln, soll ein Beispiel angegeben werden.

Beispiel:

Eingabedaten:

$$\omega_{0k} = 15 \cdot 10^3\,\mathrm{s}^{-1} \qquad I_0\sqrt{\frac{L_k}{C_k}} = 200\,\mathrm{V}$$

$$\delta = 1 \cdot 10^3\,\mathrm{s}^{-1} \qquad U_d = 500\,\mathrm{V}$$

$$U_B = 3\,\mathrm{V} \qquad f = 200\,\mathrm{Hz}$$

Ergebnis:

$$L_k I_0 = 1{,}3333 \cdot 10^{-2}\,\mathrm{H \cdot A} \qquad U_{C1} = 543\,\mathrm{V}$$

$$\frac{C_k}{I_0} = 0{,}333 \cdot 10^{-6}\,\frac{\mathrm{F}}{\mathrm{A}} \qquad t_c = 90{,}17\,\mu\mathrm{s}$$

$$\frac{i_{c\,max}}{I_0} = 3{,}24 \qquad t_1 = 167{,}8\,\mu\mathrm{s}$$

$$U_{C0} = 690\,\mathrm{V} \qquad t_2 = 86{,}4\,\mu\mathrm{s}$$

$$\frac{I_{L\,eff}}{I_0} = 4{,}74 \cdot 10^{-1}.$$

Bei dieser Rechnung wurde der erste Teil des Kommutierungsvorganges ($t_u$) nicht berücksichtigt, also $U'_{C0} = U_{C0}$ gesetzt. Die vom Programm errechnete Zeit $t_2$ ist die Zeit, in welcher der Strom vom Löschthyristor auf den Freilaufkreis kommutiert.

Bei einem Strom von $I_0 = 300\,\mathrm{A}$ (das entspricht etwa einer Gleichstromleistung von $U_d I_d = 150\,\mathrm{kW}$ bei dreiphasiger Ausführung des Wechselrichters und Speisung einer Asynchronmaschine) ergibt sich

$$L_k = \frac{1{,}333 \cdot 10^{-2}}{300}\,\mathrm{H} = 44{,}4\,\mu\mathrm{H}$$

$$C_k = 0{,}333 \cdot 10^{-6} \cdot 300\,\mathrm{F} = 100\,\mu\mathrm{F}$$
$$i_{c\,max} = 3{,}24 \cdot 300\,\mathrm{A} = 972\,\mathrm{A}$$
$$I_{L\,eff} = 4{,}71 \cdot 10^{-1} \cdot 300\,\mathrm{A} = 141{,}3\,\mathrm{A}.$$

Messungen an ausgeführten Anlagen haben ergeben, daß die Übereinstimmung der Theorie mit der Praxis sehr gut ist. In den Bildern 4.45. und 4.46. sind für in der Praxis häufig vorkommende Fälle die Funktionen

$$U_{C0}, \quad \frac{i_{c\,max}}{I_0}, \qquad t_c = f\left(I_0\sqrt{\frac{L_k}{C_k}}\right)$$

bei zwei verschiedenen Kreisfrequenzen der ungedämpften Schwingung im Kommutierungskreis errechnet worden. In den Bildern 4.47. und 4.48. ist die Abhängigkeit der Kondensatorspannung und der Schonzeit von der Eingangsgleichspannung $U_d$ bei $\omega_{0k} = 15 \cdot 10^3\,\mathrm{s}^{-1}$ und $I_0\sqrt{\frac{L_k}{C_k}} = 200\,\mathrm{V}$ bzw. 50 V angegeben. Bei der Dimensionierung des Kommutierungskreises muß die Verkleinerung der Schonzeit $t_c$ zu kleinen Gleichspannungen hin beachtet werden. Der Kommutierungskreis muß so ausgelegt werden, daß auch bei kleinster Gleichspannung eine ausreichende Schonzeit gewährleistet ist. Die Abhängigkeit der Schonzeit von der Gleichspannung ist weniger stark, wenn der stromabhängige Anteil der Kondensatorspannung $I_0\sqrt{\frac{L_k}{C_k}}$ größer wird.

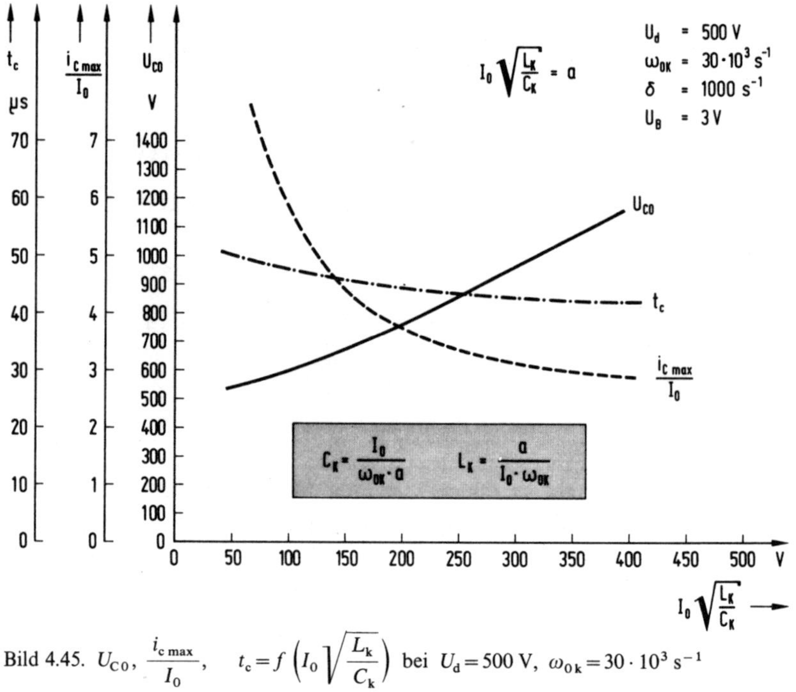


Bild 4.45. $U_{C0}$, $\frac{i_{c\,max}}{I_0}$, $t_c = f\left(I_0\sqrt{\frac{L_k}{C_k}}\right)$ bei $U_d = 500\,\mathrm{V}$, $\omega_{0k} = 30 \cdot 10^3\,\mathrm{s}^{-1}$

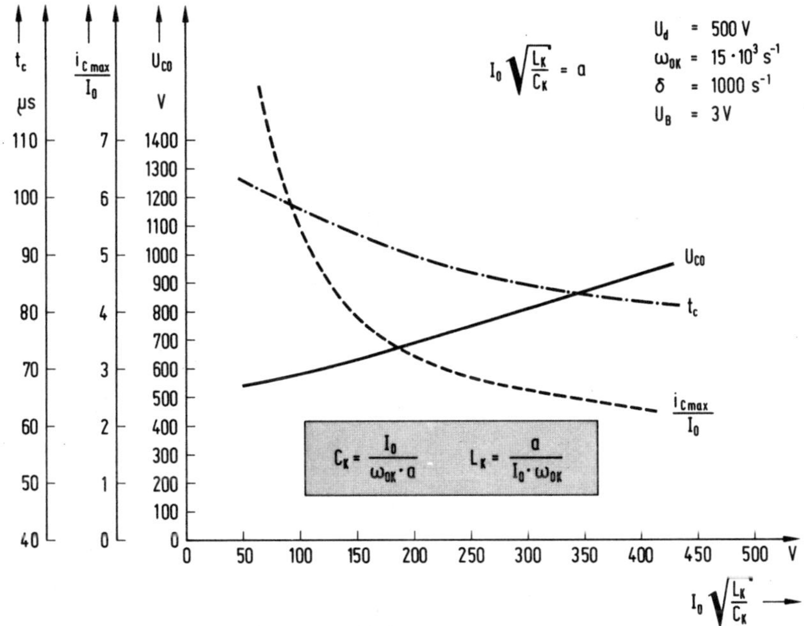


Bild 4.46. $U_{C0}$, $\frac{i_{c\,max}}{I_0}$, $t_c = f\left(I_0\sqrt{\frac{L_k}{C_k}}\right)$ bei $U_d = 500$ V, $\omega_{0k} = 15 \cdot 10^3\,s^{-1}$

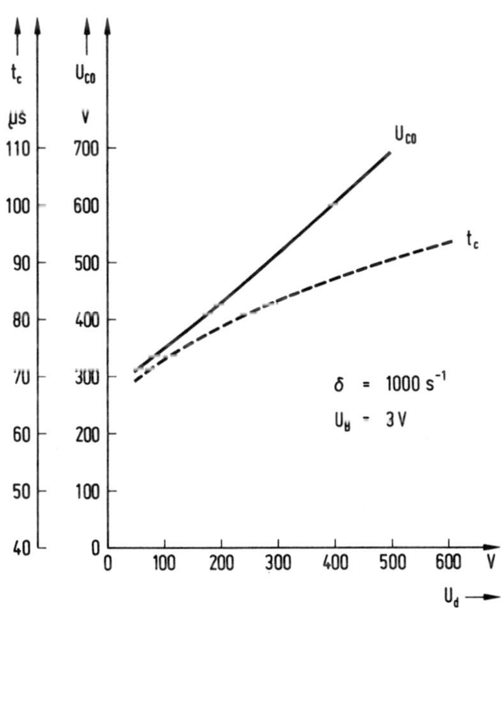


Bild 4.47.
Abhängigkeit der Schonzeit und der Kondensatorspannung von der Gleichspannung $U_d$ bei $\omega_{0k} = 15 \cdot 10^3\,s^{-1}$ und $I_0\sqrt{\frac{L_k}{C_k}} = 200$ V

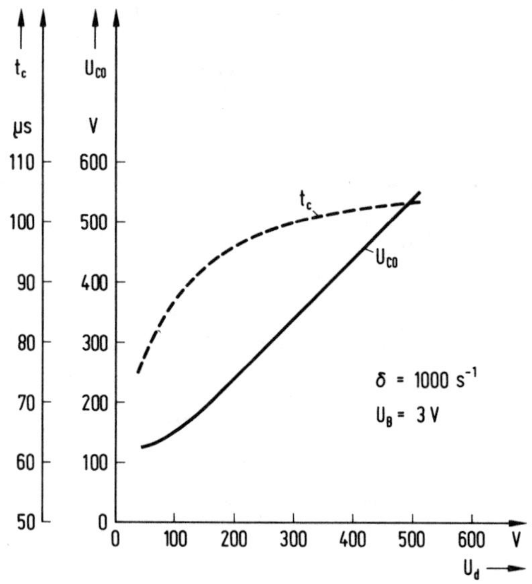


Bild 4.48.
Abhängigkeit der Schonzeit und der Kondensatorspannung von der Gleichspannung $U_d$ bei $\omega_{0k} = 15 \cdot 10^3\,s^{-1}$ und

$I_0 \sqrt{\frac{L_k}{C_k}} = 50\,V$

Die bisherigen Betrachtungen bezogen sich auf das stationäre Verhalten des Kommutierungskreises. In den folgenden Ausführungen soll das Verhalten der Schonzeit bei dynamischen Vorgängen, also bei plötzlichen Laständerungen, untersucht werden. Zunächst ist klar, daß zu höheren Gleichspannungen $U_d$ hin die Verhältnisse immer weniger kritisch werden und der Betrag der Kondensatorspannung entsprechend der Gleichspannung hoch ist und nur in einem relativ geringen Maße vom Strom abhängt.

Beispiel:

Der Kommutierungskreis des Wechselrichters sei folgendermaßen ausgelegt:

$$\omega_{0k} = 15 \cdot 10^3\,s^{-1} \qquad I_0 \sqrt{\frac{L_k}{C_k}} = 200\,V$$
$$t_{cN} = 89{,}5\,\mu s$$
$$U_{dN} = 500\,V. \qquad U_{C0N} = 690\,V$$

Der Wechselrichter werde nun bei $U_{dN} = 500\,V$ mit $\frac{1}{4}$ Nennlast $\left(\frac{I_{0N}}{4}\sqrt{\frac{L_k}{C_k}} = 50\,V\right)$ belastet. Nach Bild 4.46. stellen sich bei dieser Belastung für die Kondensatorspannung und die Schonzeit folgende Werte ein:

$$(U_{C0})_{\frac{I_N}{4}} = 545\,V; \qquad (t_c)_{\frac{I_N}{4}} = 103\,\mu s.$$

Tritt nun ein plötzlicher Laststoß von beispielsweise $\frac{I_N}{4}$ auf $I_N$ auf, dann bleibt der Kondensator bis zur ersten Kommutierung nach diesem Stoß auf die ursprüngliche Spannung $(U_{C0})_{\frac{I_N}{4}} = 545\,V$ aufgeladen. Nach Gleichung (4.18.) und (4.19.) ist

$$t_c = \frac{\pi - \psi}{\omega_k} \approx \frac{\pi - \psi}{\omega_{0k}}$$

mit

$$\cot\psi = \frac{I_0 + (U_B - U_{C0})\,\delta\,C_k}{(U_B - U_{C0})\,\omega_k\,C_k}$$

$$U'_{C0} \approx U_{C0}.$$

Die letzte Gleichung kann man folgendermaßen umformen:

$$\cot\psi \approx \frac{1 + (U_B - U_{C0})\dfrac{\delta}{\omega_k}\cdot\dfrac{1}{I_0\sqrt{\dfrac{L_k}{C_k}}}}{(U_B - U_{C0})\cdot\dfrac{1}{I_0\sqrt{\dfrac{L_k}{C_k}}}}.$$

Bei Vernachlässigung der Dämpfung und der Ventilspannungen wird näherungsweise

$$\cot\psi \approx -\frac{I_0\sqrt{\dfrac{L_k}{C_k}}}{U_{C0}}.$$

Im vorliegenden Fall ist

$$\cot\psi_{dyn} \approx -\frac{I_{0N}\sqrt{\dfrac{L_k}{C_k}}}{(U_{C0})_{\frac{I_N}{4}}} = -\frac{200\,\mathrm{V}}{545\,\mathrm{V}}$$

$$\psi_{dyn} \approx 1{,}923$$

und damit

$$(t_c)_{dyn} \approx \frac{1{,}22}{15\cdot 10^3}\,\mathrm{s} = 81{,}2\,\mu\mathrm{s}.$$

Gegenüber dem stationären Zustand vermindert sich die Schonzeit bei einem Laststoß von $\frac{I_N}{4}$ auf $I_N$ demnach nur um 9,3 %.

Bedeutend kritischer werden die Verhältnisse, wenn derselbe Stoß bei geringerer Gleichspannung $U_d$ ausgeführt wird.

Beispiel:

Der gleiche Wechselrichter werde mit $\frac{1}{4}$ Nennlast bei $U_d = 100\,\mathrm{V}$ belastet.

Aus Bild 4.48. ergibt sich für diesen Belastungszustand

$$(U_{C0})_{\frac{I_N}{4}} = 150\,\mathrm{V} \qquad (t_c)_{\frac{I_N}{4}} = 87\,\mu\mathrm{s}.$$

Bei einem Laststoß von $\frac{I_N}{4}$ auf $I_N$ vermindert sich die Schonzeit auf

$$(t_c)_{dyn} \approx \frac{\pi - \psi_{dyn}}{\omega_{0k}}$$

$$\cot \psi_{dyn} \approx -\frac{200}{150} \qquad \psi_{dyn} \approx 2{,}498$$

$$(t_c)_{dyn} \approx \frac{0{,}64}{15 \cdot 10^3} = 42{,}6\ \mu s.$$

Gegenüber dem stationären Zustand des Wechselrichters verringert sich in diesem Fall die Schonzeit kurzfristig um 52,5 %.

Der Kommutierungskreis des Wechselrichters muß so ausgelegt werden, daß bei kleinster Zwischenkreisspannung und maximal möglicher Stoßlast die Bedingung $(t_c)_{dyn} \geqq t_q$ erfüllt ist. Bei hohen Anforderungen an die Dynamik ist es u. U. wirtschaftlicher, auf eine Fremdnachladung der Kommutierungskondensatoren überzugehen. Auf diesbezügliche Schaltungen kann jedoch im Rahmen dieses Buches nicht eingegangen werden.

### 4.2.2. Strom- und Spannungsverhältnisse eines sechspulsigen Wechselrichters bei Speisung einer Asynchronmaschine

Wie schon mehrfach erwähnt wurde, kann die in Bild 4.35. angegebene Schaltung mit laststromabhängiger Aufladung der Kommutierungskondensatoren auf drei Phasen erweitert werden. Man erhält dann einen sechspulsigen Wechselrichter, der besonders zur Speisung von Drehstrommaschinen in einem sehr weiten Frequenzbereich geeignet ist.

In Bild 4.49. ist ein sechspulsiger Wechselrichter an einen netzgeführten Stromrichter angeschlossen, über dessen Steuerung die Amplitude der Ausgangsspannung des Wechselrichters eingestellt werden kann. Über die Steuerung des Wechselrichters kann die Frequenz desselben vorgegeben werden. Nach Kapitel 1.1. und 1.2. (Bilder 1.6. und 1.14.) stellt die Kombination dieser beiden Stromrichter einen Umrichter mit Gleichspannungszwischenkreis dar. Der Gleichspannungszwischenkreis hat die Aufgabe, die Gleichspannung zu glätten, damit die überlagerte Wechselspannung des netzgeführten Stromrichters keinen Einfluß auf das Verhalten der Maschine hat. Weiterhin ermöglicht der Glättungskondensator $C_g$ in Verbindung mit den Dioden $D_1$ bis $D_6$ einen Energieaustausch mit der an den Wechselrichter angeschlossenen Last.

Der zeitliche Verlauf der Steuerimpulse für die Haupt- und Löschthyristoren des selbstgeführten Stromrichters ist in Bild 4.50. dargestellt. Die Löschthyristoren $T_{21}$ bis $T_{26}$ schalten zu den angegebenen Zeitpunkten die Hauptthyristoren $T_{11}$ bis $T_{16}$ wieder ab. Die Zeitdauer der Impulse für die Hauptthyristoren beträgt etwa eine halbe Periodendauer abzüglich ca. 500 µs (Kommutierungszeit einschließlich Sicherheitsabstand). Die Löschung von z. B. Thyristor $T_{11}$ muß nämlich mit Sicherheit abgeschlossen sein, bevor Thyristor $T_{14}$ gezündet wird, da sonst ein Kurzschluß der Gleichspannungsquelle eintreten würde.

Wie man sich leicht anhand des Impulsschemas bei Vernachlässigung der Kommutierungsvorgänge klarmachen kann, entsteht am Ausgang des Wechselrichters eine Drehspannung mit der in Bild 4.51. angegebenen Kurvenform. In der Spannung sind nur Oberschwingungen

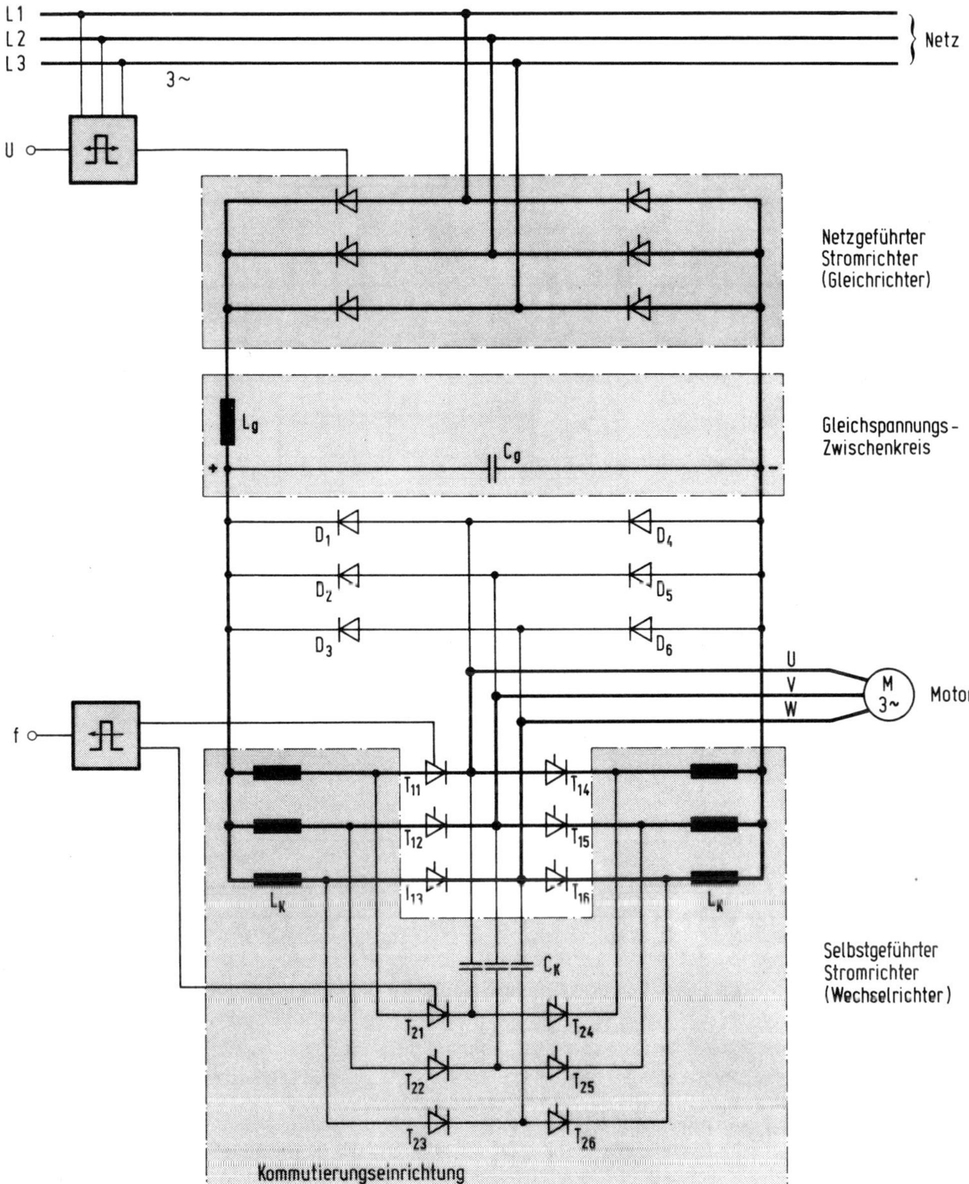


Bild 4.49. Umrichter mit Gleichspannungs-Zwischenkreis zur Speisung von Drehstrommotoren

der Ordnungszahlen

$$v = 6k \mp 1 \qquad \text{mit } k = 1, 2, 3 \ldots$$

enthalten.

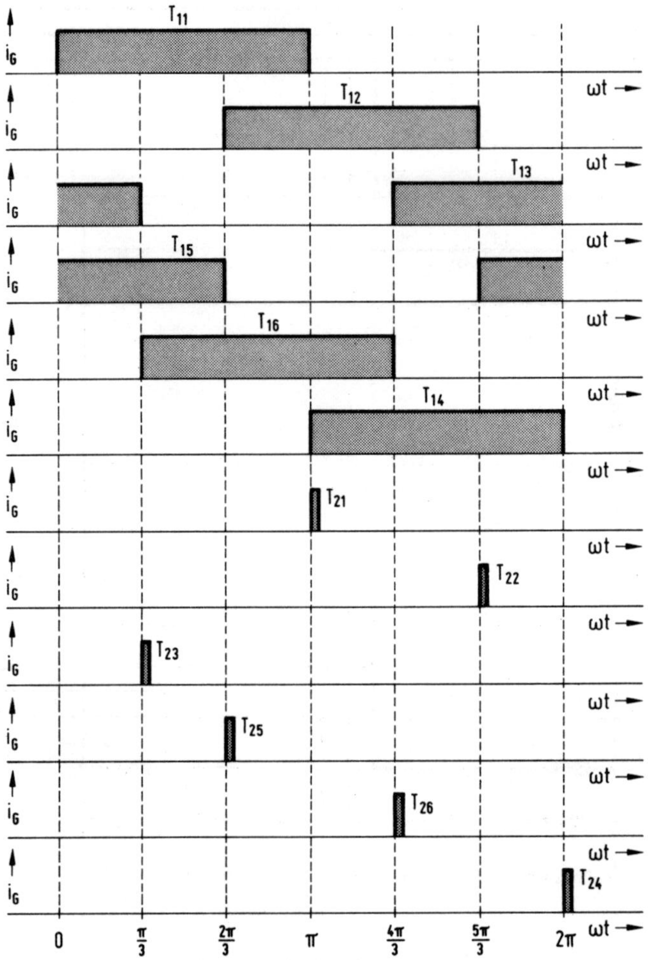


Bild 4.50. Zeitlicher Verlauf der Steuerimpulse für die Haupt- und Löschthyristoren

Der Effektivwert der $\nu$. Oberschwingung ist

$$\frac{U_\nu}{U_d} = \frac{\sqrt{6}}{\pi \nu}. \tag{4.32.}$$

Wird der Effektivwert der $\nu$. Oberschwingung auf die Grundschwingung bezogen, dann erhält man

$$\frac{U_\nu}{U_1} = \frac{1}{\nu}. \tag{4.33.}$$

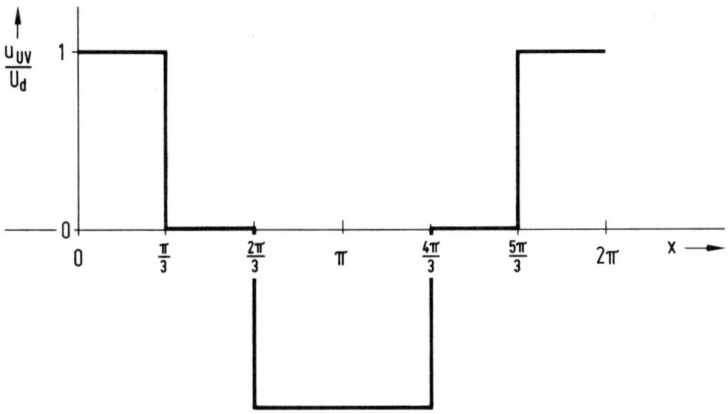


Bild 4.51. Ausgangsspannung des Umrichters nach Bild 4.49

Zur Berechnung der Strom- und Spannungsverhältnisse des selbstgeführten Stromrichters bei Speisung einer Asynchronmaschine wird von folgenden Voraussetzungen ausgegangen:

a) Die Kommutierungseinflüsse werden vernachlässigt.

b) Sämtliche Ventile werden als ideal angesehen. Für die Hauptthyristoren wird zusätzlich angenommen, daß sie bei Anlegen eines Steuerimpulses verzögerungsfrei durchschalten und ebenso verzögerungsfrei sperren, sobald der zugeordnete Impuls verschwindet.

c) Die Kapazität des Glättungskondensators wird zunächst als so groß angenommen, daß die dem selbstgeführten Stromrichter angebotene Zwischenkreisspannung $U_d$ unabhängig von der Belastung konstant bleibt.

d) Die induktiven Spannungsänderungen an den Kommutierungsdrosseln sowie die ohmschen Widerstände in den einzelnen Ventilzweigen werden vernachlässigt.

Zur Berechnung der Ströme des selbstgeführten Stromrichters geht man zweckmäßig von dem vereinfachten Ersatzschaltbild der Asynchronmaschine in Bild 4.52. aus.

In diesem Bild bedeuten:

$\underline{U}_1$ Klemmenspannung
$\underline{I}_1$ Ständerstrom
$R_1$ Ständerwiderstand
$X_{1\sigma}$, $X'_{2\sigma}$ Streureaktanzen
$X_h$ Drehfeldhauptreaktanz
$R'_2$ auf die Primärseite bezogener Läuferwiderstand

$s = \frac{n_1 - n}{n_1}$ Schlupf

$n_1 = \frac{f_1}{p}$ synchrone Drehzahl

$p$ Polpaarzahl
$n$ Läuferdrehzahl

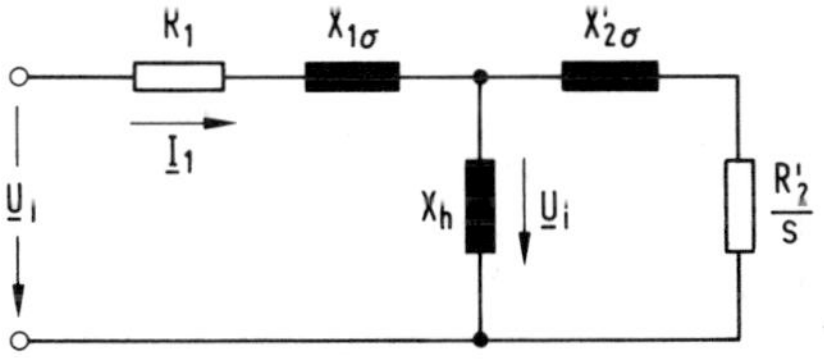


Bild 4.52.
Vereinfachtes Ersatzschaltbild der Asynchronmaschine

Für den komplexen Widerstand der $\nu$. Oberschwingung bei Vernachlässigung der Stromverdrängung erhält man:

$$\underline{Z}_\nu = \nu\alpha X_{1N} \frac{\left[\frac{\gamma_N^2 \beta_N}{(\nu\alpha)^3} - \frac{s_\nu \sigma \gamma_N}{\nu\alpha} + s_\nu \frac{\gamma_N}{\nu\alpha} + s_\nu^2 \frac{\beta_N}{\nu\alpha} + j\left(\left(\frac{\gamma_N}{\nu\alpha}\right)^2 + s_\nu^2 \sigma\right)\right]}{\left(\frac{\gamma_N}{\nu\alpha}\right)^2 + s_\nu^2}. \tag{4.34.}$$

In dieser Gleichung bedeuten:

$$\alpha = \frac{f_1}{f_{1N}}; \qquad s_\nu = 1 \mp \frac{1}{\nu}(1-s)$$

$$X_{1N} = X_{hN} + X_{1\sigma N}; \qquad X'_{2N} = X_{hN} + X'_{2\sigma N}$$

$$\sigma = 1 - \frac{X_{hN}^2}{X_{1N} X'_{2N}}; \qquad \beta_N = \frac{R_1}{X_{1N}}; \qquad \gamma_N = \frac{R'_2}{X'_{2N}}.$$

Der Index $N$ bezeichnet die Größen bei Nennfrequenz. Betrachtet man zunächst den Fall $\alpha = 1$, so werden im Zähler der Gl. (4.34.), da $\nu \geqq 5$ ist, alle mit $\nu$ behafteten Summanden klein gegenüber $j\, s_\nu^2 \sigma$.

Im Nenner ist

$$\left(\frac{\gamma_N}{\nu}\right)^2 \ll s_\nu \approx 1.$$

Für die Oberschwingungen ergibt sich daher näherungsweise der Scheinwiderstand zu

$$Z_\nu \approx \nu \sigma X_{1N}. \tag{4.35.}$$

Der Schlupf $s_\nu$ der $\nu$. Oberschwingung ist

$$s_\nu = 1 \mp \frac{1}{\nu}(1-s) \tag{4.36.}$$

mit

$$\nu = 6k \mp 1.$$

Für die 5. Oberschwingung würde sich z.B. für den Schlupf $s_5$ ergeben:

$$s_5 = 1 + \tfrac{1}{5}(1-s).$$

Ändert sich der Schlupf der Grundschwingung von $s=0$ bis $s=1$, dann ändert sich $s_5$ von 1,2 auf 1,0.

Innerhalb des engeren Motorbereiches begeht man daher keinen großen Fehler, wenn man den Schlupf $s_\nu = \text{const.} \approx 1$ ansetzt.

Zunächst sollen die Stromverhältnisse bei $f_1 = f_{1N}$ betrachtet werden.

Aufgrund von Gl. (4.34.) ergibt sich, daß die Stromoberschwingungen unabhängig von der Belastung der Maschine in Amplitude und Phasenlage konstant bleiben. Es liegt daher nahe, zunächst den zeitlichen Verlauf der Summe aller Stromoberschwingungen zu bestimmen und sie später einfach zur Grundschwingung, deren Phasenlage sich je nach Belastung ändert, zu addieren.

Bezüglich der Spannungsoberschwingungen stellt die Maschine einen induktiven Verbraucher mit der Induktivität

$$L_k = \frac{\sigma X_{1N}}{\omega_N}$$

dar. Ist der zeitliche Verlauf der Summe aller Spannungsoberschwingungen

$$\Delta u(x) = u(x) - u_1(x)$$

bekannt, dann ergibt sich der zeitliche Verlauf der Summe aller Stromoberschwingungen zu

$$\Delta i(x) = \frac{1}{\omega L_k} \int_0^x \Delta u(x)\, dx + \eta$$

$$x = \omega t$$

$$\Delta i(x) = \frac{U_d}{\omega L_k} \int_0^x \frac{\Delta u(x)}{U_d}\, dx + \eta.$$

Mit der Abkürzung

$$I_k = \frac{U_d}{\omega L_k}$$

ergibt sich dann der zeitliche auf $I_k$ bezogene Verlauf der Summe aller Stromoberschwingungen zu

$$\frac{\Delta i(x)}{I_k} = \int_0^x \frac{\Delta u(x)}{U_d}\, dx + \eta \qquad (4.37.)$$

$\eta$ ist die Integrationskonstante.

In Bild 4.53. ist die Summe der auf die Zwischenkreisspannung $U_d$ bezogenen Spannungsoberschwingungen dadurch gewonnen worden, daß die Grundschwingung von der Ausgangsspannung des Umrichters entsprechend der Beziehung

$$\sum_{\nu=5,7\ldots}^{\infty} \frac{u_\nu(x)}{U_d} = \frac{\Delta u(x)}{U_d} = \frac{u(x)}{U_d} - \frac{u_1(x)}{U_d} \qquad (4.38.)$$

subtrahiert wurde. $u_\Delta(x) = u_{UV}(x) = u(x)$ ist jeweils die Dreieckspannung.

Es soll nun $\frac{\Delta i(x)}{I_k}$ nach Gl. (4.37.) berechnet werden.

Die Funktion $\frac{\Delta u(x)}{U_d}$ ist intervallweise folgendermaßen gegeben:

$$\frac{\Delta u(x)}{U_d} = 1 - 1{,}1 \sin\left(x + \frac{\pi}{6}\right) \qquad 0 \leq x \leq \frac{2\pi}{3}$$

$$\frac{\Delta u(x)}{U_d} = 0 - 1{,}1 \sin\left(x + \frac{\pi}{6}\right) \qquad \frac{2\pi}{3} \leqq x \leqq \pi.$$

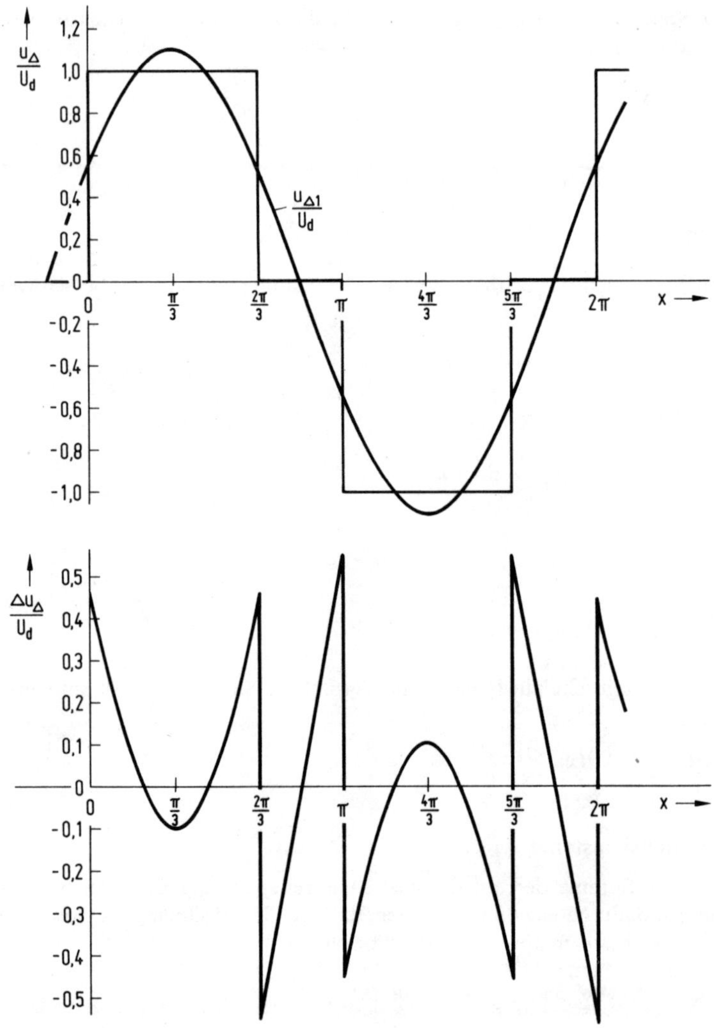


Bild 4.53. Ermittlung der gesamten Oberschwingungsspannung

Im Bereich $0 \leqq x \leqq \frac{2\pi}{3}$ ergibt sich

$$\frac{\Delta i(x)}{I_k} = \int_0^x \left[1 - 1{,}1 \sin\left(x + \frac{\pi}{6}\right)\right] \mathrm{d}x + \eta_0$$

$$\frac{\Delta i(x)}{I_k} = x + 1{,}1 \cos\left(x + \frac{\pi}{6}\right) - 1{,}1 \cos\frac{\pi}{6} + \eta_0.$$

Im Bereich $\frac{2\pi}{3} \leqq x \leqq \pi$ wird entsprechend

$$\frac{\Delta i(x)}{I_k} = \int_{\frac{2\pi}{3}}^{x} -1{,}1 \sin\left(x + \frac{\pi}{6}\right) dx + \eta_1$$

$$\frac{\Delta i(x)}{I_k} = 1{,}1 \cos\left(x + \frac{\pi}{6}\right) + 1{,}1 \cos\frac{\pi}{6} + \eta_1.$$

Es müssen noch die Integrationskonstanten $\eta_0$ und $\eta_1$ berechnet werden.

Zunächst muß

$$\left(\frac{\Delta i(x)}{I_k}\right)_{x=\frac{2\pi}{3}} = \eta_1$$

sein.

$$\left(\frac{\Delta i(x)}{I_k}\right)_{x=\frac{2\pi}{3}} = \frac{2\pi}{3} + 1{,}1 \cos\left(\frac{2\pi}{3} + \frac{\pi}{6}\right) - 1{,}1 \cos\frac{\pi}{6} + \eta_0$$

$$\eta_1 = 0{,}189 + \eta_0.$$

Weiterhin muß

$$\left(\frac{\Delta i(x)}{I_k}\right)_{x=\pi} = -\left(\frac{\Delta i(x)}{I_k}\right)_{x=0}$$

sein:

$$1{,}1 \cos\left(\pi + \frac{\pi}{6}\right) + 1{,}1 \cos\frac{\pi}{6} + \eta_1 = -\eta_0$$

$$\eta_1 = -\eta_0.$$

Damit wird

$$-\eta_0 = 0{,}189 + \eta_0$$

$$\eta_0 = -\ 0{,}095.$$

Nachdem nun die Integrationskonstanten bekannt sind, läßt sich die bezogene Summe der Oberschwingungsströme aufzeichnen. Das Ergebnis ist in Bild 4.54. dargestellt.

Wie bereits erwähnt, bleibt der in Bild 4.54. wiedergegebene zeitliche Verlauf der Summe der Stromoberschwingungen unabhängig von der Belastung der Maschine in Betrag und Phase erhalten. In den Bildern 4.55.a und 4.55.b sind die Dreieckströme $i_a$ und $i_c$ bei Leerlauf der Maschine ($s=0$) graphisch ermittelt worden.

Die Grundschwingung des Leerlaufstromes ist um $\frac{\pi}{2}$ gegenüber der Grundschwingung der Dreieckspannung in der Phase verschoben. Die Summe der Oberschwingungsströme wird einfach zur Grundschwingung dazu addiert.

In Bild 4.54. ist $\Delta i_\Delta$ auf $\frac{U_d}{\omega L_k} = I_k$ bezogen worden. Zur Addition der Oberschwingungsströme zum Grundschwingungsstrom $\frac{i_\Delta}{\hat{i}_{1\Delta}}$ (Bild 4.55.) wird jedoch das Verhältnis $\frac{\Delta i_\Delta}{\hat{i}_{1\Delta}}$ benötigt.

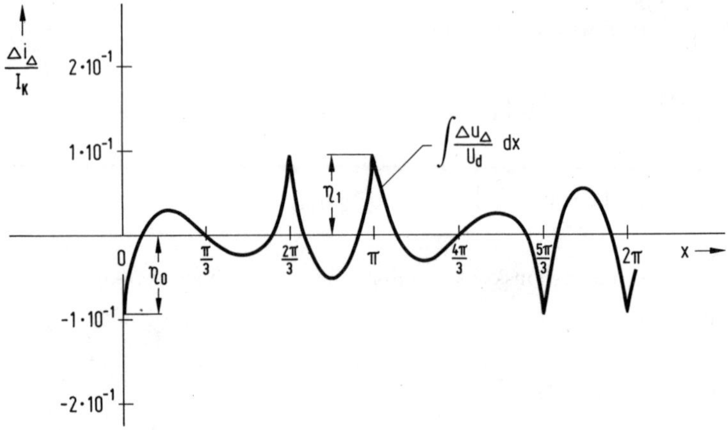


Bild 4.54. Zeitlicher Verlauf der Summe der Oberschwingungsströme

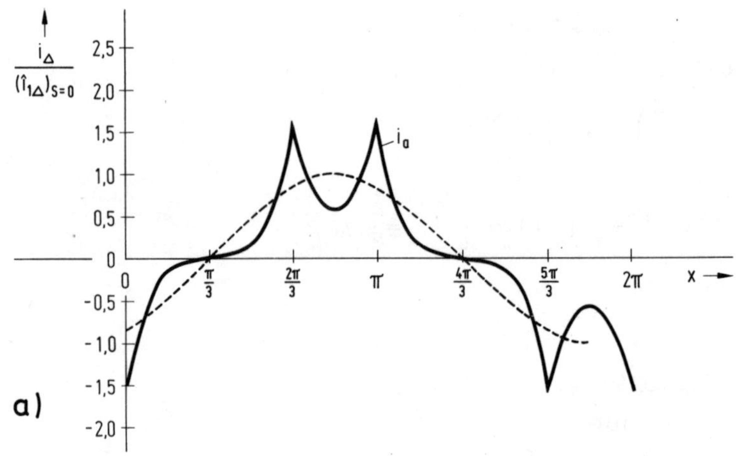


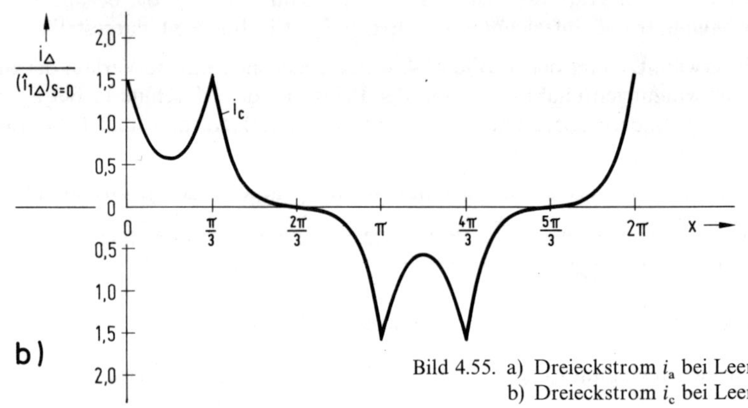


Bild 4.55. a) Dreieckstrom $i_a$ bei Leerlauf ($s = 0$)
b) Dreieckstrom $i_c$ bei Leerlauf ($s = 0$)

Hierzu folgende Umrechnung:

Die Grundschwingung des Magnetisierungsstromes ist

$$(I_{1\Delta})_{s=0} = \frac{U_1}{X_{1N}} = \frac{\sqrt{6}\,U_d}{\pi X_{1N}}$$

$$I_k = \frac{U_d}{\omega_N L_k}$$

$$\frac{(I_{1\Delta})_{s=0}}{I_k} = \frac{\sqrt{6}\,\omega_N L_k}{\pi X_{1N}}.$$

Es werden nachstehende Maschinendaten einer 11 kW-Maschine zugrunde gelegt:

$$\omega_N L_k = \sigma X_{1N} = 2{,}1\,\Omega$$

$$X_{1N} = 35\,\Omega.$$

Damit wird

$$\frac{(I_{1\Delta})_{s=0}}{I_k} = \frac{\sqrt{6}\cdot 2{,}1}{\pi\cdot 35}$$

bzw.

$$\frac{(\hat{i}_{1\Delta})_{s=0}}{I_k} = \frac{\sqrt{2}\cdot\sqrt{6}\cdot 2{,}1}{\pi\cdot 35} = 0{,}066.$$

In Bild 4.56. ist der auf die Amplitude des Leerlaufstromes bezogene Leiterstrom aus der Differenz der beiden Dreieckströme graphisch bestimmt worden.

Zur Ermittlung der Ströme bei Nennmoment wurde angenommen, daß das Verhältnis $\frac{I_{1N}}{I_{10}} = 3$ bei $\cos\varphi_{1N} = 0{,}866$ beträgt.

In den Bildern 4.57.a und 4.57.b sind die Dreieckströme und in Bild 4.58. ist der Leiterstrom aus der Differenz der Dreieckströme ermittelt worden. Da die Grundschwingung jetzt gegenüber dem Leerlauffall dreimal so groß ist, machen sich die Oberschwingungen bedeutend weniger bemerkbar.

*Berechnung des Effektivwertes des Maschinenstromes*

a) Leerlauf $s=0$

Mit

$$\frac{U_\nu}{U_d} = \frac{\sqrt{6}}{\pi\nu}$$

und

$$Z_\nu \approx \nu\sigma X_{1N}$$

ist der Effektivwert des Stromes $\nu$. Ordnung

$$I_\nu = \frac{U_\nu}{Z_\nu} = \frac{\sqrt{6}\,U_d}{\pi\nu^2\sigma X_{1N}}.$$

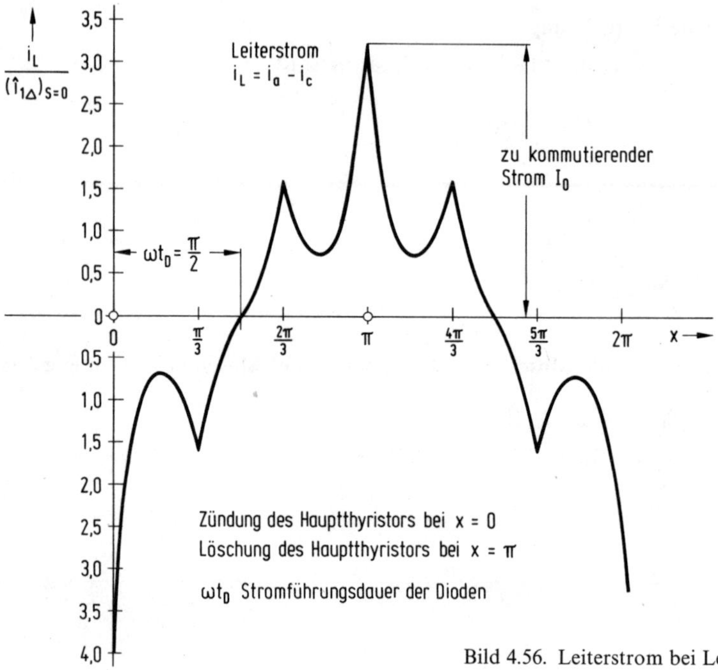


Bild 4.56. Leiterstrom bei Leerlauf ($s=0$)

Der Grundschwingungsstrom ist

$$I_{10} = \frac{\sqrt{6}\,U_d}{\pi X_{1N}}.$$

Damit wird

$$\frac{I_\nu}{I_{10}} = \frac{1}{\sigma \nu^2}$$

und der Gesamteffektivwert

$$\frac{I_{eff}}{I_{10}} = \sqrt{1 + \sum_{\nu=5}^{\infty} \left(\frac{I_\nu}{I_{10}}\right)^2}$$

$$\frac{I_{eff}}{I_{10}} = \sqrt{1 + \frac{1}{\sigma^2} \sum_{\nu=5}^{\infty} \frac{1}{\nu^4}}.$$

Für die Summe in vorstehender Gleichung ergibt sich

$$\sum_{\nu=1,5,7\ldots}^{\infty} \frac{1}{\nu^4} = \frac{5}{486}\pi^4$$

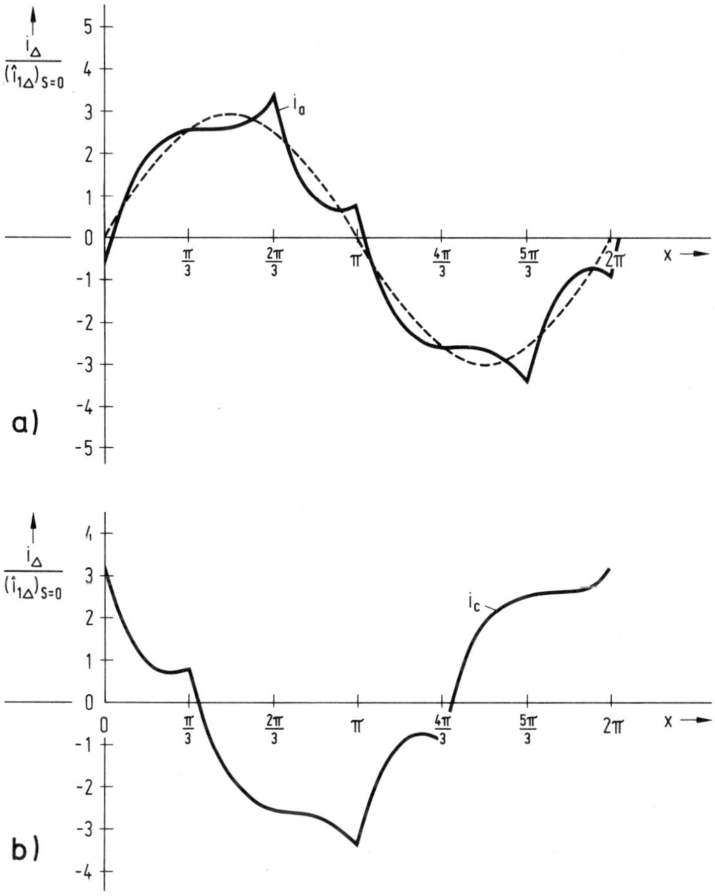


Bild 4.57. a) Dreieckstrom $i_a$ bei Nennmoment
b) Dreieckstrom $i_c$ bei Nennmoment

bzw.

$$\sum_{\nu=5}^{\infty} \frac{1}{\nu^4} = \frac{5}{486}\pi^4 - 1.$$

Damit wird

$$\boxed{\frac{I_{\text{eff}}}{I_{10}} = \sqrt{1 + \frac{1}{\sigma^2}\left(\frac{5}{486}\pi^4 - 1\right)}.} \tag{4.39}$$

Bei der bereits erwähnten 11kW-Maschine ist $\sigma = 0{,}06$ und damit

$$\frac{I_{\text{eff}}}{I_{10}} = 1{,}26.$$

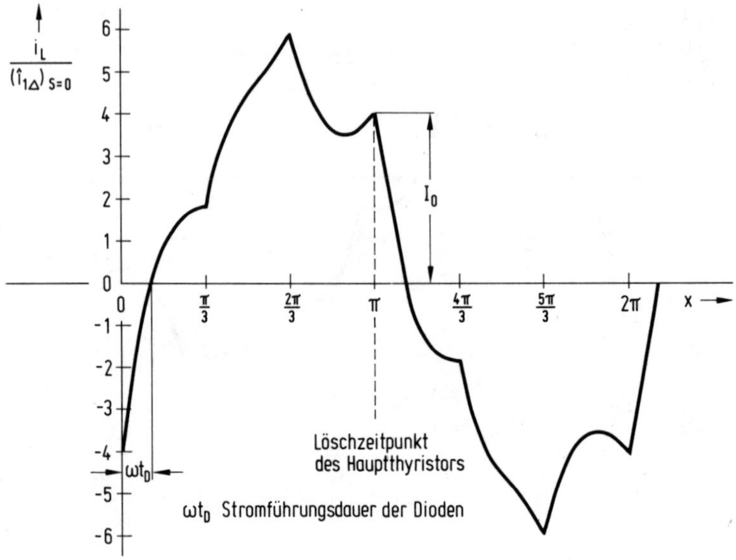


Bild 4.58. Leiterstrom bei Nennmoment

b) Nennmoment

Mit den Maschinendaten

$$X_{1N} = 35\,\Omega; \qquad \beta_N = 0{,}014; \qquad \gamma_N = 0{,}0136$$

$$\sigma = 0{,}06; \qquad s_N = 0{,}04$$

wird mit Gleichung (4.34.) der Grundschwingungswiderstand

$$\underline{Z}_{1N} = (10{,}75 + \mathrm{j}\,5{,}7)\,\Omega$$

bzw.

$$Z_{1N} = 12{,}2\,\Omega.$$

Der Nennstrom bei Nennschlupf ist demnach

$$I_{1N} = \frac{U_{1N}}{Z_{1N}} = \frac{\sqrt{6}\,U_{dN}}{\pi Z_{1N}}.$$

Für die Oberschwingungsströme gilt wieder unabhängig vom Schlupf:

$$I_\nu = \frac{\sqrt{6}\,U_{dN}}{\pi \nu^2 \sigma X_{1N}}.$$

Damit wird

$$\frac{I_\nu}{I_{1N}} = \frac{Z_{1N}}{\sigma X_{1N} \nu^2} \qquad \nu = 5,\ 7,\ 11,\ 13\ \ldots$$

Der Effektivwert ist

$$\frac{I_{\text{eff}}}{I_{1\text{N}}}=\sqrt{1+\left(\frac{Z_{1\text{N}}}{\sigma X_{1\text{N}}}\right)^2 \sum_{\nu=5}^{\infty}\frac{1}{\nu^4}}$$

$$\boxed{\frac{I_{\text{eff}}}{I_{1\text{N}}}=\sqrt{1+\left(\frac{Z_{1\text{N}}}{\sigma X_{1\text{N}}}\right)^2 \left(\frac{5}{486}\pi^4-1\right)}.} \qquad (4.40.)$$

Mit

$$Z_{1\text{N}}=12{,}2\,\Omega; \qquad \sigma X_{1\text{N}}=2{,}1\,\Omega$$

$$\frac{5}{486}\pi^4=1{,}00216$$

erhält man

$$\frac{I_{\text{eff}}}{I_{1\text{N}}}=1{,}035.$$

Der Effektivwert des oberschwingungshaltigen Stromes bei Nennmoment ist also in diesem Fall nur um 3,5 % größer als der Effektivwert des rein sinusförmigen Stromes.

*Berechnung des Glättungskondensators*

Nach Bild 4.59. ist der Eingangsstrom des Wechselrichters

$$i_{\text{E}}=\sum i_{\text{T}}+\sum i_{\text{D}}.$$

In Bild 4.60. ist die Summe der auf die Amplitude des Leerlaufstromes bezogenen Hauptthyristorströme bei Nennlast der Maschine ermittelt worden. Bild 4.61. zeigt die Summe der Diodenströme. Der Eingangsstrom des Wechselrichters ist in Bild 4.62.a dargestellt. Subtrahiert man vom Eingangsstrom den Mittelwert, dann ergibt sich der Kondensatorstrom in Bild 4.62.b.

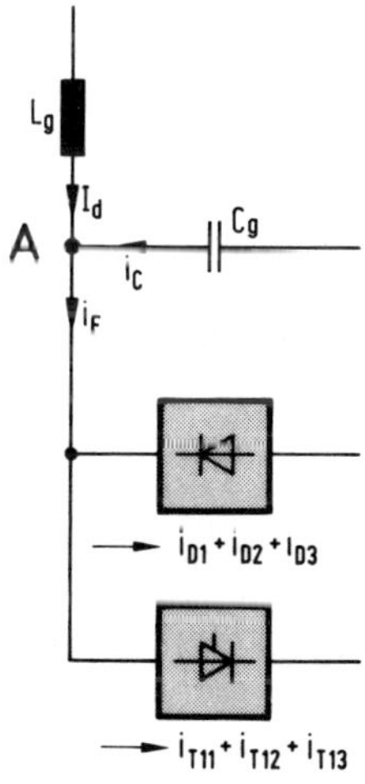


Bild 4.59.
Ersatzschaltbild des Zwischenkreises mit Aufteilung der Ströme

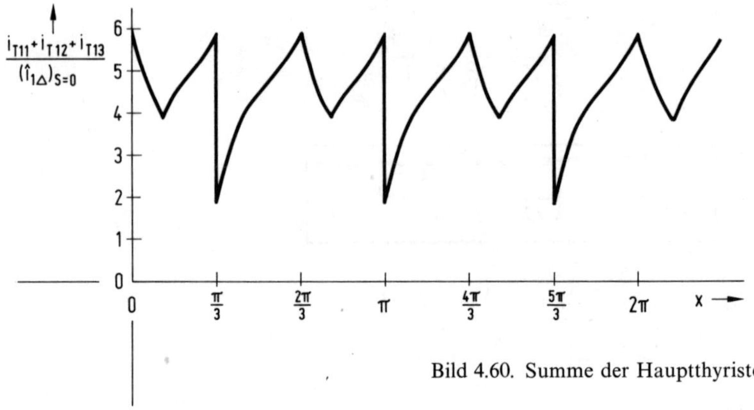


Bild 4.60. Summe der Hauptthyristorströme

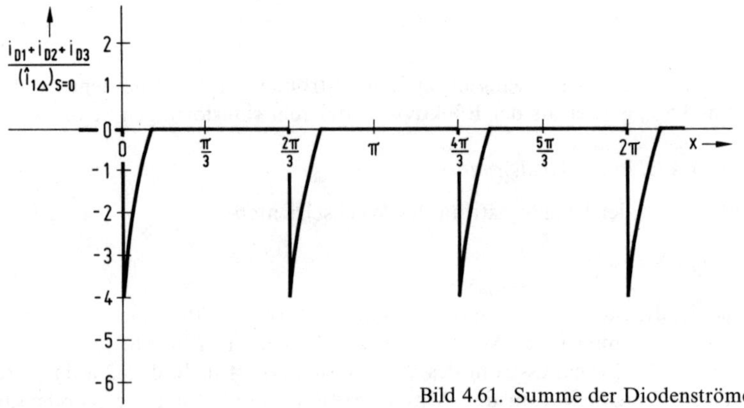


Bild 4.61. Summe der Diodenströme

Die Spannungsänderung am Glättungskondensator ist

$$\Delta u_C(x) = -\frac{1}{\omega C_g} \int_0^x i_C(x)\,dx + \eta_0.$$

Bezieht man die Spannungsänderung auf die Amplitude des Magnetisierungsstromes, dann ist

$$\frac{\Delta u_C(x)}{(\hat{i}_{1\Delta})_{s=0}} = -\frac{1}{\omega C_g} \int_0^x \frac{i_C(x)}{(\hat{i}_{1\Delta})_{s=0}}\,dx + \eta_1.$$

Damit wird

$$\frac{\Delta u_C(x)\,\omega C_g}{(\hat{i}_{1\Delta})_{s=0}} = -\int_0^x \frac{i_C(x)}{(\hat{i}_{1\Delta})_{s=0}}\,dx + \eta_2.$$

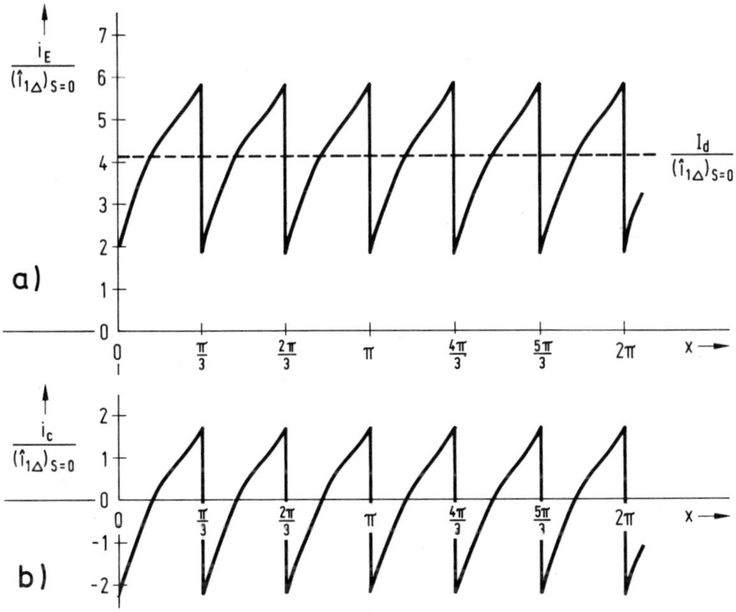


Bild 4.62. a) Eingangsstrom des Wechselrichters
b) Strom im Glättungskondensator

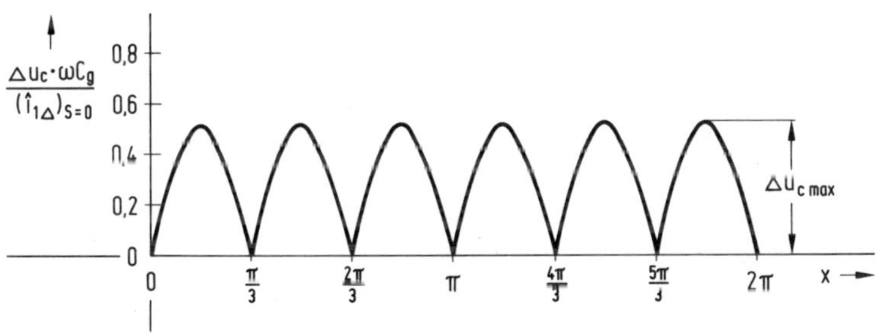


Bild 4.63. Bezogene Spannungsänderung am Glättungskondensator

In Bild 4.63. ist das Ergebnis der graphischen Integration des Kondensatorstromes, also die bezogene Spannungsänderung am Glättungskondensator, dargestellt.

Für die maximale Spannungsänderung bei Belastung des Umrichters mit der 11 kW-Maschine ergibt sich etwa

$$\frac{\Delta u_{\mathrm{C\,max}}\,\omega\,C_{\mathrm{g}}}{(\hat{i}_{1\Delta})_{s=0}} \approx 0{,}51 .$$

*Beispiel 4.5.*

Gegeben ist eine 11kW-Maschine mit folgenden Maschinendaten:

$$U_N = 220/380\,V; \quad f_{1N} = 50\,Hz; \quad n_N = 1432\,min^{-1}$$
$$R_1 = 0{,}5\,\Omega; \quad R'_2 = 0{,}47\,\Omega$$
$$X_{1\sigma} = 1{,}31\,\Omega; \quad X'_{2\sigma} = 0{,}81\,\Omega$$
$$X_h = 33{,}69\,\Omega.$$

Die Maschine soll bei $f_1 = 10\,Hz$ mit Nennmoment betrieben werden. Gesucht ist die Kapazität des Glättungskondensators, wenn eine maximale Schwankung der Zwischenkreisspannung von 10 % vorgegeben ist.

Lösung:

Die Maschine wird mit konstantem Luftspaltfluß betrieben. Dazu muß die Maschinenspannung etwa frequenzproportional vermindert werden:

$$U_{1\alpha} = U_N \frac{f_1}{f_{1N}} = U_{N\alpha} = \frac{220\,V}{5} = 44\,V.$$

Die hierzu erforderliche Zwischenkreisspannung beträgt

$$U_{d\alpha} = \frac{\pi U_{1\alpha}}{\sqrt{6}} = 56{,}3\,V.$$

Damit ist

$$\Delta u_{c\,max} \approx 6\,V.$$

Bei konstantem Luftspaltfluß bleibt bei Nennmoment die Läuferfrequenz $f_{2N}$ konstant. Der Schlupf der Maschine bei $f_1 = 10\,Hz$ beträgt also

$$s_{10\,Hz} = \frac{f_{2N}}{f_1} = \frac{\dfrac{f_{2N}}{f_{1N}}}{\dfrac{f_1}{f_{1N}}} = \frac{s_N}{\alpha}$$

$$s_{10\,Hz} = 0{,}045 \cdot 5 = 0{,}225.$$

Nun kann der Scheinwiderstand nach Gl. (4.34.) berechnet werden.

Es ergibt sich

$$\underline{Z}_{1\alpha} = (2{,}36 + j\,0{,}99)\,\Omega.$$
$$Z_{1\alpha} = 2{,}56\,\Omega$$
$$\tan\varphi_1 = 0{,}42 \qquad \varphi_1 = 22{,}75°$$
$$\cos\varphi_1 = 0{,}922.$$

Damit ist der Dreieckstrom bei Nennmoment

$$I_{1\Delta}=\frac{U_{1\alpha}}{Z_{1\alpha}}=\frac{44\,\mathrm{V}}{2{,}56\,\Omega}=17{,}2\,\mathrm{A}.$$

Zur Berechnung der Stromoberschwingungen ist noch der Strom

$$I_{\mathrm{k}}=\frac{U_{\mathrm{d}\alpha}}{\omega L_{\mathrm{k}}}=\frac{U_{\mathrm{d}\alpha}\omega_{\mathrm{N}}}{\omega\sigma X_{1\mathrm{N}}}=\frac{U_{\mathrm{d}\alpha}}{\sigma X_{1\mathrm{N}}\alpha}$$

$$I_{\mathrm{k}}=\frac{56{,}3\,\mathrm{V}\cdot 5}{0{,}06\cdot 35\,\Omega}=134\,\mathrm{A}$$

erforderlich.

*Anmerkung:*

Die bei $\alpha=1$ angegebene Näherung für den Scheinwiderstand der Oberschwingungen $Z_{\nu}\approx\nu\sigma X_{1\mathrm{N}}$ wird mit kleiner werdendem $\alpha$ immer schlechter; d.h., der Scheinwiderstand wird komplex, enthält also auch einen immer größer werdenden ohmschen Anteil. Bei $\alpha=\frac{1}{5}$ ergab eine Nachrechnung, daß noch mit einem vertretbaren Fehler die oben angegebene Näherung angewendet werden kann.

In Bild 4.64. ist mit den gegebenen Daten und mit Hilfe von Bild 4.54. der zeitliche Verlauf der Dreieckströme $i_{\mathrm{a}}$, $i_{\mathrm{c}}$ und des Leiterstromes $i_{\mathrm{L}}$ graphisch bestimmt worden.

In Bild 4.65. ist die Summe der Hauptthyristor- und Diodenströme dargestellt.

Mit

$$i_{\mathrm{E}}=\sum i_{\mathrm{T}}+\sum i_{\mathrm{D}}$$

ergibt sich der in Bild 4.66. dargestellte Eingangsstrom des Wechselrichters. Der Mittelwert dieses Stromes ist der Gleichstrommittelwert $I_{\mathrm{d}}$.

Der Flächeninhalt $A$ in Bild 4.66. ist maßgebend für die maximale Schwankung der Zwischenkreisspannung. Es ergibt sich

$$\Delta u_{\mathrm{c\,max}}\,\omega\, C_{\mathrm{g}}=3{,}55\,\mathrm{A}$$

bzw.

$$C_{\mathrm{g}}=\frac{3{,}55\,\mathrm{A}}{\Delta u_{\mathrm{c\,max}}\,\omega}$$

$$C_{\mathrm{g}}=\frac{3{,}55\,\mathrm{As}}{2\pi\cdot 10\cdot 6\,\mathrm{V}}=9400\,\mu\mathrm{F}.$$

### 4.2.3. Zwölfpulsiger Wechselrichter

Der Oberschwingungsgehalt der Spannung läßt sich erheblich vermindern, wenn man auf eine zwölfpulsige Schaltung des selbstgeführten Stromrichters übergeht (Bild 4.67.).

Die Teilstromrichter I und II sind hierbei um 30° gegeneinander versetzt anzusteuern. Über die Ausgangstransformatoren werden die sechspulsigen Ausgangsspannungen der Teilstromrichter zu einer zwölfpulsigen Ausgangsspannung addiert. Die Übersetzungsverhältnisse der

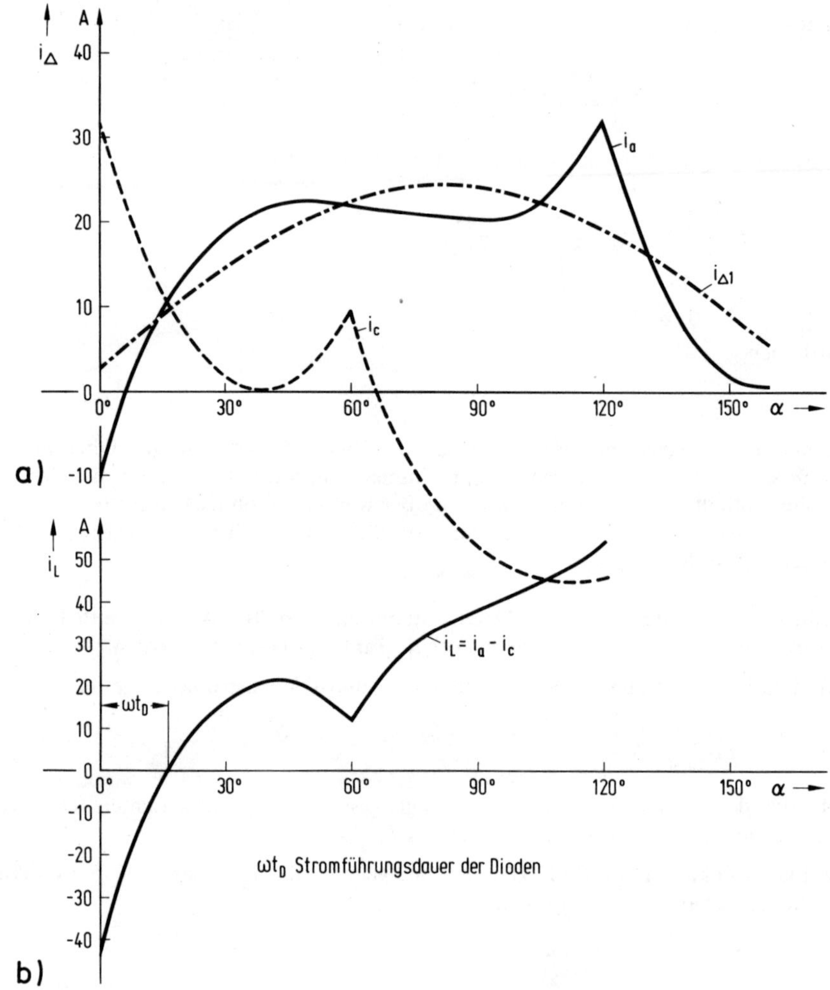


Bild 4.64. Bestimmung des Leiterstroms der 11 kW-Maschine bei $f = 10$ Hz

beiden Transformatoren verhalten sich dabei wie

$$\frac{\ddot{u}_1}{\ddot{u}_2} = \sqrt{3}.$$

Für die folgenden Ausführungen gelten die Bezeichnungen nach Bild 4.68.

Für die Grundschwingungen (Index 1) gelten die Spannungsgleichungen

$$\underline{U}'_{a1} + \underline{U}''_{a1} - \underline{U}''_{b1} = \underline{U}_{a1}$$
$$\underline{U}'_{b1} + \underline{U}''_{b1} - \underline{U}''_{c1} = \underline{U}_{b1}$$
$$\underline{U}'_{c1} + \underline{U}''_{c1} - \underline{U}''_{a1} = \underline{U}_{c1}.$$

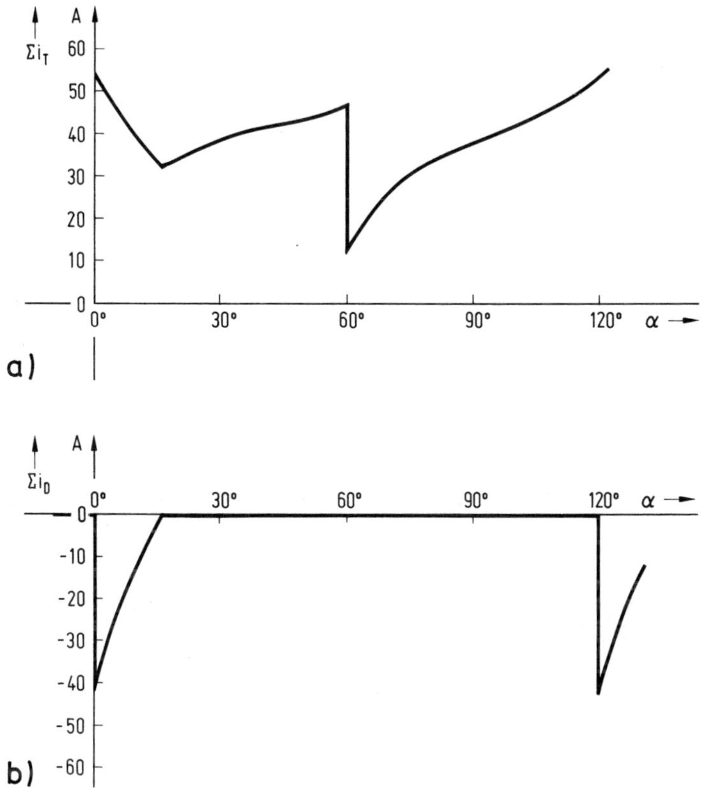


Bild 4.65. Ermittlung der Summe der Thyristor- und Diodenströme

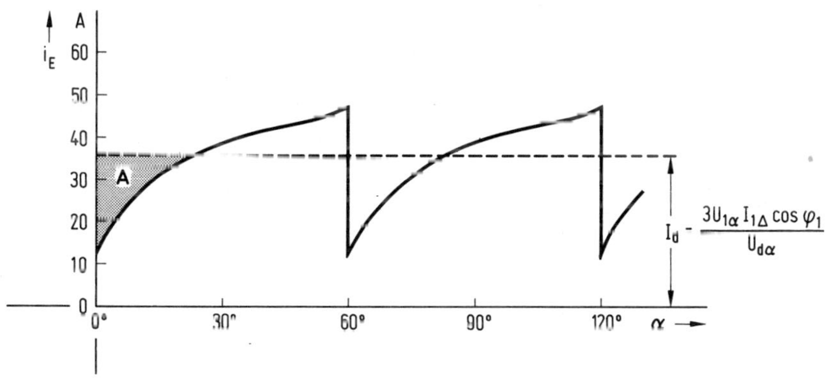


Bild 4.66. Bestimmung des Eingangs- und Kondensatorstroms

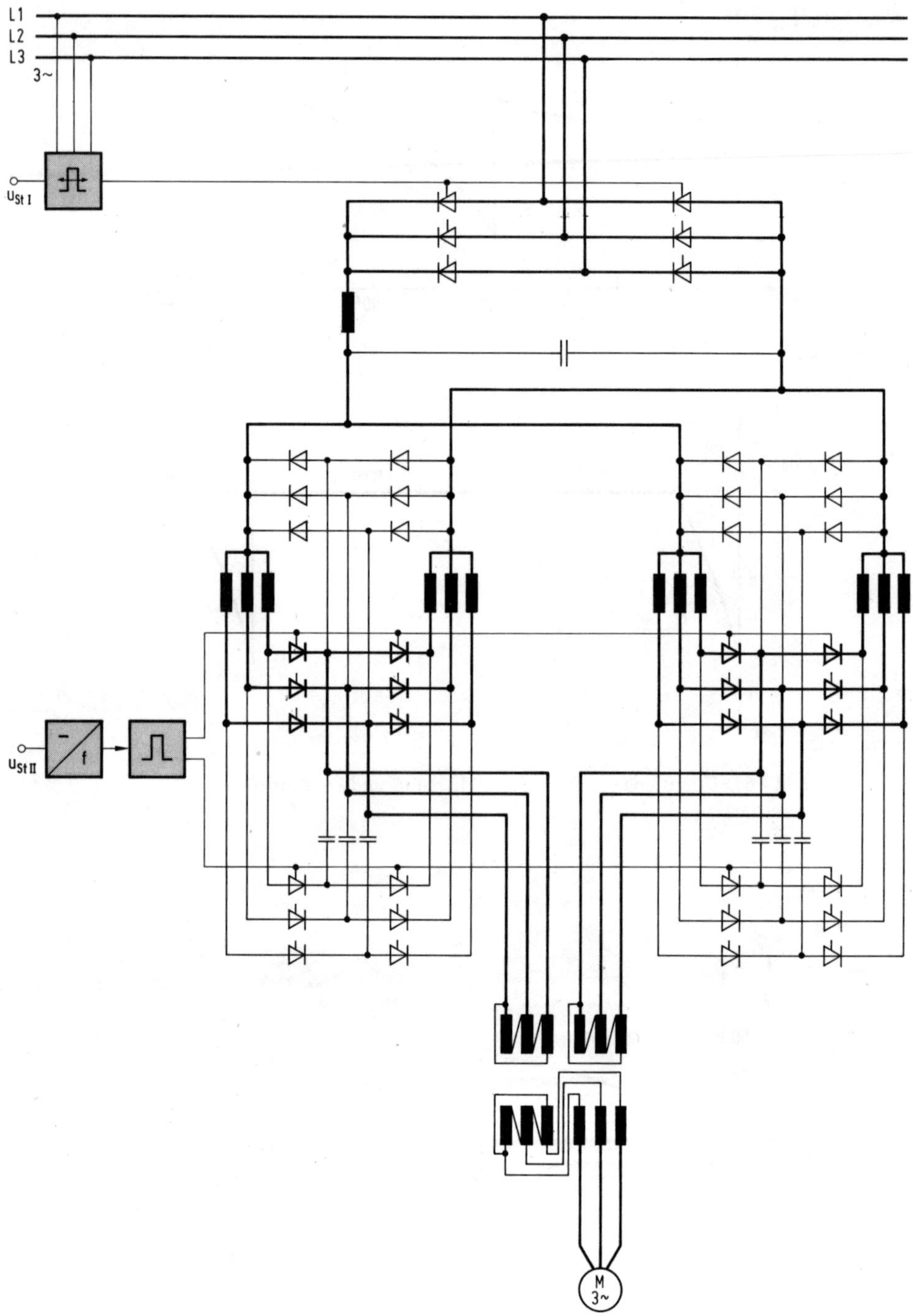


Bild 4.67. Schaltbild eines zwölfpulsigen Umrichters

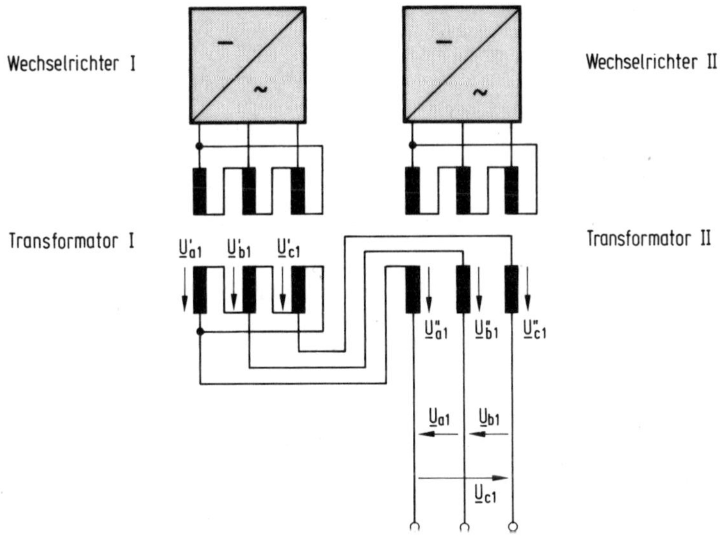


Bild 4.68. Addition der Ausgangsspannungen zweier Teilwechselrichter

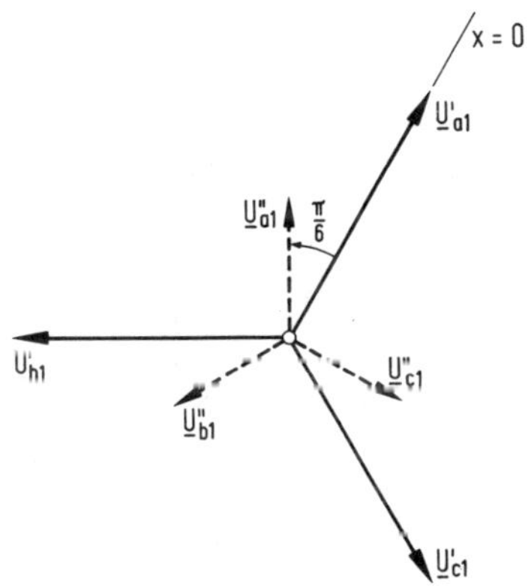


Bild 4.69.
Zeigerdiagramm der Spannungsgrundschwingungen nach 4.68.

Es soll entsprechend dem Zeigerdiagramm in Bild 4.69. das Übersetzungsverhältnis des Transformators I mit $\ddot{u}_{\mathrm{I}}=\sqrt{3}$ und das des Transformators II mit $\ddot{u}_{\mathrm{II}}=1$ angenommen werden. Setzt man den Nullphasenwinkel des Zeigers $\underline{U}'_{a1}$ Null, dann gilt:

$$U_1\sqrt{3}+U_1\,e^{j\frac{\pi}{6}}-U_1\,e^{j\frac{5\pi}{6}}=\underline{U}_{a1}$$

$$U_1\sqrt{3}\,e^{j\frac{2\pi}{3}}+U_1\,e^{j\frac{5\pi}{6}}-U_1\,e^{-j\frac{\pi}{2}}=\underline{U}_{b1}$$

$$U_1\sqrt{3}\,e^{-j\frac{2\pi}{3}}+U_1\,e^{-j\frac{\pi}{2}}-U_1\,e^{j\frac{\pi}{6}}=\underline{U}_{c1}.$$

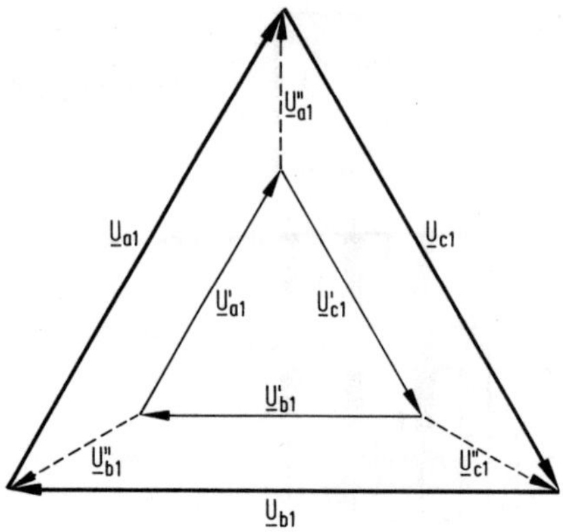


Bild 4.70.
Zeigerdiagramm der Grundschwingungen am Ausgang des zwölfpulsigen Wechselrichters

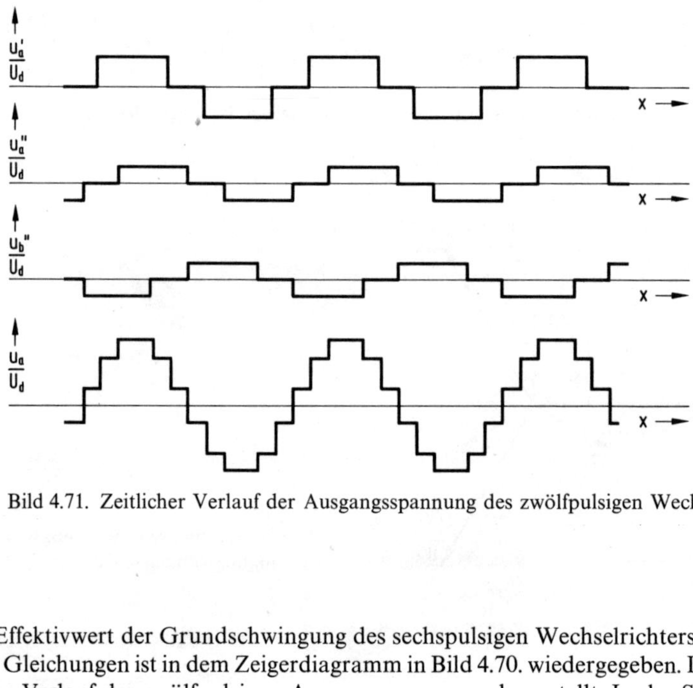


Bild 4.71. Zeitlicher Verlauf der Ausgangsspannung des zwölfpulsigen Wechselrichters

$U_1$ ist der Effektivwert der Grundschwingung des sechspulsigen Wechselrichters. Die Darstellung dieser Gleichungen ist in dem Zeigerdiagramm in Bild 4.70. wiedergegeben. In Bild 4.71. ist der zeitliche Verlauf der zwölfpulsigen Ausgangsspannung dargestellt. In der Spannung sind nur noch Oberschwingungen der Ordnungszahlen

$$\nu = 12\,k \mp 1 \qquad k = 1, 2, 3, \ldots$$

enthalten.

Der Effektivwert der $\nu$. Oberschwingung ist

$$\frac{U_\nu}{U_\mathrm{d}} = \frac{6\sqrt{3}}{\pi\,\nu}.$$

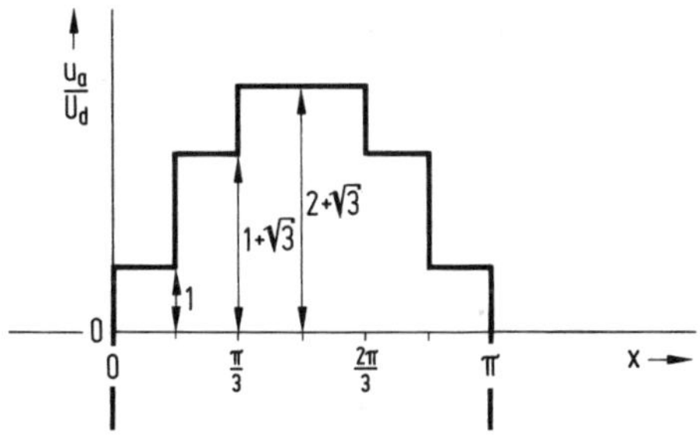


Bild 4.72.
Zur Berechnung des Effektivwertes der zwölfpulsigen Ausgangsspannung

Der Effektivwert der Gesamtspannung ergibt sich nach Bild 4.72. zu

$$\frac{U_{\text{eff}}}{U_\text{d}} = \sqrt{\frac{1}{\pi}\left[\frac{\pi}{3} + \frac{\pi}{3}(1+\sqrt{3})^2 + \frac{\pi}{3}(2+\sqrt{3})^2\right]}$$

$$\frac{U_{\text{eff}}}{U_\text{d}} = 2{,}73.$$

Der Grundschwingungsgehalt ist

$$g = \frac{6\sqrt{3}}{2\pi\sqrt{1+\frac{\sqrt{3}}{2}}} = 0{,}988.$$

Das Oszillogramm in Bild 4.73. zeigt den Strom und die Spannung eines 20 kW-Asynchronmotors im Leerlauf bei $f = 400$ Hz.

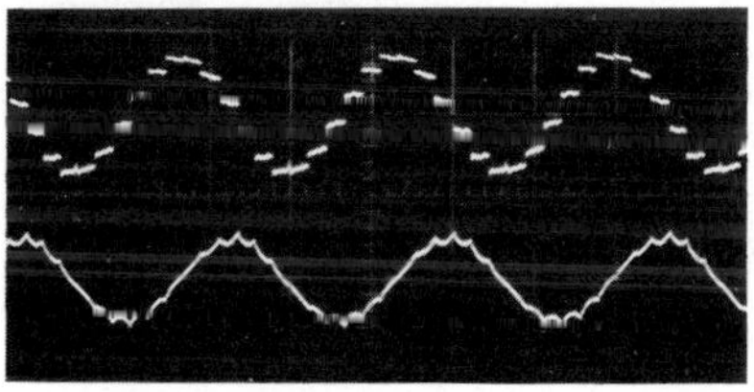

Bild 4.73.
Spannung und Strom eines 20 kW-Asynchronmotors bei $f = 400$ Hz

# 5. Umrichtergespeiste Drehfeldmaschinen

Man unterscheidet im Elektromaschinenbau zwei große Maschinengruppen, die sich in ihrem Aufbau, ihren Entwicklungsgesetzen und ihrem Betriebsverhalten grundsätzlich unterscheiden. Die erste Gruppe umfaßt die kommutatorlosen Maschinen, die zweite die Kommutatormaschinen. Definiert man die elektrische Maschine als eine Anordnung, bestehend aus zwei oder mehr miteinander induktiv gekoppelten Wicklungssystemen, die sich gegeneinander bewegen und in Eisen gebettet sind, dann gelangt man zu folgender Definition der beiden Maschinengruppen:

Gruppe I: Maschinen, deren Wicklungssysteme direkt mit dem speisenden Netz verbunden sind.

Gruppe II: Maschinen, bei denen mindestens ein Wicklungssystem über einen Frequenzwandler mit dem speisenden Netz verbunden ist.

In Bild 5.1. ist diese schematische Einteilung der elektrischen Maschinen dargestellt.

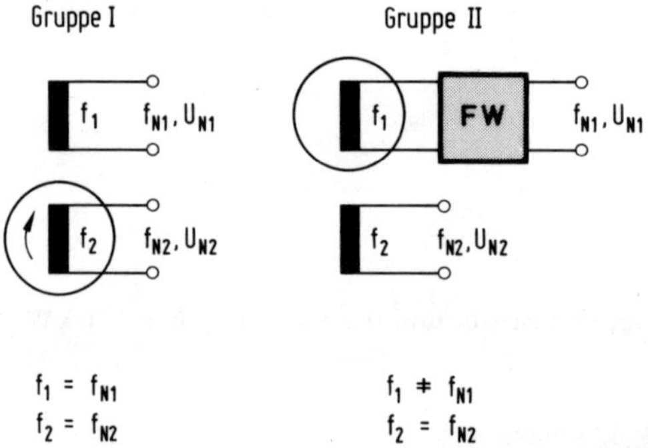


Bild 5.1.
Schematische Einteilung der elektrischen Maschinen

Bei der Gruppe I ist infolge der direkten Verbindung der Wicklung mit dem Netz die Drehzahl fest durch Frequenz und Polpaarzahl vorgeschrieben:

$$n = \frac{f_1 \pm f_2}{p} \tag{5.1.}$$

$p$ ist die Polpaarzahl.

Die Drehzahl ist also gleich dem Quotienten aus der Summe bzw. Differenz der Frequenzen der speisenden Netze und der Polpaarzahl. Zu dieser Gruppe gehören:

a) Synchronmaschine

$$f_2 = 0 \qquad n = \frac{f_1}{p}$$

b) Asynchronmaschine mit Kurzschlußläufer

$$f_2 \ll f_1 \qquad n \approx \frac{f_1}{p}$$

c) Maschinen, deren Läufer ausgeprägte Pole haben

$$n = \frac{f_1}{p}$$

d) die mit verschiedenen Frequenzen doppelt gespeiste Maschine

$$n = \frac{f_1 \pm f_2}{p}.$$

Bei den Maschinen der Gruppe II ermöglicht der Kommutator, der als Frequenzwandler wirkt, die Loslösung der Drehzahl von der Netzfrequenz. Zu dieser Gruppe gehören folgende Maschinentypen:

a) Gleichstrommaschine

$$f_2 = f_{N2} = 0$$
$$f_1 = pn$$

b) die Wechselstrom- bzw. Drehstromkommutatormaschine

$$f_{N2} = f_2 \ll f_1$$
$$f_1 = pn \pm f_2.$$

Wie bereits erwähnt, erlaubt bei dieser Maschinengruppe der Kommutator die Loslösung der Drehzahl von der Netzfrequenz. Damit ist eine einfache Drehzahlsteuerung der Maschine durch Änderung der Klemmenspannung bzw. durch Bürstenverschiebung möglich. Das ist ein wesentlicher Vorzug dieser Maschinengruppe.

## 5.1. Grenzleistungen

Ein weiteres wesentliches Unterscheidungsmerkmal der beiden Maschinengruppen erhält man bei der Betrachtung der Grenzleistungen. Für die Leistung der elektrischen Maschinen kann man allgemein schreiben:

$$P = c f \Phi \Theta \qquad (5.2.)$$

$c$ Konstante
$f$ Frequenz
$\Phi$ magnetischer Fluß
$\Theta$ Durchflutung.

Drückt man Frequenz und Fluß durch die Windungsspannung aus, so ergibt sich

$$P = k e \Theta$$

$k$ Konstante
$e$ Windungsspannung.

Bei den Maschinen der Gruppe I sind weder die Windungsspannung noch die Durchflutung begrenzt. Beschränkend auf die Höhe der Maschinenleistung wirken hier also nicht die elektrischen, sondern die mechanischen Größen.

Bei der Gruppe II, den Kommutatormaschinen, begrenzen die elektrischen Größen die Leistung. Die Spannungsfestigkeit des Kommutators erlaubt keine höhere Segmentspannung als ca. 20 V. Damit wird bei gegebener Frequenz der Induktionsfluß beschränkt. Bei den Wechselstrom-Kommutatormaschinen darf mit Rücksicht auf den Kurzschlußstrom die Transformatorspannung nicht mehr als $e_{\mathrm{Tr}}=(2\ldots3)\,\mathrm{V}$ betragen.

Bei der Gleichstrommaschine erhält man folgende Beziehung für die Grenzleistung:

$$P=EI=weI. \tag{5.3.}$$

Mit

$$wI=\frac{A_1\pi D}{2}$$

und

$$v_{\mathrm{A}}=D\pi n$$

ergibt sich

$$\boxed{Pn=\tfrac{1}{2}eA_1v_{\mathrm{A}}}\,. \tag{5.4.}$$

$A_1$ Effektivwert der Grundwelle des Strombelags
$D$ Ankerdurchmesser
$v_{\mathrm{A}}$ Ankergeschwindigkeit

Die mittlere Windungsspannung $e$ ist begrenzt durch die mittlere Lamellenspannung $\varepsilon$

$$\varepsilon=\frac{p}{a}\,w_{\mathrm{S}}\,e\approx20\,\mathrm{V}$$

für kompensierte Maschinen.

$p$ Polpaarzahl
$a$ Anzahl der parallelen Zweige
$w_{\mathrm{S}}$ Windungszahl einer Spule.

Damit ergibt sich mit $w_{\mathrm{S}}=1$ die mittlere Windungsspannung für die Einfach-Schleifenwicklung ($a=p$)

$$e\leqq20\,\mathrm{V}$$

und für die Zweifach-Schleifenwicklung ($a=2p$)

$$e\leqq40\,\mathrm{V}.$$

Mit den ungefähren Grenzwerten

$$A_1=500\,\mathrm{A/cm}\quad\text{und}\quad v_{\mathrm{A}}=60\,\mathrm{m/s}$$

erhält man schließlich für die Grenzleistung der Gleichstrommaschine

$$P_{\max}n=1{,}8\cdot10^6\,\mathrm{kW\,min^{-1}}\qquad\text{(Einfach-Schleifenwicklung)}$$

$$P_{\max}n=3{,}6\cdot10^6\,\mathrm{kW\,min^{-1}}\qquad\text{(Zweifach-Schleifenwicklung).}$$

Die Verdoppelung der Leistung bei gleicher Lamellenspannung wird bei der Zweifach-Schleifenwicklung im wesentlichen durch die Verlängerung des Ankers erzielt.

Die Grenzleistung der Gleichstrommaschine ist demnach hyperbolisch abhängig von der Höchstdrehzahl der Maschine. Bei (1000 bzw. 10000) $min^{-1}$ ergibt sich eine Grenzleistung von 2 MW bzw. 200 kW.

Bei den Wechsel- bzw. Drehstrom-Kommutatormaschinen sind die Verhältnisse noch ungünstiger. Die Grenzleistungen liegen hier um ca. eine Zehnerpotenz niedriger.

Zusammengefaßt ergibt sich folgendes Bild:

Bei den Kommutatormaschinen ermöglicht der Kommutator, der als Frequenzwandler wirkt, die Loslösung der Drehzahl von der Netzfrequenz. Damit ist eine einfache stufenlose und verlustarme Drehzahlsteuerung möglich. Der Kommutator ist allerdings ein recht wartungsbedürftiger Bauteil der Maschine. Er ist ein zur Funkenbildung neigender mechanischer Schalter und daher der Abnutzung unterworfen. Kommutatormaschinen können prinzipiell unerwünscht sein, wenn sie in explosionsgefährdeten Räumen arbeiten müssen oder wenn extrem wartungsfreie Antriebe notwendig sind. Weiterhin sind die Kommutatormaschinen in ihrer Leistung in Abhängigkeit von der Höchstdrehzahl stark beschränkt. Bei den kommutatorlosen Maschinen, den Drehfeldmaschinen, ergibt sich zunächst der Nachteil, daß die Drehzahl fest an die Netzfrequenz gebunden ist und damit eine verlustarme Drehzahlsteuerung nicht ohne weiteres möglich ist. Im Gegensatz zu den Kommutatormaschinen wird bei den Drehfeldmaschinen die Leistung nicht durch elektrische Größen beschränkt. Infolge Wegfall des Kommutators können die Maschinen robust aufgebaut werden. Mit dem asynchronen Käfigläufermotor ist ein praktisch wartungsfreier Betrieb möglich, da diese Maschine weder einen Kollektor noch Schleifringe hat.

Sieht man von der Drehzahlsteuerbarkeit einmal ab, dann liegen die Vorteile eindeutig auf seiten der Drehfeldmaschine. Es wurde bereits festgestellt, daß die Loslösung der Maschinendrehzahl von der Netzfrequenz dann möglich ist, wenn mindestens ein Wicklungssystem der Maschine über einen Frequenzwandler mit dem speisenden Netz verbunden ist. Es hat daher in den vergangenen Jahrzehnten nicht an Versuchen gefehlt, durch Entwicklung geeigneter Frequenzwandler eine stufenlose und verlustarme Drehzahlsteuerung der Drehfeldmaschinen zu erreichen. Diese Versuche haben jedoch zunächst nicht zu betrieblich brauchbaren Lösungen geführt, weil die Steuerungs- und Stromrichtertechnik noch unzulänglich waren.

## 5.2. Die allgemeine stromrichtergespeiste Drehfeldmaschine

Ein zur Drehzahlsteuerung von Drehfeldmaschinen geeigneter Frequenzwandler muß folgende Forderungen erfüllen:

1. Damit nicht die gleichen Beschränkungen hinsichtlich der Grenzleistung und der betrieblichen Brauchbarkeit wie bei den Kommutatormaschinen auftreten, sollte der Frequenzwandler keine beweglichen Teile haben: Es sollte also ein ruhender Frequenzwandler sein.
2. Bezüglich der Frequenz ist ein großer Frequenzstellbereich und eine stufenlose Einstellung der Frequenz erforderlich. Insbesondere ist ein sicheres Arbeiten des Frequenzwandlers bei extrem niedrigen Frequenzen notwendig, damit ein Anfahren der Maschine bei Belastung möglich ist.

3. Unabhängig von der Frequenz muß die Maschinenspannung stufenlos gestellt werden können, damit der Maschine bei jedem Belastungszustand der notwendige magnetische Fluß zugeführt werden kann.
4. Das Einstellen sowohl der Frequenz als auch der Spannung muß sehr schnell erfolgen können, damit ein dynamischer Betrieb der Maschine möglich ist. Insbesondere muß ein praktisch trägheitsloses Verstellen der Frequenz unbedingt gefordert werden.
5. Der Betrieb der Drehfeldmaschine in allen 4 Quadranten muß möglich sein. Das bedeutet für den Frequenzwandler, daß er den Energieaustausch zwischen dem speisenden Netz und der Maschine in beiden Richtungen ermöglichen muß.
6. Der Frequenzwandler sollte der Maschine Ströme bzw. Spannungen liefern, deren Kurvenformen nicht allzusehr von der Sinusform abweichen. Damit bleiben die Zusatzverluste in der Maschine und parasitäre Drehmomente gering.
7. Ein guter Wirkungsgrad von Maschine und Frequenzwandler ist anzustreben.
8. Hohe Betriebssicherheit und Wartungsarmut des Frequenzwandlers sind Voraussetzung.
9. Schließlich darf der Frequenzwandler nicht unverhältnismäßig teuer werden, so daß seine Anwendbarkeit von vornherein ausgeschlossen ist.

Diese Forderungen an den Frequenzwandler können nur mit Hilfe der Leistungselektronik in Zusammenarbeit mit integrierten analogen und digitalen Schaltkreisen für die Steuerelektronik und die Regelung erfüllt werden.

Wie bereits erwähnt, ist die Loslösung der Maschinendrehzahl von der Netzfrequenz dann möglich, wenn mindestens ein Wicklungssystem über einen Frequenzwandler mit dem speisenden Netz verbunden ist. Der als Frequenzwandler wirkende Stromrichter (Umrichter) kann demnach im Ständer oder im Läuferkreis der Drehfeldmaschine angeordnet sein (Bild 5.2.).

Wird der Umrichter in den Ständerkreis einer Drehfeldmaschine geschaltet, dann ergeben sich je nach Maschinenart zwei Varianten:

a) Die umrichtergespeiste Synchronmaschine (Bild 5.3.). In Bild 5.3.a ist der maschinenseitige Stromrichter eigengetaktet. Die Maschine hat das Verhalten einer normalen Synchronmaschine. Die Drehzahl kann über den Frequenzgeber des Teilstromrichters II entsprechend der Beziehung $n=\frac{f_1}{p}$ stufenlos verstellt werden. Die Maschinenspannung wird über Teilstromrichter I gesteuert. Bei der Schaltung in Bild 5.3.b ist dagegen der Teilstromrich-

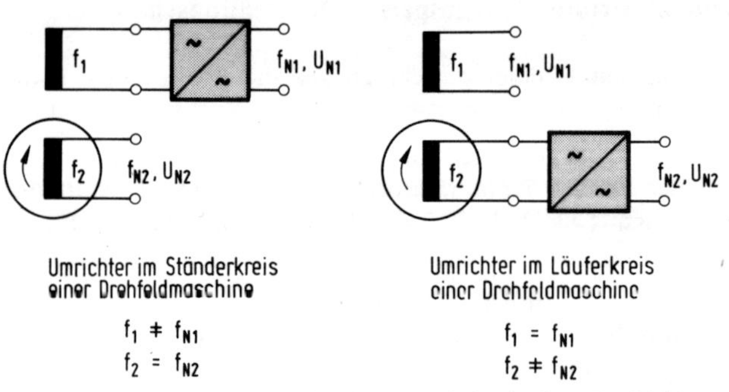


Bild 5.2. Umrichter im Ständer- bzw. Läuferkreis einer Drehfeldmaschine

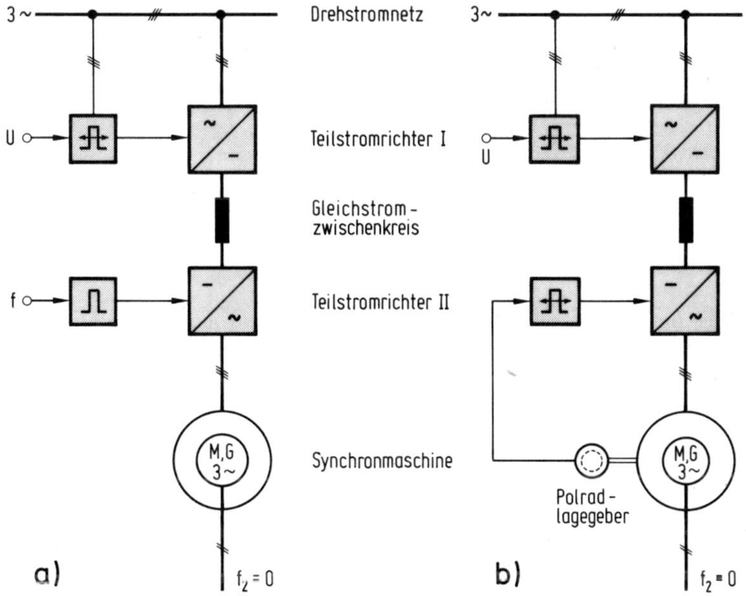


Bild 5.3. Umrichtergespeiste Synchronmaschine
a) Teilstromrichter II eigengetaktet
b) Teilstromrichter II lastgetaktet

ter II lastgetaktet. Die Aufgabe des auf der Maschinenwelle angeordneten Polradlagegebers besteht darin, die Polradstellung der Synchronmaschine kontaktlos zu erfassen und entsprechende Impulse an den Steuersatz des maschinenseitigen Stromrichters zu liefern. Wie bereits in Kapitel 1.2.2. beschrieben, kann die Polradstellung durch ein System von Hallsonden erfaßt werden. Die Thyristoren des Teilstromrichters II werden nun so geschaltet, daß in der Maschine Ständer- und Läuferfeld immer angenähert senkrecht zueinander stehen. Die Kombination der Synchronmaschine mit dem lastgetakteten Teilstromrichter II nimmt dadurch das Verhalten einer Gleichstrommaschine an. Der Ständer der Synchronmaschine bildet den Anker; der mechanische Kommutator und die Bürsten einer herkömmlichen Gleichstrommaschine werden durch den lastgetakteten Teilstromrichter II ersetzt. Die „Stromrichter-Gleichstrommaschine“ kann wie eine normale fremderregte Gleichstrommaschine durch eine veränderbare Gleichspannung in ihrer Drehzahl gesteuert werden. Diese Aufgabe übernimmt der Teilstromrichter I.

b) Die umrichtergespeiste Asynchronmaschine mit Kurzschlußläufer. Hier ist $f_2 \ll f_1$ und $n \approx \frac{f_1}{p}$. In Bild 4.49. ist bereits ein zur Drehzahlsteuerung von Asynchronmaschinen geeigneter Umrichter angegeben worden. Weitere Schaltungen werden im folgenden Kapitel behandelt.

Bei Anschluß eines Umrichters in den Läuferkreis einer Asynchronmaschine mit Schleifringläufer ergibt sich eine interessante technische Lösung zur verlustlosen Drehzahlsteuerung in Form der sog. untersynchronen Stromrichterkaskade.

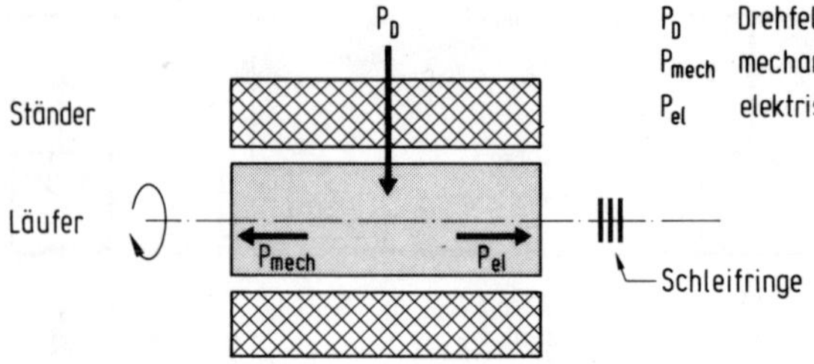


Bild 5.4.
Leistungsfluß einer verlustlosen Asynchronmaschine

In Bild 5.4. ist der Leistungsfluß einer verlustlosen Asynchronmaschine mit Schleifringläufer dargestellt. Die über den Luftspalt zugeführte Drehfeldleistung $P_D$ teilt sich auf in die mechanische Leistung $P_{mech}$ und die elektrische Leistung $P_{el}$.

Führt man den Schlupf

$$s = \frac{f_2}{f_1} = \frac{n_1 - n}{n_1}$$

ein, dann gelten für die Leistungen folgende Gleichungen:

$$P_D = P_{mech} + P_{el}$$
$$P_{mech} = (1-s) P_D$$
$$P_{el} = s P_D \qquad \text{(Schlupfleistung).}$$

Diese wichtigen Beziehungen gelten für jede Drehfeldmaschine und für jeden Betriebszustand.

In Bild 5.5. sind die Leistungsverhältnisse in Abhängigkeit von der Drehzahl für den untersynchronen Betrieb und bei konstantem Drehmoment dargestellt. Eine Drehzahlsteuerung der Maschine ist demnach möglich, wenn die elektrische Leistung $P_{el}$ gesteuert wird.

Bild 5.6. zeigt das Prinzipschaltbild der untersynchronen Stromrichterkaskade.

Die Läuferspannung einer Asynchronmaschine und deren Frequenz sind dem Schlupf proportional. Die Spannung nimmt bei Leerlauf, ausgehend von der Läuferstillstandsspannung $U_{20}$ mit steigender Drehzahl linear ab und erreicht den Wert Null bei der synchronen Drehzahl. Wird im Läuferkreis eine Gegenspannung eingefügt, dann stellt sich am Läufer eine Drehzahl ein, bei der Läuferspannung und Gegenspannung gleich groß sind. Durch

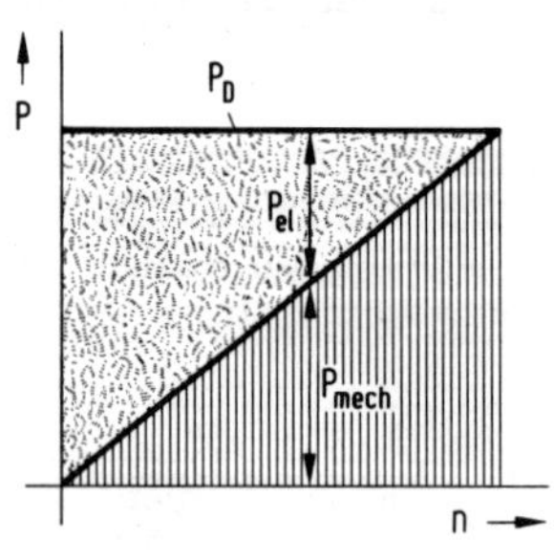


Bild 5.5.
Aufteilung der vom Motor aus dem Netz aufgenommenen Wirkleistung (Drehfeldleistung $P_D$) in mechanische Leistung $P_{mech}$ und elektrische Leistung $P_{el}$ bei konstantem Drehmoment

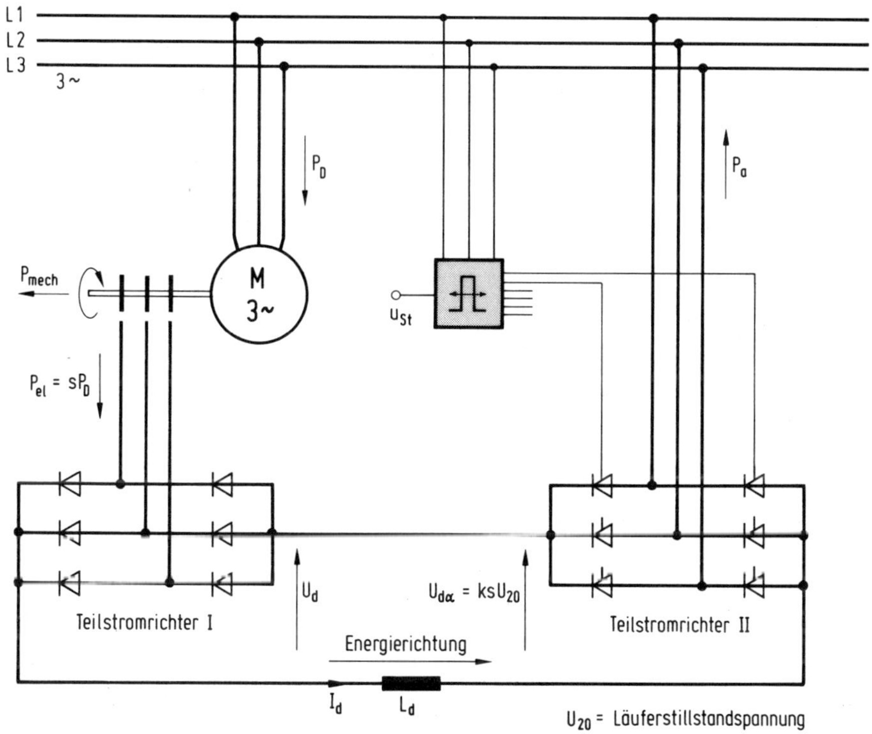


Bild 5.6. Prinzipschaltbild der untersynchronen Stromrichterkaskade

Verändern dieser Gegenspannung besteht damit die Möglichkeit, die Drehzahl des Motors zu steuern.

Bei der Stromrichterkaskade wird die Läuferspannung durch den Gleichrichter (Teilstromrichter I) in die Gleichspannung $U_d$ umgeformt und die Gegenspannung $U_{d\alpha}$ von dem netzgeführten Wechselrichter (Teilstromrichter II) erzeugt. Die Größe der Gegenspannung läßt sich über den Steuersatz stufenlos einstellen. Am Motor stellt sich eine Drehzahl ein, bei der die Mittelwerte der gleichgerichteten Läuferspannung $U_d$ und der Gegenspannung $U_{d\alpha}$ gleich groß sind.

In Bild 5.7. ist der Leistungsfluß bei einer untersynchronen Stromrichterkaskade dargestellt.

Die Drehzahlregelung der untersynchronen Stromrichterkaskade entspricht weitgehend der Drehzahlregelung bei einer stromrichtergespeisten Gleichstrommaschine mit unterlagerter Stromregelung.

Stromrichterkaskaden werden bis zu Leistungen in den MW-Bereich (z.B. 20 MW) ausgeführt. Besonders günstig werden die Verhältnisse, wenn die Drehzahl nur in einem kleineren Bereich (z.B. 50 %) gestellt zu werden braucht, weil dann der Umrichter nur entsprechend der Schlupfleistung und nicht für die volle Maschinenleistung ausgelegt werden muß.

Wird an die Schleifringe einer Asynchronmaschine ein Umrichter entsprechend der Schaltung in Bild 4.49. angeschlossen, wobei der netzgeführte Stromrichter in Kreuzschaltung

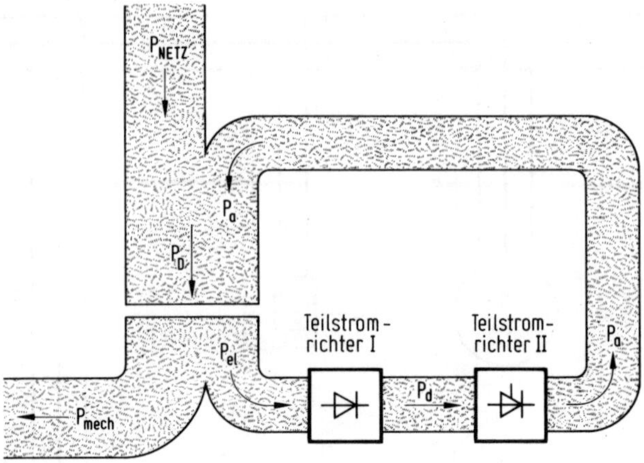


$P_{NETZ}$ Von der Stromrichterkaskade aus dem Netz aufgenommene Wirkleistung

$P_a$ Ausgangsleistung des Umrichters

$P_d$ In Gleichstromleistung umgeformte Schlupfleistung

Bild 5.7.
Leistungsfluß bei einer untersynchronen Stromrichterkaskade

oder kreisstromfreier Gegenparallelschaltung ausgeführt sein soll, dann liegt eine doppelt gespeiste Maschine vor. Im Unterschied zur Stromrichterkaskade stellt sich hier die Läuferfrequenz nicht frei ein, sondern wird vom selbstgeführten Stromrichter aufgezwungen. Hiermit erhält die Maschine ein starres Drehzahlverhalten, wie es auch die Synchronmaschine hat.

Die Drehzahl der Maschine stellt sich entsprechend der Beziehung

$$n = \frac{f_{N1} \pm f_2}{p}$$

ein.

Wegen des netzgeführten Umkehrstromrichters in der Umrichter-Schaltung kann die Maschine einerseits über den Umrichter elektrische Energie an das Netz abgeben und andererseits auch über die Schleifringe elektrische Leistung aufnehmen (übersynchroner Betrieb).

## 5.3. Aufbau von Umrichtern zur Speisung von Drehfeldmaschinen aus einem Drehstromnetz fester Frequenz

Grundsätzlich können Umrichter entsprechend Bild 5.8. durch Reihen- oder Antiparallelschaltung zweier Teilstromrichter aufgebaut werden. Die einzelnen Teilstromrichter können sich selbstverständlich in ihrer Betriebsart, der Art der Kommutierung und der Art der Steuerung, unterscheiden.

Schon in den in Bild 5.8. dargestellten groben Blockschaltbildern ist der wesentliche Unterschied zwischen den beiden Umrichterarten zu erkennen. Bei dem in Bild 5.8. links befindlichen Umrichter sorgen ein oder mehrere Energiespeicher dafür, daß der Betrieb des

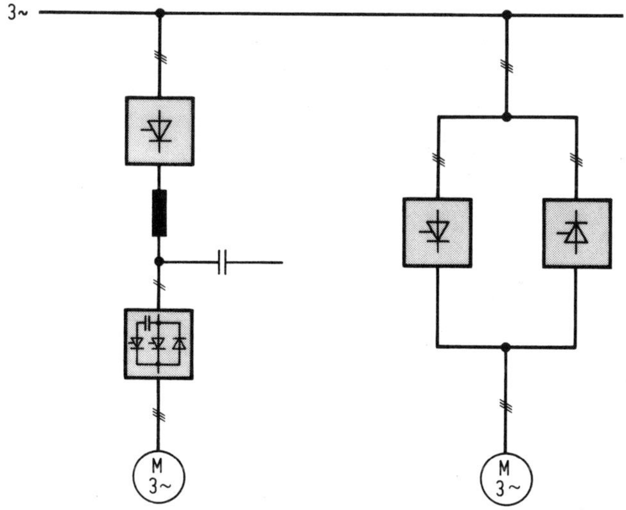


Bild 5.8. Umrichtergespeiste Drehfeldmaschinen über in Reihe oder antiparallel geschaltete Teilstromrichter

maschinenseitigen Stromrichters nicht von der Netzfrequenz beeinflußt wird. Mit diesen sog. Zwischenkreis-Umrichtern ist es daher möglich, mit der Maschinenfrequenz völlig unabhängig von der Netzfrequenz zu sein.

Bei dem in Bild 5.8. rechts befindlichen Umrichter findet dagegen keine Entkopplung zwischen Primär- und Sekundärnetz statt. Die Maschinenspannung wird *direkt* aus Ausschnitten der Netzspannung gebildet. Diese Art von Umrichtern wird daher Direktumrichter genannt. Bei den Direktumrichtern kann die maximale Maschinenfrequenz wegen der fehlenden Energiespeicher nicht unabhängig von der Netzfrequenz sein. Bei einer Netzfrequenz von $f_N = 50$ Hz ist z.B. bei einer sechspulsigen Schaltung nur eine Maschinenfrequenz von ca. 20 Hz zu erreichen. Bei Zwischenkreis-Umrichtern kann man dagegen eine maximale Frequenz von mehreren hundert Hertz erzielen.

## 5.3.1. Der Direktumrichter

Der Direktumrichter besteht aus zwei antiparallelen Teilstromrichtern. Das speisende Netz ist in der Lage, die für den Betrieb der Stromrichter notwendige Kommutierungs- und Steuerblindleistung aufzubringen. Die beiden Teilstromrichter sind daher normale netzgeführte und netzgetaktete Stromrichter, die sich in ihrer Arbeitsweise ablösen.

In Bild 5.9. sind die Verhältnisse bei gemischt-ohmisch-induktiver Last dargestellt.

Zunächst arbeitet Stromrichter I im Gleichrichterbetrieb: Der Laststrom baut sich entsprechend dem Verhältnis $R/L$ auf. Bei Umsteuerung in den Wechselrichterbetrieb baut sich der Strom wieder bis auf Null ab. Der Nulldurchgang des Stromes wird erfaßt und nach einer gewissen Totzeit Stromrichter II eingeschaltet. Stromrichter II übernimmt dann die negative Halbschwingung des Stromes.

Es ist unmittelbar einzusehen, daß die erreichbare Ausgangsfrequenz des Umrichters von der Frequenz des speisenden Netzes abhängig ist. Bei unendlich hoher Pulszahl des Stromrich-

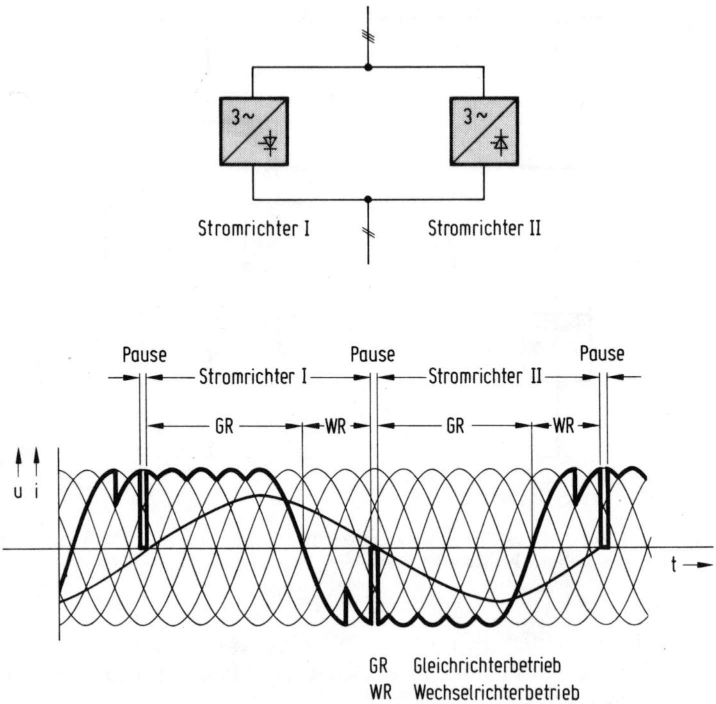


Bild 5.9. Arbeitsweise eines Direktumrichters

ters kann theoretisch die Netzfrequenz erreicht werden. Mit einem sechspulsigen Stromrichter erreicht man max. etwa die halbe Netzfrequenz. Das Verfahren kann bezüglich der Kurvenform von Strom und Spannung noch verbessert werden, wenn die jeweilige Aussteuerung der Stromrichter so verändert wird, daß im Mittelwert eine sinusförmige Ausgangsspannung und damit ein sinusförmiger Strom entsteht (Bild 5.10.).

In Bild 5.11. ist die grundsätzliche Schaltung des Starkstromkreises sowie der Steuerung und Regelung angegeben. (Die Sollwerte sind entsprechend einer häufig verwendeten Schreibweise mit * gekennzeichnet.) Die beiden antiparallelen Teilstromrichter sind in der bekannten Drehstrombrückenschaltung ausgeführt. Jeder Teilstromrichter hat seinen eigenen Steuersatz und Stromregler. Bei Vorgabe eines sinusförmigen Stromsollwertes $i^*$ erzwingen die Stromregler über die Steuersätze und den Ventilteil einen sinusförmigen Stromistwert. Die Kommandostufe sorgt dafür, daß nur jeweils einer der beiden Stromrichter vorzeichenrichtig eingeschaltet ist.

Aus drei der beschriebenen Drehstrom-Wechselstrom-Umrichtern kann ein Drehstrom-Drehstrom-Umrichter zur Speisung einer dreiphasigen Drehfeldmaschine zusammengesetzt werden. Jeweils ein Drehstrom-Wechselstrom-Umrichter speist dabei eine Motorwicklung. Ein übergeordneter Stromsollwertgeber gibt drei um 120° gegeneinander versetzte sinusförmige Stromsollwerte für die Stromregler der drei Drehstrom-Wechselstrom-Umrichter vor. Sowohl die Amplitude als auch die Frequenz der Stromsollwerte können durch eine überlagerte Regelung beeinflußt werden.

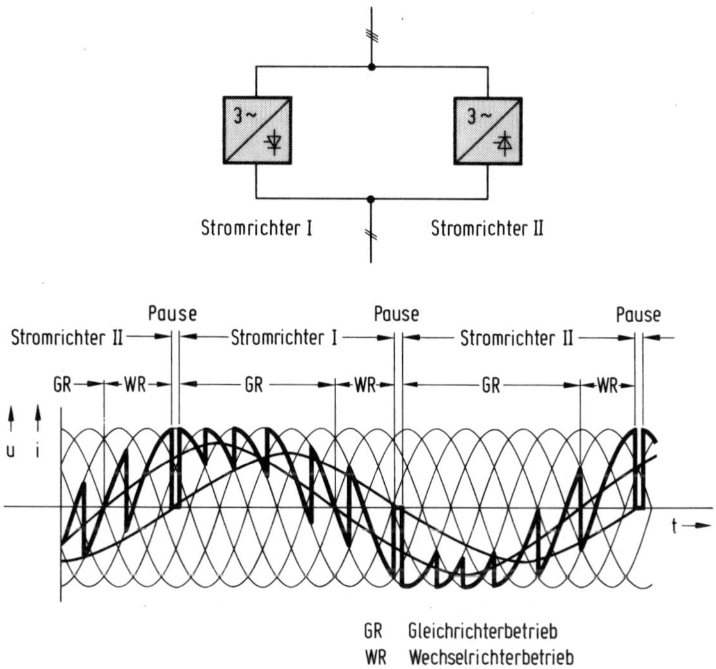


Bild 5.10. Arbeitsweise eines Direktumrichters mit annähernd sinusförmiger Ausgangsspannung

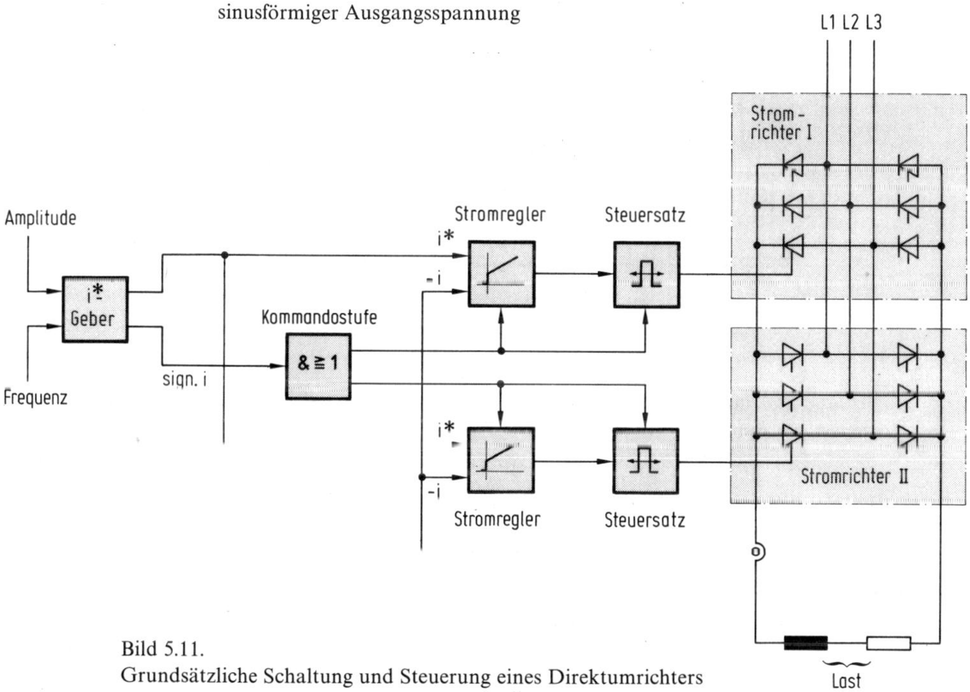


Bild 5.11.
Grundsätzliche Schaltung und Steuerung eines Direktumrichters

## 5.3.2. Zwischenkreis-Umrichter

Man kann grundsätzlich zwischen Umrichtern mit Gleichspannungs- und Gleichstromzwischenkreis unterscheiden.

*Umrichter mit Gleichspannungs-Zwischenkreis*

Bei diesen Umrichtern wird der maschinenseitige Teilstromrichter und damit die angeschlossene Drehstrommaschine mit einer eingeprägten Spannung gespeist. Der Maschinenstrom stellt sich entsprechend der Ausgangsspannung des Umrichters frei ein. Eine optimale verlustarme Drehzahlsteuerung einer Drehstrommaschine ist nur möglich, wenn der magnetische Fluß der Maschine unabhängig von der Drehzahl und der Belastung der Maschine dem Nennwert entspricht. Dazu müssen sowohl die Frequenz als auch die Ausgangsspannung des Umrichters unabhängig voneinander verändert werden können. In Bild 5.12. sind

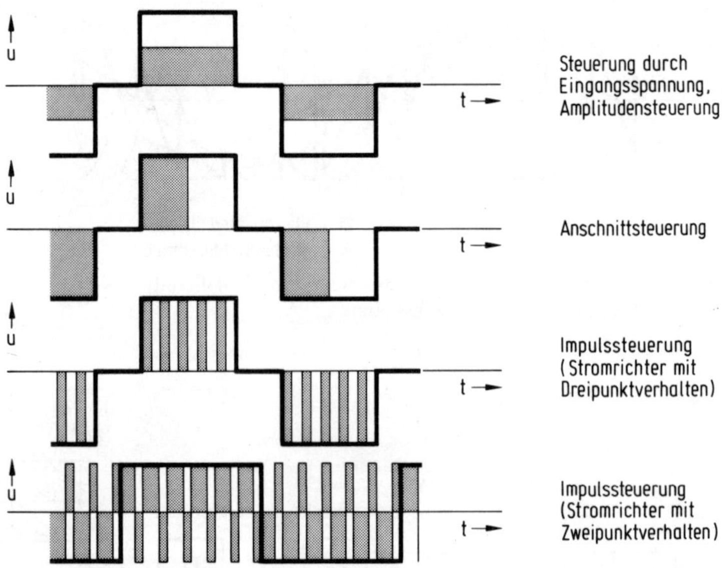


Bild 5.12. Unterschiedliche Steuerverfahren der Ausgangsspannung eines selbstgeführten Stromrichters

mögliche Steuerverfahren, mit denen die Ausgangsspannung des selbstgeführten Stromrichters gesteuert werden kann, angegeben.

Die in Bild 5.12. oben dargestellte Amplitudensteuerung wird durch Absenken der Zwischenkreisspannung (gesteuerter Teilstromrichter I) entsprechend der Schaltung in Bild 4.49. realisiert.

Bei konstanter Zwischenkreisspannung (ungesteuerter Teilstromrichter I) kann die Ausgangsspannung des selbstgeführten Stromrichters z.B. durch die Verringerung der Einschaltzeit der Hauptthyristoren gesteuert werden (Anschnittsteuerung). Es ist klar, daß dieses Verfahren bei großem Steuerbereich einen hohen Oberschwingungsgehalt der Ausgangsspannung zur Folge hat und daher für eine Maschinenspeisung praktisch nicht in Frage kommt.

In der Zeile drei des Bildes 5.12. wird der 120°-Spannungsbalken in viele kleine Teilbalken aufgegliedert, mit denen wieder eine Anschnittsteuerung durchgeführt wird. Bei dieser Impulssteuerung ist der Oberschwingungsgehalt der Ausgangsspannung gegenüber der reinen Anschnittsteuerung schon wesentlich geringer. Die in Bild 5.12. unten angegebene Impulssteuerung setzt einen selbstgeführten Stromrichter mit Zweipunktverhalten voraus, d.h. einen Stromrichter, der bei fließendem Laststrom nur entweder eine positive oder negative Ausgangsspannung abgeben kann. In Bild 5.13. ist eine Impulsbreitensteuerung mit konstanter Taktfrequenz durchgeführt worden; geändert wird nur das Einschaltverhältnis von positiver und negativer Spannung. Wird die zwischen den positiven und negativen Werten

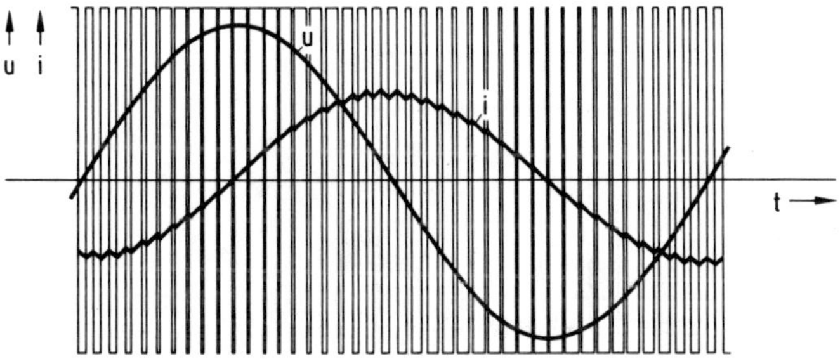


Bild 5.13. Steuerung der Ausgangsspannung eines selbstgeführten Stromrichters mit Zweipunktverhalten; zeitlicher Verlauf der geglätteten Ausgangsspannung und des Ausgangsstroms bei induktiver Last

der Eingangsgleichspannung hin- und herspringende Ausgangsspannung auf ein Glättungsglied gegeben, dessen Zeitkonstante groß gegenüber der Periodendauer der Taktfrequenz und klein gegenüber der Periodendauer der Modulationsfrequenz ist, so stellt sich an dessen Ausgang der eingetragene sinusförmige Spannungsverlauf ein.

Umrichter mit Gleichspannungszwischenkreis eignen sich zur Speisung von Ein- und Mehrmotorenantrieben. In einer Reihe von Anwendungsfällen ist die Drehzahlsteuerung eines Einmotorenantriebes über einen Umrichter mit Gleichstromzwischenkreis vorteilhafter.

Bild 5.14. zeigt den Schaltplan eines Umrichters mit Gleichspannungszwischenkreis für Mehrmotorenantriebe in der Textilindustrie. Es handelt sich um die schon bekannte Schaltung in Bild 4.49. Es liegt Amplitudensteuerung vor, wodurch hohe Ausgangsfrequenzen erreicht werden können. Der Blockschaltplan für die Steuerung und Regelung ist in Bild 5.15. dargestellt.

Die Aufgabe der Steuerung und Regelung besteht darin, die angeschlossenen kleinen Synchronmotoren mit Permanenterregung mit einer Einzelleistung von einigen 100 W in der Drehzahl zu steuern. Die Maschinen sollen dabei im absoluten Gleichlauf mit sehr hoher Frequenzkonstanz ($\pm 0,3‰$) laufen. Die Maschinenfrequenz kann über ein Potentiometer und einen hochgenauen Spannungsfrequenzumsetzer stufenlos eingestellt werden. Über einen Funktionsnachbildner mit einstellbarer Kennlinie wird der zu jeder Frequenz zugehörige

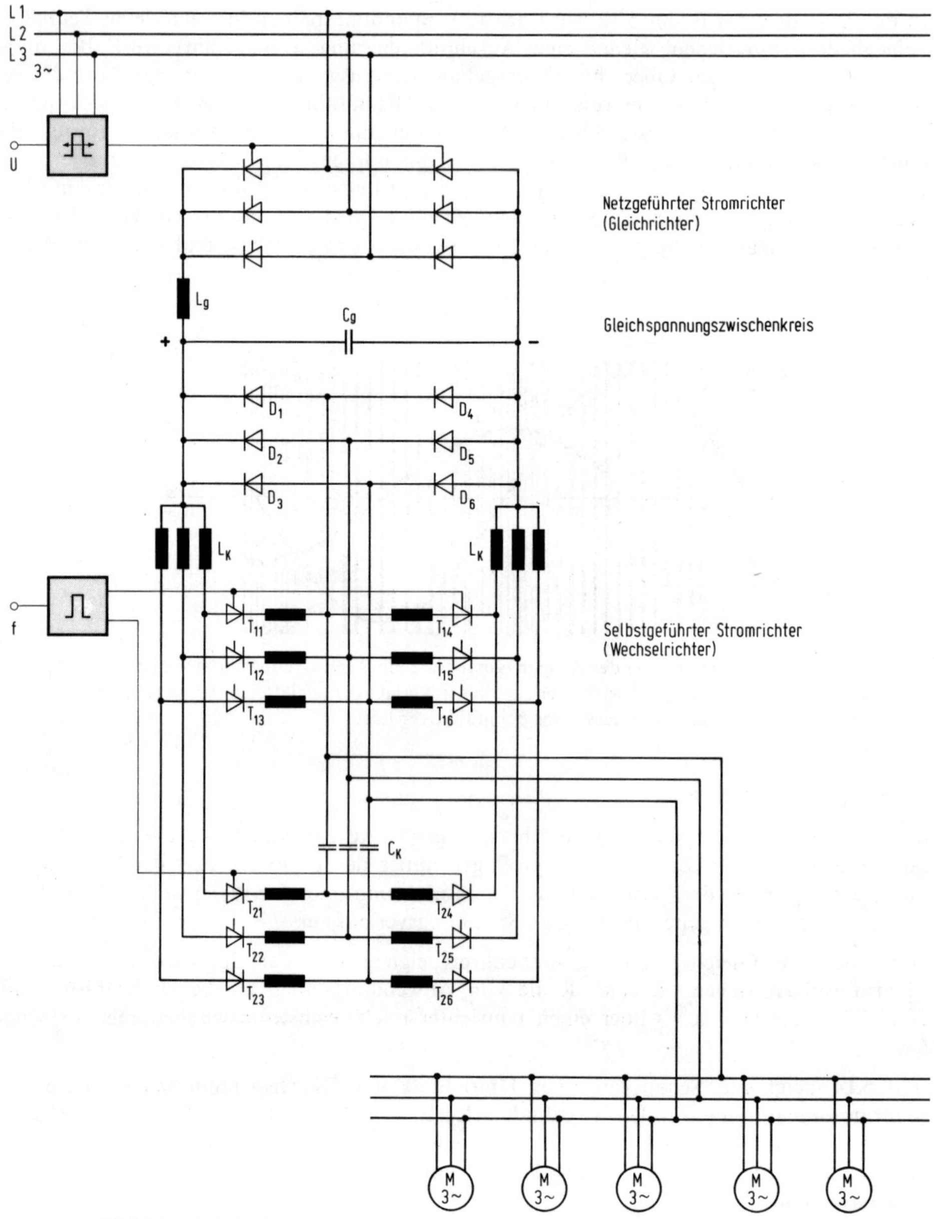


Bild 5.14. Schaltplan eines Zwischenkreis-Umrichters für Mehrmotorenantriebe

Spannungssollwert $U^*$ gebildet, der mit dem am Ausgang des Umrichters gebildeten Istwert $U$ verglichen wird. Der Spannungsregler sorgt dann über den nachgeschalteten Gleichrichtersteuersatz dafür, daß die Maschinen in jedem Betriebszustand mit konstantem Luftspalt-

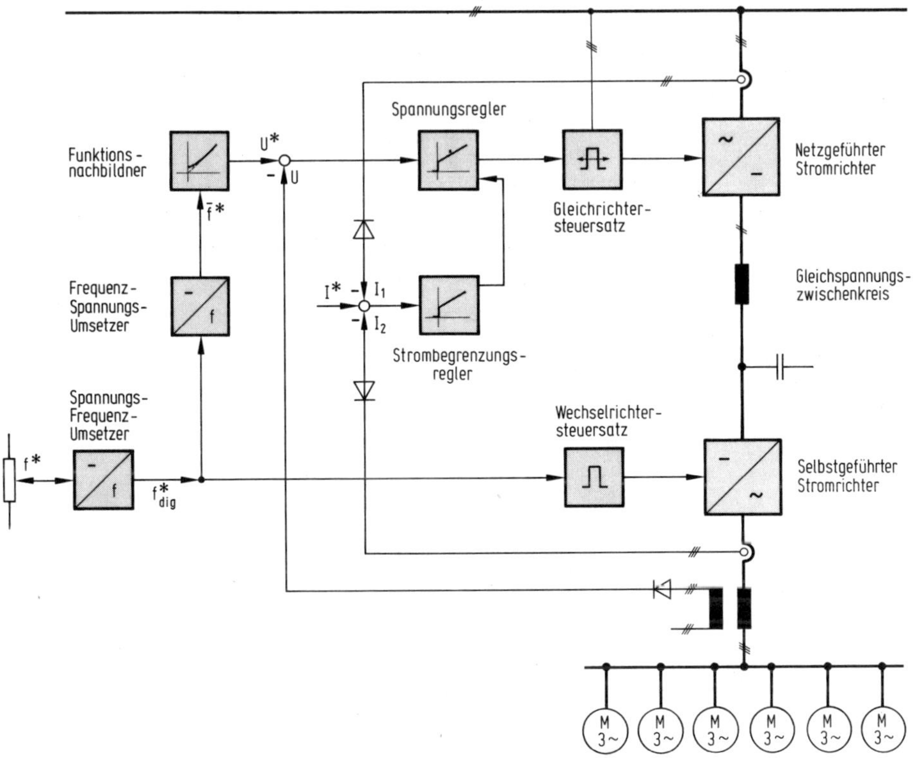


Bild 5.15. Blockschaltplan der Steuerung und Regelung eines Zwischenkreis-Umrichters für Mehrmotorenantriebe in der Textilindustrie

fluß betrieben werden. Bei Überströmen, die am Eingang und Ausgang des Umrichters erfaßt werden, greift eine Strombegrenzungsregelung ein. Die Strombegrenzung beruht darauf, daß der Spannungsregler ausgangsseitig stromabhängig begrenzt wird.

In Bild 5.16. ist das Prinzipschaltbild eines Umrichters mit Gleichspannungszwischenkreis für Motor- und Generatorbetrieb dargestellt. Derartige Anlagen wurden z.B. für Kraftfahrzeugprüfstände zur Prüfung von Wankelmotoren gebaut. Der Starkstromkreis des Umrichters unterscheidet sich von der vorangegangenen Schaltung nur dadurch, daß Teilstromrichter I als Umkehrstromrichter in Kreuzschaltung ausgeführt ist. Während der selbstgeführte Stromrichter den Energiefluß in beiden Richtungen (Motor- und Generatorbetrieb der Asynchronmaschine) ermöglicht, ist dies bei Teilstromrichter I nicht ohne weiteres der Fall. Bei Generatorbetrieb der Asynchronmaschine bleibt die Polarität der Zwischenkreisspannung erhalten, während sich der Gleichstrom umkehrt. Wie ohne weiteres einzusehen ist, benötigt man für diese umgekehrte Stromrichtung einen weiteren Stromrichter.

Die Regelung des Umrichters unterscheidet sich von der vorangegangenen wesentlich. Das hängt damit zusammen, daß hier eine andere Aufgabenstellung vorliegt. Ein vorgegebener Drehzahlsollwert soll möglichst schnell erreicht und bei den verschiedenen Lastzuständen der Maschine gehalten werden. Dazu ist es notwendig, daß gewisse interne Maschinengrößen

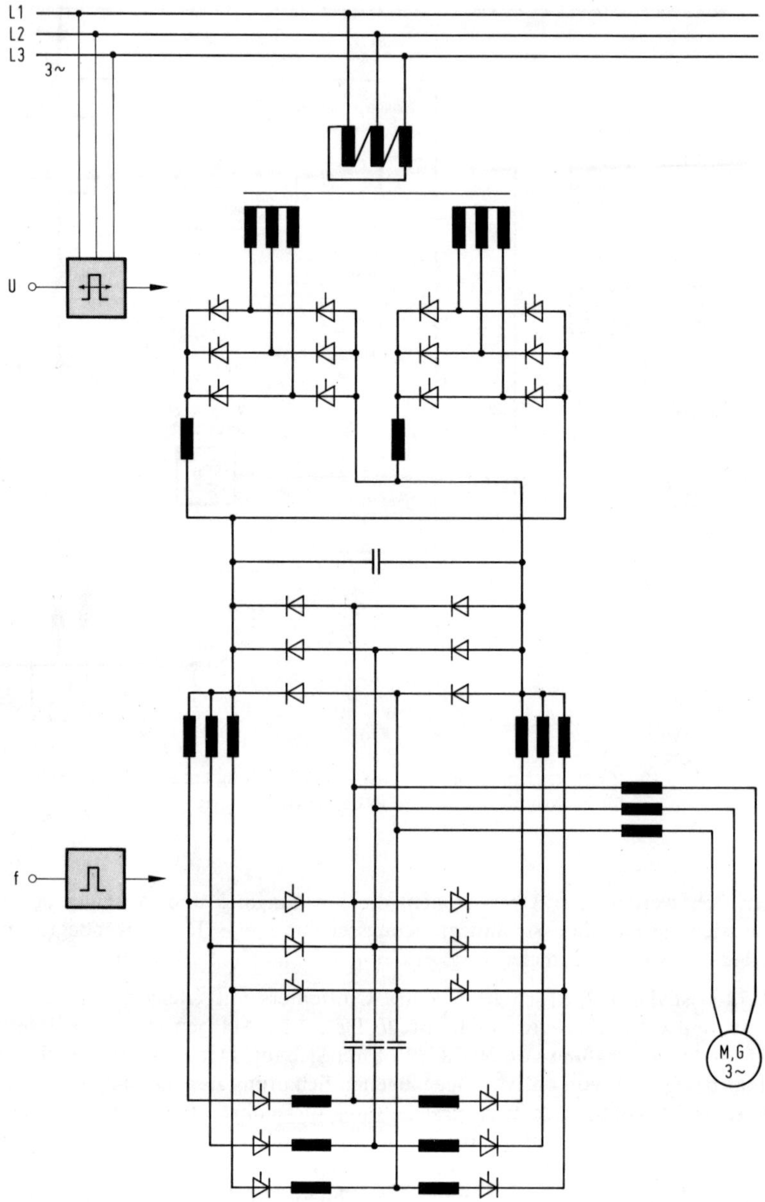


Bild 5.16. Prinzipschaltbild eines Umrichters mit Gleichspannungszwischenkreis für Motor- und Generatorbetrieb

wie Strom, Fluß, Schlupf, mit hoher Regeldynamik geregelt werden. Mit einer Strom-Schlupfregelung ist z.B. ein einwandfreier dynamischer Betrieb möglich. Die Maschine kann nicht kippen. Bei Überlastung wird ein maximaler einstellbarer Schlupf nicht überschritten, so daß die Maschine zwangsläufig ihre Drehzahl erniedrigt. Bei Entlastung fährt die Maschine automatisch auf den vorgegebenen Sollwert wieder hoch.

*Umrichter mit Gleichstromzwischenkreis*

Zur Speisung von Einmotorenantrieben (Asynchron- und Synchronmaschinen) eignen sich wegen des einfachen Schaltungsaufbaus in besonderem Maße Umrichter mit Gleichstromzwischenkreis. Die in Bild 5.17. dargestellte Schaltung eines Umrichters mit Gleichstromzwischenkreis zur Speisung von Asynchronmaschinen ist aus der bisher behandelten Schaltung (z. B. Bild 4.49.) hervorgegangen, indem die Dioden im selbstgeführten Stromrichter und der

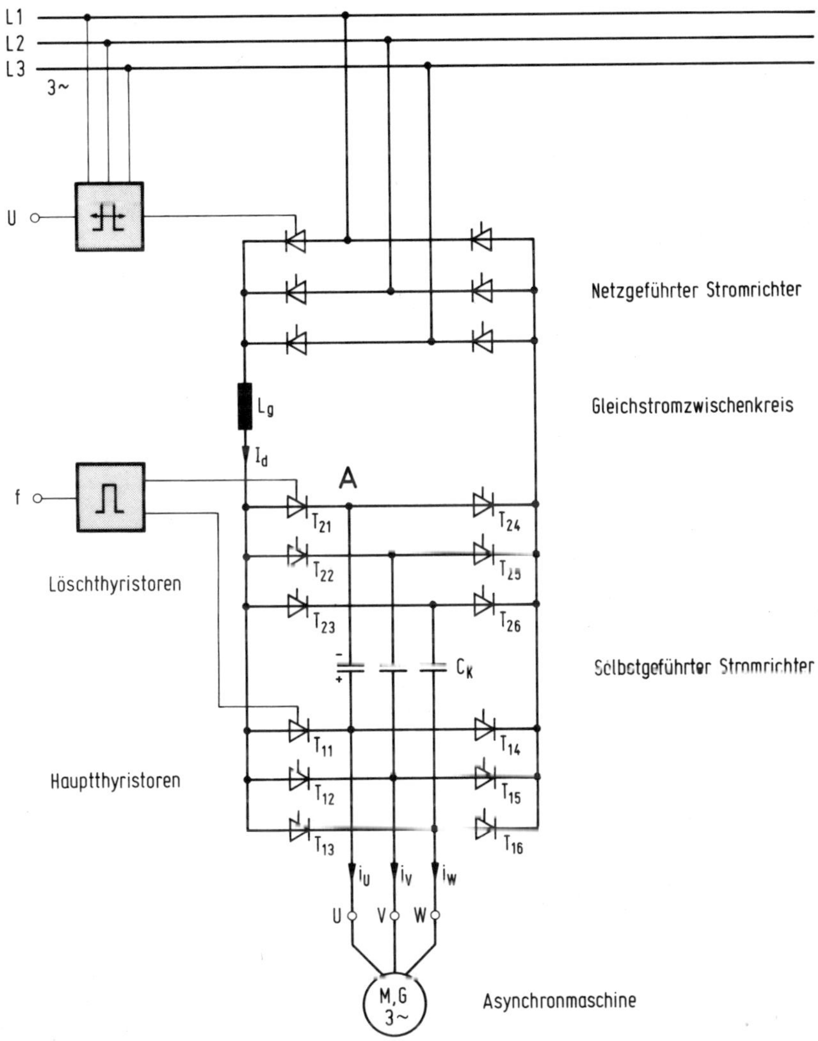


Bild 5.17. Umrichter mit Gleichstromzwischenkreis zur Speisung von Asynchronmaschinen

Glättungskondensator im Zwischenkreis weggelassen wurden. Da der maschinenseitige Stromrichter und damit die Asynchronmaschine mit eingeprägtem Strom gespeist werden soll, muß die Glättungsdrossel im Gleichstromzwischenkreis entsprechend groß dimensioniert werden. Die Hauptthyristoren $T_{11}$ bis $T_{16}$ des selbstgeführten Stromrichters schalten den eingeprägten Gleichstrom $I_d$ im Rhythmus der vorgegebenen Frequenz auf die Eingangsklemmen der Asynchronmaschine. Im Gegensatz zum Umrichter mit Gleichspannungszwischenkreis ist damit die Stromform in den einzelnen Phasen der Maschine (Bild 5.18.) vorgegeben, und die Maschinenspannung kann sich frei ausbilden (sinusähnlich). Der Kommutierungsvorgang soll kurz erläutert werden. Zu Beginn der Betrachtung mögen die

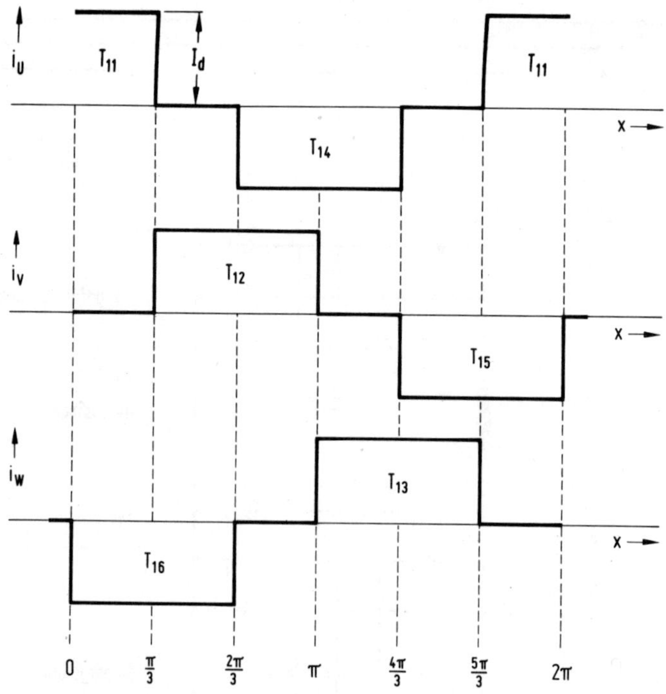


Bild 5.18. Maschinenströme bei einem Umrichter mit Gleichstromzwischenkreis (idealisiert)

Hauptthyristoren $T_{11}$ und $T_{16}$ den Laststrom führen. Zur Zeit $x = \frac{\pi}{3}$ (Bild 5.18.) wird der Löschthyristor $T_{21}$ und der in der Steuerung folgende Hauptthyristor $T_{12}$ gezündet. Unter dem Einfluß der Kondensatorspannung (Polarität in Bild 5.17. angegeben) wird der Thyristor $T_{11}$ gelöscht, und der Löschthyristor $T_{21}$ übernimmt den eingeprägten Gleichstrom. Die Kondensatorspannung liegt als negative Sperrspannung am gelöschten Thyristor $T_{11}$ mindestens während der Freiwerdezeit an. Hierdurch wird die Sperrfähigkeit des Thyristors $T_{11}$ für positive Spannungen bewirkt. Der Kommutierungskondensator wird nun durch den eingeprägten Gleichstrom annähernd linear umgeladen. Dabei fließt der Strom durch den Löschthyristor $T_{21}$, über den Kommutierungskondensator, durch die Stränge $U$ und $W$ der

Maschine sowie durch den Hauptthyristor $T_{16}$ zum Gleichstromzwischenkreis. Wenn das Potential des Punktes $A$ gleich dem Potential der Klemme $V$ (Bild 5.17.) geworden ist, kann der vorher in Sperrichtung gepolte Hauptthyristor $T_{12}$ (Zündimpuls vorausgesetzt) den Strom $I_d$ übernehmen. Jetzt beginnt die Kommutierung des Stromes von dem Maschinenstrang $U$ auf den Strang $V$. Die Stromübergabe erfolgt nach Maßgabe der Streuinduktivität $L_\sigma$ der Maschine. Die magnetische Energie $\frac{1}{2} L_\sigma I_d^2$ muß in die elektrische Energie $\frac{1}{2} C \Delta U_C^2$ überführt werden. Wenn die magnetische Energie des Stranges $U$ abgebaut worden ist, ist der Strom im Löschthyristor $T_{21}$ Null geworden und gleichzeitig der Strom im neu gezündeten Hauptthyristor $T_{12}$ auf die Höhe des Gleichstromes $I_d$ angestiegen. Der Kommutierungsvorgang ist beendet. Wegen der fehlenden Rücklaufventile kann also die im Lastkreis gespeicherte magnetische Energie nicht in die Spannungsquelle zurückgespeist werden. Die Kommutierungskondensatoren müssen daher so dimensioniert werden, daß sie die in den Induktivitäten des Lastkreises gespeicherte Energie ohne eine wesentliche Spannungserhöhung aufzunehmen vermögen. Die Umladung der Kommutierungskondensatoren ist vorwiegend stromabhängig, so daß eine ordnungsgemäße Kommutierung auch bei niedrigen Motorspannungen sichergestellt ist. Im Vergleich zum Umrichter mit Gleichspannungszwischenkreis sind wegen der längeren Umladezeiten der Kondensatoren nicht so hohe Frequenzen erzielbar. Weiterhin müssen Umrichter und Maschine aufeinander abgestimmt sein, da ja die Kondensatorspannung – und damit die Spannungsbeanspruchung der Thyristoren – in hohem Maße von der Kapazität der Kondensatoren und den Streuinduktivitäten der Maschine abhängig ist. Ein großer Vorteil des Umrichters mit Gleichstromzwischenkreis besteht darin, daß ohne Mehraufwand im Leistungsteil der Schaltung Generatorbetrieb der Asynchronmaschine möglich ist. Die Energieumkehr kann nämlich durch eine Spannungsumkehr des netzgeführten Stromrichters bei gleicher Stromrichtung erzielt werden.

Über den eben beschriebenen Umrichter mit Gleichstromzwischenkreis kann auch eine Synchronmaschine vorteilhaft gespeist werden. Wird der maschinenseitige Stromrichter lastgetaktet, dann nimmt die Maschine – wie schon mehrmals erläutert – das Verhalten einer Gleichstrommaschine an. In Bild 5.19. ist das Schaltbild angegeben. Die Regelung ist wie bei einer stromrichtergespeisten Gleichstrommaschine ausgeführt. Im Gegensatz zur umrichtergespeisten Asynchronmaschine ist die Kommutierungseinrichtung des selbstgeführten Stromrichters nur bei kleinen Maschinendrehzahlen und damit niedrigen Spannungen (insbesondere während des Anlaufs aus dem Stillstand) erforderlich. Bei höheren Drehzahlen und Spannungen ist die Maschine in der Lage, an den Wechselrichter Kommutierungsblindleistung abzugeben, wenn sie kapazitiv gesteuert wird. Hierdurch wird die Kommutierungseinrichtung des Wechselrichters so weit entlastet, daß sie abgeschaltet werden kann. Der Strom kommutiert von einem Hauptthyristor auf den anderen unter dem Einfluß der Maschinenspannung, ähnlich wie bei netzgeführten Stromrichtern.

Die umrichtergespeiste Synchronmaschine mit lastgetaktetem maschinenseitigen Stromrichter wird auch als Stromrichtermotor bezeichnet. Derartige Antriebe sind vor allem für größere Leistungen bis in den MW-Bereich interessant.

Mit den umrichtergespeisten Drehfeldmaschinen ist es möglich, kollektorlose und damit robuste drehzahlsteuerbare Antriebe aufzubauen, wie sie in vielen Anwendungsfällen in zunehmendem Maße verlangt werden. Insbesondere ist mit dem asynchronen Käfigläufermotor ein praktisch kontaktloser und wartungsfreier Regelantrieb zu verwirklichen. Mit der Umrichtertechnik können unter Umständen Antriebsprobleme gelöst werden, die bisher als unlösbar galten. Beispielsweise kann in der Textilindustrie durch den Einsatz von Umrichtern eine beachtliche Qualitätsverbesserung der Kunstfasern erreicht werden, weil bei

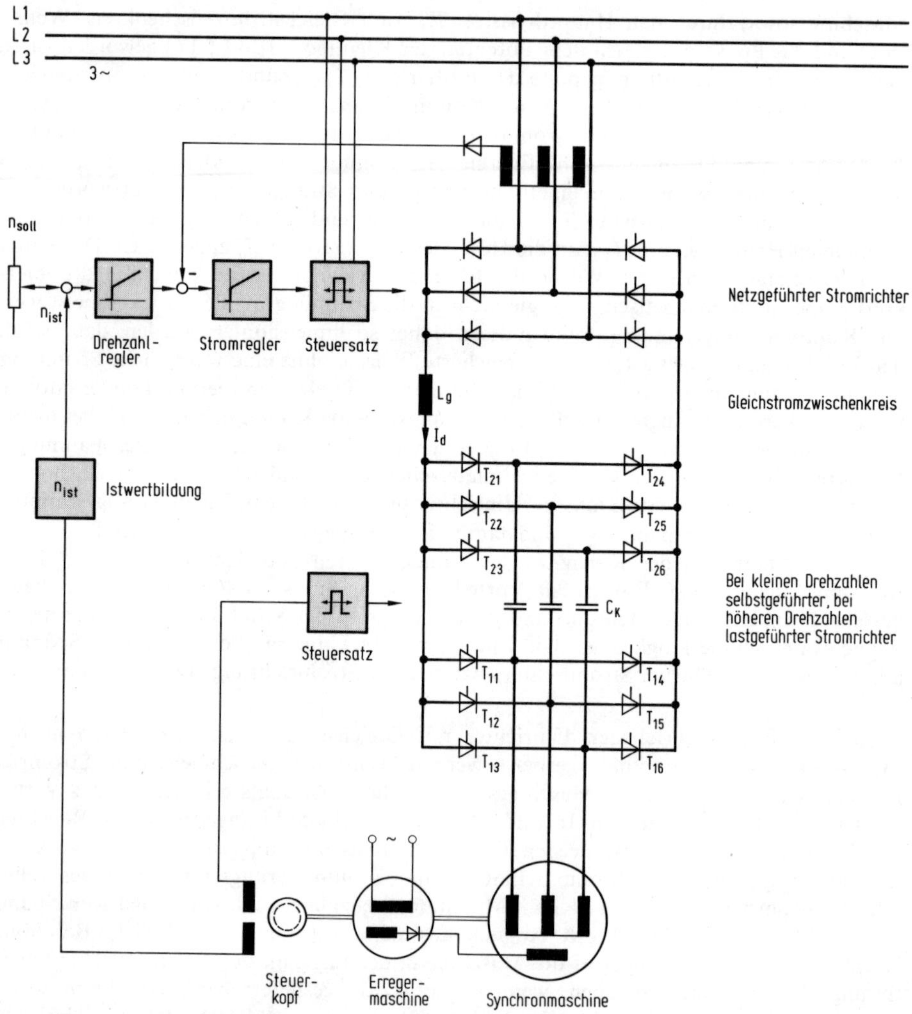


Bild 5.19. Prinzipschaltbild eines Stromrichtermotors

Umrichterspeisung eine Frequenzkonstanz im Lang- und Kurzzeitbereich möglich ist, wie sie bisher undenkbar war. Mit der Umrichtertechnik lassen sich weiterhin drehzahlregelbare Antriebe bis weit in den MW-Bereich wirtschaftlich ausführen. Es ist daher nicht verwunderlich, daß für die Umrichtertechnik in vielen Bereichen der Industrie ein großes Interesse besteht. In einigen Anwendungsfällen konnte schon nach verhältnismäßig kurzer Zeit die herkömmliche Technik vorteilhaft ersetzt werden.

# Literaturverzeichnis

## Bücher


1 *Heumann/Stumpe:* Thyristoren. Teubner-Verlag, Stuttgart 1969.
2 *Möltgen, G.:* Netzgeführte Stromrichter mit Thyristoren. Siemens-Fachbücher.
3 *Meyer, M.:* Selbstgeführte Thyristor-Stromrichter. Siemens-Fachbücher.
4 *Fröhr, F.*, u. *Orttenburger, F.:* Einführung in die elektronische Regelungstechnik. Siemens-Fachbücher.
5 *Fröhr, F.*, u. *Orttenburger, F.:* Technische Regelstreckenglieder bei Gleichstromantrieben. Siemens-Fachbücher.
6 *Bystron, K.:* Technische Elektronik Band I. Carl Hanser Verlag, München 1974.
7 *Hoffmann/Stocker:* Thyristor-Handbuch, Siemens-Fachbücher.
8 *Wasserrab, Th.:* Schaltungslehre der Stromrichtertechnik. Springer Verlag, Berlin 1962.


## Fachaufsätze

### Zu Kapitel 2


1 *Spenke, E.:* Leistungsgleichrichter auf Halbleiterbasis. ETZ-A. *79* (1958), S. 867 bis 875.
2 *Stumpe, A.C.:* Das Schaltverhalten der steuerbaren Siliziumzelle. ETZ-A. *83*(1962), S. 291.
3 *Buri, H.*, u. *Leipold, Ph.:* Die dynamischen Eigenschaften der Frequenzthyristoren CS 189 und CS 239. BBC-Nachr. *53*(1971), Heft 7/8.
4 *Meyer, M.:* Beanspruchung von Thyristoren in selbstgeführten Stromrichtern. Siemens-Z. *39*(1965), S. 495 bis 501.
5 *Rumberg, J.:* Über die dynamischen Eigenschaften von Thyristoren. ETZ-A. *86*(1965), S. 226 bis 230.
6 *Gerlach, W.*, u. *Stumpe, A.C.:* Das Schaltverhalten von Thyristoren. VDE-Buchreihe Bd. 11, S. 32 bis 51.


### Zu Kapitel 3


7 *Möltgen, G.:* Das Verhalten des Stromrichters in Saugdrosselschaltung bei Belastung mit Gegenspannung, ETZ-A. *86*(1965), S. 259 bis 263.
8 *Möltgen, G.:* Spannungsoberschwingungen in Drehstromnetzen infolge Stromrichterlast. Siemens Forsch.- u. Entwickl.-Ber. *3*(1974), S. 36 bis 42.
9 *Bystron, K.*, u. *Schulze Buxloh, W.:* Zur Bestimmung des Verschiebungsfaktors von Stromrichteranlagen. ETZ-A. *84*(1963), H. 3, S. 80 bis 83.
10 *Geissing, H.*, u. *Möltgen, G.:* Über die Blindleistung beim Stromrichter mit Nullanoden für Gleichstromfördermaschinen. Siemens-Z. *35*(1961), S. 181 bis 186.
11 *Wesselak, F.:* Thyristorstromrichter mit natürlicher Kommutierung. Siemens-Z. *39*(1965), S. 199 bis 205.
12 *Frankenberg, W.:* Steuereinrichtungen für Stromrichter. VDE-Buchreihe, Bd. 11, 1966.
13 *Möltgen, G.:* Eigenschaften des Stromrichters in zweipulsiger halbgesteuerter Brückenschaltung. Elektr. Bahnen *39*(1968), S. 256 bis 264.
14 *Schräder, A.:* Eine neue Schaltung zur Kreisstromregelung von Stromrichteranlagen. ETZ-A. *90*(1969), S. 331 bis 336.
15 *Meyer, M.:* Neuere Erkenntnisse über den Stromrichter in Gegenparallelschaltung. VDE-Fachber. *21*(1960).
16 *Geissing, H.*, u. *Möltgen, G.:* Thyristorstromrichter für Gleichstrom-Umkehrantriebe. Siemens-Z. *39*(1965), S. 249 bis 252.
17 *Hölters, F.:* Schaltungen von Umkehrstromrichtern. AEG-Mitt. *48*(1958), H. 11/12, S. 621 bis 629.
18 *Meyer, M.*, u. *Möltgen, G.:* Kreisströme bei Umkehrstromrichtern. Siemens-Z. *37*(1963), Heft 5, S. 375 bis 379.
19 *Kessler, C.:* Das Symmetrische Optimum. Regelungstechnik *6*(1958), H. 11 u. 12.
20 *Kessler, C.:* Ein Verfahren zur Vorausberechnung von Regelkreisen. Siemens-Z. *31*(1957), H. 10 und 11.
21 *Kessler, C.:* Ein Beitrag zur Theorie mehrschleifiger Regelungen. Regelungstechnik *8*(1960), H. 8.

22 *Leonhard, W.:* Regelkreise mit symmetrischer Übertragungsfunktion. Regelungstechnik *13*(1965), H. 4.

## Zu Kapitel 4

23 *Meyer, M.:* Thyristorstromrichter mit erzwungener Kommutierung. Siemens-Z. *39*(1965), S. 205 bis 210.
24 *Wagner, R.:* Gleichstromsteller für elektrische Triebfahrzeuge. Siemens-Z. *45*(1971), Beiheft „Bahntechnik", S. 143 bis 147.
25 *Heintze, K,* u. *Wagner, R.:* Elektronischer Gleichstromsteller zur Geschwindigkeitssteuerung von aus Fahrleitungen gespeisten Gleichstrom-Triebfahrzeugen. ETZ-A. *87*(1966), H. 5, S. 165 bis 170.
26 *Wagner, R.,* u. *Wolski, A.:* Batterie-Triebfahrzeuge mit Gleichstromsteuerung über Thyristoren. Elektrische Bahnen *35*(1964), H. 10.
27 *Bystron, K.:* Dissertation: Untersuchungen an einem Zwischenkreis-Umrichter in Brückenschaltung zur Drehzahlsteuerung von Asynchronmaschinen. 1964, TH Braunschweig, 200 Seiten.
28 *Bystron, K.,* u. *Meyer, M.:* Kontaktlose, drehzahlregelbare Umrichtermaschinen für hohe Drehzahlen. Siemens-Z. *37*(1963), H. 9, S. 660 bis 667.
29 *Bystron, K.,* u. *Meissen, W.:* Drehzahlsteuerung von Drehstrommotoren über Zwischenkreisumrichter. Siemens-Z. *39*(1965), H. 4, S. 254 bis 257.
30 *Scheider, U.,* u. *Tappeiner, H.:* Zwischenkreisumrichter mit Thyristoren zur Drehzahlsteuerung von Mehrmotorenantrieben. Siemens-Z. *41*(1967), S. 133 bis 138.
31 *Heumann, K.,* u. *Jordan, K.-G.:* Das Verhalten des Käfigläufermotors bei veränderlicher Speisefrequenz und Stromregelung. AEG-Mitt. *54*(1964), H. 1/2, S. 107 bis 116.
32 *Heumann, K.:* Elektrotechnische Grundlagen der Zwangskommutierung – Neue Möglichkeiten der Stromrichtertechnik. E. und M. *84*(1967), H. 3, S. 99 bis 112.
33 *Stepina, J.:* Betriebsverhalten der vom Wechselrichter gespeisten Asynchronmaschinen. Elektrotechn. u. Masch.-Bau *83*(1966), H. 5, S. 295 bis 303.
34 *Bystron, K.:* Einflüsse von Strom- und Spannungsoberschwingungen eines Zwischenkreisumrichters auf Asynchronmaschinen. Siemens-Z. *41*(1967), H. 3, Seite 244 bis 247.
35 *Bystron, K.:* Strom- und Spannungsverhältnisse eines Umrichters mit Gleichstrom-Zwischenkreis mit einstellbarer Spannung. Zeitschrift Fachhochschule Konstanz, Nr. 28(1973), S. 32 bis 40.
36 *Bystron, K.:* Strom- und Spannungsverhältnisse beim Drehstrom-Drehstrom-Umrichter mit Gleichstromzwischenkreis. ETZ-A. *87*(1966), H. 8, S. 264 bis 271.
37 *Abraham, L.,* u. *Koppelmann, F.:* Käfigläufermotoren mit hoher Drehzahldynamik. AEG-Mitt. *55*(1965), H. 2, S. 118 bis 123.
38 *Heumann, K.,* u. *Jordan, K.-G.:* Einfluß von Spannungs- und Stromoberschwingungen auf den Betrieb von Asynchronmaschinen. AEG-Mitt. *54*(1964), H. 1/2, S. 117 bis 122.

## Zu Kapitel 5

39 *Meyer, M.:* Stromrichtergespeiste Drehfeldmaschinen. VDE-Buchreihe Bd. 11, S. 531 bis 558.
40 *Schönung, A.:* Möglichkeiten zur Regelung von Drehstrommotoren mit Stromrichtern. BBC-Mitt. *51*(1964), H. 8/9, S. 540 bis 554.
41 *Schönung, A.:* Der Umrichtermotor, ein neuer Antrieb in den Hüttenwerken. BBC-Nachr. *48*(1966), H. 1, S. 44 bis 52.
42 *Depenbrock, M.:* Fremdgeführte Zwischenkreisumrichter zur Speisung von Stromrichtermotoren mit sinusförmigen Anlaufströmen. ETZ-A. *87*(1966), H. 26, S. 945 bis 951.
43 *Bystron, K.:* Neue Wege in der modernen Antriebstechnik durch Anwendung umrichtergespeister Drehfeldmaschinen. I. Teil. Technica Nr. 20, S. 1927 bis 1932 u. S. 1939.
44 *Bystron, K.:* Neue Wege in der modernen Antriebstechnik durch Anwendung umrichtergespeister Drehfeldmaschinen. II. Teil, Technica Nr. 23, S. 2271 bis 2276 u. 2283 bis 2285.
45 *Bystron, K.:* Umrichter zur Drehzahlsteuerung von Asynchronmaschinen. Zeitschrift Staatl. Ing.-Schule Konstanz, Nr. 26 (Okt. 1970), S. 20 bis 22.
46 *Sperling, P.-G.:* Die umrichtergespeiste Asynchronmaschine im Betrieb mit eingeprägten Rechteckströmen. Siemens-Z. *45*(1971), S. 508 bis 514.
47 *Forstbauer, W.:* Der Konstantspannungsumrichter als Einrichtung zur Blindleistungskompensation. Dissertation TH Aachen 1972.
48 *Köllensperger, D.:* Die Synchronmaschine als selbstgesteuerter Stromrichtermotor. Siemens-Z. *41*(1967), S. 830 bis 836.
49 *Haböck, A.,* u. *Köllensperger, D.:* Stand der Entwicklung des Stromrichtermotors. Siemens-Z. *45*(1971), S. 177 bis 182.

50 *Ettlinger, G., Leitgeb, W.,* u. *Poppinger, H.:* SIMOTRON-Antriebe mittlerer Leistung. Siemens-Z. *45*(1971), S. 186 bis 188.
51 *Nagel, G.:* Einfluß der Reaktanzen und der Erregung stromrichtergespeister, eigengetakteter Synchronmaschinen auf Betriebsverhalten und Ausnutzung des gesamten Antriebs. Siemens-Z. *45*(1971), S. 943 bis 949.
52 *Lauffer, H.:* Die Drehstrommaschine mit polradwinkelabhängigen, eingeprägten Läuferströmen. Dissertation TH Stuttgart (1966).
53 *Backhaus, G.,* u. *Möltgen, G.:* Kommutierung beim sechspulsigen selbstgeführten Wechselrichter für Betrieb mit eingeprägtem Strom. ETZ-A. *90*(1969), S. 327 bis 331.
54 *Brenneisen, J.,* u. *Schönung, A.:* Bestimmungsgrößen des selbstgeführten Stromrichters in sperrspannungsfreier Schaltung bei Steuerung nach dem Unterschwingungsverfahren. ETZ-A. *90*(1969), S. 353 bis 357.
55 *Heintze, K., Tappeiner, H.,* u. *Weibelzahl, M.:* Pulswechselrichter zur Drehzahlsteuerung von Asynchronmaschinen, Siemens-Z. *45*(1971), S. 154 bis 161.
56 *Depenbrock, M.:* Selbstgeführter Wechselrichter mit lastunabhängigem Kommutierungsschwingkreis. BBC-Nachrichten *46*(1964), S. 669 bis 673.
57 *Heck, R.,* u. *Meyer, M.:* Die asynchrone Umrichtermaschine, ein kontaktloser, drehzahlregelbarer Umkehrantrieb. Siemens-Z. *37*(1963), H. 5, S. 287 bis 290.
58 *Meyer, M.:* Über die untersynchrone Stromrichterkaskade. ETZ-A. *82*(1961), S. 589 bis 596.
59 *Gölz, G.,* u. *Grumbrecht, P.:* Umrichtergespeiste Synchronmaschinen. Techn. Mitt. AEG-TELEFUNKEN *63*(1973) H. 4, S. 141 bis 148.
60 *Blaschke, F., Hütter, G.,* u. *Scheider, U.:* Zwischenkreisumrichter zur Speisung von Asynchronmaschinen für Motor- und Generatorbetrieb. ETZ-A. *89*(1968), H. 5, S. 108 bis 112.
61 *Blaschke, F.:* Das Verfahren der Feldorientierung zur Regelung der Asynchronmaschine. Siemens Forsch. u. Entwickl.-Ber. *1*(1972), S. 184 bis 193.
62 *Ostermann, H.:* Der fremdgesteuerte Stromrichtersynchronmotor. Arch. Elektrotechn. *48*(1963), S. 167 bis 189.

# Sachwortverzeichnis